UTB 8323

W0194899

Eine Arbeitsgemeinschaft der Verlage

Beltz Verlag Weinheim · Basel
Böhlau Verlag Köln · Weimar · Wien
Wilhelm Fink Verlag München
A. Francke Verlag Tübingen und Basel
Haupt Verlag Bern · Stuttgart · Wien
Lucius & Lucius Verlagsgesellschaft Stuttgart
Mohr Siebeck Tübingen
C. F. Müller Verlag Heidelberg
Ernst Reinhardt Verlag München und Basel
Ferdinand Schöningh Verlag Paderborn · München · Wien · Zürich
Eugen Ulmer Verlag Stuttgart
UVK Verlagsgesellschaft Konstanz
Vandenhoeck & Ruprecht Göttingen
vdf Hochschulverlag AG an der ETH Zürich
Verlag Barbara Budrich Opladen · Farmington Hills
Verlag Recht und Wirtschaft Frankfurt am Main
WUV Facultas Wien

Christiana Nicolai

Personal-
management

Lucius & Lucius · Stuttgart

Anschrift der Autorin

Professor Dr. Christiana Nicolai
Am Klingelborn 5
60437 Frankfurt/Main
E-Mail: nicolai-christiana@t-online.de

Bibliografische Information der Deutschen Nationalbibliothek

Die Deutsche Nationalbibliothek verzeichnet diese Publikation in der Deutschen Nationalbibliografie; detaillierte bibliografische Daten sind im Internet über http://dnb.d-nb.de abrufbar

ISBN10: 3-8282-0336-1, ISBN13: 978-3-8282-0336-5 (Lucius)
ISBN10: 3-8252-8323-2, ISBN13: 978-3-8252-8323-0 (UTB)

© Lucius & Lucius Verlagsgesellschaft mbH · Stuttgart · 2006
Gerokstraße 51 · D-70184 Stuttgart · www.luciusverlag.com

Druck und Einband: F. Pustet, Regensburg

Printed in Germany

UTB-Bestellnummer: ISBN 3-8252-8323-2

Vorwort

Unter ökonomischen Gesichtspunkten wird Personal als Leistungsträger interpretiert, dessen Einsatz angesichts hoher Arbeitskosten und starken Wettbewerbsdrucks optimal strukturiert werden muss. Gleichzeitig kann ein Unternehmen langfristig nur erfolgreich sein, wenn es den Interessen seiner Mitarbeiter Rechnung trägt und passende Anreize bietet. Damit nimmt der Umgang mit der Ressource Personal eine immer wichtigere Rolle im Unternehmen ein.

Dieses Buch behandelt alle zentralen personalwirtschaftlichen Problemfelder von der Personalbedarfsermittlung und -beschaffung über Anreiz- und Beurteilungssysteme und die Personalentwicklung bis zur Personalfreisetzung. Dabei geht es darum, die betriebliche Personalarbeit unter Einbeziehung neuer Erkenntnisse praxisnah darzustellen. Der Schwerpunkt liegt bewusst auf der Analyse und Gestaltung der Aufgabenbereiche und weniger auf der Theorievermittlung.

Die Darstellung soll es den Studierenden ermöglichen, sich einen systematischen Überblick über personalwirtschaftliche Aufgabenbereiche und Zusammenhänge zu verschaffen. Sie richtet sich aber ebenso an Praktiker im Personalbereich, die fundierte Anregungen für die zukunftsorientierte Gestaltung ihrer Arbeit suchen. Auch (künftige) Führungskräfte in anderen Unternehmensbereichen benötigen im Umgang mit den Mitarbeitern zunehmend personalwirtschaftliche Kenntnisse.

Für Anregungen und Kritik bin ich stets dankbar.

Christiana Nicolai

Frankfurt am Main, im Juli 2006

Zu Gunsten des Leseflusses wird auf die Nennung beider Geschlechtsformen verzichtet, ohne dass damit eine Wertung verbunden wäre. Es sind, sofern nicht ausdrücklich benannt, sowohl männliche als auch weibliche Personen gemeint.

INHALTSVERZEICHNIS

Abbildungsverzeichnis

Abkürzungsverzeichnis

AC	Assessment Center
AFG	Arbeitsförderungsgesetz
ArbStättVO	Arbeitsstättenverordnung
ArbZG	Arbeitszeitgesetz
AÜG	Arbeitnehmerüberlassungsgesetz
BBiG	Berufsbildungsgesetztes
BeschFG	Beschäftigungsförderungsgesetz
BetrAVG	Gesetz zur Betrieblichen Altersversorgung
BetrVG	Betriebsverfassungsgesetz
BfA	Bundesversicherungsanstalt für Angestellte
BGB	Bürgerliches Gesetzbuch
BUrlG	Bundesurlaubsgesetz
DrittelbG	Drittelbeteiligungsgesetz
GewO	Gewerbeordnung
GSG	Gerätesicherheitsgesetz
HGB	Handelsgesetzbuch
IAB	Institut für Arbeitsmarkt- und Berufsforschung der Bundesagentur für Arbeit
IHK	Industrie- und Handelskammer
JArbSchG	Jugendarbeitsschutzgesetz
KSchG	Kündigungsschutzgesetz
KVP	Kontinuierlicher Verbesserungsprozess
LVA	Landesversicherungsanstalt
MbD	Management by Delegation
MbE	Management by Exception
MbO	Management by Objectives
MbS	Management by Systems
MitbestG	Mitbestimmungsgesetz
Montan-MitbestG	Montan-Mitbestimmungsgesetz
MuSchG	Mutterschutzgesetz
SGB	Sozialgesetzbuch
SprAuG	Sprecher-Ausschuss-Gesetz
TzBfG	Teilzeitbefristungsgesetz
TzBfG	Teilzeitbefristungsgesetz
VAM	Virtueller Arbeitsmarkt

1 Grundlagen des Personalmanagements

1.1 Begriff und Bedeutung des Personalmanagements

Die betriebliche Leistungserstellung vollzieht sich durch die Kombination der betrieblichen Produktionsfaktoren. Der menschlichen Arbeit kommt in diesem Zusammenhang große Bedeutung zu, die in den letzten Jahren zudem stetig gestiegen ist. Das Personalmanagement hat die Aufgabe, die Ressource Personal zu beschaffen und deren Einsatz optimal zu steuern. Häufig werden die Begriffe Personalwirtschaft, Personalwesen und Human Resource Management synonym bzw. in ähnlicher Bedeutung verwandt.

Personalwirtschaft bezeichnet meist die wissenschaftliche Disziplin in der Betriebswirtschaftslehre, die sich mit der optimalen Allokation der Ressource Personal beschäftigt. Der ökonomische Charakter der Personalarbeit wird dabei besonders betont. Dagegen verbindet man mit **Personalwesen** eher die traditionelle, vorwiegend auf Verwaltungsaspekte ausgerichtete Personalarbeit. Es handelt sich um eine nachgelagerte betriebliche Funktion mit kurzfristigem Aktivitätshorizont. Standardisierte Vorgehensweisen stehen im Mittelpunkt. Teilweise wird auch die Personalabteilung als organisatorische Einheit im Unternehmen so bezeichnet. Seit einigen Jahren findet der Terminus **Personalmanagement** zunehmende Verwendung.

Personalmanagement umfasst alle mitarbeiterbezogenen Gestaltungsaufgaben einschließlich der entsprechenden Verwaltungsaufgaben, also alles, was unter personalwirtschaftlichen Aufgaben verstanden wird. Es ist zudem ein aktiver, integrativer Teil des Managementprozesses. Im Mittelpunkt steht nicht länger nur der Produktionsfaktor Mensch und die zugehörige Verwaltungsinstanz Personalabteilung, das Personalmanagement geht vielmehr über die inhaltlichen und organisatorischen Aspekte des Personalwesens und der Personalwirtschaft hinaus. Es **erweitert und ergänzt** diese folgendermaßen:

- Die Personalverantwortung der Führungskräfte für ihre unterstellten Mitarbeiter wird deutlich betont. Träger des Personalmanagements sind die Personalabteilung, die Unternehmensleitung und die unmittelbare Führungskraft.

- Personelle Ressourcen sind ein strategischer Wettbewerbsfaktor und ein zentraler Erfolgsfaktor. Die Mitarbeiter werden als entscheidendes Potenzial für die Zielerreichung und Innovation im Unternehmen angesehen. Erfolg und Wachstum hängen zunehmend von der Qualität des Personals ab.

- Durch die Verwendung des Begriffs Management werden der prozessuale Aspekt der Gestaltung der personalwirtschaftlichen Faktoren sowie der Aspekt der Verhaltenssteuerung der Mitarbeiter einbezogen.

- An die Stelle der Standardisierung tritt der flexible, situative Einsatz von personalpolitischen Instrumenten.

- Die verwaltende Grundhaltung verwandelt sich in langfristiges und proaktives unternehmerisches Denken.

Der englische Begriff **Human Ressource Management** ist inhaltlich weitgehend mit Personalmanagement gleichzusetzen. Allerdings wird bei ihm die strategische Bedeutung des Personals etwas stärker betont.

Objekte des Personalmanagements sind alle im Unternehmen beschäftigten Menschen, die auch als Personal bezeichnet werden. Die Begriffe Arbeitnehmer, Belegschaft oder Mitarbeiter haben dieselbe Bedeutung. Die Bezeichnung Mitarbeiter sollte ursprünglich das partnerschaftliche Verhältnis im Unternehmen betonen. Heute wird sie häufig im Zusammenhang mit einem Vorgesetzten und den ihm unterstellten Arbeitnehmern gebraucht. Zum Personal gehören

- Arbeiter und Angestellte,
- leitende Angestellte sowie
- Praktikanten und Auszubildende.

Die früher oft vorgenommene Unterscheidung zwischen **Arbeitern**, die überwiegend körperlich-mechanische Tätigkeiten ausüben, und **Angestellten**, die vornehmlich geistig-gedankliche Aufgaben erfüllen, ist heute weitgehend bedeutungslos geworden. Sie ist insbesondere bei hochqualifizierten Facharbeitern überholt. Die Unterscheidung wurde auch im Arbeitsrecht nach und nach aufgegeben. Lediglich bei der Rentenversicherung unterschied man bis vor kurzem noch zwischen Arbeitern und Angestellten. Seit Oktober 2005 haben sich die Rentenversicherungsträger in Deutschland unter dem Namen Deutsche Rentenversicherung Bund unter einem gemeinsamen Dach zusammengeschlossen. Davor gab es neben der Bundesversicherungsanstalt für Angestellte (BfA) 22 Landesversicherungsanstalten (LVA), die für die Rentenversicherung der Arbeiter zuständig waren, sowie die Bundesknappschaft, die Seekasse und die Bahnversicherung, bei denen besondere Arbeitnehmergruppen versichert waren. Insofern ist auch hier die Unterscheidung zwischen Angestellten und Arbeitern irrelevant.

Eine besondere Gruppe sind die **leitenden Angestellten**. Für sie gelten eigene Regeln beim Kündigungsschutz und bei der Mitbestimmung. In tarifvertragliche Gehaltsregelungen sind sie in der Regel nicht miteinbezogen. Sie sind zur selbständigen Einstellung und Entlassung von Personal berechtigt oder haben Prokura bzw. Generalvollmacht oder nehmen im Wesentlichen eigenverantwortlich Aufgaben wahr, die ihnen wegen deren Bedeutung für Bestand und Entwicklung des Unternehmens aufgrund besonderer Erfahrungen und Kenntnisse übertragen werden.[1] Im Einzelfall ist die Abgrenzung oft schwierig.

Auch **Praktikanten und Auszubildende** gehören zum Personal. Sie sammeln erste Praxiserfahrungen bzw. durchlaufen eine Berufsausbildung.

Unternehmensleitung, Vorgesetzte, Personalabteilung und Betriebsrat sind die **Träger personeller Entscheidungen**. Während die **Unternehmensleitung** unter Beteiligung der Personalabteilung personalpolitische Ziele setzt und diese in die Unternehmenspolitik integriert, übernehmen die **Vorgesetzten** einen Teil der operativen personalwirtschaftlichen Aufgaben. Letztlich liegt die Verantwortung für ihre Mitarbeiter bei ihnen und erst in zweiter Linie bei der Personalabteilung.

---

[1] Vgl. Jung, H. (2005), S. 10.

Sie sind unter anderem für Personaleinsatz, Personalführung und die Motivierung der Mitarbeiter zuständig. Die **Personalabteilung** steht ihnen dabei unterstützend und steuernd zur Seite. Sie übernimmt außerdem Service-Funktionen und ist für arbeitsrechtliche Problemstellungen zuständig. Über seine umfangreichen Mitbestimmungsrechte gehört der **Betriebsrat** ebenfalls zu den Trägern des Personalmanagements. Auch der einzelne **Mitarbeiter** darf in diesem Zusammenhang nicht vergessen werden. Seine Qualifikation, sein Potenzial sowie seine Ziele und Bedürfnisse gehen in personalwirtschaftliche Entscheidungen ein.

1.2 Ziele und Aufgabenfelder des Personalmanagements

Unternehmen können aus zwei Blickwinkeln betrachtet werden. Sie werden gegründet und weitergeführt, um den Nutzen ihrer Entscheidungsträger, z.B. in Form von Gewinn, zu maximieren. Gleichzeitig sind sie soziale Systeme, in die Menschen ihre jeweiligen Bedürfnisse einbringen. Für das Personalmanagement ergeben sich daraus zwei Zielbereiche:

- **Wirtschaftliche Ziele**: Unter wirtschaftlichen Gesichtspunkten stehen zunächst **die Bereitstellung und der optimale Einsatz der Ressource Personal** im Mittelpunkt des Personalmanagements. Die notwendige Zahl von Mitarbeitern mit der passenden Qualifikation muss zur rechten Zeit und am richtigen Ort vorhanden sein. Eine quantitative Unterdeckung kann über den internen oder externen Arbeitsbeschaffungsmarkt beseitigt werden. Bei qualitativen Defiziten helfen z.B. Personalentwicklungsmaßnahmen. Eine Überdeckung kann durch interne oder externe Freisetzung behoben werden. Der zweite wirtschaftliche Aspekt ist die **Steigerung der Arbeitsleistung** der Mitarbeiter und damit die **Optimierung ihres Leistungsbeitrags**. Dies erfolgt vor allem mittels eines sorgfältig durchdachten materiellen und immateriellen Anreizsystems, das Kreativität, Flexibilität, unternehmerisches Denken und Loyalität fördert.

- **Soziale Ziele**: Sie spiegeln die **Interessen, Erwartungen** und **Forderungen** der einzelnen **Mitarbeiter** und der verschiedenen **Mitarbeitergruppierungen** (z.B. Gewerkschaften) gegenüber dem Unternehmen wider. Diese weichen teilweise erheblich voneinander ab. Sie beziehen sich auf die Verbesserung materieller und immaterieller Verhältnisse. Materielle Forderungen können z.B. höheres Entgelt, größere Arbeitsplatzsicherheit und höhere Betriebsrenten sein. Zu den immateriellen Erwartungen gehören unter anderem die Personalentwicklungsmöglichkeiten, flexible Arbeitszeiten, die Reduzierung der Umgebungsbelastung und soziale Kontaktmöglichkeiten.

Zwischen wirtschaftlichen und sozialen Zielen besteht im Personalmanagement eine **Zweck-Mittel-Beziehung**. Die Ressource Personal unterscheidet sich durch einige Besonderheiten von anderen Produktionsfaktoren. Einerseits ist das Personal Aufgaben- und Entscheidungsträger. Zur Aufgabe gehören Kompetenz und Verantwortung. Nur der Mensch kann Verantwortung für sein Tun übernehmen und Entscheidungen treffen, andere Ressourcen können das nicht. Der Mitarbeiter ist außerdem ein Individuum, das eigenständige Ziele und Vorstellungen ins Unternehmen einbringt. Gleichzeitig schließt er sich zur Vertretung seiner Interessen mit Gleichgesinnten zu Koalitionen zusammen. Der Mensch verursacht zwar Kosten, ist aber auch der „Gewinnverursacher" des Unternehmens. Um die Ressource Personal bestmöglich einsetzen zu können und eine Steigerung der Arbeitsleistung zu erreichen, muss man die Besonderheiten dieses Produktionsfaktors beachten, d.h. die sozialen Ziele sind mit in den Managementprozess einzubeziehen. Sie dienen der Erreichung der wirtschaftlichen Ziele. Im Übrigen würde man bei jeder anderen Ressource ebenso verfahren und nicht bewusst gegen deren Besonderheiten handeln. Ein Rohstoff, der bestimmte klimatische Bedingungen benötigt, um nicht zu verderben, wird entsprechend gelagert. Ansonsten würde man dem Unternehmen mutwillig schaden und die wirtschaftliche Zielerreichung beeinträchtigen. Nicht anders stellt sich die Situation bei der Ressource Personal dar, deren Besonderheit die Berücksichtigung sozialer Ziele erfordert.

Neben den beiden genannten Zielgruppen sind weitere zu berücksichtigen, die von verschiedenen Interessengruppen an das Personalmanagement herangetragen werden:

- **Volkswirtschaftliche Ziele**: Der Staat erwartet von den Unternehmen, dass sie nicht nur auf betriebswirtschaftliche Effizienz ausgerichtet sind, sondern auch einen Beitrag zum volkswirtschaftlichen Gemeinwohl leisten, dazu gehört z.B. die Schaffung von Ausbildungsplätzen über den kurzfristigen betrieblichen Bedarf hinaus.

- **Rechtliche Ziele**: Das Personalmanagement stellt für Mitarbeiter und Vorgesetzte Rechtssicherheit in allen Arbeitssituationen her.

- **Organisatorische Ziele**: Aus organisatorischer Sicht hat Personalmanagement die Aufgabe, die Mitarbeiter mit ihren Qualifikationen und Bedürfnissen sinnvoll in die Organisationsstruktur einzugliedern.

- **Ethische Ziele**: Bei jeder personalwirtschaftlichen Entscheidung fließen die Werthaltungen der Entscheidungsträger mit ein. Bei der Festlegung des Handlungsrahmens ist ein Unternehmensleitbild hilfreich.

Diese Ziele werden erreicht, indem das Personalmanagement seine Aufgaben (Abb. 1) systematisch erfüllt.

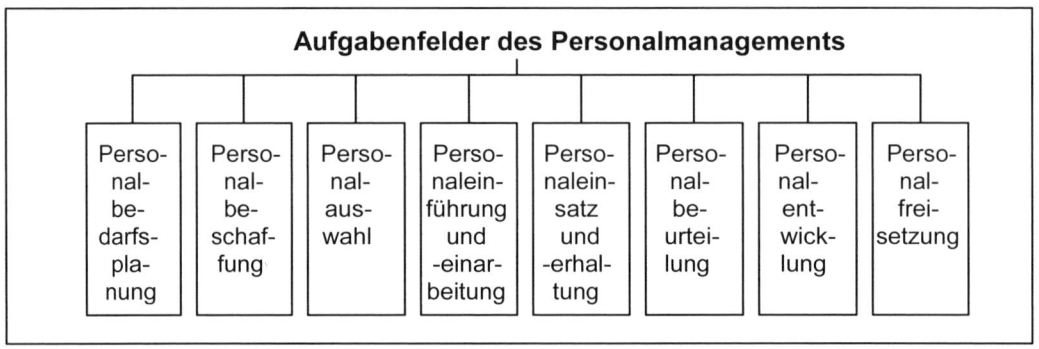

Abb. 1: Aufgabenfelder des Personalmanagements

Mit der **Personalbedarfsplanung** wird der quantitative und qualitative Bedarf an Arbeitsleistung ermittelt. Dabei geht es darum, dass das richtige Personal zum richtigen Zeitpunkt für die notwendige Dauer am richtigen Ort zur Verfügung stehen muss.

Durch die **Personalbeschaffung** wird eine personelle Unterdeckung beseitigt. Sie ermittelt ein Anforderungsprofil und legt fest, ob die Unterdeckung durch interne oder externe Beschaffungsmaßnahmen behoben werden soll. Die Möglichkeiten der Personalbeschaffung reichen von

Überstunden und Versetzungen über Personal-Leasing und den Einsatz von Personalberatern bis zu gezielten Abwerbungen.

Durch die **Personalauswahl** wird derjenige Bewerber ermittelt, der den Stellenanforderungen am besten entspricht. Dazu werden zunächst die Bewerbungsunterlagen analysiert, anschließend folgen Vorstellungsgespräche. Immer mehr Unternehmen setzten zusätzliche Auswahlverfahren wie ein Assessment Center (AC) ein. Mit dem Abschluss des Arbeitsvertrags endet die Auswahlphase.

Danach erfolgt die **Einführung und Einarbeitung** des neuen Mitarbeiters. Er soll möglichst zügig die mit der Stelle verbundenen Aufgaben übernehmen und sich in der neuen Arbeitssituation zurechtfinden. Je schneller und besser es gelingt, den Mitarbeiter fachlich und sozial in das Unternehmen zu integrieren, desto eher steht seine volle Arbeitsleistung zur Verfügung.

Personaleinsatz und -erhaltung befassen sich mit den passenden Anreizen, um den Mitarbeiter zur Leistung zu motivieren. Materielle Anreize sind z.B. das Entgelt für die geleistete Arbeit sowie gesetzliche, tarifliche oder freiwillige Sozialleistungen und Mitarbeiterbeteiligungen. In den letzten Jahren haben immaterielle Anreize zunehmend an Bedeutung gewonnen. Auch die Struktur der Arbeit, die Arbeitszeitgestaltung und der Führungsstil des Vorgesetzten wirken sich leistungsfördernd bzw. leistungshemmend aus.

Bei der **Personalbeurteilung** geht es um die Leistung, das Verhalten und das Potenzial der Mitarbeiter. Sie liegt den Entscheidungen über Entgelt, Personalentwicklung, Beförderung, Versetzung etc. zugrunde. Neben der klassischen Beurteilung durch den Vorgesetzten findet man immer öfter Aufwärtsbeurteilungen, mit denen die Mitarbeiter die Leistungen und das Verhalten ihrer Chefs bewerten. Beurteilungen durch Kollegen, Kunden oder Lieferanten erfolgen hingegen selten.

Unter **Personalentwicklung** versteht man alle Maßnahmen, die dazu dienen, die Qualifikation der Mitarbeiter zu verändern und zu verbessern. Neben den fachlichen Kompetenzen wird auch auf soziale Kompetenz und Methodenkompetenz gesetzt. Dabei stehen nicht nur die aktuellen Aufgaben des Stelleninhabers im Blickfeld, es werden auch künftige Entwicklungen und die sich wandelnden Anforderungen berücksichtigt.

Mit der **Personalfreisetzung** wird eine personelle Überdeckung beseitigt. Dabei kommen interne oder externe Maßnahmen in Betracht. Beispiele sind Einstellungsstopps, vorzeitige Pensionierungen oder Kündigungen. Das Outplacement hat vor allem bei Führungskräften an Bedeutung gewonnen.

Diese Aufgabenfelder können nicht losgelöst voneinander betrachtet werden. Sie sind nicht nur miteinander, sondern auch mit weiteren Aufgabenfeldern des Personalmanagements sowie mit anderen Unternehmensfunktionen verknüpft. Zudem bestehen Beziehungen nach außen, z.B. zum Arbeitsbeschaffungsmarkt und zu Bildungsinstitutionen.

Da das Personalmanagement Teil des Managementprozesses im Unternehmen ist, kann es nicht rein funktionsorientiert gesehen werden, sondern muss auch die strategische, taktische und operative Ebene berücksichtigen.

Das **strategische Personalmanagement** bezieht sich auf das gesamte Unternehmen. Es richtet sich konsequent an den langfristigen Unternehmenszielen aus und betrachtet die Mitarbeiter als

Erfolgspotenzial mit dem Wettbewerbsvorteile erreicht werden und das hilft, den Unternehmenserfolg langfristig zu sichern.[2] Strategische Personalbedarfsermittlung berücksichtigt beispielsweise langfristige Bedarfsverschiebungen und hat einen engen Bezug zum strategischen Produktionsprogramm und zur strategischen Absatzplanung.

Das **taktische Personalmanagement** setzt die vom strategischen Personalmanagement vorgegebene Richtung um. Der Schwerpunkt liegt auf der gezielten Veränderung der Leistungspotenziale von Mitarbeitergruppen. Der zeitliche Rahmen beträgt bis zu ca. fünf Jahre. Beispiele sind die Förderung interkultureller Kompetenzen der mittleren Führungsebene oder die Steigerung des Qualitätsbewusstseins der Facharbeiter.

Beim **operativen Personalmanagement** steht der einzelne Mitarbeiter im Mittelpunkt, es geht also um gezielte personelle Einzelmaßnahmen. Der zeitliche Rahmen beträgt etwa ein Jahr. Zu dieser Ebene gehören beispielsweise ein Führungsseminar für den Abteilungsleiter oder ein Assessment Center, um einen geeigneten Assistenten des Vertriebsleiters zu ermitteln.

1.3 Personalpolitik und Personalplanung als Rahmen der Personalarbeit

1.3.1 Personalpolitik im Kontext der Unternehmenspolitik

Die **Unternehmenspolitik** legt den Rahmen und die Wertmaßstäbe fest, an denen sich die Ziele des Unternehmens und alle Handlungen orientieren. Es handelt sich um Wertaussagen mit Verbindlichkeitscharakter. In ihnen kommen die Einstellungen der Entscheidungsträger des Unternehmens gegenüber dem Wirtschafts- und Gesellschaftssystem, den Mitarbeitern, den Geschäftspartnern, der ökologischen Umwelt, der interessierten Öffentlichkeit etc. zum Ausdruck. Unternehmenspolitik bezieht sich auf alle Bereiche des Unternehmens, man unterscheidet z.B. Finanzpolitik, Produktpolitik, Personalpolitik. Ihren Niederschlag findet sie in der Formulierung von **Unternehmensgrundsätzen**. Auf diese Weise ist eine geschlossene, dauerhafte und konsistente Ausrichtung aller Entscheidungen gewährleistet. Die Unternehmensgrundsätze werden oft in einem **Unternehmensleitbild** zusammengefasst.

Die **Personalpolitik** als Teil der Unternehmenspolitik steht für die grundlegenden, werthaltigen Entscheidungen und Festlegungen, die die Ressource Personal betreffen. Sie ist richtungweisend für die personalwirtschaftliche Aufgabenerfüllung. Als Teil der Unternehmenspolitik legt sie diejenigen Grundsätze fest, auf denen alle personellen Entscheidungen im Unternehmen aufbauen. Personalpolitik wird allgemein formuliert, d.h. sie hat einen geringen Konkretisierungsgrad und ist nicht unmittelbar in Handlungen umsetzbar. Die Konkretisierung erfolgt vielmehr durch die Formulierung von Teilpolitiken für die personalwirtschaftlichen Funktionen und die Umsetzung in planerische Entscheidungen.

---

[2] Vgl. Huf, S. (2006), S. 912 ff.

Als Beispiele für personalwirtschaftliche Teilpolitiken nennt Olfert:[3]

- **Allgemeine Grundsätze**: Sie gelten für alle Bereiche des Unternehmens. Dazu zählt auch die Frage, wie bei der Besetzung von Führungspositionen vorgegangen wird, ob sie beispielsweise grundsätzlich aus den eigenen Reihen rekrutiert werden. Auch die Mitarbeiterbeteiligung, d.h., ob und wie Mitarbeiter am Unternehmenserfolg beteiligt werden, kann grundsätzlich geregelt sein.

- **Grundsätze für Vorgesetzte**: Sie regeln Verhaltensweisen von Vorgesetzen gegenüber ihren Mitarbeitern. Beispiele sind Aussagen zur Vorgehensweise bei Mitarbeiterbeurteilungen und Mitarbeitergesprächen, zur Förderung von Mitarbeitern und zum gewünschten Führungsstil.

- **Grundsätze für die Personalabteilung**: Sie beschäftigen sich damit, wie die Personalabteilung mit den Mitarbeitern umgehen sollte. Beispielsweise gehören dazu Regelungen zum generellen Umgang mit Bewerbern und zu den Fortbildungsmaßnahmen für die Mitarbeiter.

1.3.2 Personalpolitik als Grundlage der Personalplanung

Bei der **Personalplanung** – wie sie hier verstanden wird – handelt es sich um alle Entscheidungen, die das zukünftige Geschehen auf allen Aufgabenfeldern des Personalmanagements bestimmen und vorbereiten. Sie können sich beispielsweise auf den Bedarf, die Beschaffung, den Einsatz, die Entwicklung oder die Freisetzung von Mitarbeitern beziehen. Die Personalplanung richtet sich an den personalpolitischen Grundsätzen aus und legt darauf aufbauend bestimmte Ziele fest. Sie ermittelt mögliche Handlungsalternativen und untersucht, welche unter den gegebenen Bedingungen die beste ist. Personalpolitik und Personalplanung gehen ineinander über und sind oft nicht genau abgrenzbar.

Der Begriff Personalplanung ist in der Praxis und in der Literatur nicht eindeutig definiert. Bestimmend ist aber immer, dass es sich nicht um Ad-hoc-Maßnahmen handelt, sondern dass künftige personelle Aktionen systematisch vorbereitet werden.

Eine sehr viel engere Fassung als die hier gewählte, setzt Personalplanung mit der Personalbedarfsermittlung gleich. Sie erfolgt in Abhängigkeit von anderen Teilplanungen wie Finanz-, Investitions-, Produkt- und Marketingplanung als reine Vorausberechung des Bedarfs an Arbeitskräften.

Etwas weiter ist der Begriff ausgelegt, wenn er mit der Bedarfsdeckungsplanung gleichgesetzt wird. Hier geht es darum, dass der festgestellte Personalbedarf zur Verfügung gestellt wird und weder eine Unter- noch eine Überdeckung auftritt. Ziele setzt eine solche Personalplanung nicht. Den engen Begriffsauslegungen soll hier nicht gefolgt werden.

Personalplanung muss vielmehr darauf gerichtet sein,

- Informationen für alle personalwirtschaftlichen Problemstellungen zu erheben und sie entscheidungsrelevant aufbereitet zur Verfügung zu stellen,

---

[3] Vgl. Olfert, K. (2005), S. 37 f.

- Chancen und Risiken personalwirtschaftlicher Handlungsalternativen abzuwägen,
- Folgen personalwirtschaftlicher Maßnahmen zu prognostizieren und
- personalwirtschaftliche Handlungen und Systeme zu bewerten.[4]

1.4 Organisatorische Aspekte des Personalmanagements

Die zunehmende Bedeutung des Personalmanagements führt zu drei Entwicklungstrends bei ihrer organisatorischen Gestaltung. Einerseits verändert sich die hierarchische Stellung der Personalabteilung im Unternehmen. Andererseits muss über die sinnvolle inhaltliche Gliederung der personalwirtschaftlichen Funktionen innerhalb der Personalabteilung nachgedacht werden. Zum Dritten gilt es, die Aufgabenteilung zwischen der Personalabteilung und den anderen Trägern des Personalmanagements zu überdenken.

1.4.1 Eingliederung der Personalabteilung in die Unternehmenshierarchie

Viele Unternehmen messen der Personalabteilung heute einen höheren Stellenwert als noch vor einigen Jahren zu. Je höher sie die strategische Bedeutung des Personalmanagements bewerten, desto höher sind Personalleiter in der Hierarchie angesiedelt.

In **Kleinunternehmen** existiert wegen des geringen Aufgabenumfangs in der Regel keine eigenständige Personalabteilung, meist gibt es nur eine Personalstelle für administrative Verwaltungsaufgaben. Die anderen personalwirtschaftlichen Aufgaben werden vom Eigentümer oder dem kaufmännischen Leiter wahrgenommen. Das bedeutet, dass sie in die Unternehmensleitung integriert sind. In **mittleren Unternehmen** ist es bisher eher die Regel, die Personalabteilung auf der Ebene unterhalb des kaufmännischen Geschäftsführers oder des Vorstands anzusiedeln, also auf der zweiten Hierarchieebene. Abb. 2 verdeutlicht dies.

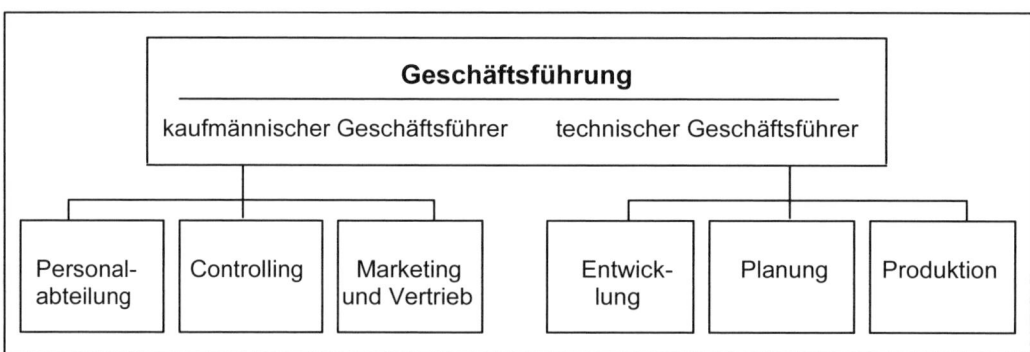

Abb. 2: Eingliederung der Personalabteilung auf der zweiten Hierarchieebene

Häufig wird die Personalabteilung auch – wie in Abb. 3 dargestellt – einer Verwaltungsabteilung unterstellt. Außerdem kommen öfters Zusammenfassungen mit anderen Abteilungen vor. Die Abteilung Personal- und Rechnungswesen gliedert sich z.B. in Personalabteilung, Rechnungswe-

---

[4] Vgl. Berthel, J., Becker, F.G. (2003), S. 122.

sen und Organisation. In beiden Fällen wird die Personalabteilung auf die dritte Hierarchieebene verweisen.

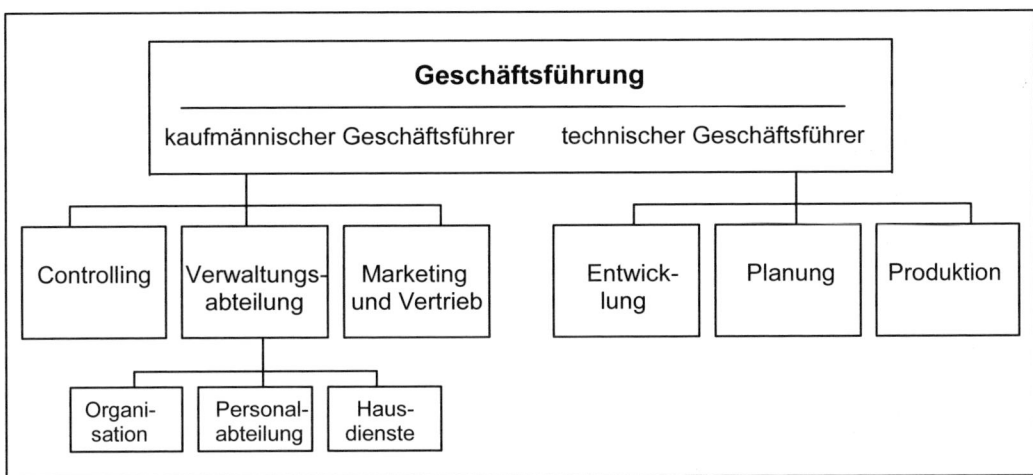

Abb. 3: Eingliederung der Personalabteilung auf der dritten Hierarchieebene

In **Großunternehmen** ist die Personalabteilung meist in der obersten Hierarchieebene als eigener Leitungsbereich im Vorstand oder in der Geschäftsführung vertreten. Zumindest ist sie auf der Ebene darunter angesiedelt.

In Unternehmen mit einer **Spartenorganisation**, die nach Objektbereichen anstelle von Funktionsbereichen strukturiert sind, hat in der Regel jede Sparte eine eigene Personalabteilung. Bestimmte strategische Aufgaben des Personalmanagements werden jedoch einheitlich zusammengefasst und einer Zentralabteilung Personal zugewiesen. Diese ist direkt der obersten Hierarchieebene unterstellt bzw. ist selbst ein Teil der Unternehmensleitung. Die Führungskräfteauswahl und -entwicklung sowie die Förderung von High Potentials sind häufig dort angesiedelt. Auch die grundsätzlichen Gehaltsstrukturen werden in der Zentralabteilung festgelegt. Oft gliedert man alle personalwirtschaftlichen Aufgaben, die mit Leistenden Angestellten zu tun haben, aus den Sparten aus und überträgt sie der Zentralabteilung. Abb. 4 zeigt ein Beispiel.

Bei **Matrixorganisationen** ist die Zentrale Personalabteilung direkt der obersten Hierarchieebene unterstellt. Gleichzeitig gibt es in den verschiedenen Geschäftsbereichen jeweils eigene Personalabteilungen. Das grundsätzliche Problem der Matrixorganisation, die Kompetenzabgrenzung zwischen funktions- und objektorientierten Managern, ist auch beim Personalbereich nicht gelöst. Die Zentrale Personalabteilung ist als vorgesetzte Instanz gegenüber den Personalabteilungen in den Geschäftbereichen entscheidungs- und weisungsbefugt. Diese sind gleichzeitig den Leitern der Geschäftsbereiche unterstellt, die – gleichberechtigt mit der Zentralen Personalabteilung – ebenfalls direkte Entscheidungs- und Weisungsbefugnis besitzen. Die zwangsläufig entstehenden Kompetenzkonflikte sollen durch Kooperation und Kommunikation gelöst werden. Ein Beispiel für die Eingliederung des Personalmanagements in einer Matrixorganisation zeigt Abb. 5.

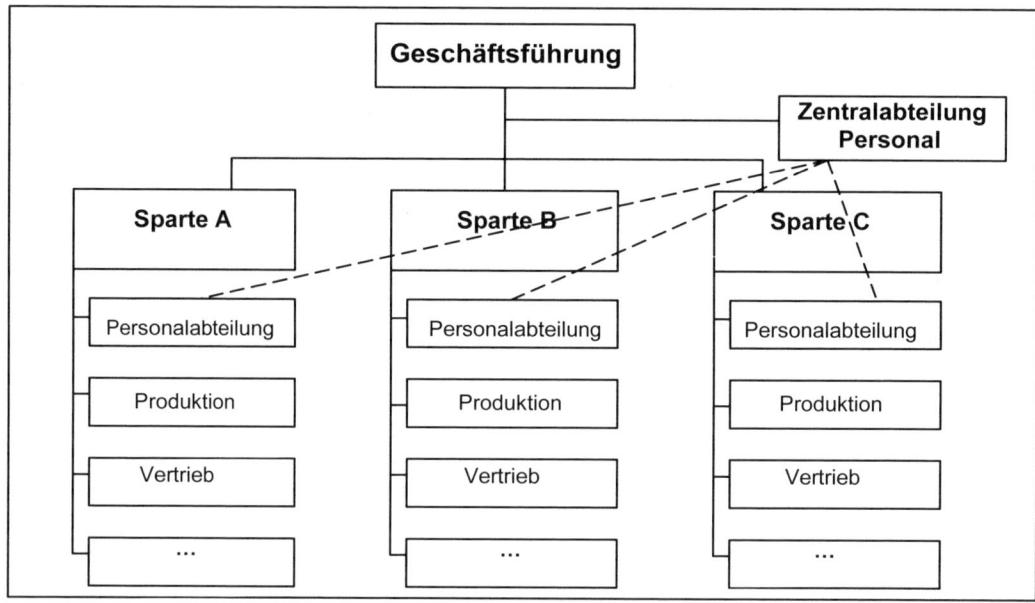

Abb. 4: Eingliederung der Personalabteilung in einer Spartenorganisation

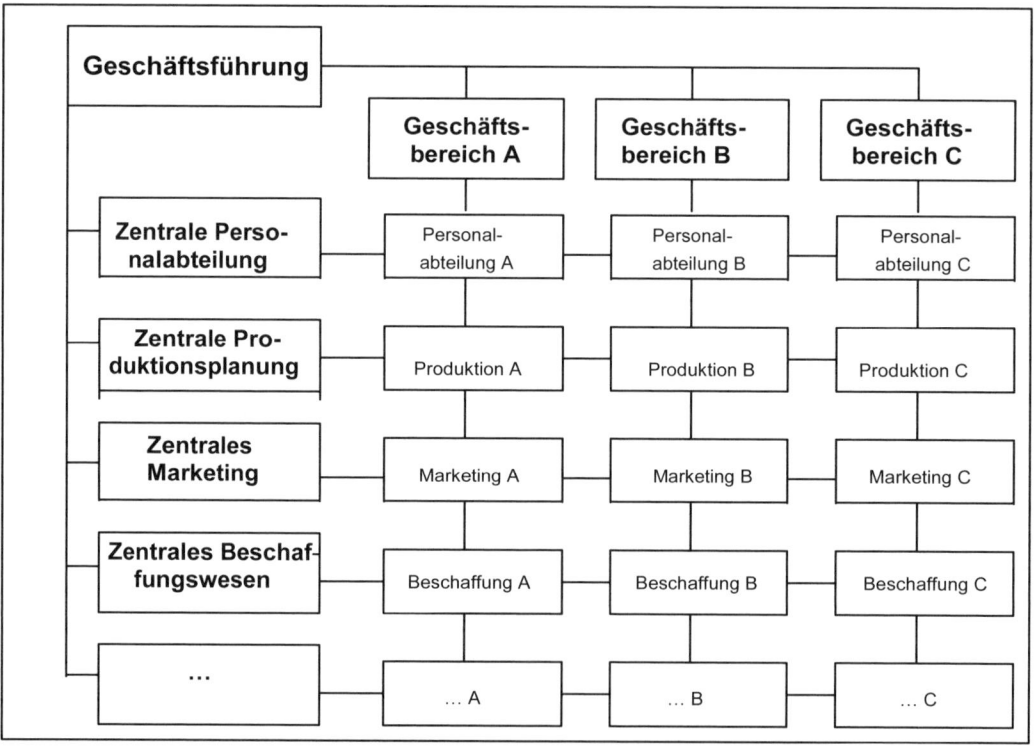

Abb. 5: Eingliederung der Personalabteilung in der Matrixorganisation

1.4.2 Inhaltliche Gliederung der personalwirtschaftlichen Aufgaben

1.4.2.1 Funktionale und objektorientierte Ausrichtung

Bei der **Innenstrukturierung** der Personalabteilung geht es um die Verteilung der personalwirtschaftlichen Aufgaben auf Unterabteilungen oder Stellen innerhalb der Personalabteilung. Grundsätzlich geschieht dies nach den Prinzipien der Zentralisation und Dezentralisation. Unter Zentralisation versteht man die Zusammenfassung gleichartiger Aufgaben zu einer organisatorischen Einheit. Dezentralisation meint die Verteilung gleichartiger Aufgaben auf verschiedene Einheiten. Die beiden wichtigsten Strukturierungskriterien sind Verrichtung und Objekt. Die Zentralisation nach Verrichtungen und gleichzeitig Objektdezentralisation führt zu einer **funktionalen Gliederung**. Umgekehrt erhält man bei der Zentralisation nach Objekten und Verrichtungsdezentralisation eine **objektbezogene Gliederung** innerhalb der Personalabteilung.

Die funktionale Gliederung ist die klassische Form der Strukturierung. Die sich ergebenden Teilaufgaben werden jeweils für alle Personalgruppen wahrgenommen. Ein Beispiel findet sich in Abb. 6.

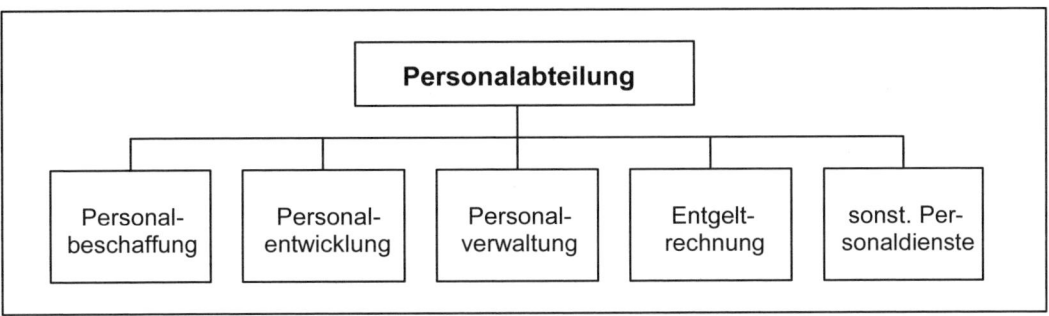

Abb. 6: Funktionale Gliederung der Personalabteilung

Die **funktionale Gliederung** führt zur Spezialisierung der Aufgabenträger in der Personalabteilung und damit zur Effizienzsteigerung. Oft sind die einzelnen Organisationseinheiten noch weiter untergliedert, die Personalentwicklung z.B. in Ausbildung, innerbetriebliche und externe Weiterbildung und Personalentwicklung für Führungskräfte.

Für die Mitarbeiter und Führungskräfte ergibt sich das Problem, dass sie mehrere Ansprechpartner haben. Bei Fragen zur Entgeltabrechnung müssen sie sich an eine bestimmte Stelle wenden, wenn sie Informationen zur Weiterbildung haben möchten, ist eine andere Stelle zuständig, und bei der Reisekostenabrechnung haben sie erneut einen anderen Ansprechpartner. Auf diese Weise wird sich kaum ein Vertrauensverhältnis entwickeln.

Die Zuordnung von Funktionsbereichen auf einzelne Stellen führt zu gleichförmigen Aufgaben innerhalb der Personalabteilung, was schnell demotivierend wirken kann. Außerdem gibt es kaum einen Mitarbeiter, der den gesamten Personalbereich kennt. Je stärker sich die einzelnen Organisationseinheiten abschotten, desto weniger dürfte es gelingen, eine einheitliche Personalpolitik zu verwirklichen.

Für eine **objektbezogene Gliederung** der Personalabteilung kommen Mitarbeitergruppen oder Unternehmensbereiche als Objekte in Frage. Die einzelnen Organisationseinheiten erfüllen alle personalwirtschaftlichen Funktionen für ihr Objekt. Da die Unterabteilungen weitgehend unabhängig voneinander arbeiten, erfolgt die Koordination durch den Personalleiter. Zum Teil übernimmt er ausgewählte Aufgabenkomplexe vollständig, z.B. Einstellung und Kündigung. Die Abbildungen 7 und 8 zeigen Beispiele.

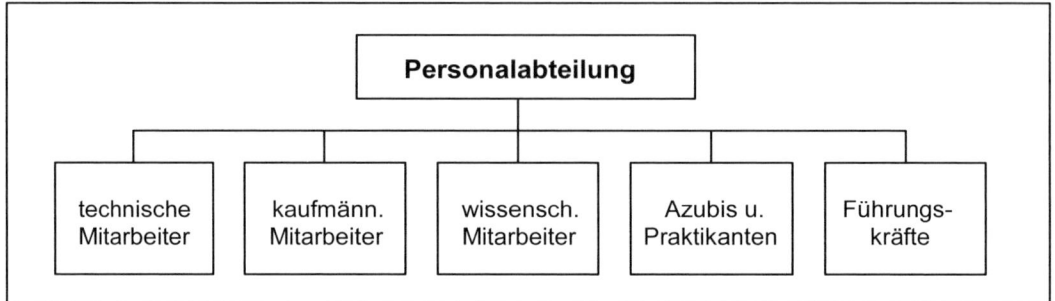

Abb. 7: Objektorientierte Gliederung der Personalabteilung nach Mitarbeitergruppen

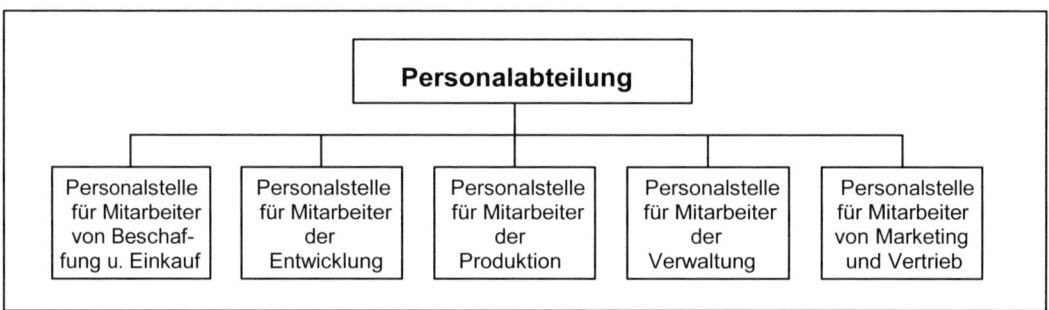

Abb. 8: Objektorientierte Gliederung nach Unternehmensbereichen

Vorteilhaft an einer Objektzentralisation ist vor allem die konsequente Kundenorientierung, bezogen auf die Personalabteilung also die Orientierung an den Führungskräften und Mitarbeitern. Der einzelne Arbeitnehmer hat einen festen Ansprechpartner, der für alle seine Fragen zuständig ist.

Abwechslungsreiche Aufgaben führen zu größerer Motivation bei den Mitarbeitern der Personalabteilung, erfordern aber auch eine umfangreichere Qualifikation. Durch die große Eigenständigkeit der Unterabteilungen besteht die Gefahr, dass die Personalarbeit nicht einheitlich ausgerichtet ist.

Sowohl bei der funktionalen als auch bei der objektorientierten Gliederung können bestimmte, besonders wichtige Aufgaben aus dem allgemeinen Schema ausgegliedert und in einer eigenen Stelle, die der Personalleitung direkt unterstellt ist, zusammengefasst werden. Das bietet sich z.B. bei Rechtsfragen an, die dann nach einer einheitlichen Vorgehensweise von Spezialisten bearbeitet werden. Die anderen Unterabteilungen wenden sich bei Bedarf an diese Einheit.

1.4.2.2 Weitere Entwicklungen bei der Aufgabenverteilung

Zur sinnvollen Aufgabenteilung zwischen der Personalabteilung und den anderen Trägern des Personalmanagements sind in den letzten Jahren einige interessante Ansätze entwickelt worden.

Auch über den Beitrag der Personalabteilung zur Wertschöpfung des Unternehmens wird viel diskutiert. Die folgenden Ausführungen behandeln

- Personalreferentensysteme,
- die virtuelle Personalabteilung,
- das Outsourcing im Personalbereich und
- die Personalabteilung als Wertschöpfungs-Center.

Personalreferentensysteme dezentralisieren die personalwirtschaftlichen Aufgaben. Die Mitarbeiter einer Unternchmenssparte oder eines Werkes werden von eigenen Personalreferenten vor Ort betreut. Diese sind funktionsübergreifend qualifiziert und beherrschen den gesamten Bereich der personalwirtschaftlichen Aufgaben. Sie übernehmen außerdem eine **Mittlerposition** zwischen Führungskräften und Personalabteilung. Die Führungskräfte sind primär für den Mitarbeitereinsatz, die Kommunikation in ihren Abteilungen, die Aufgabeneinteilung und die Zielvereinbarungen sowie die Mitarbeiterführung zuständig. Von den Personalreferenten werden sie durch personalwirtschaftliche Instrumentarien und Methoden bei der Umsetzung dieser Aufgaben unterstützt.

Obwohl die Personalreferenten nicht in der Personalabteilung arbeiten, sind sie dort fachlich und disziplinarisch zugeordnet. Auf diese Weise bleibt die Einheitlichkeit der Personalpolitik über die verschiedenen Sparten hinweg gewahrt. Die Zentrale Personalabteilung unterstützt ihre Referenten und übernimmt bereichsübergreifende Aufgaben. Sie erarbeitet personalpolitische Strategien und Konzepte, ist für Personal-Controlling und Rechtsfragen zuständig und steuert die Personalreferenten nach einer einheitlichen Linie. Durch die Einführung von Personalreferentensystemen ist gewährleistet, dass Mitarbeiter und Vorgesetzte vor Ort fachlich bestmöglich betreut werden und einen eigenen Ansprechpartner haben, der durch intensiven Kontakt mit der Zentrale die strategische Ausrichtung und die Erfüllung von Sonderaufgaben sicherstellt.

Virtuelle Personalabteilungen gibt es in der Praxis bislang nicht, obwohl das Konzept in der Fachliteratur ausführlich diskutiert wird.[5] Ihr wesentliches Merkmal ist die vollkommene Dezentralisierung aller personalwirtschaftlichen Aufgaben. Sachbearbeiter und Führungskräfte in den verschiedenen Unternehmensbereichen werden entsprechend umfangreich weitergebildet und übernehmen diese Aufgaben zusätzlich. Daneben gibt es eventuell einen Personalmanager für die Koordination und strategische Orientierung.

Die Beteiligten benötigen eine hoch entwickelte Informations- und Kommunikationstechnologie, mit deren Hilfe sie regelmäßig in Kontakt stehen und ein **Netzwerk** bilden. Je besser die Kommunikation ist, desto eher wird die zentrale Personalmanagerstelle überflüssig. Problematisch an diesem Konzept ist zunächst die notwendige technische Ausstattung, die als integrative Klammer unerlässlich ist. Sofern sie vorhanden ist, muss ihrer Wartung größte Bedeutung beigemessen werden, da sie das einzige Kontaktmittel der personalwirtschaftlichen Entscheidungsträger ist. Ein weiteres Problem ist die notwendige Kompetenz und das Interesse der Beteiligten, da sie ihre personalwirtschaftlichen Aufgaben gewissermaßen nebenbei erledigen. Ihr Hauptaugenmerk gilt den eigentlichen Aufgabenstellungen ihrer Abteilung. Personalwirtschaftliche Funktionen haben also nur nachrangige Priorität.

---

[5] Vgl. z.B. Scholz, C. (2000 a), S. 208 ff.

Die Vergabe von Dienstleistungsaufträgen an externe Stellen konzentriert sich bei personalwirtschaftlichen Aufgaben bislang vornehmlich auf administrative und operative Bereiche. Typische Beispiele für ein **Outsourcing** sind die Entgeltabrechnung, die Gesundheitsfürsorge und das Betreiben der Kantine. Es ist jedoch ein Trend erkennbar, weitere (anspruchsvollere) Aufgaben auszulagern, z.B. die Personalbeschaffung und -auswahl sowie Teile der Personalentwicklung. Dabei ist allerdings darauf zu achten, dass das Unternehmen keine **Kernkompetenzen** verliert,[6] insbesondere

- das Aufstellen von Grundsätzen zur Sicherung einer zukunftsorientierten Personalpolitik,
- die einheitliche Handhabung aller Personalmarketing-Instrumente,
- die Beratung der Unternehmensleitung und der Führungskräfte,
- die Vermittlung zwischen Führungskräften und Betriebsrat,
- das Aufstellen von Richtlinien für die verschiedenen Funktionsbereiche des Personalmanagements,
- das Sicherstellen, dass die gesetzlichen Vorschriften zur Arbeitssicherheit und betriebsärztlichen Versorgung eingehalten werden.

Alle anderen personalwirtschaftlichen Aufgaben stehen auf dem Prüfstand. Die Make-or-buy-Frage stellt sich immer dann, wenn diese von anderen Unternehmen oder Ausgründungen besser bzw. kostengünstiger erfüllt werden können.

Ein weiterer häufig diskutierter Ansatz ist das **Wertschöpfungs-Center**-Konzept. Die Personalabteilung wird als ein Zentrum angesehen, das einen Beitrag zur Wertschöpfung des Unternehmens zu leisten hat. Dazu teilt man die Personalabteilung zunächst in die drei Bereiche Cost-Center, Service-Center und Profit-Center. Anschließend werden alle personalwirtschaftlichen Aufgaben einem der drei Center zugeteilt.

Das **Cost-Center** umfasst alle Funktionen, die aus rechtlichen Gründen nicht ausgelagert werden können, sowie die personalwirtschaftlichen Kernkompetenzen. Außerdem sind hier all diejenigen Aufgaben angesiedelt, die das Unternehmen nicht auslagern will, etwa aufgrund der Unternehmenspolitik und -kultur. Die Leistungen des Cost-Centers sind interne Leistungen, die nicht oder nicht in dieser Art über den externen Markt beziehbar sind. Ihre Kosten werden mittels Umlageschlüsseln im Rahmen der innerbetrieblichen Leistungsverrechnung auf die anderen Hilfs- und Hauptkostenstellen verteilt.

Alle Aufgaben, die interne Service-Leistung der Personalabteilung sind, gehören in das **Service-Center**. Die Leistungen sind zwar prinzipiell marktfähig, die Abteilungen müssen sie jedoch von ihrer eigenen Personalabteilung beziehen. Die entstehenden Kosten werden später der verursachenden Abteilung direkt zugerechnet. Haben die Leistungen nicht die gewünschte Qualität oder sind die Kosten zu hoch, wird von der Unternehmensleitung darüber entschieden, ob ein Outsourcing zu besseren Ergebnissen führt.

---

[6] Vgl. Scholz, C. (2004), S. 16; Jung, H. (2005), S. 47 f.

Profit-Center werden bislang relativ selten gebildet.[7] Ihnen werden die personalwirtschaftlichen Aufgaben zugeordnet, mit denen die Personalabteilung selbst auf dem externen Markt auftritt. So erbringt z.B. die Lufthansa Flight Training GmbH Schulungsmaßnahmen für Mitarbeiter des Konzerns und für das Pflegepersonal privater Krankenhäuser. Die Leistungen werden den Externen zu marktüblichen Preisen angeboten. Intern erfolgt die Verrechnung in der Regel auf Selbstkostenbasis. Die Profit-Center arbeiten nach außen gewinnorientiert und leisten damit einen Beitrag zur Deckungsbeitragsmaximierung des Unternehmens.

Diese Entwicklungen machen deutlich, dass eine professionalisierte und an unternehmerischem Denken ausgerichtete Personalarbeit immer mehr an Bedeutung gewinnt.

1.5 Informationssysteme als Grundlage des Personalmanagements

Von den im Personalmanagement eingesetzten Informationssystemen werden hier

- die Personalverwaltung,
- die DV-gestützten Personalinformationssysteme und
- das Personal-Controlling

angesprochen.

Die **Personalverwaltung** fasst alle administrativen, routinemäßigen personalwirtschaftlichen Tätigkeiten zusammen. Am wichtigsten sind

- **beschaffungsbezogene Aufgaben** wie administrative Arbeiten im Zusammenhang mit Stellenausschreibungen und Bewerbungen, Korrespondenz mit Bewerbern, Ausfertigung des Arbeitsvertrags, Meldung bei den Sozialversicherungsträgern

- **einsatzbezogene Aufgaben** wie Unterstützung bei der Einarbeitung, Abwicklung der Probezeit, Abwicklung von Auslandseinsätzen sowie von Versetzungen und Beförderungen

- **entgeltbezogene Aufgaben** wie Ermittlung des Brutto- und Nettoentgelts, Auszahlungen an die Mitarbeiter, Meldungen an Finanzämter, Abführen der Sozialversicherungsbeiträge, Abwicklung von Um- oder Höhergruppierungen

- **betreuungsbezogene Aufgaben** wie Verteilung von Informationen und Rundschreiben, Abwicklung des Arbeitsschutzes und Gesundheitsdienstes, Betreiben von Personalverkaufsstellen, Freizeit- und Kulturveranstaltungen, Entgegennahme von Anregungen und Beschwerden, organisatorische Abwicklung der Personalbeurteilungen

- **personalentwicklungsbezogene Aufgaben** wie Zusammenstellung von Bildungsangeboten, Führen der Personalentwicklungsdateien, Versorgung der Führungskräfte und Mitarbeiter mit entsprechenden Informationen, Anmeldung und Abrechnung von Bildungsmaßnahmen

---

[7] Vgl. zu den Kernmerkmalen eines Profit-Centers Steinle, C., Krummaker, S., (2004), Sp. 1190 f.

- **freistellungsbezogene Aufgaben** wie Ausfertigung von Abmahnungen und Kündigungsschreiben, Abwicklung der notwendigen Maßnahmen bei Kurzarbeit, Bestätigung arbeitnehmerseitiger Kündigungen, Ausfertigung von Arbeitszeugnissen, Bereitstellung der Arbeitspapiere

Um eine effiziente Personalverwaltung zu erzielen, müssen die personalwirtschaftlichen Informationen permanent aufbereitet und aktualisiert werden. Zum notwendigen **Datengerüst** gehören:[8]

- **Personenbezogene Daten**: Darunter versteht man alle Informationen, die die gesamte Belegschaft oder einen Teil davon betreffen, z.B. Personalbestand, Fluktuationsrate, Krankenstand, Urlaubslisten, Alters- und Qualifikationsstruktur.

- **Stellenbezogene Daten**: Sie geben Auskunft über die einzelnen Stellen im Unternehmen, z.B. über die Anforderungen einer Stelle, das Qualifikationsprofil des Stelleninhabers oder die Zuordnung der Stelle zu einer Abteilung.

- **Entgeltbezogene Daten**: Dazu gehören z.B. die Tarifgruppen der Mitarbeiter, die Mitarbeiterquoten in den einzelnen Entgeltgruppen, die Entgeltbeträge, die Sonderzahlungen an einzelne Mitarbeiter oder -gruppen und die Personalnebenkosten.

- **Marktbezogene Daten**: Hierunter versteht man Kennzahlen zur Konkurrenzsituation, z.B. die Marktentwicklung, die Stellung auf dem Arbeitsbeschaffungsmarkt, das interne und externe Unternehmensimage und Einschätzungen bzgl. der Konkurrenz.

- **Produktionsbezogene Kennzahlen**: Sie betreffen zum einen die Leistungserstellung des Unternehmens wie Veränderungen der Produktivität oder der Arbeitsorganisation. Zum anderen geht es um die Leistung der Personalarbeit, z.B. um die Zufriedenheit der Mitarbeiter und Vorgesetzten mit den Dienstleistungen, die ihnen von der Personalabteilung zur Verfügung gestellt werden.

Zur Bewältigung der großen Datenmengen stehen mehrere Instrumente zur Verfügung. Hierzu gehören Personalakten, Personalkarteien und -dateien sowie Personalhandbücher. Für jeden Mitarbeiter wird eine **Personalakte** angelegt. Sie enthält Informationen über persönliche Daten, vertragliche Vereinbarungen, seine Aufgaben, entgeltbezogene Informationen, Urlaubs- und Krankheitstage und den Schriftverkehr. Während Personalakten einen ausführlichen Überblick geben, enthalten **Personalkarteien** eine stichwortartige Übersicht über nützliche Informationen. Sie werden heute in der Regel nicht mehr in Form von Karteikarten, sondern elektronisch als **Personaldateien** geführt. Von besonderer Bedeutung sind **Personalstammdateien**, welche die wichtigsten Informationen über einen Mitarbeiter enthalten. **Arbeitsplatzstammdateien** fassen Daten über die Stelle, die Anforderungen, die aktuelle Besetzung und die Beurteilungsmerkmale zusammen. In **Führungsdateien** werden Informationen über die Gesamtheit der Mitarbeiter und über verschiedene Mitarbeitergruppen gesammelt. Diese werden meist zu statistischen Zwecken herangezogen wie der Ermittlung von Fluktuationsraten, Personalkosten oder Überstunden. **Personalhandbücher** sind Nachschlagewerke, in denen die Richtlinien und Regeln, die das Personal betreffen, gesammelt werden. Sie grenzen den Handlungsspielraum ein und dienen als Entscheidungsgrundlage. Auch **Formulare und Textbausteine** gehören zum Handwerkszeug der

---

[8] Vgl. Jung, H. (2005), S. 644.

Personalverwaltung, z.B. Reisekostenformulare, Urlaubsanträge oder Textbausteine für Briefe an Bewerber oder für Arbeitszeugnisse. Außerdem werden **statistische Auswertungen** über Personalstruktur, Personalbewegungen, Personalaufwand sowie Arbeits- und Ausfallzeiten durchgeführt.

Die Daten von aktiven und ehemaligen Mitarbeitern werden in der Regel getrennt aufbewahrt.

Der Einsatz eines **DV-gestützten Personalinformationssystems** ermöglicht einen schnellen und zielgerichteten Zugriff. Dabei handelt es sich um ein System, mit dem man, alle entscheidungsrelevanten Daten über das Personal vollständig und geordnet erfassen, speichern, verwalten, sortieren und auswerten kann. Die Führungskräfte, die Mitarbeiter der Personalabteilung und ggfs. der Betriebsrat werden jederzeit mit allen notwendigen Informationen, die bereits entscheidungsrelevant aufbereitet sind, versorgt. Personalinformationssysteme sind oft Bestandteile eines Gesamtinformationssystems über alle betrieblichen Bereiche. Durch die Vernetzung mit anderen Teilen des Systems erhöht sich die Aussagekraft der Informationen und die Basis für Entscheidungen wird noch einmal deutlich verbessert.

Wenn es darum geht, die Aufgaben des Personalmanagements effektiver zu gestalten, ist das **Personal-Controlling** von besonderer Bedeutung. Es dient dazu, die Planung, Steuerung und Kontrolle personalwirtschaftlicher Prozesse auf den wirtschaftlichen Erfolg des Unternehmens auszurichten.[9] Es ist ein integrativer Bestandteil des Unternehmenscontrollings. Bei der Aufgabenerfüllung greift es unter anderem auf die Daten des Personalinformationssystems zurück.

Das Personal-Controlling verknüpft die einzelnen Funktionen des Personalmanagements und stellt den Zusammenhang zwischen Personalplanung und -kontrolle her. Außerdem soll es die strategische Wirkung von personalwirtschaftlichen Entscheidungen analysieren sowie für den Personalbereich relevante Umweltveränderungen rechtzeitig erkennen und helfen, Anpassungsstrategien festzulegen. Auch die Auswirkungen von neuen strategischen Zielen des Unternehmens werden analysiert. Des Weiteren besteht die Aufgabe des Personal-Controllings darin, Instrumente zu entwickeln, mit deren Hilfe die Wirkungen der Personalarbeit auf den Erfolg des Unternehmens abschätzbar sind. Es dient zudem als Frühwarnsystem, um personelle Engpässe und deren Auswirkungen auf die Verwirklichung strategischer Bereichspläne zu erkennen.[10]

Das Personal-Controlling dient also der Integration und der Koordination. Neben der prognostizierenden hat es auch analysierende und beratende Funktion. Es ist engpass- und zielgruppenorientiert.

Das Personal-Controlling arbeitet mit einer breiten **Palette betriebswirtschaftlicher Instrumente**. Die bedeutendsten sind Mitarbeiterbefragungen, Personalbeurteilungen, Soll-Ist-Vergleiche, Szenario-Technik, Früherkennungssysteme, Human-Resources-Portfolios, Stärken-Schwächen-Analysen, Management Audits, Personalkostenstrukturanalysen, Target Costing, Wertvergleichsanalysen, Kennzahlensysteme, Sozialbilanzen, Benchmarking und die Balanced Scorecard.[11]

---

[9] Vgl. Wunderer, R. (2000), S. 298 ff.; Bühner, R. (2005), S. 340.

[10] Vgl. Oechsler, W.A. (2000), S. 191.

[11] Vgl. Jung. H. (2005), S. 936 ff.; Oechsler, W.A. (2000), S. 195 ff.; Bühner, R. (2005), S. 343 ff.

1.6 Personalmanagement und Recht

Das Arbeitsrecht regelt die Beziehungen zwischen Arbeitgebern und Arbeitnehmern und bildet den rechtlichen Rahmen für das Personalmanagement. Es gliedert sich in individuelles und kollektives Arbeitsrecht. Beide bestehen aus einer umfangreichen Sammlung von Gesetzen und Verordnungen. Ein einheitliches Arbeitsgesetzbuch gibt es nicht. Einen Überblick gibt Abb. 9.

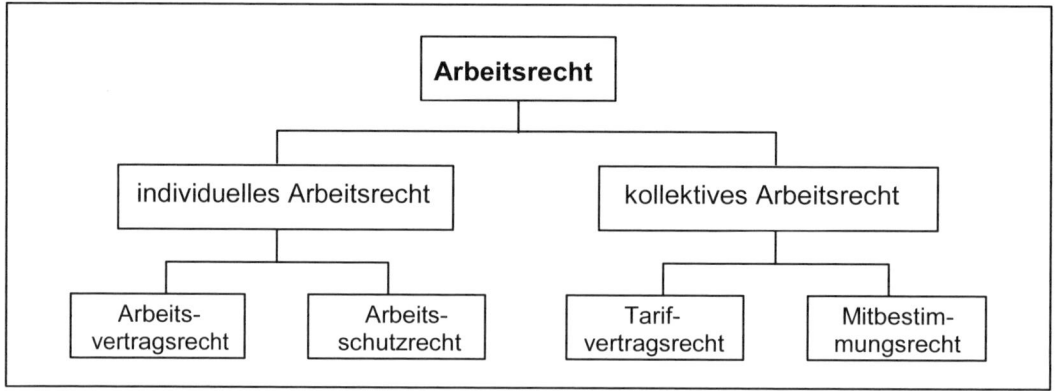

Abb. 9: Rechtsgrundlagen des Personalmanagements

Das **individuelle Arbeitsrecht** befasst sich mit den Beziehungen zwischen dem einzelnen Arbeitgeber und dem einzelnen Arbeitnehmer. Es besteht aus dem Arbeitsschutzrecht und dem Arbeitsvertragsrecht. Das **kollektive Arbeitsrecht** regelt die Rechtsverhältnisse zwischen den Sozialpartnern. Es gliedert sich in das Tarifvertrags- und das Mitbestimmungsrecht.

Das **Arbeitsvertragsrecht** beschäftigt sich mit dem individuellen Arbeitsvertrag. Es umfasst im Wesentlichen Vorschriften zum Dienstvertrag, zum Schuldrecht und zur Beendigung von Arbeitsverhältnissen aus dem Bürgerlichen Gesetzbuch (BGB), dem Handelsgesetzbuch (HGB) mit den Bestimmungen für Handlungsgehilfen und Handlungslehrlinge und aus der Gewerbeordnung (GewO) über die Stellung des Arbeitnehmers. Aus dem Arbeitsvertrag resultieren für den Arbeitnehmer und den Arbeitgeber bestimmte Pflichten.

Beispiele für Arbeitgeberpflichten sind:

- Entgeltzahlungspflicht
- Pflicht, Urlaub zu gewähren
- Fürsorgepflicht
- Zeugnisausstellungspflicht

Arbeitnehmerpflichten sind z.B.:

- Arbeitspflicht
- Gehorsamspflicht
- Haftungspflicht
- Treuepflicht

Das **Arbeitsschutzrecht** umfasst allgemeine Vorschriften für alle Arbeitnehmer und Sondervorschriften für einzelne Arbeitnehmergruppen. Es geht darum, dem Arbeitnehmer als dem wirtschaftlich und sozial schwächeren Partner des Arbeitsvertrages besonderen Schutz zu gewähren. Sowohl der Schutz vor Gefahren in der betrieblichen Arbeitssituation und der Unfallschutz als auch der soziale Schutz des Arbeitnehmers sind geregelt.

Regelungen, die die Gesamtheit der Mitarbeiter schützen sollen, sind u.a. die Arbeitsstättenverordnung (ArbStättVO), das Gerätesicherheitsgesetz (GSG), die Gewerbeordnung (GewO), das Arbeitszeitgesetz (ArbZG), das Bundesurlaubsgesetz (BUrlG), das Gesetz zur Betrieblichen Altersversorgung (BetrAVG) und das Kündigungsschutzgesetz (KSchG). Der Schutz Arbeitnehmergruppen ist z.B. im Mutterschutzgesetz (MuSchG), im Jugendarbeitsschutzgesetz (JArbSchG) und im SGB IX zum Schwerbehindertenrecht geregelt.

Zum Teil werden auch gesetzliche Regelungen zur Unfall-, Kranken-, Renten-, Arbeitslosen- und Pflegeversicherung zum Arbeitsschutzrecht gezählt, da es als staatliches Auffangnetz für die Widrigkeiten des Arbeitslebens dient.[12]

Das **Tarifvertragsrecht** bildet die rechtliche Grundlage für Tarifverträge und die Durchführung von Arbeitskampfmaßnahmen. Tarifverträge sind schriftliche Vereinbarungen zu den Rechten und Pflichten der Tarifparteien. Sie werden entweder als Verbandstarifvertrag zwischen Arbeitgeberverbänden und Gewerkschaften oder als Haustarifvertrag zwischen einem einzelnen Arbeitgeber und einer Gewerkschaft geschlossen. Inhaltlich unterscheidet man drei Arten von Tarifverträgen. Der Entgelttarifvertrag ist kurzfristig angelegt und enthält Regelungen zur Vergütung, beispielsweise der Erhöhung des Ecklohns. Rahmentarifverträge regeln die Lohnarten und die Eingruppierung der Stellen zu Entgeltgruppen. Manteltarifverträge enthalten insbesondere Festlegungen zu Arbeitszeiten, Urlaubsdauer und Kündigungsfristen. Sie sind wie die Rahmentarifverträge längerfristig ausgerichtet.

Bei den **Mitbestimmungsrechten** geht es um Regelungen zur Mitbestimmung auf Mitarbeiter-, Betriebs- und Unternehmensebene. Je nach Intensität der Mitbestimmung wird zwischen Informations-, Anhörungs-, Beratungs-, Veto- und Mitbestimmungsrecht im engeren Sinn unterschieden. Der einzelne Mitarbeiter hat in diesem Zusammenhang kaum individuelle Rechte. Lediglich bezogen auf seinen Arbeitsplatz, seine Person, seine Leistung und Beurteilung hat er einige Informations-, Anhörungs- und Beschwerderechte. Die Mitbestimmungsgesetze befassen sich stattdessen vorrangig mit der Interessenvertretung der Arbeitnehmer durch den Betriebsrat und die Gewerkschaften.

Die **Mitbestimmung auf betrieblicher Ebene** ist im Betriebsverfassungsgesetz geregelt. Es enthält Vorschriften zur Beteiligung des Betriebsrats bei **sozialen Angelegenheiten** wie der Ordnung des Betriebes und dem Verhalten der Arbeitnehmer, dem Beginn und Ende der Arbeitszeiten, zu Pausen sowie zur Handhabung der Entgeltauszahlung. Auch die Mitwirkungsmöglichkeiten des Betriebsrats bei der **Gestaltung des Arbeitsplatzes, der Arbeitsumgebung und des Arbeitsablaufs** sind darin festgelegt. Verträge zwischen Arbeitgeberseite und Betriebsrat zu diesen Themen werden in Form von **Betriebsvereinbarungen** abgeschlossen. Die Beteiligung des Betriebsrats bei **allgemeinen personellen Angelegenheiten**, im Rahmen der **Berufsbildung** und bei **persönlichen Einzelmaßnahmen** ist ebenfalls geregelt.

---

[12] Vgl. Oechsler, W.A. (2000), S. 56 f.

Bei mehr als 100 Mitabeitern hat ein **Wirtschaftsausschuss** Mitbestimmungsrechte in wirtschaftlichen Angelegenheiten, z.B. bei Produktions- und Investitionsprogrammen, Rationalisierungsvorhaben, Arbeitsmethoden oder bei der Verlagerung von Betriebsteilen.

Jugendliche und Auszubildende haben ebenso wie die Leitenden Angestellten eine spezielle Interessenvertretung.

Auf **Unternehmensebene** sind die Mitbestimmungsrechte sehr unterschiedlich ausgestaltet. Sie hängen hauptsächlich von der Rechtsform, dem Unternehmensgegenstand und der Unternehmensgröße, gemessen an der Anzahl der Mitarbeiter, ab. Regelungen finden sich im Montan-Mitbestimmungsgesetz von 1951 (Montan-MitbestG), dem Drittelbeteiligungsgesetz von 2004 (DrittelbG) und dem Mitbestimmungsgesetz von 1976 (MitbestG).

Die Gewerkschaften und die Arbeitgeberverbände versuchen auf die Regelungen des Gesetzgebers Einfluss zu nehmen, in dem sie Gesetzesvorhaben kommentieren, eigene Entwürfe und Verbesserungen erarbeiten und beratend tätig sind. Arbeitgeber und Arbeitnehmer bzw. deren Interessenvertretungen schaffen aber auch selbst, z.B. in Form von Tarifverträgen, Betriebsvereinbarungen und Arbeitsverträgen, rechtliche Normen für das Personalmanagement. Die Abb. 10 gibt einen Überblick über die umfangreichen Arbeitgeber-Arbeitnehmer-Beziehungen.

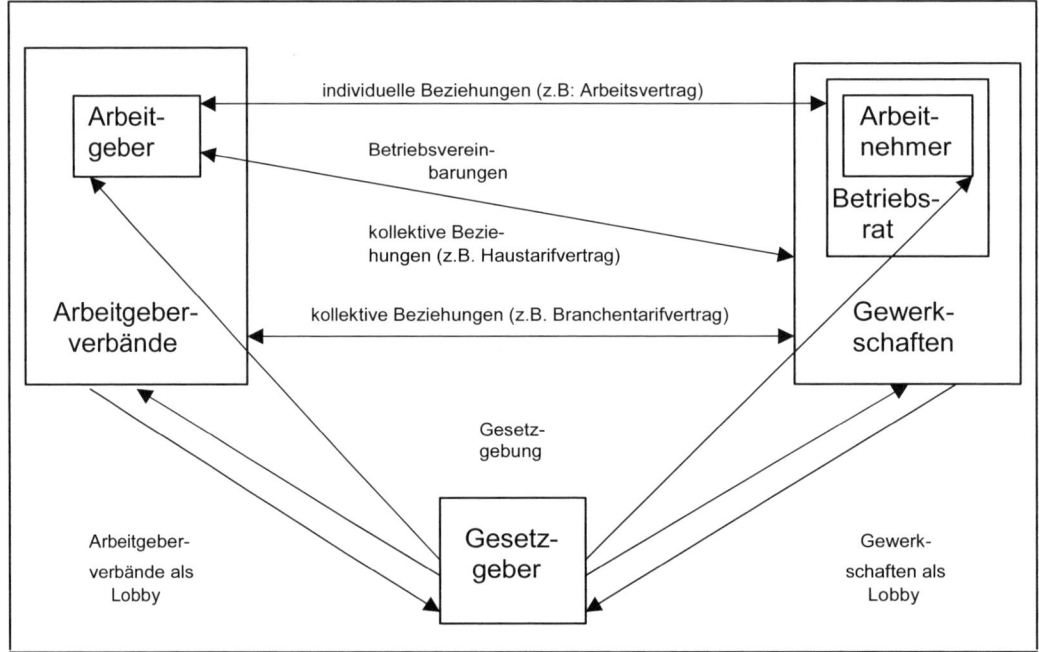

Abb. 10: Arbeitgeber-Arbeitnehmer-Beziehungen[13]

---

[13] in Anlehnung an Hentze, J., Kammel, A. (2001), S. 138.

1.7 Kritische Würdigung und Ausblick

Der Begriff „Personalmanagement" rückt die Führungskräfte, das Management im institutionalen Sinn, ins Blickfeld. Sie sind die wichtigsten Träger personeller Entscheidungen. Die Personalabteilung wird in Zukunft stärker als bisher strategische und konzeptionelle und weniger operative Aufgaben übernehmen.

Gleichzeitig wird mit der Verwendung dieses Begriffs betont, dass es sich dabei um einen aktiven und integrativen Bestandteil des Managementprozesses handelt.

Das Personalmanagement muss den Besonderheiten der Ressource Personal Rechnung tragen, seine Ausgestaltung unterliegt also einer doppelten Zielsetzung: Neben den ökonomischen spielen auch soziale Aspekte eine wichtige Rolle.

Entsprechend der Bedeutung der Resource Personal hat sich die hierarchische Stellung der Personalabteilung im Unternehmen verändert: Sie ist heute höher angesiedelt als früher. Neben funktionalen Gliederungen der Aufgaben innerhalb der Abteilung dominieren Strukturierungen nach Unternehmensbereichen oder Mitarbeitergruppen. Die Einteilung in Arbeiter und Angestellte findet sich, da sie inhaltlich praktisch bedeutungslos geworden ist, kaum noch. Stärker als früher stehen heute Qualität und Kosten der personalwirtschaftlichen Dienstleistungen auf dem Prüfstand. Personalreferentensysteme, Wertschöpfungs-Center-Konzepte und Outsourcing rücken ins Blickfeld.

Zur effizienten Aufgabenerfüllung ist eine gut strukturierte Personalverwaltung notwendig, die auf ein DV-gestütztes Personalinformationssystem aufbaut. Die Planung, Steuerung und Kontrolle mithilfe des Personal-Controllings sollte selbstverständlich sein.

Aufgrund ihrer Vielfalt und Unübersichtlichkeit können die rechtlichen Bestimmungen das Personalmanagement erschweren.

Wiederholungsfragen

1. Worin unterschieden sich Personalmanagement, Personalwirtschaft und Personalwesen?

2. Welchen Anteil haben Führungskräfte am Personalmanagement?

3. Welche Ziele verfolgt das Personalmanagement?

4. Geben Sie einen Überblick über die Aufgabenfelder der Personalmanagements.

5. Ordnen Sie die Personalpolitik in die Unternehmenspolitik ein.

6. Grenzen Sie Personalpolitik und Personalplanung voneinander ab.

7. Wie wird die Personalabteilung in die Unternehmenshierarchie eingegliedert?

8. Welchen Besonderheiten unterliegt die Eingliederung der Personalabteilung in eine Matrixorganisation?

9. Was versteht man unter funktionaler und objektorientierter Gliederung der personalwirtschaftlichen Aufgaben?

10. Welche Vorteile bieten Personalreferentensysteme?

11. Beschreiben Sie das Wertschöpfungs-Center-Konzept.

12. Welche Aufgaben hat die Personalverwaltung?

13. Was versteht man unter Personal-Controlling?

14. Geben Sie einen Überblick über die Rechtsgrundlagen des Personalmanagements.

15. Was versteht man unter Arbeitsschutzrecht?

2 Personalbedarfsplanung

2.1 Begriffliche Abgrenzungen

Unter **Personalbedarfsplanung** versteht man die zukunftsgerichtete Bestimmung der personellen Kapazitäten, die notwendig sind, um die betrieblichen Aufgaben zu erfüllen und die Unternehmensziele zu erreichen. Sie ist eine der wichtigsten personalwirtschaftlichen Aufgaben. Ohne genaue Kenntnisse des Personalbedarfs sind weder sinnvolle Personalbeschaffungs- und -einsatzentscheidungen noch Freisetzungen möglich. Außerdem bildet sie eine Schnittstelle zu anderen Unternehmensplanungen wie Leistungs-, Absatz-, Investitions- und Finanzplanung, die ohne Berücksichtigung des Personalbedarfs zu Fehlentscheidungen führen würden. Beispielsweise wäre es nicht gewährleistet, dass genügend Mitarbeiter mit entsprechender Qualifikation für die Erstellung von Gütern und Dienstleistungen zur Verfügung ständen.

Das **Ziel** der Personalbedarfsplanung ist die jederzeitige Deckung des quantitativen und qualitativen Bedarfs an Arbeitsleistung unter Beachtung der zeitlichen und örtlichen Notwendigkeiten. Entsprechend sind beim Personalbedarf Entscheidungen über Zahl, Art, Zeitpunkt und Dauer sowie Einsatzort zu treffen. Die Personalbedarfsplanung hat also **vier Dimensionen**:

Der **quantitative** Personalbedarf gibt an, wie viele Mitarbeiter zur Aufgabenerfüllung benötigt werden. Beim **qualitativen** Personalbedarf müssen die Anforderungen der Stellen mit dem Leistungsangebot der vorhandenen bzw. zu beschaffenden Mitarbeiter in Übereinstimmung gebracht werden. Quantitative und qualitative Personalbedarfsermittlung sind praktisch nicht zu trennen und werden daher simultan durchgeführt.

Diese Aussagen zum Personalbedarf müssen um **zeitliche** Angaben über die Dauer und den Beginn des Bedarfs ergänzt werden. Nur dann können rechtzeitig und sinnvoll Personalbeschaffungs- und Personalentwicklungsmaßnahmen eingeleitet werden. Die Terminplanung und der Planungszeitraum richten sich nach der Qualifikation der benötigten Mitarbeiter und der aktuellen Arbeitsmarksituation. Die **örtliche** Bedarfsermittlung legt den Einsatzort und den Arbeitsplatz des Mitarbeiters fest.

2.2 Ausgangsbasis Personalbestandsanalyse

Zunächst wird der aktuelle Personalbestand stichtagsbezogen ermittelt und analysiert. Darauf aufbauend wird der gegenwärtige und künftige Personalbedarf festgelegt.

Die Personalbestandsanalyse hat mehrere Funktionen.[14] Von besonderer Bedeutung ist die **Diagnosefunktion**. Sie erfasst den gegenwärtigen Personalbestand und bildet damit die informatorische Grundlage für die weitere Vorgehensweise.

Bei der anschließenden Fortschreibung des Bestands werden Informationen über bereits bekannte zukünftige Veränderungen einbezogen. Man unterscheidet zwischen **autonomen Personalveränderungen**, auf die das Unternehmen keinen oder nur bedingten Einfluss hat, z.B. Kündigungen von Mitarbeiterseite, und vom Unternehmen **initiierten Personalveränderungen**. Letzteres können beispielsweise die Übernahme von Auszubildenden oder die Abordnung zu Weiterbildungsmaßnahmen sein. Auch statistisch ermittelte Aspekte wie Krankenstand und Fluktuationsrate finden Berücksichtigung. Die Personalbestandsanalyse hat insofern eine **Projektionsfunktion.**

Die **Handlungsfunktion** wird aus der Differenz zwischen Ist und Soll des Personalbestandes abgeleitet. Je nachdem, ob es sich um eine Unter- oder Überdeckung handelt, sind unterschiedliche personalwirtschaftliche Maßnahmen zu ergreifen.

2.3 Arten des Personalbedarfs

Der **Ist-Personalbestand** wird dem aktuellen Personalbedarf, dem so genannten **Soll-Personalbestand**, gegenübergestellt.

Der Soll-Personalbestand setzt sich aus den beiden Komponenten Einsatz- und Reservebedarf zusammen. Der **Einsatzbedarf** berücksichtigt die theoretisch mögliche Einsetzbarkeit der Mitarbeiter, wenn keine personellen Leerzeiten, z.B. durch Urlaub, Krankheiten oder Weiterbildungsmaßnahmen, entstehen würden. Diese Fehlzeiten werden durch den **Reservebedarf** dem Einsatzbedarf aufgrund von Erfahrungswerten hinzugerechnet.

Aus der Gegenüberstellung von Soll-Personalbestand oder **Brutto-Personalbedarf** und **Ist-Personalbestand** ergibt sich eine Über- oder Unterdeckung. Bei Unterdeckung ist der **Netto-Personalbedarf** positiv. Er besteht wiederum aus zwei Komponenten, dem **Ersatz- und dem Neubedarf**. Ersterer berücksichtigt den Nachholbedarf aus der Vorperiode sowie die voraussichtlichen Ab- und Zugänge. Beim Neubedarf handelt es sich um einen zusätzlichen Bedarf in dieser Periode. Er entsteht durch Veränderungen der Unternehmenssituation wie Änderungen der betriebsüblichen Arbeitszeit, der Auftragssituation, der Struktur von Aufgaben und Abteilungen.

Eine **Unterdeckung** erfordert **Personalbeschaffungsmaßnahmen** über den externen oder internen Arbeitsbeschaffungsmarkt. Sie löst Personalentwicklungsmaßnahmen aus, wenn sie quali-

---

[14] Vgl. Hentze, J., Kammel, A. (2001), S. 191 f.

tativer Art ist. Bei einer **Überdeckung** ist ein **Freisetzungsbedarf** vorhanden. Abb. 11 verdeutlicht den Zusammenhang.

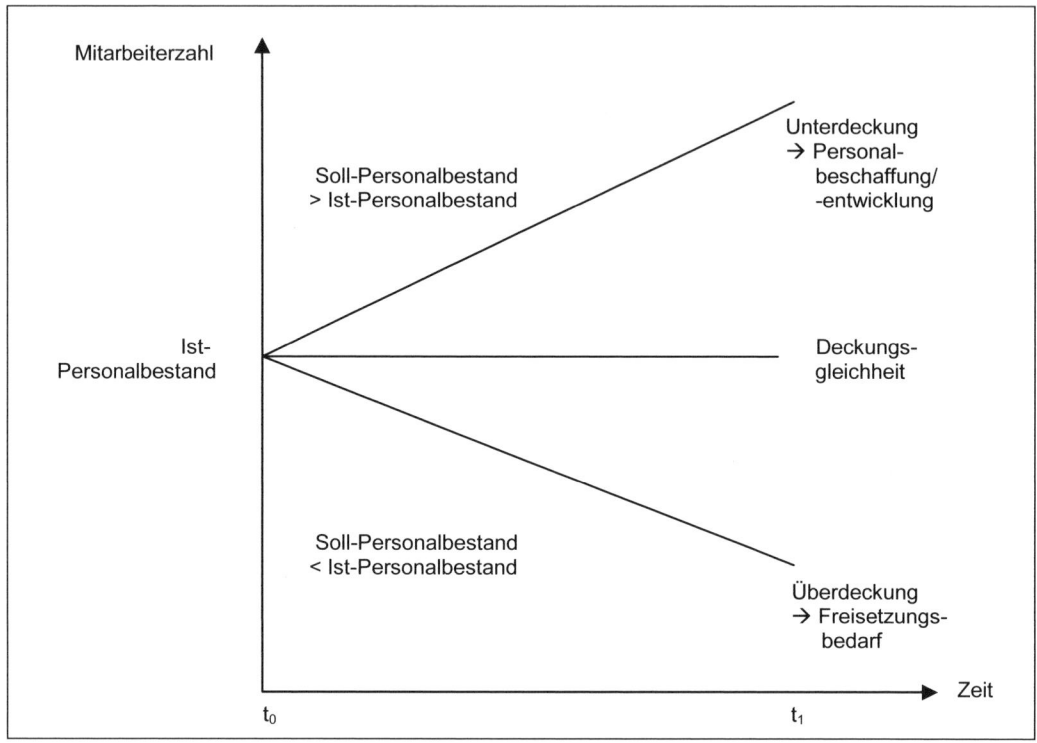

Abb. 11: Zusammenhang zwischen Ist-Personalbestand und Soll-Personalbestand[15]

Entsprechend der obigen Ausführungen ergeben sich zusammenfassend folgende Feststellungen:

Soll-Personalbestand = Brutto-Personalbedarf = Einsatzbedarf + Reservebedarf

Soll-Personalbestand > Ist-Personalbestand → Unterdeckung

Soll-Personalbestand < Ist-Personalbestand → Überdeckung

Netto-Personalbedarf = Brutto-Personalbedarf ./. Ist-Personalbestand

Ersatzbedarf = Nachholbedarf aus der Vorperiode + voraussichtliche Abgänge ./. voraussichtliche Zugänge

---

[15] in Anlehnung an Horsch, J. (2000), S. 20.

2.4 Einflussfaktoren auf den Personalbedarf

Der Personalbedarf hängt von einer Vielzahl unternehmensinterner und -externer Faktoren ab.[16] Deren Veränderung führt zu einer Korrektur des Personalbedarfs in quantitativer und qualitativer Hinsicht. Einen Überblick über die wichtigsten Einflussfaktoren gibt die Abb. 12.

Einflussfaktoren auf den Personalbedarf	
Externe Einflussfaktoren	**Interne Einflussfaktoren**
• Demografische Entwicklungen • Konjunkturelle Einflüsse • Saisonale Schwankungen • Konkurrenzverhalten • Änderungen der Marktstruktur • Politische Entwicklungen • Veränderungen im Arbeits- und Sozialrecht • Technologischer Fortschritt	• Umgestaltung des Produktionsprogramms • Veränderungen bei der Produktionstiefe • Verbesserungen der Informations-, Kommunikations- und Fertigungstechnologie • Umstrukturierung der Unternehmensorganisation • Veränderung der Betriebsgröße • Variation des Leistungsgrades • Fehlzeiten und Fluktuation • Wandel der Mitarbeiterinteressen

Abb. 12: Einflussfaktoren auf den Personalbedarf[17]

Externe Einflussfaktoren haben ihre Ursache in demografischen, wirtschaftlichen, politischen, rechtlichen sowie technologischen Veränderungen. Die Entwicklung der **Bevölkerungszahl und -zusammensetzung** muss insbesondere im Hinblick auf die langfristige Personalbedarfsplanung Berücksichtigung finden. **Konjunkturelle und saisonale Entwicklungen, Veränderungen im Verhalten der Konkurrenz** und **Marktstrukturänderungen** haben Auswirkungen auf die Absatzmöglichkeiten des Unternehmens und wirken über die Änderung der Unternehmensplanung auf den quantitativen und qualitativen Personalbedarf. **Politische Entwicklungen** wie die EU-Erweiterung oder allgemeine Globalisierungsbestrebungen beeinflussen den Personalbedarf in unterschiedlichen Regionen und wirken sich gleichzeitig auf die Personalbeschaffungsmöglichkeiten und Freisetzungsnotwendigkeiten der Unternehmen aus. Des Weiteren sind die **Entwicklungen im Arbeits- und Sozialrecht** von Bedeutung. Hier sind etwa Auswirkungen auf Arbeitszeitregelungen und Einsatzbedingungen der Mitarbeiter zu berücksichtigen. **Technologische Entwicklungen** führen in aller Regel zu geänderten Anforderungen an die Stelleninhaber

---

[16] Vgl. Schanz, G. (2000), S. 320 ff.

[17] in Anlehnung an Jung, H. (2005), S. 109.

und beeinflussen damit in erster Linie den qualitativen Personalbedarf. Oft führen sie aber auch zu Rationalisierungsmaßnahmen und damit zu einem geringeren quantitativen Bedarf.

Unternehmensinterne Faktoren können durch das Unternehmen beeinflusst werden. **Änderungen im Produktionsprogramm und in der Produktionstiefe** haben sowohl auf den quantitativen als auch auf den qualitativen Personalbedarf Auswirkungen. Mit der Umgestaltung des Produktionsprogramms variieren Inhalt und Umfang der Güter und Dienstleistungen des Unternehmens. Eine Änderung der **Produktionstiefe** führt dazu, dass bestimmte Produktionsschritte nicht mehr im Unternehmen erfolgen, sondern outgesourct werden oder – im umgekehrten Fall – zusätzlich zu den bisher durchgeführten Aufgaben intern bearbeitet und nicht mehr von Dritten bezogen werden. Auch die **Informations-, Kommunikations- und Fertigungstechnik**, die das Unternehmen derzeit und künftig einsetzt, determiniert den quantitativen und qualitativen Personalbedarf. Die **Umstrukturierung der Unternehmensorganisation** ist ein weiterer Einflussfaktor. So führt beispielsweise Lean Management zur Verringerung der Führungskräfte und verändertem qualitativen Personalbedarf auf der Ausführungsebene. Eine **Veränderung der Betriebsgröße,** etwa durch Standortverlagerungen oder -zusammenfassungen oder einem Unternehmenszusammenschluss, bewirkt ebenfalls eine Veränderung des Personalbedarfs, da sich Zusammensetzung, Umfang und Inhalt der Aufgaben und Anforderungen ändern. Mit der **Variation des Leistungsgrades** wandeln sich Intensität und Umfang der Arbeitsleistung und damit der quantitative Personalbedarf. Ein steigender Leistungsgrad vermindert den Personalbedarf, ein sinkender erhöht ihn. Weiterhin müssen **Fehlzeiten** und **Fluktuation** berücksichtigt werden, die es notwendig machen, einen Reservebedarf einzuplanen und Personalabgänge auszugleichen. Letztlich haben auch die **Interessen der Mitarbeiter**, etwa was Arbeitszeit, Struktur der Arbeit und Entgeltgestaltung anbelangt, erheblichen Einfluss auf deren Leistungsbereitschaft und damit auf den Personalbedarf.

2.5 Methoden der quantitativen Personalbedarfsermittlung

Man unterscheidet zwischen Methoden der langfristigen globalen Personalbedarfsermittlung für den Gesamtbetrieb und Methoden der Personalbedarfsermittlung für betriebliche Teilbereiche. Erstere lassen sich weiter nach Vergangenheits- und Zukunftsorientierung untergliedern. Vergangenheitsorientierte Methoden wie Trendextrapolationen und Regressions- und Korrelationsrechnungen legen statistische Erfahrungswerte zugrunde und gehen von einer Übertragbarkeit der Vergangenheit auf künftige Entwicklungen aus. Zukunftsorientierte Methoden wie die Delphi-Methode oder die Szenario-Technik beruhen auf systematischen Expertenbefragungen. Da beide eher untergeordneter Bedeutung im Unternehmen haben, werden hier nur die Methoden der Personalbedarfsermittlung für betriebliche Teilbereiche ausführlich dargestellt. Einen Überblick gibt Abb. 13.

Schätzverfahren sind in der Praxis weit verbreitet. Man erhält allerdings keine objektiven Aussagen, da Intuition und Erfahrung in die Bedarfsermittlung einfließen.

Bei **einfachen Schätzungen**, wie sie in vielen Klein- und Mittelunternehmen üblich sind, werden die Abteilungsleiter seitens der Personalabteilung nach dem quantitativen und qualitativen Personalbedarf in ihren Abteilungen für das nächste Jahr, teilweise auch für zwei bis fünf Jahre, befragt. Die Bedarfsangaben werden nicht systematisch, sondern aufgrund subjektiver Eindrücke einzelner Personen ermittelt. Die Personalabteilung fasst diese Informationen zusammen, überprüft sie auf Plausibilität und ändert sie gegebenenfalls.

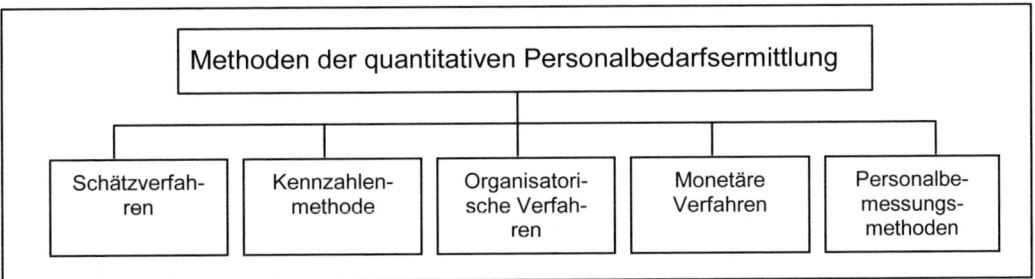

Abb. 13: Methoden der Personalbedarfsermittlung

Expertenbefragungen erfassen die Schätzungen mehrerer kompetenter Personen. Dabei kann es sich wie bei den einfachen Schätzungen um Abteilungsleiter, aber auch um qualifizierte Fachkräfte oder externe Experten handeln. Das aus den Einzelurteilen gebildete Gesamtergebnis kann den Experten zur Überprüfung und Korrektur ihrer eigenen Urteile zur Verfügung gestellt werden. Geänderte Angaben werden erneut ausgewertet und zu einen verbesserten Gesamtergebnis zusammengefasst.

Die **Kennzahlenmethode** ist insbesondere im Dienstleistungs- und Verwaltungsbereich weit verbreitet. Voraussetzung ist, dass eine stabile Beziehung zwischen dem Personalbedarf und den verwendeten Bezugsgrößen besteht. Typische Kennzahlen sind die Arbeitsproduktivität, die Anzahl der Kunden und der Umsatz pro Mitarbeiter.

Bei der **Arbeitsproduktivität** wird eine Ergebnisgröße in Bezug zum Arbeitseinsatz gesetzt. Dies können z.B. die Produktionsmenge pro Zeiteinheit, Kunden pro Mitarbeiter, bearbeitete Aufträge pro Arbeitstag oder der Umsatz eines Mitarbeiters pro Monat sein. Ausgehend von einem bestimmten, festen **Verhältnis von Mitarbeitern zu betreuten Kunden** führt etwa eine Änderung der Kundenzahl zu einem geänderten Personalbedarf. Insbesondere im Groß- und Einzelhandel wird ein üblicher **Pro-Kopf-Umsatz** als Basis herangezogen. Mit steigendem Umsatz erhöht sich der Personalbedarf.

Auch die **Arbeitskräftestruktur** ist eine häufig verwendete Kennzahl, wobei die einzelnen Gruppen von Arbeitskräften zueinander ins Verhältnis gesetzt werden. So ermittelt man typische Verhältnisse zwischen der Zahl an Facharbeitern und Hilfsarbeitern. Aus der Höhe des Facharbeiterbedarfs wird auf die Zahl der benötigten Hilfsarbeiter geschlossen. Auch beim Verhältnis zwischen Mitarbeitern und Führungskräften wird häufig so verfahren.[18]

Bei den **organisatorischen Methoden** orientiert man sich nicht an der Arbeitsmenge, sondern an der gegenwärtigen oder künftigen Organisationsstruktur des Unternehmens bzw. der betrachteten Abteilungen sowie an gesetzlichen Bestimmungen. Dabei wird zwischen der Stellenplan- und der Arbeitsplatzmethode unterschieden.

---

[18] Vgl. Jung, H. (2005), S. 120 f.

Soll der Personalbedarf nach der **Stellenplanmethode** ermittelt werden, müssen Stellenpläne und Stellenbeschreibungen mit Anforderungsprofilen vorliegen. Der fortgeschriebene Stellenplan liefert die Informationen zur Ermittlung des quantitativen und die fortgeschriebenen Stellenbeschreibungen und Anforderungsprofile zur Ermittlung des qualitativen Brutto-Personalbedarfs. Bei der Fortschreibung müssen alle geplanten Veränderungen hinsichtlich Produktions- und Absatzprogramm, Stellenaufgaben, Investitionen, Arbeitszeit, Produktivität etc. berücksichtigt werden. Eine bloße Status-quo-Fortschreibung führt zu einer falschen Entscheidungsgrundlage für die Personalbeschaffung.

Für einige Stellen ist ein fixer Personalbedarf, unabhängig vom tatsächlichen Arbeitsanfall, notwendig. Beispiele sind Pförtner-, Nachwächter-, Kontroll- und Überwachungstätigkeiten. Es handelt sich um Stellen, bei denen aufgrund von Gesetzen oder organisatorischen Notwendigkeiten eine bestimmte Anwesenheitsdauer zwingend erforderlich ist, unabhängig ob Arbeit anfällt oder nicht. Die Zahl der benötigten Mitarbeiter wird in diesem Fall mithilfe der **Arbeitsplatzmethode** ermittelt. Von der Dauer, die ein Arbeitsplatz besetzt sein muss, wird auf die Zahl der benötigten Mitarbeiter geschlossen. Muss ein Arbeitsplatz acht Stunden am Tag und fünf Tage pro Woche besetzt sein, benötigt man – ausgehend von einer 40-Stunden-Woche – eine Vollzeitstelle.

Die Arbeitsplatzmethode wird vor allem bei Mitarbeitern mit ausführenden Tätigkeiten, aber auch bei Führungskräften angewandt. Die Zahl der Führungskräfte ergibt sich aus der **Leitungsspanne** (span of control), die bestimmt, wie viele direkt unterstellte Mitarbeiter ein Vorgesetzter leiten kann. Ein teilweise in der Praxis übliches starres Zahlenverhältnis zwischen Führungskraft und Mitarbeiter für den gesamten Betrieb oder einen Teilbereich ist allerdings nicht sinnvoll. Es würde nämlich bedeuten, dass bei einer starren Leitungsspanne von beispielsweise zehn Mitarbeitern jeder Vorgesetzte – gleich welcher Hierarchieebene und welchen Funktionsbereichs – genau zehn direkt unterstellte Mitarbeiter hat. Da eine optimale Leitungsspanne von verschiedenen Faktoren abhängt, ist es stattdessen sinnvoll, für verschiedene Hierarchieebenen und die verschiedene Funktionsbereiche im Unternehmen unterschiedliche Leitungsspannen festzulegen. Sie sind insbesondere von der Art der Abteilungsaufgaben, der Qualifikation der Mitarbeiter und des Vorgesetzten, dem Führungsstil, den zur Verfügung stehenden Hilfsmitteln und der gewünschten Kontrolle bzw. Selbständigkeit der Mitarbeiter abhängig.[19] Eine feste span of control würde zur Über- oder Unterforderung der Führungskräfte führen.

Bei den **monetären** Methoden werden die finanziellen Mittel des Unternehmens zugrunde gelegt. Sie beruhen auf Einflussgrößen, die nur indirekt mit dem Personalbedarf im Zusammenhang stehen.

Bei der **Budgetierung** ermittelt man den künftigen Personalbedarf aus den zur Verfügung stehenden finanziellen Mitteln. Dieses Budget muss ausreichen, um die Personalkosten zu decken. Auf seiner Basis legt man – abhängig von der Gehaltsstruktur – die Zahl der Mitarbeiter, die in einem bestimmten Bereich beschäftigt werden können, fest. Bei diesem Verfahren hängt der Personalbedarf nicht von der Leistungserstellung ab, stattdessen wird er durch Parameter wie die Summe der finanziellen Mittel oder die Kosten anderer Abteilungen bestimmt.

Das **Zero-Base-Budgeting** ist eine Variante der Budgetierung. Man geht davon aus, dass keinerlei finanzielle Mittel zur Verfügung stehen. Die Notwendigkeit jeder einzelnen Arbeit muss be-

---

[19] Vgl. Hentze, J., Kammel, A. (2001), S. 215 ff.

gründet werden. Für die Erfüllung der genehmigten Aufgaben werden Budgetvorgaben abgeleitet, aus denen der Personalbedarf errechnet wird.

Die **Gemeinkostenwertanalyse** als weitere monetäre Methode untersucht, ob die Leistungen eines Bereiches in dieser Art und in diesem Umfang notwendig sind. Es wird unterstellt, dass ein bestimmtes Kostenersparnisvolumen, z.B. 30 Prozent, vorhanden ist und die bisherige Aufgabenerfüllung mit dem bisherigen Personalbestand suboptimal war. Die ermittelten Schwachstellen sollen beseitigt werden, woraus sich ein verringerter Personalbedarf ergibt.

Personalbemessungsmethoden oder **arbeitswissenschaftliche Methoden** ermitteln den Personalbedarf anhand der Zeit, die für die einzelnen Teilaufgaben notwendig ist. Diese Methoden eignen sich besonders für mengenabhängige Produktions- und Verwaltungsbereiche, in denen man Vorgabezeiten pro Arbeitsvorgang ermitteln und die benötigte Zeit messen kann. Es muss sich um Aufgabengebiete handeln, die in ihrer Struktur und in ihren Einzeltätigkeiten weitgehend standardisiert sind. Man ermittelt für eine bestimmte Periode die Arbeitsmenge der verschiedenen Teilaufgaben und multipliziert sie mit der benötigten Zeit je Teilaufgabe. Die Summe dieser Produkte wird durch die betriebsübliche Arbeitszeit dividiert. Dieses Ergebnis wird um einen Zuschlag für den notwendigen Reservebedarf korrigiert. Die Teilaufgaben und die benötigte Arbeitszeit ermittelt man entweder durch Selbstaufschreibungen, Arbeitszeitstudien oder Schätzungen aufgrund von Erfahrungswerten. Arbeitswissenschaftliche Methoden können nicht angewandt werden, wenn die Teilaufgaben diskontinuierlich anfallen und sich im Arbeitsumfang und Schwierigkeitsgrad unterscheiden. Sie können ebenso wenig für Führungskräfte herangezogen werden, da deren Aufgaben in der Regel weder inhaltlich noch zeitlich normierbar sind.

Berücksichtigen die beschriebenen Methoden der Personalbedarfsermittlung die Fehlzeiten nicht, ist der **Reservebedarf** gesondert zu ermitteln. Diese Notwendigkeit ergibt sich daraus, dass die Mitarbeiter bei Urlaub, Arbeitsunfähigkeit, Fortbildungsmaßnahmen etc. dem Unternehmen nicht zur Verfügung stehen, die Erfüllung ihrer Aufgaben aber dennoch gewährleistet sein muss. Der Reservebedarf ist von Betrieb zu Betrieb und für die einzelnen Bereiche innerhalb eines Unternehmens sehr unterschiedlich. So ist der Krankenstand in Produktionsabteilungen in der Regel deutlich höher als in Stabsabteilungen, auch der Fortbildungsbedarf für verschiedene Stellenarten unterscheidet sich erheblich. Es ist deshalb notwendig, den Reservebedarf nach Funktionsbereichen und Stellenarten getrennt zu bestimmen. Für Führungskräfte wird oft kein Reservebedarf ermittelt, da die dringendsten Aufgaben bei Abwesenheit von einem Stellvertreter übernommen werden, der dann Überstunden leistet.

2.6 Methoden der qualitativen Personalbedarfsermittlung

Eine reine Mengenplanung ist bei der Personalbedarfsermittlung nicht ausreichend, sie muss stets um qualitative Überlegungen ergänzt werden. Dabei geht es sowohl um die Erfassung der Qualifikation des derzeitigen Stelleninhabers als auch um die Ermittlung der Anforderungen, die generell an einen Mitarbeiter gestellt werden, der die betrachtete Stelle jetzt oder künftig besetzen soll.

2.6.1 Ausgangsbasis Berufs- und Qualifikationsgruppen

Wenn der qualitative Personalbedarf nach **Berufsgruppen** bestimmt wird, geht man nicht von einer konkreten Stelle aus, vielmehr wird von der üblichen Qualifikation des Stelleninhabers, seinem so genannten **Berufsbild**, auf die Anforderungen geschlossen. Ist beispielsweise eine Stelle mit einem Buchhalter besetzt, schließt man vom Berufsbild des Buchhalters auf die für die Stelle notwendige Qualifikation. Man unterstellt, dass die Schulbildung, Berufsausbildung, -erfahrung und die bisherigen Tätigkeiten des Stelleninhabers für die Erfüllung der Stellenaufgaben notwendig sind und leitet daraus die Anforderungen der Stelle ab. Eine Typologisierung nach Berufsgruppen könnte folgendermaßen aussehen:[20]

1 Lohnempfänger
   1.1 Facharbeiter
   1.2 angelernte Arbeiter mit Spezialkenntnissen
   1.3 weitere angelernte Arbeiter
2 Technische Angestellte
   2.1 mit Master-Abschluss
   2.2 mit Bachelor-Abschluss
   2.3 Meister
   2.4 Techniker
   2.5 sonstige technische Angestellte
3 kaufmännische Angestellte
   3.1 mit Master-Abschluss
   3.2 mit Bachelor-Abschluss
   3.3 mit abgeschlossener Berufsausbildung
   3.4 ohne abgeschlossene Berufsausbildung
4 sonstige Angestellte
   4.1 sonstige nicht-technische Angestellte
   4.2 sonstige nicht-kaufmännische Angestellte
5 Auszubildende
   5.1 technisch-gewerbliche Auszubildende
   5.2 kaufmännische Auszubildende

Diese Typologisierung wird oft noch weiter in einzelne Berufe untergliedert.

Eine Gliederung in **Qualifikationsgruppen** ist allgemeiner gehalten. Sie kann beispielsweise so erfolgen:[21]

- Universitätsausbildung mit Berufserfahrung
- Universitätsausbildung ohne Berufserfahrung
- Fachhochschulausbildung mit Berufserfahrung
- Fachhochschulausbildung ohne Berufserfahrung
- Industriemeister
- Facharbeiter mit Berufserfahrung und Zusatzausbildung
- etc.

---

[20] Vgl. Hentze, J., Kammel, A. (2001), S. 224.

[21] Vgl. ebd., S. 225.

Sowohl die Differenzierung nach Berufsbildern als auch nach Qualifikationsgruppen ergibt lediglich ein ungenaues Bild der Stellenanforderungen und bedarf deshalb der Präzision. Beide berücksichtigen nicht, dass sich Tätigkeitsinhalte ändern und entwickeln.

2.6.2 Ausgangsbasis Organisations- und Stellenpläne

Organisationspläne oder Organigramme geben einen Überblick über die bestehende Aufbauorganisation im Unternehmen. Sie verdeutlichen

- die Über- und Unterstellungsverhältnisse,
- die Weisungsbeziehungen und
- die Kommunikations- und Informationsbeziehungen.

Meist werden aus Gründen der Übersichtlichkeit nur die Leitungsstellen des Unternehmens oder eines Unternehmensbereichs dargestellt.

Der **Stellenplan** bricht den Überblick, den das Organigramm gibt, auf einzelne Abteilungen herunter. Er enthält sämtliche Stellen und gibt einen vollständigen Überblick über die Struktur, die Zuordnung und den Stellenzusammenhang.

Organisations- und Stellenpläne machen die bestehende Aufbauorganisation transparent, wodurch sich eventuell vorhandene organisatorische Mängel erkennen lassen. Sie können auch für eine künftige Aufbauorganisation erstellt werden. Damit werden Entwicklungen sichtbar gemacht und es lassen sich Rückschlusse auf den künftigen Bedarf an Qualifikationen ziehen.

2.6.3 Ausgangsbasis Stellenbeschreibungen

Zur detaillierten Erfassung der Anforderungen einer Stelle und zur Ermittlung des qualitativen Personalbedarfs bieten sich Stellenbeschreibungen an. Ihre vornehmliche Aufgabe ist die Information des derzeitigen oder künftigen Stelleninhabers über Aufgaben, Kompetenzen, Verantwortungsbereiche, Stellvertretung, Bewertungsmaßstäbe etc. Sie dienen damit in erster Linie der zielorientierten Eingliederung von Mitarbeitern in organisatorische Beziehungszusammenhänge, sind aber auch **Ausgangspunkt für viele weitere Aufgaben** des Personalmanagements. Sie bilden z.B. die Grundlage für die Ermittlung eines stellenbezogenen Anforderungsprofils sowie für Stellenausschreibungen, Einarbeitungen und systematische Unterweisungen, Arbeitsvertragsgestaltung, Personalbeurteilung, Zeugniserstellung, Entgeltfindung und Personalentwicklung.[22]

Umfang, Inhalt und Aufbau sind von den Zielen abhängig, die mit einer Stellenbeschreibung verfolgt werden. Sinnvoll ist eine systematische **Gliederung** in folgende Teilbereiche:

1. Allgemeine Informationen: Hierzu gehören neben der Stellenbezeichnung Stellenkurzzeichen, Abteilung und Sachgebiet. Außerdem enthält diese Rubrik Informationen zum Rang des Stelleninhabers im hierarchischen Unternehmensaufbau, zum Teil wird auch die Gehaltsgruppe angegeben.

2. Instanzenbild: Bei der instanziellen Einordnung geht es um Über- und Unterstellungsverhältnisse und die Ausgestaltung der aktiven und passiven Stellvertretung. Der Abschnitt Unterstel-

---

[22] Vgl. Schwarz, H. (1995), S. 110 ff.; Ulmer, G. (2001), S. 153 ff.

lung informiert über den direkten Vorgesetzten des Mitarbeiters. In Bezug auf die Überstellung zeigt die Stellenbeschreibung, für welche Mitarbeiter der Stelleninhaber fachlich und/oder disziplinarisch Vorgesetztenfunktion übernimmt. Bei der Stellvertretung geht es darum, wen der Stelleninhaber selbst vertritt (aktive Stellvertretung) und von wem er vertreten wird (passive Stellvertretung).

3. Zielsetzung der Stelle: Hier finden sich Orientierungspunkte für das Verhalten des Stelleninhabers, die einerseits der Selbstkontrolle dienen und andererseits Ansatzpunkte für Beurteilungen durch den Vorgesetzten aufzeigen sollen. Bei der Formulierung ist darauf zu achten, dass keine substanzlosen Allgemeinplätze verwandt werden, die nichts zum Stellenverständnis beitragen.

4. Aufgabenbild: Es präzisiert den Aufgabenbereich, listet die Aufgaben auf, die mit der Stelle verbunden sind, und enthält Informationen über die Entscheidungs- und Weisungsbefugnisse des Stelleninhabers. Im Aufgabenbild soll ein klar umrissener Handlungs- und Entscheidungsspielraum festgelegt werden. Bei ausführenden Stellen wird oft zusätzlich der prozentuale Anteil der Teilaufgaben an der Gesamtaufgabe festgehalten. Bei höher qualifizierten Mitarbeitern und Führungskräften ist es sinnvoll, die erfolgskritischen Arbeitsinhalte zu benennen. Damit wird deutlich, auf welche Aufgaben der Stelleninhaber sein besonderes Augenmerk richten muss.

5. Kommunikationsbild: Betriebsinterne und externe Kommunikationsbeziehungen sind bislang selten in Stellenbeschreibungen enthalten. Die Zusammenarbeit mit anderen Bereichen ist jedoch wichtig für Führungsstil und Aufgabenerfüllung. Der Schwerpunkt liegt auf Aussagen zu Koordinations-, Beratungs-, Informations- und Berichtsaspekten.

6. Leistungsbild: Beim Leistungsbild werden die wesentlichen Anforderungen an den Stelleninhaber präzisiert. Es enthält außerdem Aussagen über die für die Aufgabenerfüllung notwendigen Kenntnisse, Erfahrungen und Ausgangsqualifikationen. Die Erwartungen an den Stelleninhaber werden in so genannten Leistungsstandards festgeschrieben.

Stellenbeschreibungen unterliegen nur dann der Mitbestimmung, wenn sie auch der Gehaltsfindung dienen, ansonsten hat der Arbeitgeber das alleinige Direktionsrecht. Aus Akzeptanzgründen sollten jedoch bei der Erstellung von Stellenbeschreibungen neben einem Mitglied der Personalabteilung und dem Stelleninhaber, der Vorgesetzte und ein Vertreter des Betriebsrates beteiligt sein. Regelmäßige Korrekturen und Aktualisierungen sollten während der Mitarbeitergespräche bei der Leistungsbeurteilung erfolgen, womit sich der Nachteil eines umfangreichen Änderungsdienstes mildern lässt. Da die Inhalte auf diese Weise regelmäßig auf dem Prüfstand stehen, wird gleichzeitig der Gefahr vorgebeugt, dass die Mitarbeiter sie als sozialen Besitzstand betrachten.[23]

2.6.4 Ausgangsbasis Anforderungsprofil

Stellenbeschreibungen bilden zusammen mit Organigrammen und Stellenplänen die Grundlage für das Anforderungsprofil. Gespräche mit dem Vorgesetzten und ggfs. dem derzeitigen Stelleninhaber ergänzen die Informationen.

Anforderungsprofile geben – nach verschiedenen Merkmalen differenziert – Auskunft über Art und Höhe der Anforderungen einer spezifischen Stelle.[24] Dazu zählen alle Kenntnisse, Fähigkei-

---

[23] Vgl. Nicolai, C. (2004 a), S. 180.

[24] Vgl. Scholz, C. (2000 a), S. 309.

ten, Fertigkeiten und Verhaltensweisen, die ein Stelleninhaber benötigt, um die mit der Stelle verbundenen Aufgaben zu erfüllen.

Bei der Erstellung der Anforderungsprofile machen Unternehmen oft den Fehler, die Anforderungen zu umfangreich und anspruchsvoll zu formulieren. Dies führt dazu, dass auch sehr gut geeignete Stelleninhaber kaum den angeblichen Anforderungen entsprechen. Die Stelle wird dadurch eventuell mit einem überqualifizierten und deshalb unmotivierten Mitarbeiter besetzt, der sich möglicherweise schnell nach attraktiveren Aufgaben umsieht, was eine erneute Vakanz zur Folge hätte. Deshalb sollten nur realistische Anforderungen, die zudem verständlich formuliert sind, in das Profil eingehen.

Das derzeitige oder künftige Anforderungsprofil einer Stelle wird mit dem **Qualifikationsprofil** oder **Eignungsprofil** des Stelleninhabers bzw. eines Bewerbers verglichen. Hieraus schließt man auf einen möglichen qualitativen Personalbedarf bei den einzelnen Anforderungsarten. Ideal wäre es, wenn Anforderungen und Qualifikationen vollständig übereinstimmen würden. In der Regel kommt es jedoch zu Abweichungen. Liegen die Anforderungen über der Qualifikation, spricht man von einer **qualitativen Unterdeckung**, im umgekehrten Fall von einer **qualitativen Überdeckung**. Beide Male ist die Stellenbesetzung suboptimal. Im ersten Fall wird die Qualifikation des Stelleninhabers nur teilweise genutzt, womit das Unternehmen seine vorhandenen personellen Ressourcen nicht bestmöglich einsetzt. Im Interesse von Unternehmen und Mitarbeiter sollte eine qualifikationsadäquate Stelle gesucht werden. Im zweiten Fall liegt ein qualitativer Personalbedarf vor. Dieser kann ausgeglichen werden, indem man mithilfe von Personalentwicklungsmaßnahmen eine bessere Übereinstimmung zwischen Anforderungen und Qualifikation herbeiführt. Als mögliche Reaktionen kommen auch eine Veränderung der Stelleninhalte oder die Versetzung des Stelleninhabers auf eine seinem Qualifikationsprofil besser entsprechende Stelle sowie im Extremfall seine Entlassung in Betracht.

Die Grundlage für die Systematisierung der Anforderungen bildet das **Genfer Schema**. Es wurde 1950 auf einer internationalen Tagung für Arbeitsbewertung entwickelt und enthält einen Katalog von damals als bedeutsam erachteten Anforderungsarten. Seitdem ist es von Arbeitgeberverbänden, Unternehmen und Gewerkschaften immer wieder modifiziert und erweitert worden. Die Anforderungen werden je nach Stelle anhand eines Musterkatalogs festgelegt. Hier ein Überblick über häufige Inhalte von Anforderungsprofilen:[25]

- Allgemeine Merkmale
  - Alter
  - gesundheitliche Erfordernisse
  - Mobilität
- Ausbildung und Werdegang
  - Schul- und Berufsabschluss
  - Hochschulabschluss
  - spezielle Abschlüsse (Zusatzausbildungen, z.B. Ausbildereignungsprüfung)
  - Fachwissen
  - Sprachkenntnisse
  - Berufs- und Branchenerfahrung
- Körperliche Anforderungen

---

[25] Vgl. Mentzel, W. (2005), S. 70; Bröckermann, R. (2003), S. 48 f.

- o Umgebungseinflüsse
- o motorische Beweglichkeit und Muskelbelastung
- o Gruppenarbeitsplatz
- o Bildschirmarbeitsplatz
- Geistige Anforderungen
  - o analytisches Denkvermögen
  - o Urteilsfähigkeit
  - o Kreativität
  - o sprachliches Ausdrucksvermögen
- Technisches Verständnis
  - o Arbeitsverhalten
  - o Einsatzbereitschaft
  - o Sorgfalt
  - o Problembewusstsein
  - o Zuverlässigkeit
  - o Selbständigkeit
  - o Verantwortungsbereitschaft
- Sozialverhalten
  - o Kooperationsfähigkeit
  - o Konfliktfähigkeit
  - o Teamfähigkeit
  - o Kommunikationsfähigkeit
  - o Durchsetzungsfähigkeit
  - o Toleranz
- Führungsqualifikation
  - o Planung und Organisation
  - o Zielsetzung
  - o Kontrolle
  - o Delegation
  - o Führungsstil
  - o Motivationsfähigkeit

Optisch werden die Anforderungsprofile in unterschiedlichster Form dargestellt. Oft wird gleichzeitig auch das Qualifikationsprofil des Stelleninhabers oder Bewerbers einbezogen.

Ein Beispiel von Meier für einen Industriemeister ist in Abb. 14 wiedergegeben. Hier werden die verschiedenen Merkmale in untergeordnete Anforderungen aufgespalten. Deren jeweilige Bedeutung für die spezifische Stelle kann in drei Ausprägungen angekreuzt werden. Die Verbindung der Kreuze ergibt das Anforderungsprofil.

Abb. 15 zeigt ein Beispiel von Hentze/Kammel, das sowohl ein Anforderungs- als auch ein Qualifikationsprofil als Blockdiagramm enthält. Die einzelnen Anforderungen und Qualifikationen werden in Form von Säulen auf der Horizontalen aufgetragen und jeweils übereinander gelegt. Die Höhe der Säulen gibt die Anforderungs- bzw. Qualifikationshöhe wieder. Über- oder Unterdeckung bzw. Deckungsgleichheit sind optisch unterschiedlich gekennzeichnet.

Abb. 16 zeigt ein Beispiel von Hohlbaum/Olesch, bei dem die notwendigen Ausprägungen der Anforderungsmerkmale angekreuzt und durch Linien verbunden sind. Auch die zugehörigen Qualifikationen werden entsprechend dargestellt. Je näher die Anforderungs- und Qualifikationslinien beieinander liegen, desto größer ist die Übereinstimmung zwischen Anforderungs- und Qualifikationsprofil.

		Bedeutung des Merkmals		
Merkmale		keine	mittel	hoch
Arbeitsleistung	- Fachwissen und -können	o	o	⊙
	- Qualität der Arbeit	o	o	⊙
	- Einteilung der Arbeit	o	o	⊙
Arbeitsverhalten	- Selbständigkeit	o	⊙	o
	- Belastbarkeit	o	⊙	o
	- Flexibilität	o	⊙	o
	- Initiative	o	⊙	o
Zusammenarbeit	- Kooperationsverhalten	o	o	⊙
	- Informationsverhalten	o	o	⊙
	- Konfliktbewältigung	o	⊙	o
	- Verhandlungsgeschick	o	⊙	o
Unternehmerisches Handeln	- Strategisches Handeln	o	⊙	o
	- Kostenbewusstsein	o	o	⊙
	- Ertragsbewusstsein	⊙	o	o
	- Risikobewusstes Handeln	⊙	o	o
	- Unternehmerische Initiative	o	⊙	o
Führungsverhalten	- Planen und Organisieren	o	⊙	o
	- Ziele setzen	o	⊙	o
	- Delegieren	o	⊙	o
	- Motivieren	o	o	⊙
	- Mitarbeiter fördern	o	o	⊙

Abb. 14: Beispiel für das Anforderungsprofil eines Industriemeisters[26]

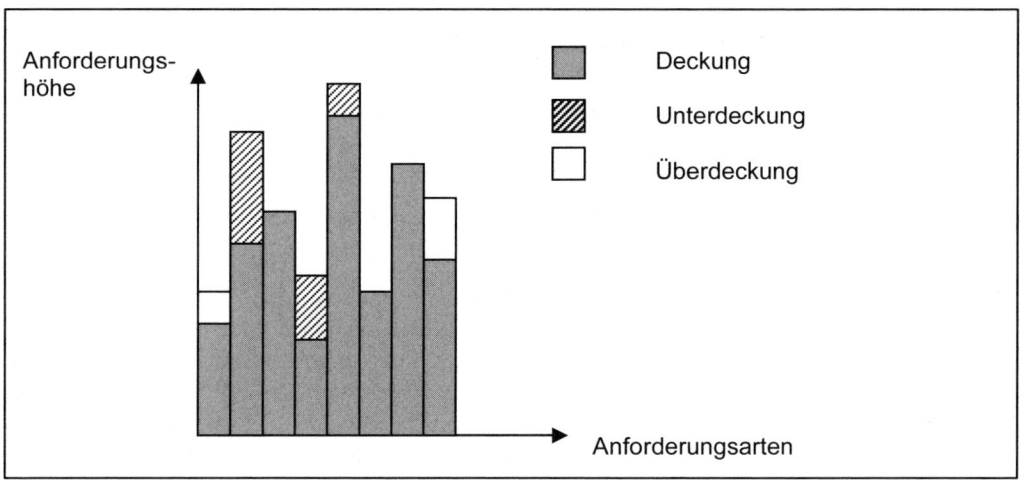

Abb. 15: Profilvergleich mit Deckung, Überdeckung und Unterdeckung[27]

---

[26] in Anlehnung an Meier, H. (2002), S. 242.

[27] in Anlehnung an Hentze, J., Kammel, A. (2001), S. 233 f.

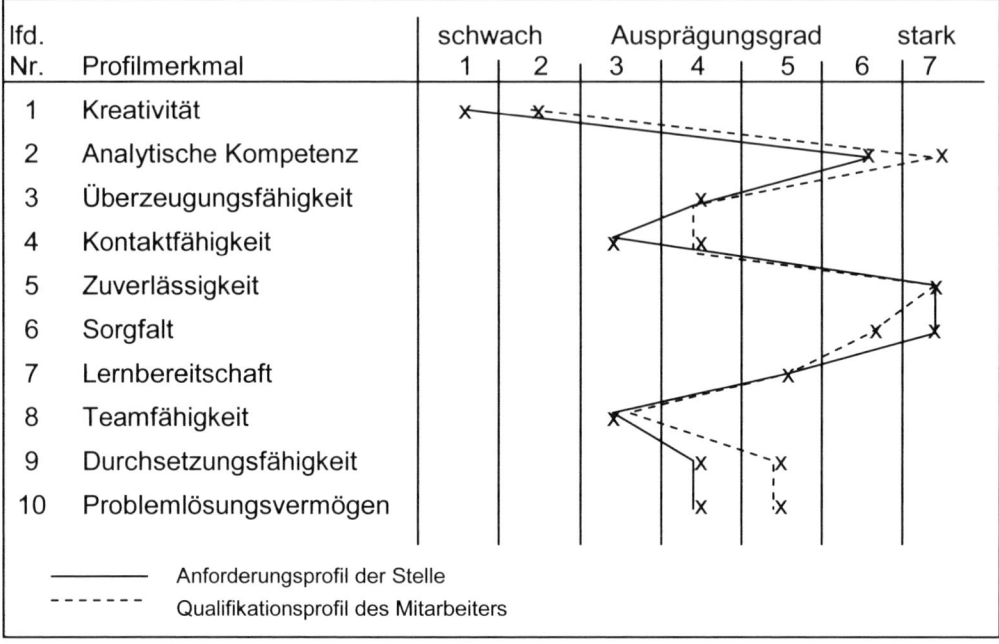

lfd. Nr.	Profilmerkmal	schwach		Ausprägungsgrad				stark
		1	2	3	4	5	6	7
1	Kreativität							
2	Analytische Kompetenz							
3	Überzeugungsfähigkeit							
4	Kontaktfähigkeit							
5	Zuverlässigkeit							
6	Sorgfalt							
7	Lernbereitschaft							
8	Teamfähigkeit							
9	Durchsetzungsfähigkeit							
10	Problemlösungsvermögen							

———— Anforderungsprofil der Stelle

------- Qualifikationsprofil des Mitarbeiters

Abb. 16: Profilvergleich für einen Bilanzbuchhalter[28]

2.7 Kritische Würdigung und Ausblick

Die Ermittlung des Personalbedarfs ist unter ökonomischen Gesichtspunkten von großer Bedeutung. Die Quantität und die Qualität der Stellen und der Stelleninhaber sind mitbestimmend für die Höhe der Personalkosten und die Leistungsfähigkeit des Unternehmens.

Die endgültige Entscheidung über den Personalbedarf hängt von der Unternehmenspolitik ab, sodass die aufgezeigten Methoden der Personalbedarfsplanung nur ein Hilfestellung sein können.

Auf Schätzverfahren zur Ermittlung des Personalbedarfs wird immer dann zurückgegriffen, wenn die Arbeitsanforderungen quantitativ, qualitativ und zeitlich variieren. Der unterschiedliche Erfahrungshorizont der Schätzenden, ihre ungleichen Kenntnisse und Einschätzungen von unternehmenspolitischen Aspekten sowie beabsichtigte oder unbeabsichtigte Subjektivität führen dazu, dass die Ergebnisse ungenau sind. Auch fallen die Schätzungen oft sehr großzügig aus. Die Schätzenden bilden Personalreserven, um für unbekannte Zukunftskonstellationen abgesichert zu sein. Dennoch ist diese Methode gerade in kleinen und mittleren Unternehmen weit verbreitet.

---

[28] in Anlehnung an Hohlbaum, A., Olesch, G. (2004), S. 71.

Für die Personalbedarfsermittlung auf der Basis von Kennzahlen benötigt man umfangreiche Informationen. Oft wird sehr stark vergangenheitsorientiert vorgegangen, außerdem werden technologische Veränderungen und Marktentwicklungen zu wenig bedacht.

Auch die organisatorischen Methoden weisen Mängel auf. Mit der Entscheidung über die Zahl der Führungskräfte und die Leitungsspanne sind auch Entscheidungen über Effizienz- und Qualitätsaspekte verbunden. Bei der Anwendung der Arbeitsplatzmethode auf ausführende Mitarbeiter muss berücksichtigt werden, dass diese in „Mußezeiten" mit anderweitigen Aufgaben ausgelastet werden sollten. So kann ein Mitarbeiter am Empfang für das Sortieren der Eingangspost oder das Frankieren der Ausgangspost sowie für das Schreiben einfacher Korrespondenz zuständig sein.

Monetäre Methoden eignen sich zur Personalbedarfsermittlung nur in Bereichen, in denen dringend Rationalisierungsmaßnahmen notwendig sind. Dabei muss besonders darauf geachtet werden, dass trotz der Verringerung des Personalbestandes weiterhin gewährleistet ist, dass die Leistungsziele erreicht werden können. Gemeinkostenwertanalyse und Zero-Base-Budgeting werden häufig in größeren Unternehmen eingesetzt. Ihre erfolgreiche Anwendung lässt darauf schließen, dass in vielen Abteilungen erhebliche Personalüberdeckungen vorhanden sind. Die Beseitigung organisatorischer Mängel bei der Strukturierung von Arbeitsprozessen und Aufgabenstellungen führt zu einem geringeren Personalbedarf und ermöglicht die Kürzung des Budgets.

Die Methoden der Personalbemessung(arbeitswissenschaftliche Methoden) verlangen einen kontinuierlichen Arbeitsablauf und stoßen bei heterogenem Aufgabenanfall mit unterschiedlichem Schwierigkeitsgrad sehr schnell an ihre Grenzen. Die Zuschläge für nicht erfasste (Neben-)Tätigkeiten sind oft so erheblich, dass die Ergebnisse, die eigentlich Objektivität suggerieren, den Personalbedarf nur sehr ungenau wiedergeben. Die Anwendung von Formeln täuscht eine Exaktheit der Werte vor, die nicht zutrifft.

Auch die Methoden der qualitativen Personalbedarfsermittlung liefern nur unzureichende Ergebnisse. Bei der Ermittlung des Personalbedarfs mithilfe von Berufs- und Qualifikationsgruppen werden die Anforderungen zu summarisch und allgemein erfasst. Stellenbeschreibungen liefern nur dann brauchbare Ergebnisse, wenn sie sehr sorgfältig erstellt wurden und die Inhalte nicht aus allgemein gehaltenen Formulierungen, sondern aus konkreten Festlegungen bestehen. Zudem ist der aufwändige Änderungsdienst, der regelmäßig durchgeführt werden muss, ein Problem, andererseits lassen sich aus veralteten Stellenbeschreibungen keine aktuellen Stellenanforderungen herleiten. Gleiches gilt auch für die Anforderungsprofile. Ein weiteres Problem ist hier die notwendige Skalierung der Anforderungen. Nicht alle Anforderungen und Qualifikationen können wirklich exakt erfasst werden. Da ein Unternehmen nur in begrenztem Umfang über die Entwicklung der künftigen Anforderungen Prognosen erstellen kann, ist es sinnvoll, wenn es sich frühzeitig Qualifikationsreserven mithilfe der Personalentwicklung aufbaut, um schnell auf Umweltveränderungen reagieren zu können.

Wiederholungsfragen

1. Erläutern Sie den Begriff Personalbedarf und erklären Sie, was man unter den vier Dimensionen der Personalbedarfsermittlung versteht.

2. Beschreiben Sie den Zusammenhang zwischen Soll-Personalbestand und Ist-Personalbestand sowie zwischen Einsatz- und Reservebedarf.

3. Erläutern Sie die wesentlichen internen und externen Einflussfaktoren auf den Personalbedarf.

4. Unter welchen Voraussetzungen sind die Methoden der Personalbemessung zur quantitativen Bedarfsermittlung geeignet?

5. Nehmen Sie eine systematische Gliederung der Stellenbeschreibungen vor und beurteilen Sie ihre Verwendbarkeit im Rahmen der qualitativen Personalbedarfsermittlung.

3 Personalbeschaffung

Die Personalbeschaffung ist eine der wichtigsten Funktionen des Personalmanagements. Sie hat das Ziel, die richtige Zahl von Mitarbeitern mit der passenden Qualifikation zum richtigen Zeitpunkt und für den richtigen Zeitraum am richtigen Ort bereitzustellen, d.h. es geht um die Gewinnung der bedarfsgerechten Zahl von Mitarbeitern. Die Basis bildet die Personalbedarfsermittlung.

3.1 Aktueller Informationsbedarf und zeitgemäße Vorgehensweisen

Bevor ein Unternehmen die Beschaffungsarten und -wege konkretisieren kann, muss es erst systematisch alle beschaffungsrelevanten Informationen zusammentragen. Sie bestimmen den Beschaffungsprozess. Zur Gewinnung und Analyse personalbeschaffungsrelevanter Informationen gehören folgende Bereiche:

- Personalbestand und Personalbedarf (siehe Kapitel 2)
- aktuelle Arbeitsmarktsituation
- Stellung des Unternehmens auf dem Arbeitsbeschaffungsmarkt
- Erwartungen und Ziele der derzeitigen und potenziellen Mitarbeiter

Auch rechtliche Aspekte spielen eine Rolle. Besonders die Beteiligungsrechte des Betriebsrates bei Personalplanung, Ausschreibung von Stellen, Personalfragebögen und Beurteilungsgrundsätzen, Auswahlrichtlinien und personellen Einzelmaßnahmen beeinflussen den Beschaffungsprozess.

3.1.1 Ermittlung der Arbeitsmarktsituation

Nachdem Personalbestand und Personalbedarf bestimmt sind, geht es im nächsten Schritt darum, eine systematische Analyse des in Frage kommenden Beschaffungspotenzials durchzuführen und die Beschaffungsmöglichkeiten festzustellen, d.h. die **aktuelle Arbeitsmarktsituation** zu ermitteln. Dabei ist nicht der Arbeitsmarkt insgesamt, sondern nur ein Teilbereich, der Arbeitsbeschaffungsmarkt, relevant.

Das Unternehmen filtert aus der Vielzahl von vorhandenen Informationen über den Arbeitsbeschaffungsmarkt diejenigen heraus, die für seine Personalbeschaffungsentscheidungen relevant sind. Es betrachtet nur den spezifischen Teilarbeitsmarkt, der das aktuell benötigte Beschaffungspotenzial aufweist. Dazu werden funktionale, räumliche und zeitliche Kriterien wie Ausbildung, Berufsgruppe, Branche, Mobilität etc. herangezogen. Ferner wird eine Differenzierung in unternehmensexterne und unternehmensinterne Teilmärkte vorgenommen.

Der **externe Teilarbeitsmarkt** ist derjenige Teil des externen Gesamtarbeitsmarktes, auf dem das Unternehmen seinen Bedarf decken will. Er wird durch konjunkturelle und saisonelle Schwankungen sowie die aktuelle Bevölkerungs- und Beschäftigungsstruktur und deren Entwicklung beeinflusst. Für Großunternehmen sind nicht nur nationale, sondern auch ausländische Teilarbeitsmärkte von Bedeutung. Kleine und mittlere Unternehmen begrenzen den betrachteten Teilarbeitsmarkt meist national, teilweise auch regional.

Einige Großunternehmen betreiben eine eigene systematische **externe Arbeitsmarktforschung** oder vergeben Aufträge an externe Marktforschungsinstitute, die z.B. Branchenstrukturanalysen und Konkurrentenanalysen vornehmen sowie rechnergestützte Auswertungen von Stellenangeboten in der einschlägigen Presse erstellen.

Die meisten Unternehmen verwenden jedoch vorrangig Sekundärerhebungen und -analysen. Das Institut für Arbeitsmarkt- und Berufsforschung der Bundesagentur für Arbeit (IAB) bietet viele Informationen zur derzeitigen und prognostizierten Entwicklung von Arbeitskräftepotenzialen und zur Prognose von Arbeitsmarktstrukturen im nationalen Bereich. Die Ergebnisse werden seit über 35 Jahren regelmäßig veröffentlicht. Die Berufsforschung des IAB bezieht sich auf Untersuchungen zu den Zukunftschancen bestimmter Berufe, zu deren Prestige und zu den Varianten der Berufsanforderungen. Weitere, eher vergangenheits- und gegenwartsbezogene Informationen werden von den einzelnen Arbeitsagenturen geboten. Ferner können Berichte und Erhebungen der Industrie- und Handelskammern sowie der Berufs- und Fachverbände herangezogen werden. Die amtlichen Nachrichten der Bundesagentur für Arbeit bieten ebenfalls hilfreiche Informationen. Auch zu der sehr komplexen Problematik der Mobilität von Arbeitskräften gibt es vielfältige Untersuchungen. Seit einigen Jahren veröffentlichen europäische Behörden Informationen über die Entwicklungen auf dem europäischen Arbeitsmarkt.

Der **interne Arbeitsbeschaffungsmarkt** umfasst alle Mitarbeiter des Unternehmens, die veränderungswillig sind, das Unternehmen jedoch nicht verlassen wollen. Das Angebot an Stellen und den Ausgleich zwischen Angebot und Nachfrage steuert das Unternehmen selbst.[29] Der interne Arbeitsbeschaffungsmarkt gewinnt in vielen Branchen und Unternehmen immer mehr an Bedeutung.

Interne Arbeitsmarktforschung beschäftigt sich mit nach **Mitarbeitergruppen** gegliederten Informationen aus dem eigenen Hause. Es werden sowohl absolute als auch relative Größen als Soll- und Istgrößen ermittelt. Von Bedeutung sind Erkenntnisse über Arbeitszufriedenheit, Einstellungen, Entlassungen, Entgeltaspekte, Fehlzeiten, Fluktuationsraten, Krankenstände, Laufbahnentwicklungen, Entwicklungspotenzial, Altersaufbau etc. Auch arbeitsmedizinische Untersu-

---

[29] Vgl. Drumm, H.J. (2005), S. 94 f.

chungen können eine Rolle spielen.[30] Insgesamt geht es nicht nur um die Ermittlung dieser Daten, sondern vor allem um deren Analyse.

3.1.2 Stellung des Unternehmens auf dem Arbeitsbeschaffungsmarkt

Neben dem Wissen um die aktuelle Situation und die Entwicklung auf den Teilarbeitsmärkten, auf denen das Unternehmen sein Personal rekrutiert, sind Informationen über die **Stellung des Unternehmens** auf diesen Märkten, d.h. über sein **Image**, von besonderer Bedeutung. Für gezielte und wirksame Personalbeschaffungsmaßnahmen ist es wichtig, dass das Unternehmen sein Image kennt und es ggfs. auch positiv verändert.

Das **Fremdimage** zeigt, wie potenzielle, nicht zum Betrieb gehörige Arbeitnehmer das Unternehmen von außen beurteilen. Das **Selbstimage** spiegelt die Vorstellungen wieder, welche die eigenen Mitarbeiter von ihrem Unternehmen als Arbeitgeber haben.

Die Stellung, die das Unternehmen auf dem externen Arbeitsbeschaffungsmarkt einnimmt, wird von vielen verschiedenen Faktoren beeinflusst.[31] Besonders hervorzuheben ist die **Konkurrenzsituation** des Unternehmens. Die Nachfrage nach Arbeitskräften und die Freisetzungsmaßnahmen bei anderen Unternehmen beeinflussen die eigene Situation ebenfalls. Sie haben unter anderem Einfluss auf die Art und Dauer der Rekrutierungsmaßnahmen, das Entgeltniveau und die Fluktuationsrate. Auch auf notwendige Personalentwicklungsmaßnahmen können sie sich auswirken.

Für viele Arbeitnehmer ist der **Standort** ihres Arbeitsplatzes ein wichtiges Entscheidungskriterium. Freizeitwert, Wohnmöglichkeiten, Verkehrsanbindungen, Schul- und Kindergartenbetreuung sind entscheidungsrelevant beim Stellenwechsel.

Auch die **Branche** beeinflusst die Stellung des Unternehmens auf dem externen Arbeitsbeschaffungsmarkt. Branchen, die sich in einer wirtschaftlichen Aufschwungphase befinden, sind für Bewerber attraktiver, da sie sich hiervon ein geringeres Arbeitsplatzrisiko und ein höheres Entgeltniveau versprechen. Für viele Arbeitnehmer ist ferner die **Betriebsgröße** von Bedeutung, sie favorisieren oft Großbetriebe und erwarten dort attraktivere monetäre und nicht-monetäre **Anreizsysteme**. Das Selbstimage wirkt sich ebenfalls auf die Stellung des Unternehmens auf dem externen Arbeitsbeschaffungsmarkt aus, da die Mitarbeiter ihre eigenen Erfahrungen und Eindrücke an Externe weitergeben.

Viele Faktoren, die die Stellung des Unternehmens auf dem externen Arbeitsbeschaffungsmarkt bestimmen, können von ihm nicht unmittelbar beeinflusst werden. Letztlich hängt seine Stellung von den nicht immer realistischen Vorstellungen der potenziellen Mitarbeiter ab. Umso wichtiger ist es für das Unternehmen, ein positives **Fremdimage** zu vermitteln. Motivierte und qualifizierte Arbeitnehmer zieht es zu Arbeitgebern, die sie als attraktiv empfinden.[32]

---

[30] Vgl. Drumm, H.J. (2005), S. 105 ff.

[31] Vgl. hierzu die ausführlichen Darstellungen von Hentze, J., Kammel, A., (2001), S. 251 ff. sowie von Oechsler, W.A. (2000), S. 219 ff.

[32] Vgl. Myritz, M. (2005), S. 26.

Die **Stellung** des Unternehmens **auf dem internen Arbeitsbeschaffungsmarkt** wird in erster Linie durch die **Zufriedenheit seiner Mitarbeiter** bestimmt, die in kausalem Zusammenhang mit dem **betrieblichen Anreizsystem** steht. Die **Fluktuationsrate** und die **Fehlzeitenrate** liefern ebenso Anhaltspunkte für die Zufriedenheit wie die **Aufstiegsmöglichkeiten** und die **Dauer der Betriebszugehörigkeit**. Häufig werden diese Faktoren getrennt nach Mitarbeitergruppen betrachtet. Je größer die Arbeitszufriedenheit, desto besser ist das **Selbstimage** des Unternehmens. Es wird auch dadurch verbessert, dass positive Aspekte, die das Unternehmen in den Augen der Mitarbeiter von anderen Unternehmen abheben, in besonderem Maße kommuniziert werden. Denn bei der Zufriedenheit der Mitarbeiter und dem Selbstimage geht es nicht in erster Linie um die tatsächlichen Gegebenheiten, sondern darum, wie diese von den Mitarbeitern empfunden werden.

Ein wichtiges Instrument, um die Stellung des Unternehmens auf dem internen und externen Arbeitsmarkt zu verbessern, ist das **Personalmarketing**. Darunter versteht man alle Aktivitäten des Betriebs, um seine Stellung als Arbeitgeber gegenüber potenziellen und bereits vorhandenen Mitarbeitern zu verbessern.[33] Ähnlich wie beim klassischen Produktmarketing soll eine langfristige Markenbindung aufgebaut werden, nur dass diese nicht zwischen Unternehmen und Kunden, sondern zwischen Arbeitgeber und Mitarbeitern besteht. Personalmarketing soll den Abbau der Anonymität und eine positive Wahrnehmung des Unternehmens in Bezug auf die Arbeitssituation fördern. Das Unternehmen soll aus der Masse der Konkurrenten hervorgehoben werden. Auf diese Weise will man erreichen, dass die Arbeitnehmer-Zielgruppen ein besonderes Interesse daran haben, mit dem Unternehmen in Kontakt zu treten bzw. weiterhin im Unternehmen tätig zu bleiben. Vermarktet wird also das Unternehmen mit seinen zur Verfügung stehenden Stellen. Personalmarketing ist nicht nur für die interne und externe Personalbeschaffung von erheblicher Bedeutung, sondern funktionsübergreifend auch für Personalintegration, -erhaltung, -motivation und Personalentwicklung.[34]

3.1.3 Erwartungen und Ziele der derzeitigen und potenziellen Mitarbeiter

Die Unternehmensziele und die Ziele der derzeitigen und potenziellen Mitarbeiter decken sich nicht immer. So wünschen sich Mitarbeiter beispielsweise Arbeitsplatzsicherheit, schnelle Karrieremöglichkeiten und den persönlichen Bedürfnissen angepasste Arbeitszeiten. Unternehmen bevorzugen hingegen eine lange Probezeit, schnelle Kündbarkeit, Aufstiegsmöglichkeiten, die sich am organisatorischen Bedarf orientieren, und kapazitätsorientierte Arbeitszeiten. In konjunkturell schwachen Zeiten oder anderen Situationen, in denen das Personalangebot den Bedarf übersteigt, werden solche Zielkonflikte aufgrund der unausgeglichenen Machtverhältnisse vornehmlich zu Gunsten des Unternehmens entschieden. Allerdings ist es auch in diesen Fällen angebracht, die Mitarbeiter- bzw. Bewerberinteressen zu berücksichtigen. Personalwirtschaftliches Handeln sollte grundsätzlich nicht nur von den Unternehmenszielen, sondern auch von sozialen Aspekten geleitet werden. Aus betriebswirtschaftlichen Gründen ist eine solche Vorgehensweise deshalb sinn-

---

[33] Vgl. Horsch, J. (2000), S. 39 f.

[34] Vgl. Schanz, G. (2000), S. 350; Myritz, R. (2005), S. 26 f.

voll, da sich auf diese Weise Frustration, Arbeitsunzufriedenheit, Absentismus, Fluktuation oder innere Kündigung und damit zusätzliche Kosten für das Unternehmen vermeiden lassen.[35]

3.2 Arten und Wege der Personalbeschaffung

3.2.1 Arten der Personalbeschaffung

Man unterscheidet zwischen interner und externer Personalbeschaffung. Für die Auswahl der Beschaffungsarten und -wege sind

- das gesuchte Qualifikationsprofil,
- der Zeitpunkt, bis zu dem die Unterdeckung beseitigt werden muss,
- die Dauer der benötigten zusätzlichen Arbeitsleistung und
- der Ort der Leistungserstellung

bestimmend. Die Entscheidung hängt letztlich davon ab, wovon man sich im Einzelfall größeren Erfolg verspricht. Häufig werden beide Arten der Personalbeschaffung gleichzeitig eingesetzt, um eine bestmögliche Stellenbesetzung zu erreichen. Auch existieren in vielen Unternehmen personalpolitische Grundsätze, wonach zunächst die interne Beschaffung zum Zug kommt. Zudem kann der Betriebsrat verlangen, dass zuerst eine unternehmensinterne Ausschreibung erfolgt. Das Unternehmen ist jedoch nur zur internen Ausschreibung, nicht jedoch zur internen Besetzung verpflichtet.

Die **interne Personalbeschaffung** ist

- ohne Personalbewegung und
- mit Personalbewegung

möglich. Beide Arten gewinnen in der Praxis immer mehr an Bedeutung. Zum einen können Unternehmen auf dem externen Arbeitsmarkt oft nicht die gesuchte Qualifikation finden, zum anderen trägt man damit den Karrierewünschen der vorhandenen Mitarbeiter Rechnung. Drittens werden erhebliche Kosten und Risiken vermieden.

Die **externe Personalbeschaffung** wird in

- eher passive Personalbeschaffung und
- eher aktive Personalbeschaffung

unterteilt. Sie wird immer dann herangezogen, wenn eine vakante Stelle nicht intern besetzt werden kann oder soll. Sei es weil z.B. kein geeigneter interner Bewerber vorhanden ist, die notwendigen Bildungsmaßnahmen zu umfangreich wären oder die dadurch an anderer Stelle entstehende Vakanz nur schwer gedeckt werden könnte.

---

[35] Vgl. Hentze, J., Kammel, A. (2001), S. 258 f.

3.2.2 Wege der Personalbeschaffung

3.2.2.1 Interne Personalbeschaffung

Das interne Beschaffungspotenzial besteht aus Mitarbeitern, die ihren derzeitigen Stellenaufgaben nicht gewachsen sind oder die aufgrund eines geänderten Arbeitsanfalls nicht oder nicht mehr in vollem Umfang in ihrer derzeitigen Stelle benötigt werden und aus Mitarbeitern, die Entwicklungspotenzial für anspruchsvollere oder andersartige Aufgabenstellungen aufweisen.

Welcher Weg bei der internen Personalbeschaffung eingeschlagen wird, hängt vor allem von der Dauer der Unterdeckung ab. Ist sie nur kurzfristig, bietet sich eine Beschaffung ohne Änderung der bestehenden Arbeitsverhältnisse an. Eine mittel- bis langfristige Unterdeckung lässt sich besser durch eine Änderung der bestehenden Arbeitsverhältnisse erreichen. Die Abb. 17 gibt einen Überblick über die internen Beschaffungswege.

Wege der internen Personalbeschaffung	
interne Beschaffung ohne Personalbewegung	interne Beschaffung mit Personalbewegung
<ul><li>Überstunden</li><li>Mehrarbeit</li><li>Urlaubsverschiebung</li><li>Urlaubsstopp</li><li>Erhöhung bzw. Veränderung der Qualifikation des Mitarbeiters für seine derzeitige Stelle</li></ul>	<ul><li>Innerbetriebliche Stellenausschreibung</li><li>Versetzung</li><li>Stellen-Clearing</li><li>Übernahme von Auszubildenden</li><li>Umwandlung von Teilzeit- in Vollzeit-Arbeitsverhältnisse</li><li>Umwandlung von befristeten in unbefristete Arbeitsverhältnisse</li><li>Personalentwicklung für eine andere Stelle</li></ul>

Abb. 17: Interne Personalbeschaffung

3.2.2.1.1 Überstunden und Mehrarbeit

Die häufigste Form interner Personalbeschaffung ist der Ausgleich der personellen Unterdeckung durch Mehrarbeit und Überstunden. Während es sich bei **Mehrarbeit** um eine zeitlich befristete und vorher festgelegte Verlängerung der betriebsüblichen Arbeitszeit handelt, werden **Überstunden** kurzfristig nach Bedarf angesetzt. Ein Großteil der Mitarbeiter befürwortet diese Maßnahmen in gewissem Umfang, zumal sie oft mit einem erheblichen Zusatzverdienst verbunden sind. Allerdings dürfen mögliche gesundheitliche und soziale Folgen nicht außer Acht gelassen werden. Des Weiteren sind die gesetzlichen Arbeitszeitregelungen sowie die Mitbestimmungsrechte des Betriebsrates zu beachten.

3.2.2.1.2 Urlaubsverschiebungen und Urlaubsstopp

Urlaubsverschiebung bedeutet, dass der Mitarbeiter seinen bereits genehmigten Urlaub nicht antreten kann, sondern auf einen späteren Zeitraum ausweichen muss. Ursachen können z.B. sehr kurzfristig eingegangene, große Aufträge oder eine Grippewelle sein, weshalb ein Großteil der Mitarbeiter dem Unternehmen nicht zur Verfügung steht. **Urlaubsstopp** besagt, dass die Mitarbeiter in auftragsstarken Zeiten, z.B. im Weihnachtsgeschäft, keinen Urlaub nehmen können. Dies ist vor allem in Unternehmen mit saisonabhängiger Auftragslage üblich. Die Mitbestimmungsrechte und die gesetzlichen Urlaubsbestimmungen sind zu beachten.

3.2.2.1.3 Erhöhung und Veränderung der Mitarbeiterqualifikation

Während die bisher beschriebenen Maßnahmen den quantitativen Aspekt der Personalbeschaffung berücksichtigen, geht es bei der Erhöhung und Veränderung der Mitarbeiterqualifikation um die Beseitigung einer qualitativen Unterdeckung. Der Mitarbeiter wird besser an die Erfordernisse seiner Stelle angepasst, was zur Steigerung der Qualität und/oder Quantität seiner Arbeitsleistung führen soll. Eine frühzeitige und vorausschauende Anpassung seiner Qualifikation an künftige Stellenaufgaben lässt neuen Personalbedarf wegen mangelnder Eignung erst gar nicht entstehen.

3.2.2.1.4 Interne Stellenausschreibung

Voraussetzung für eine interne Personalbeschaffung bei gleichzeitiger Änderung der bestehenden Arbeitsverhältnisse ist in den meisten Fällen eine innerbetriebliche oder interne Stellenausschreibung. Die Mitarbeiter werden durch Aushänge, Betriebszeitung, Rundschreiben, E-Mails oder sonstige interne Verteiler darüber informiert, dass eine Stelle vakant ist. Dabei ist auf eine zielgruppengerechte Medienauswahl zu achten.

Die interne Stellenausschreibung sollte ähnlich einer externen Stellenanzeige zumindest diese Informationen enthalten:

- Stellenbezeichnung
- organisatorische Aspekte wie Abteilung, Arbeitsgruppe, Einsatzort etc.
- Umfang der Beschäftigung (Teil- oder Vollzeit)
- kurzes Aufgabenbild
- Beginn und Zeitraum der Vakanz
- erforderliche Qualifikation
- Vergütungsaspekte
- Ansprechpartner
- Rahmenbedingungen zur Bewerbung wie Fristen und einzureichende Unterlagen

Es kann auch auf die aktuelle Stellenbeschreibung verwiesen werden.

Bei internen Stellenausschreibungen müssen die Beteiligten eine besondere Vertraulichkeit gegenüber dem Bewerber wahren, um negative Auswirkungen auf dessen bestehende Arbeitssituation zu vermeiden. Schwierigkeiten können sich ergeben, wenn abgelehnte Bewerber enttäuscht sind, weil sie bei der ausgeschriebenen Stelle nicht berücksichtigt wurden und in ihrer bisherigen Position weiterhin hochwertige Arbeit leisten sollen.

3.2.2.1.5 Versetzung

Die Versetzung ist die bedeutsamste Form der internen Personalbeschaffung. Darunter wird die Zuweisung eines anderen Arbeitsbereichs verstanden, die voraussichtlich einen Monat Dauer überschreitet oder mit einer erheblichen Änderung der Umstände verbunden ist, unter denen die Arbeit zu leisten ist (§ 95 Abs. 3 BetrVG).

Nimmt der Mitarbeiter nach der Versetzung eine neue Stelle auf der gleichen Hierarchieebene ein, handelt es sich um **horizontale Versetzung**. Die **vertikale Versetzung** kann mit einem Auf- oder Abstieg verbunden sein, je nach dem, ob der Mitarbeiter Entwicklungspotenzial oder qualitative Defizite aufweist. Durch Versetzungen werden Stellen frei, die neu besetzt werden müssen, sofern dort keine Überdeckung bestand. Verschiebt sich der Bedarf von Stelle zu Stelle, kommt es zu so genannten Kettenversetzungen, bis die Lücke durch eine Beschaffung auf dem externen Arbeitsmarkt geschlossen wird, der Bedarf also nicht mehr intern gedeckt werden kann.

Versetzungen erfolgen durch **Weisung des Arbeitgebers** oder durch **Änderungskündigung**. Erstere setzt voraus, dass der Arbeitsvertrag dies zulässt. Die neue Stelle muss mit dem Berufsbild des Mitarbeiters vereinbar sein und innerhalb der bisherigen Tätigkeitsumschreibung liegen. Eine räumliche Versetzung ist dann zulässig, wenn der Ort der Leistungserstellung im Arbeitsvertrag nicht auf den gegenwärtigen Ort beschränkt ist. Mit einer solchen Versetzung darf keinesfalls eine Verringerung des Entgelts einhergehen. Treffen diese Voraussetzungen nicht zu, kann eine Änderungskündigung erfolgen, bei der der Arbeitgeber einseitig den Arbeitsvertrag kündigt und gleichzeitig einen neuen Arbeitsvertrag mit geänderten Bedingungen anbietet. Der Betriebsrat muss in beiden Fällen angehört werden. Verweigert er seine Zustimmung, kann das Unternehmen deren Ersetzung beim Amtsgericht beantragen. [36]

3.2.2.1.6 Stellen-Clearing

Das Stellen-Clearing ist ein Vorschlagssystem zur Stellenbesetzung.[37] Es handelt sich um eine systematische, geplante Form von Versetzungen. Zwischen den Führungskräften und der Personalabteilung findet ein regelmäßiger Informationsaustausch über vakante Stellen statt. Dabei geht es nicht nur um aktuelle oder kurzfristige Vakanzen, sondern auch um bereits bekannte längerfristig freiwerdende Stellen, etwa aufgrund von Pensionierungen. Gleichzeitig wird über innerbetriebliche Möglichkeiten der Bedarfsdeckung beraten. Sind geeignete Mitarbeiter gefunden, nimmt die Personalabteilung mit ihnen Kontakt auf.

Kurzfristig ist das Stellen-Clearing mit Versetzungen, mittel- bis langfristig auch mit Personalentwicklung verbunden. Der Vorteil liegt vor allem darin, dass Führungskräfte ihre Mitarbeiter besser beurteilen können als die Personalabteilung und eine Versetzung deshalb mit einer größeren Übereinstimmung von Anforderungs- und Qualifikationsprofil verbunden ist.

Aus Sicht der Mitarbeiter ist diese Vorgehensweise allerdings wenig transparent. Zudem muss mit Abteilungsegoismus gerechnet werden. Sei es, dass ein Abteilungsleiter einen geschätzten Mitarbeiter absichtlich nicht berücksichtigt, weil durch seine Versetzung eine schwer zu schließende

---

[36] Die möglichen Gründe sind in § 99 Abs. 3 und § 102 Abs. 3 BetrVG genannt.

[37] Vgl. Jung, H. (2005), S. 133 f.

Lücke entstehen würde, sei es, dass eher unbeliebte oder ungeeignete Mitarbeiter weggelobt werden.

3.2.2.1.7 Weitere Wege der internen Personalbeschaffung

Weitere Wege bei der internen Personalbeschaffung sind die Übernahme von Auszubildenden nach Abschluss ihrer Ausbildung, die Umwandlung von Teilzeitarbeitsverträgen in Vollzeitverträge sowie die Änderung von befristeten Arbeitsverträgen in unbefristete Verträge. Sie haben alle den Vorteil, dass das Unternehmen den Mitarbeiter und seine Qualifikation bereits kennt und sich das Risiko einer Fehlentscheidung damit verringert.

3.2.2.1.8 Personalentwicklung

Bei der Personalentwicklung geht es um die qualitative Ebene der internen Personalbeschaffung bei Änderung der bestehender Arbeitsverhältnisse. Es wird eine qualitative Unterdeckung beseitigt und gleichzeitig eine Personalbewegung vorgenommen. Personalentwicklung schafft die Voraussetzung, dass der Mitarbeiter den qualitativen Anforderungen einer neuen Stelle gerecht wird. Dies kann sich sowohl auf Mitarbeiter beziehen, die aktuell versetzt worden sind bzw. kurzfristig versetzt werden und die neuen Stellenaufgaben noch nicht vollständig beherrschen als auch auf solche Mitarbeiter, die entwicklungsfähig sind, ohne dass kurzfristig eine Versetzung auf eine konkrete andere Stelle vorgesehen ist. Mithilfe von Nachfolge- und Karriereplanungen werden solche Mitarbeiter langfristig auf anspruchsvollere Aufgaben vorbereitet. Das Unternehmen schafft sich frühzeitig einen qualifizierten Nachwuchspool, auf den es im Bedarfsfall zurückgreifen kann. Zur Personalentwicklung gehören des Weiteren Umschulungsmaßnahmen für Mitarbeiter, deren bisherige Qualifikation nicht mehr benötigt wird. Letztlich gehört auch die Ausbildung der Auszubildenden dazu.

3.2.2.2 Externe Personalbeschaffung

Externe Wege der Personalbeschaffung kommen zur Anwendung, wenn intern der Bedarf nicht gedeckt werden kann oder eine interne Bedarfsdeckung unzweckmäßig erscheint, etwa weil es schwieriger wäre, die neue Lücke zu schließen. Ob das Unternehmen einen aktiven oder eher passiven Weg wählt, hängt von mehreren Faktoren ab:

- Situation auf dem Teilarbeitsbeschaffungsmarkt
- Dringlichkeit des Personalbedarfs
- benötigte Qualifikation
- Bedeutung der Stelle im Unternehmen
- Höhe des Beschaffungsbudgets
- Größe des Bedarfs

Neben der **aktuellen Bedarfsdeckung** führt die externe Personalbeschaffung auch dazu, dass das Unternehmen auf dem externen Arbeitsbeschaffungsmarkt bekannt wird. Damit dient sie zusätzlich – als Personalmarketingmaßnahme – auch der **langfristigen Erschließung externer Mitarbeiterpotenziale**.[38] Sie richtet sich sowohl an Arbeitskräfte, die im Arbeitsprozess stehen, als auch an solche, die nicht, noch nicht oder nicht mehr beschäftigt sind, z.B. Schüler, Studie-

---

[38] Vgl. Berthel, J., Becker, F.G. (2003), S. 201.

rende, Arbeitslose und Pensionäre. Eine erfolgreiche externe Personalbeschaffung setzt ein positives Fremd- und Selbstimage, gute Kenntnisse des externen Arbeitsbeschaffungsmarktes sowie den Aufbau und die Pflege von Kontakten voraus. Abb. 18 gibt einen Überblick über mögliche Maßnahmen.

Wege der externen Personalbeschaffung	
eher passive Vorgehensweise der externen Beschaffung	eher aktive Vorgehensweise der externen Beschaffung
• Arbeitsagenturen • private Arbeitsvermittler • Initiativbewerbung • Auswertung von Stellenanzeigen • Bewerberdateien	• externe Werks- und Dienstverträge • Personal-Leasing • Stellenanzeigen • E-Recruiting • College Recruiting • Öffentlichkeitsarbeit • Empfehlung von Betriebsangehörigen • Personalberater • Abwerbung

Abb. 18: Externe Personalbeschaffung

Geht ein Unternehmen eher **passive Wege** der Personalbeschaffung, entwickelt es kaum Eigeninitiative bei der Kontaktaufnahme mit potenziellen Mitarbeitern. Diese Vorgehensweise bietet sich vor allem dann an, wenn der Personalbedarf gering ist, die zusätzliche Arbeitsleistung nicht dringend benötigt wird und ein großes externes und internes Arbeitsbeschaffungspotenzial vorhanden ist. Bei dringendem oder großem Personalbedarf, bei ungewöhnlichen Anforderungen und bei angespannter Arbeitsmarktlage sollte das Unternehmen hingegen **aktive Wege** wählen.

3.2.2.2.1 Arbeitsagenturen

Zu den wesentlichen Aufgaben der **Bundesagentur für Arbeit** (BA), die zehn **Regionaldirektionen** unterhält, gehört die **Arbeitsvermittlung**. Auf diese Weise werden Arbeitsuchende mit Unternehmen zusammengeführt, um ein Arbeitsverhältnis zu begründen. Regional sind ca. 180 **Agenturen für Arbeit** (AA) mit insgesamt 660 **Job Center** zuständig, die sich vorrangig um Mitarbeiter für ausführende Tätigkeiten kümmern. Für die Vermittlung von Führungskräften, qualifizierten Fachkräften und Bewerbern mit Hochschulausbildung sind schwerpunktmäßig die überregional arbeitenden **Fachvermittlungsstellen** zuständig. Daneben ist die **Zentralstelle für Arbeitsvermittlung** (ZVA) in Bonn mit der bundesweiten Vermittlung von Fach- und Führungskräften betraut. Hier ist auch die Vermittlung ins Ausland und aus dem Ausland angesiedelt, außerdem findet man zahlreiche Programme für Berufsanfänger.

Zu den Leistungsbereichen der Arbeitsverwaltung gehören auch die **Personal-Service-Agenturen**. In § 37 SGB III ist geregelt, dass jede Agentur für Arbeit mindestens eine Personal-Service-Agentur einrichten muss. Diese hat insbesondere die Aufgabe, Arbeitnehmerüberlassungen zur Vermittlung von Arbeitslosen durchzuführen und diese in verleihfreien Zeiten zu qualifizieren und weiterzubilden. Die Unternehmen sollen angeregt werden, die geleasten Arbeitnehmer bei geeigneter Qualifikation einzustellen. Die Agentur für Arbeit schließt dazu mit Arbeitsverleihern entsprechende Verträge und vereinbart mit ihnen für ihre Tätigkeit als Personal-Service-Agentur ein Honorar. Sie kann sich auch an Verleihunternehmen beteiligen bzw. selbst eine Personal-Service-Agentur gründen.

Obwohl die Vermittlungsangebote der Arbeitsagenturen kostenlos erfolgen, ist die Nachfrage seitens der Unternehmen oft gering. Dies liegt zum Teil daran, dass die öffentlichen Institutionen nicht immer in der Lage sind, qualifizierte Bewerber tätigkeitsspezifisch zu vermitteln. Allerdings hängt die Qualität der Vermittlung auch von den Anforderungsprofilen ab, die die Unternehmen zur Verfügung stellen.[39] Zudem gehen viele Unternehmen davon aus, dass Fach- und Führungskräfte sowie Hochschulabsolventen in der Lage sein müssen, sich selbständig um eine Stelle zu bemühen. So sank das Interesse an einer Zusammenarbeit bei der Rekrutierung von Studenten und Absolventen von 52 Prozent im Jahr 2004 auf 29 Prozent im Jahr 2005.[40] Daran hat auch die Einführung des Virtuellen Arbeitsmarkts (VAM) im Jahr 2004 nichts geändert.

Eine Befragung von 600 Personalverantwortlichen durch die Outplacement-Beratung Karent zeigt, dass die Arbeitsagenturen bei der Personalbeschaffung nur eine untergeordnete Rolle spielen. Für 43 Prozent der befragten Unternehmen waren sie weniger oder gar nicht wichtig. Als hauptsächliche Gründe wurden die große Bürokratie und die Unprofessionalität der staatlichen Stellen angeführt. Auch die ungenügende Qualifikation der Arbeitsuchenden aufgrund falscher Vorauswahl wurde kritisiert.[41] Eine Umfrage des Instituts für Personalmanagement aus dem Jahr 2003 ergab, dass nur 18 Prozent der befragten Unternehmen Mitarbeiter über Arbeitsagenturen rekrutieren. Auf die Frage, wie die Bewerber, die von den Arbeitsagenturen geschickt wurden, zur Stelle gepasst hätten, antworteten nur 34 Prozent mit „gut". Kritisiert wurde insbesondere die mangelnde Berücksichtigung der Anforderungsprofile.[42]

3.2.2.2.2 Private Arbeitsvermittler

Neben den öffentlichen Institutionen sind seit 1994 auch private Arbeitsvermittler zugelassen. Um tätig werden zu können, benötigen sie eine Erlaubnis der Bundesagentur für Arbeit. Sie sind häufig auf bestimmte Qualifikationen oder Berufsgruppen spezialisiert. Die Arbeitsuchenden wenden sich an die passenden Vermittler, die ihrerseits versuchen, für ihre Kunden einen Arbeitgeber zu finden. Ein Entgelt fällt nur bei erfolgreicher Vermittlung an. Bis auf wenige Ausnahmen wie Künstler, Models und Berufssportler wird das Honorar der Arbeitsvermittler vom Arbeitgeber bezahlt.

---

[39] Vgl. Glasl, M. (2005), S. 15; Horsch, J. (2000), S. 49 f.

[40] Vgl. Glasl, M. (2005), S. 15

[41] Vgl. o. V. (2004 a), S. 45.

[42] Vgl. o. V. (2004 b), S. 6.

3.2.2.2.3 Initiativbewerbungen

Bei Initiativ- oder Blindbewerbungen nimmt der Bewerber unaufgefordert mit dem Unternehmen Kontakt auf, indem er entweder persönlich vorspricht oder seine Unterlagen in Papierform oder per Internet zusendet. Je besser das Personalmarketing und das Image des Unternehmens ist, desto mehr Initiativbewerbungen erhält es.

3.2.2.2.4 Auswertung von Stellenanzeigen

Das Unternehmen kann auch Stellengesuche in den **Printmedien**, also in einschlägigen Tages- und Wochenzeitungen bzw. Fachzeitschriften, auswerten sowie die Stellenbörsen im **Internet** nach qualifizierten Mitarbeitern durchsuchen. Es nimmt anschließend mit den geeignet erscheinenden Arbeitsuchenden Kontakt auf. Diese Vorgehensweise verspricht eher bei solchen Berufen Erfolg, bei denen eine große Nachfrage besteht, oder aber bei solchen Stellen, bei denen es sehr schwierig ist, qualifizierte Mitarbeiter zu finden.

3.2.2.2.5 Bewerberdatei

Auch die Nutzung einer Bewerberdatei gehört zu den eher passiven Wegen der externen Personalbeschaffung. Die Daten von qualifizierten Bewerbern, die bei der Stellenvergabe nicht berücksichtigt werden konnten, werden systematisch aufbereitet und in einer Bewerberdatei gespeichert. Bei Bedarf hat das Unternehmen die Möglichkeit, sofort auf eine Auswahl geeigneter Kandidaten zurückzugreifen und mit ihnen in Kontakt zu treten. Diese zeit- und kostensparende Vorgehensweise setzt voraus, dass die Bewerber an den neuen Stellen Interesse haben.

3.2.2.2.6 Externe Werk-/ Dienstverträge

Bei einer aktiven Vorgehensweise der Personalbeschaffung muss das Unternehmen zunächst festlegen, ob ein neuer Arbeitsvertrag abgeschlossen werden soll oder ob der zusätzliche Bedarf an Arbeitsleistung anderweitig, etwa durch Personal-Leasing, ausgeglichen werden kann. Entscheidet sich das Unternehmen gegen den Abschluss neuer Arbeitsverträge, besteht die Möglichkeit, so genannte Fremdarbeitnehmer mittels eines Werk- oder Dienstvertrags zu einer Arbeitsleistung zu verpflichten. Beim Werkvertrag erbringt ein anderes Unternehmen erfolgsbezogene Arbeitsleistungen mit seinen eigenen Mitarbeitern. Ein Dienstvertrag verpflichtet zu selbständigen Arbeitsleistungen, die weisungsfrei in einem vertraglich festgelegten Rahmen erbracht werden, ohne dass ein bestimmter Erfolg geschuldet wird.[43] Ein Beispiel für einen Werkvertrag ist die Reinigung der Verwaltungsgebäude, ein Beispiel für einen Dienstvertrag ist die Beratung durch einen Anwalt.

3.2.2.2.7 Personal-Leasing

Unter Personal-Leasing versteht man die gewerbliche Arbeitnehmerüberlassung. Ihre Bedingungen sind im Arbeitnehmerüberlassungsgesetz (AÜG) geregelt. Unternehmen können mit Personal-Leasing ihren Personalbedarf decken, indem sie selbst keine neuen Mitarbeiter einstellen, sondern von einem Verleiher Arbeitnehmer ausleihen. Die Kosten sind für den Entleiher in der Regel zwar höher als bei eigenen Einstellungen, allerdings erhöht sich auch seine Flexibilität, da der Verleiher das Arbeitgeberrisiko trägt. Diese eher kurzfristige Form der Personalbeschaffung

---

[43] Vgl. Hentze, J., Kammel, A. (2001), S. 263.

kann wie in Abb. 19 als **Dreiecksverhältnis** zwischen Verleiher, Entleiher und Leasing-Arbeitnehmer dargestellt werden.

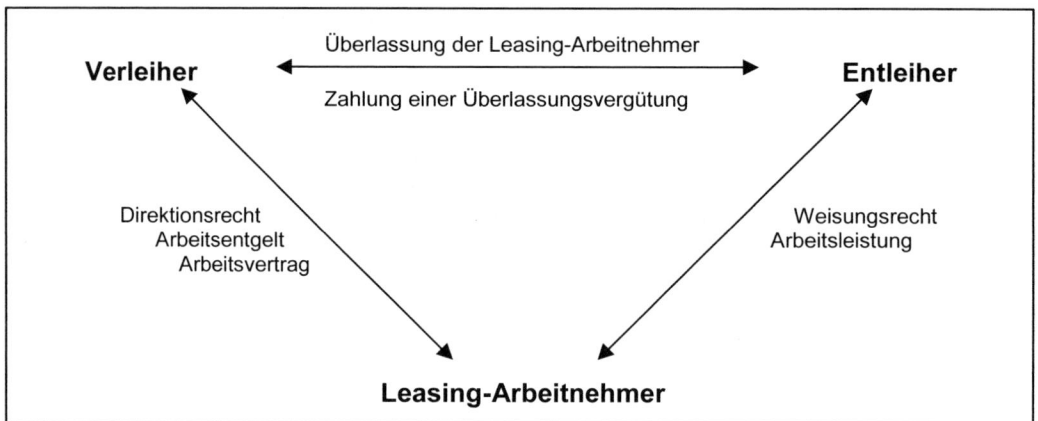

Abb. 19: Leistungsbeziehungen beim Personal-Leasing

Zwischen **Verleiher** und **Leasing-Arbeitnehmer** besteht ein Arbeitsvertrag mit allen sich daraus ergebenden rechtlichen Konsequenzen. Der Verleiher übernimmt sämtliche Arbeitgeberpflichten und -risiken. Der Arbeitnehmer erhält z.B. sein Entgelt vom Verleiher und hat ihm gegenüber einen Urlaubsanspruch sowie Anspruch auf Lohnfortzahlung im Krankheitsfall.

Der Arbeitsvertrag weist die Besonderheit auf, dass der Leasing-Arbeitnehmer nicht seinem Arbeitgeber gegenüber, sondern wechselnden, ihn entleihenden Unternehmen zur Leistungserbringung verpflichtet ist. Auch in Zeiten, in denen der Leasing-Arbeitnehmer nicht bei einem **Entleiher** beschäftigt ist, muss er vom Verleiher entlohnt werden.

Verleiher und Entleiher schließen einen **Arbeitnehmerüberlassungsvertrag**. Die Vertragspartner vereinbaren Anzahl, Zeitraum und Qualifikation der benötigten Leasing-Arbeitnehmer. Der Verleiher stellt die entsprechenden Arbeitnehmer zur Verfügung und überträgt dem Entleiher das Weisungsrecht. Der Entleiher zahlt an den Verleiher eine Vergütung für die Überlassung. Zwischen dem Leasing-Arbeitnehmer und dem Entleiher besteht kein Vertrag.

Die Bedeutung des Personal-Leasings hat in den letzten Jahren erheblich zugenommen. Besonders verbreitet ist diese Form der Personalbeschaffung bei Metall- und Elektroberufen, im Montagebereich und bei Verwaltungs- und Bürokräften. Während früher eher Arbeitskräfte mit einfacher Qualifikation geleast wurden, handelt es sich heutzutage zunehmend um gut qualifizierte Kräfte. Personal-Leasing ermöglicht die Überbrückung von Leistungsspitzen und die Vertretung von eigenen Mitarbeitern bei Krankheit, Urlaub, Weiterbildung etc., ohne dass neue Arbeitsverträge abgeschlossen werden müssen. Wird der geleaste Arbeitnehmer den Stellenanforderungen nicht gerecht, muss der Verleiher für qualifizierteren Ersatz sorgen.

3.2.2.2.8 Stellenanzeigen

Stellenanzeigen sind Ausschreibungen (Inserate) in Tages- und Wochenzeitungen sowie Zeitschriften und Fachzeitschriften. Über diese Art der Personalbeschaffung werden derzeit ca. 40

Prozent der neuen Mitarbeiter rekrutiert.[44] Neben der Möglichkeit, eine breite Zielgruppe anzusprechen, macht das Unternehmen zusätzlich positiv in der Öffentlichkeit auf sich aufmerksam.
Denn die Anzeigen werden nicht nur von potenziellen Bewerbern gelesen, sondern auch von
Geschäftspartnern, Kunden, Kreditgebern etc. Ihnen vermittelt das suchende Unternehmen einen soliden und wirtschaftlich gesunden Eindruck. Teilweise werden die Informationen beim
Durchblättern gar nicht bewusst aufgenommen, aber auch unbewusste Wahrnehmungen sind
werbewirksam und imagebildend.

Bei der Erstellung eines Inserats – gleichgültig, ob es in einem Printmedium oder im Internet
veröffentlicht wird – achtet man auf die Faktoren

- Anzeigenträger,
- Anzeigenart,
- Anzeigentermin und
- Anzeigengestaltung.

Die Wahl des **Anzeigenträgers** richtet sich nach der Qualifikation der gesuchten Mitarbeiter.
Die Kosten für eine Anzeige sind je nach Medium sehr unterschiedlich und betragen zwischen
wenigen und mehreren tausend Euro je Anzeige. Ein Anzeigenträger ist umso geeigneter, je geringer der Streuverlust ist, d.h. je mehr Leser den in der Stellenanzeige genannten Anforderungen
an die offene Position entsprechen. Ein **Streuverlust** von 95 Prozent bedeutet, dass nur fünf von
hundert Lesern den Anforderungen in etwa entsprechen. Ein solcher Anzeigenträger wäre demnach schlecht gewählt.

Je nach Zielgruppe stehen unterschiedliche Medien zur Verfügung. **Regionale Tageszeitungen**
sollten vor allem dann genutzt werden, wenn man Mitarbeiter für untere Hierarchieebenen sucht.
Gegen überregionale Zeitungen spricht in diesem Fall, dass sie von diesen potenziellen Bewerbern selten gelesen werden und dieser Personenkreis oft nicht sehr mobil ist. **Überregionale
Tages- und Wochenzeitungen** bieten sich an, wenn Mitarbeiter für mittlere und obere Hierarchieebenen gesucht werden, bei denen eine gewisse Mobilität vorgesetzt wird, und wenn die Zielgruppe, die von regionalen Zeitungen angesprochen wird, zu klein ist. **Fachzeitschriften** bevorzugt man bei der Suche nach Mitarbeitern mit Spezialkenntnissen. Hier erreicht man ohne großen
Streuverlust qualifizierte Bewerber. Für Einsteigerpositionen, z.B. für Hochschulabsolventen, bieten sich einschlägige **Hochschulmagazine** sowie Zeitschriften an, die häufig von Studierenden
gelesen werden.

Oft wird ein Inserat in mehreren Medien geschaltet, um die Erfolgsquote zu erhöhen. Dabei sollte jedoch bedacht werden, dass mit der Zahl der Bewerber nicht gleichzeitig die Zahl der geeigneten Kandidaten steigt. Eine sorgfältige Medienauswahl und realistische Aussagen über Inhalt und
Anforderungen der Stelle führen zwar zu weniger Bewerbern, dafür entsprechen diejenigen, die
zur Auswahl stehen, in höherem Maße dem Bedarf.

Bei der **Anzeigenart** unterscheidet man zwischen offenen Stellenanzeigen, Chiffre-Anzeigen und
Anzeigen durch Personalberater.

---

[44] Vgl. Hohlbaum A., Olesch, G. (2004), S. 36.

Offene Anzeigen enthalten den Namen und die Anschrift des Unternehmens. Sie zeigen dem Bewerber, wo er sich bewirbt, und ermöglichen ihm eine gezielte Vorgehensweise. Sie sind zudem ein Instrument des Personalmarketings und machen auch interessierten Lesern, die (derzeit) nicht auf Stellensuche sind, das Unternehmen bekannt. Da der Personalbedarf öffentlich gemacht wird, implizieren sie eine positive Unternehmensentwicklung.

Es kann verschiedene Gründe für eine **Chiffre-Anzeige** geben, in diesem Fall wird der Name des Unternehmens nicht genannt. Das Unternehmen vermeidet so Konflikte mit dem derzeitigen Stelleninhaber, falls die zu besetzende Stelle noch nicht vakant ist, und die Konkurrenz erfährt vorerst nichts von geplanten Umstrukturierungen, Investitionsvorhaben oder Kapazitätserweiterungen. Schließlich werden Bewerber mit guten Beziehungen zum Unternehmen, beispielsweise Verwandte und Bekannte von Führungskräften, nicht zur Bewerbung animiert, womit Ungleichbehandlungen vermieden werden.

Allerdings haben Chiffre-Anzeigen einige Nachteile. Qualifizierte Bewerber neigen dazu, sich nicht auf solche Anzeigen zu bewerben, da die Informationen unzureichend sind und kein Ansprechpartner für Rückfragen genannt wird. Zudem ist unklar, was mit den eingereichten Informationen geschieht. Der Bewerber gibt seine Absicht, sein bisheriges Unternehmen zu verlassen, preis und offenbart seinen bisherigen beruflichen Werdegang. Er weiß aber nicht, ob und inwieweit er auf Diskretion der anderen Seite hoffen kann. Diese Unsicherheit wird noch durch die Tatsache verstärkt, dass das inserierende Unternehmen bewusst auf eine positive Selbstdarstellung verzichtet. Durch die Angabe eines Sperrvermerkes kann der Bewerber in der Regel verhindern, dass seine Unterlagen von der Anzeigenabteilung des Mediums an das eigene Unternehmen oder an andere Firmen, zu denen er keinen Kontakt wünscht, weitergeleitet werden.

Sollte das Unternehmen Anonymität wünschen, können die Nachteile einer Chiffre-Anzeige durch die Einschaltung einer **Personalberatung** umgangen werden, da diese die Anzeige unter eigenem Namen aufgibt. Darüber hinaus bürgt die Personalberatung mit ihrem Namen für eine seriöse Behandlung der Bewerbung.[45] Ein weiterer Vorteil liegt in der professionellen Anzeigengestaltung seitens der Personalberatung, was sich auch auf die Qualität der Bewerbungen auswirkt. Dass der Anzeigenschaltung meist eine sorgfältige Stellenanalyse seitens der Personalberatung vorausgeht, wirkt sich zusätzlich positiv aus. Aufgrund ihrer zahlreichen Anzeigenschaltungen erhalten die Personalberatungen außerdem Preisnachlässe, die sie teilweise an ihre Kunden weitergeben. Damit ist die Stellenanzeige über eine Personalberatung oft kaum teurer als eine eigene Anzeige, bringt aber gegenüber einer Chiffre-Anzeige viele Vorteile mit sich. Dazu gehört auch, dass der Bewerber auf eine qualifizierte Kontaktperson trifft, bei der er erste Informationen einholen kann. Auch bei der Sichtung der Unterlagen und bei der Auswahlentscheidung bieten Personalberater professionelle Hilfe.

Der **Zeitpunkt der Anzeigenschaltung** ist insbesondere bei täglich erscheinenden Medien relevant. Am besten eignen sich die Samstagausgaben, da die Leser dann besondere Muße haben und Stellenanzeigen traditionell in diesen Ausgaben erwartet werden. Zudem kaufen viele Leser, die sonst keine bzw. nicht diese Zeitung beziehen, die Wochenendausgaben gerade wegen der Anzeigen. Auch die Mittwochausgabe wird verstärkt für Stellenanzeigen genutzt. Während Unterneh-

---

[45] Vgl. Bröckermann, R. (2003), S. 66.

men mittwochs wegen des kleineren Anzeigenteils mit mehr Aufmerksamkeit rechnen können, werden samstags auch die latent Suchenden angesprochen.

In der Ferien- und Urlaubszeit sowie vor und nach Feiertagen erreicht man tendenziell weniger Leser, weshalb diese Zeiten möglichst gemieden werden sollten. Der Anzeigentermin hängt auch von dem Datum ab, zu dem eine Stelle besetzt werden soll. So sind nicht nur die Kündigungsfristen der potenziellen Bewerber, sondern auch die Dauer des Bewerbungsverfahrens und der Vertragsverhandlungen zu berücksichtigen.

Ein weiteres wichtiges Kriterium ist die **Anzeigengestaltung**. Damit sich nicht ungeeignete Bewerber angesprochen fühlen, sind eindeutige Aussagen über die vakante Stelle und ihre Anforderungen notwendig. Auch eine fachspezifische Sprache im Anzeigentext senkt die Zahl ungeeigneter Bewerber. Je klarer die Vorstellungen des Unternehmens formuliert sind, desto wahrscheinlich ist es, dass der Anteil an geeigneten Kandidaten hoch ist. Es sei nochmals darauf hingewiesen, dass es nicht auf die Gesamtzahl der Bewerbungen, sondern auf die Eignung der Bewerber für die zu besetzende Position ankommt. Unter 500 Bewerbern die wenigen geeigneten herauszufiltern, bedeutet erheblichen zusätzlichen Arbeitsaufwand. Deshalb ist es wichtig, die Stellenanzeige so zu formulieren, dass sie nach Möglichkeit nur die besonders geeigneten Bewerber anspricht.

In jeder Stellenanzeige müssen bestimmte Informationen für den Bewerber enthalten sein. Ein **Grundschema für den inhaltlichen Aufbau** ergibt sich aus Abb. 20.

Wir sind	**Aussagen über das Unternehmen**
	z.B. Firmenname, Firmenlogo, Standort, Größe, Mitarbeiterzahl, Branche, Produktionsprogramm, Führungsstil
Wir haben	**Aussagen über die ausgeschriebene Stelle**
	z.B. Ausschreibungsgrund, Aufgaben der Stelle, Verantwortung und Kompetenzen, hierarchische Einordnung, Entwicklungschancen
Wir suchen	**Aussagen über die Anforderungen**
	z.B. Berufsbezeichnung, Ausbildung, zusätzliche Qualifikation, Berufserfahrung, persönliche Eigenschaften, Alter
Wir bieten	**Aussagen über die Leistungen**
	z.B. Entgeltaspekte, Urlaub, Freizeitwert, besondere Sozialleistungen, Gleitzeit, Hilfe bei der Wohnungssuche
Wir bitten um	**Angaben zum Bewerbungsverfahren**
	z.B. Eintrittstermin, Gehaltsvorstellungen, gewünschte Unterlagen, persönliche Vorstellung, Firmenanschrift

Abb. 20: Grundschema des Aufbaus einer Stellenanzeige[46]

Weitere Informationen sind durchaus sinnvoll, z.B. die Nennung eines Ansprechpartners mit Telefonnummer für Rückfragen oder einer Kontaktperson, an welche die Bewerbungsunterlagen zu

---

[46] Vgl. Stopp, U. (2004), S. 61 f.; Jung, H. (2005), S. 141.

senden sind. Auch der Verweis auf die Homepage des Unternehmens hilft Interessenten bei ihrer Entscheidung.

Für die **optische Gestaltung der Anzeige** gibt es kein Patentrezept. Sie hängt vor allem davon ab, welchen Personenkreis man ansprechen möchte, da deren subjektives Empfinden über den Erfolg der Stellenanzeige entscheidet. Dazu ist es notwendig, sich in den betreffenden Personenkreis hineinzuversetzen. Außerdem ist darauf zu achten, dass die Gestaltung der Anzeige dem Firmenimage entspricht. Werbeagenturen sollten also eher kreative Anzeigen aufgeben, während bei Banken und Wirtschaftsprüfungsgesellschaften eine gewisse Seriosität zum Ausdruck kommen muss. Durch die Beachtung der Corporate Identity wird bei der Platzierung des Firmennamens, des Logos, der Verwendung von Schrifttypen, -größen und -farben etc. ein einheitliches Erscheinungsbild gewahrt. Man denke etwa an den angebissenen Apfel, den man sofort mit dem Computer-Hersteller Apple assoziiert. Bekannte Unternehmen mit positivem Image erhalten mehr Bewerbungen als andere. Dabei kann das Image je nach Zielgruppe durchaus unterschiedlich sein.

Neben der inhaltlichen und optischen Gestaltung ist auch die **Platzierung** der Anzeige in dem betreffenden Medium von Bedeutung. Stellensuchende, die sich auf jeden Fall beruflich verändern wollen, werden sorgfältig den gesamten Anzeigenteil durchsehen. Latent Suchende, die bislang nicht konkret über berufliche Veränderungen nachgedacht haben, einem Stellenwechsel jedoch grundsätzlich positiv gegenüberstehen, sehen den Anzeigenteil meist nur sporadisch und oberflächlich durch. Ist ein Inserat auf einer rechten Seite platziert ist, fällt es in der Regel beim Durchblättern eher ins Auge,[47] wodurch mehr Interessenten angesprochen werden. Auch andere Leser werden eher auf diese Anzeigen aufmerksam, was wiederum unter Marketing-Aspekten positiv zu werten ist.

Auch die **Anzeigengröße** ist von Bedeutung. So steigt in der Regel die Zahl der Bewerber mit zunehmender Größe.[48] Außerdem verdrängen große Anzeigen konkurrierende Anzeigen auf der selben Seite aus dem Blickfeld. Dies gilt auch für farbige Inserate, die gegenüber den üblichen Schwarz-Weiß-Anzeigen aus dem Rahmen fallen. Die Größe der Anzeige sollte je nach Bedeutung der ausgeschriebenen Stelle gewählt werden. Handelt es sich um Positionen auf höheren Hierarchieebenen, führen kleine Anzeigen häufig dazu, dass die Tätigkeit als unbedeutend angesehen wird und sich deshalb nur wenige Interessenten findet. Bei operativen Tätigkeiten wirken große Anzeigen hingegen oft abschreckend, da sie mit hohen Arbeitsanforderungen und großer Verantwortung in Verbindung gebracht werden.

Die **Kosten** für Stellenanzeigen variieren stark. In überregionalen Tageszeitungen kostet ein Inserat oft mehr als 10.000 Euro. Bröckermann schätzt die Kosten für Beschaffung und Auswahl mittels Stellenanzeige auf bis zu 50.000 Euro, wenn man neben den Anzeigenkosten noch den Zeitaufwand der Führungskräfte und der Personalabteilung für die Sichtung der Bewerbungsunterlagen sowie die Vorstellungsgespräche, die Kostenerstattungen an Bewerber und die geringere Produktivität während der Einarbeitungsphase berücksichtigt.[49]

---

[47] Vgl. Weuster, A. (2004), S. 79.

[48] Vgl. ebd.

[49] Vgl. Bröckermann, R. (2003), S. 64.

3.2.2.2.9 E-Recruiting

Die relativ kurze Veröffentlichungszeit und die hohen Kosten für eine Stellenanzeige in den Printmedien haben dazu geführt, dass Unternehmen in zunehmendem Maße auf das **Internet** als Medium zur Personalbeschaffung zurückgreifen. Als E-Recruiting bezeichnet man sowohl die Beschaffung über Internet- oder Online-Jobbörsen als auch die Rekrutierung über eigene Firmen-Websites.

Auf Stellenanzeigen in **Internet-Jobbörsen** kann weltweit zugriffen werden. Die Anzeigen sind für die Unternehmen kostenpflichtig, allerdings beträgt der Preis nur einen Bruchteil der Kosten für eine Stellenanzeige in den Printmedien. Die Texte sind in der Regel wie in den Printmedien inhaltlich und optisch gestaltet. Mittlerweile bieten viele Zeitungen und Zeitschriften eine Veröffentlichung der Stellenanzeigen auch im Internet an. Die Nutzung der Datenbanken ist für die Bewerber kostenlos. Die Bewerbung erfolgt oft mithilfe von Formularen, die man aufruft, ausfüllt und online an das Unternehmen schickt, oder über E-Mail-Kontakt. Bei möglicher Eignung werden vom Bewerber weitere Unterlagen angefordert.

Von den DAX-100-Unternehmen setzten im Jahr 2003 über 80 Prozent Internet-Jobbörsen zur Personalbeschaffung ein.[50]

Die Zahl der Jobbörsen hat in den letzten Jahren stark zugenommen und ist entsprechend unübersichtlich geworden. Man findet internationale, regionale, branchenbezogene und berufsbezogene Anbieter. Allein in Deutschland gibt es über 300 Jobbörsen. Die Auswahl fällt sowohl Unternehmen als auch Stellensuchenden schwer, allerdings haben sich – wie bei den Printmedien – im Laufe der Zeit bestimmte Anbieter herauskristallisiert, die besonders häufig frequentiert werden.

Viele Unternehmen platzieren ihre Inserate aufgrund der geringen Kosten gleichzeitig in mehreren Internet-Jobbörsen. Eine sorgfältige Analyse, welche Börse die größte Zahl geeigneter Bewerber bringt, sollte sich an den Beschaffungsprozess anschließen.

Die meisten Jobbörsen bieten weitere Dienste wie Bewerberdatenbanken, Praktikanten- und Diplomandenbörsen sowie Diplomarbeitenbörsen an. Auch generelle Informationen zur Lage auf dem Stellenmarkt sind abrufbar, das Angebot erstreckt sich bis zur Online-Personalberatung. Beim Matching werden Bewerberdaten und Stellenangebote abgeglichen und dem Bewerber passende Angebote per E-Mail zugesandt. Unternehmen haben nicht nur die Möglichkeit, ihre Anzeigen zu platzieren, bei den meisten Jobbörsen lassen sich auch Bewerberdaten mittels einer Datenbankrecherche abrufen. Sollte das Unternehmen Interesse an einem Bewerber haben, kann es dies per E-Mail bekunden. Der Bewerber bleibt für das Unternehmen anonym, womit die Entscheidung allein bei ihm liegt, ob er mit dem Unternehmen Kontakt aufnehmen möchte. Partnernetzwerke bieten Unternehmen die Möglichkeit, mit einer Anzeige gleichzeitig in mehreren Jobbörsen präsent zu sein.

Zum E-Recruiting zählen auch **spezielle Websites des Unternehmens**, auf denen freie Stellen aufgelistet sind. Die Studie Recruiting Trends 2004, an der jeweils über 1.000 Großunternehmen und mittelständische Betriebe teilnahmen, zeigte, dass 85 Prozent der Großunternehmen und 33

---

[50] Vgl. Drumm, H.J. (2005), S. 341.

Prozent der mittelständischen Betriebe diese Möglichkeit der Personalbeschaffung nutzen.[51] Hier wird der Bewerber mittels eines Links auf freie Stellen hingewiesen. Die Bewerbung wird über das Internet direkt an das Unternehmen geschickt. Oft wird man zunächst aufgefordert, einen Fragebogen auszufüllen. Dieser erleichtert den systematischen Abgleich von Anforderungs- und Qualifikationsprofil. Bei Interesse wendet sich das Unternehmen dann an den Bewerber. Es ist jedoch darauf zu achten, dass diese Websites regelmäßig aktualisiert werden müssen und keine veralteten Stellenanzeigen enthalten dürfen, was jedoch immer wieder zu beobachten ist. Auch muss der potenzielle Bewerber gezielt die Homepage des Unternehmens bzw. spezielle „Karriere"-Websites ansteuern, um auf freie Stellen aufmerksam zu werden. Oft existieren jedoch Verknüpfungen zwischen Jobbörsen und Homepages, was die Bewerbung auf diesem Wege erleichtert.

Zu den Vorzügen des E-Recruiting gegenüber Stellenanzeigen in Printmedien gehören vor allem die längere Verfügbarkeit, die erheblich niedrigeren Kosten, die kurzfristig mögliche Aktualisierung und die schnelle Kontaktaufnahme. Auch ein Imagegewinn in der Öffentlichkeit wird als Vorteil genannt.[52] Da E-Recruiting die aktive Suche der potenziellen Bewerber voraussetzt, entfallen latent suchende Personen als Adressaten. Generell eignen sich Internet-Jobbörsen nicht für alle Berufe in gleichem Maße, da bestimmte Personengruppen dem Internet aufgeschlossener gegenüberstehen als andere. Das Unternehmen trifft mit der Nutzung des E-Recruiting somit bereits eine Vorauswahl. Es werden eher jüngere, gut ausgebildete und mobile Mitarbeiter angesprochen.

Die Unternehmen stellen bei Internet-Bewerbungen oft eine geringere Sorgfalt und Aussagekraft als bei herkömmlichen Bewerbungen fest. Die Werbeagentur Westpress wertete 2004 über 2.100 Bewerbungen aus, wobei sich herausstellte, dass der Anteil sehr gut geeigneter Bewerber bei Printanzeigen deutlich höher lag.[53]

Eine weitere Möglichkeit zur Personalbeschaffung per Internet sind **Bewerber-Chats**, bei denen potenzielle Bewerber und Personalverantwortliche miteinander kommunizieren. News-Groups sind eine Art Schwarzes Brett im Internet. Darüber hinaus werden auch Online-Spiele eingesetzt, um die Qualifikationsprofile der Teilnehmer zu ermitteln. Des Weiteren findet man virtuelle Center und andere virtuelle Auswahlverfahren,[54] deren Qualität allerdings oft zweifelhaft ist.

3.2.2.2.10 College Recruiting

Unter College Recruiting versteht man die intensive Werbung an Schulen und insbesondere Hochschulen. Potenzielle Bewerber sollen frühzeitig auf das Unternehmen aufmerksam werden. Die einsetzbaren Instrumente sind äußerst vielfältig:

- Bereitstellung von Praktikumsplätzen und Plätzen für Werkstudenten
- Unterstützung bei Hausarbeiten und Vergabe von Themen für Diplomarbeiten

---

[51] Vgl. o.V. (2004 c), S.16 f.

[52] Vgl. Haunschild, A. (2000), S. 314.

[53] Vgl. o. V. (2005 b), S. 8.

[54] Vgl. Bröckermann, R. (2003), S. 70 ff.; Jung. H. (2005), S. 143; Scholz, C. (2000 a), S. 462 ff.

- Unterstützung bei Dissertationsvorhaben
- Fachvorträge an Hochschulen und Schulen
- Übernahme von Lehrveranstaltungen
- Vergabe von Stipendien und Förderpreisen
- Vergabe und Förderung von Forschungsprojekten
- Teilnahme an Hochschulmessen
- Hochschultage im Betrieb
- Anzeigen in Hochschulzeitschriften
- Betriebsbesichtigungen
- Förderung von Studenteninitiativen
- Mitarbeit in Hochschulgremien
- Firmenguides für Bewerber

Auch die frühzeitige Ansprache möglicher Auszubildender ist mittlerweile weit verbreitet.

Um einen möglichst großen Erfolg zu erzielen, sollten die einzelnen Maßnahmen systematisch und zielgerichtet aufeinander abgestimmt und insbesondere kontinuierlich eingesetzt werden.

3.2.2.2.11 Öffentlichkeitsarbeit

Die Öffentlichkeitsarbeit unterstützt sowohl aktive als auch passive Maßnahmen der Personalbeschaffung und dient hauptsächlich der externen und internen Imagepflege.

Ihre Instrumente überschneiden sich mit denen des College Recruiting, sie richten sich aber an einen größeren Adressatenkreis. Besonders häufig eingesetzt werden:

- Tag der offenen Tür
- Werksbesichtigungen
- Werksverkauf
- Aktivitäten auf Messen und Ausstellungen
- Werbung in verschiedenen Medien
- Internet-Auftritte

3.2.2.2.12 Empfehlung durch Betriebsangehörige

Das Unternehmen stellt auf Empfehlung der eigenen Mitarbeiter neue Mitarbeiter ein. Diese Form der Personalbeschaffung ist vor allem für ausführende Tätigkeiten relevant. Sie spielt in Südeuropa und in den USA eine weitaus größere Rolle als im deutschsprachigen Raum. Zum Teil werden die Mitarbeiter für ihre Anwerbemaßnahmen mit Prämien belohnt. Voraussetzung ist, dass der neue Mitarbeiter die Probezeit übersteht.

Das Unternehmen geht davon aus, dass Betriebsangehörige keinen ungeeigneten Mitarbeiter empfehlen, da eine unzureichende Leistung des Neuen ein schlechtes Licht auf sie selbst werfen würde. Zudem wird die soziale Kontrolle durch die privaten Beziehungen der Mitarbeiter untereinander verstärkt. Es besteht allerdings die Gefahr der Cliquen-Bildung, die sich nachteilig auf die Arbeitsleistung und das Betriebsklima auswirken kann.

3.2.2.2.13 Personalberater

Personalberater werden insbesondere bei der Suche nach höherqualifizierten Mitarbeitern einge-schaltet. Das Leistungsangebot ist vielfältig, es reicht von der Erstellung von Anforderungsprofi-len und der bereits genannten Gestaltung und Schaltung von Stellenanzeigen in Printmedien und/oder im Internet über die Auswertung der Bewerbungsunterlagen und die Durchführung von bzw. Teilnahme an Vorstellungsgesprächen bis zur Unterstützung im Auswahlprozess und dessen anschließender Nachbereitung. Personalberater begleiten somit den gesamten Prozess der Personalbeschaffung und -auswahl. Oft werden aber von den Unternehmen nur Teilleistungen in Anspruch genommen.[55]

Im mittleren und höheren Management werden ca. 30 Prozent der Stellen mithilfe von Personal-beratern besetzt.[56] Die Unternehmen erhoffen sich aufgrund der Erfahrung der Personalberater und deren vielfältigen Kontakten zu möglichen Bewerbern bessere Ergebnisse. Viele Personalbe-rater sind auf bestimmte Marktsegmente oder Branchen spezialisiert, was ihnen einen guten Marktüberblick verschafft. Außerdem gelten Personalberater als neutral und unvoreingenommen. Diesen Vorteilen stehen die hohen Kosten und eventuell die mangelnde Kenntnis unternehmens-interner Gegebenheiten gegenüber.

3.2.2.2.14 Gezielte Abwerbung

Die Kontakte und informellen Netzwerke – insbesondere der Führungskräfte – werden bei ge-zielter Abwerbung genutzt, um auf diese Weise Mitarbeiter anderer Unternehmen anzusprechen und zu einem Unternehmenswechsel zu veranlassen. Da der neue Mitarbeiter der abwerbenden Führungskraft bekannt ist, besteht eine hohe Wahrscheinlichkeit, dass Qualifikations- und An-forderungsprofil übereinstimmen.

Fehlen eigene Kontakte, werden Personalberater mit dieser Aufgabe betraut (**Headhunting**, **Executive Searching**). Diese nehmen den Kontakt auf und überprüfen, inwieweit die angespro-chene Person den Stellenanforderungen entspricht und ob überhaupt eine Veränderungsabsicht besteht. Danach werden weitere Gespräche geführt, bevor der Berater den Kontakt zum suchen-den Unternehmen herstellt. Dieses Vorgehen findet sich vor allem bei der Suche nach Führungs-kräften der oberen Hierarchieebenen.

3.3 Kritische Würdigung und Ausblick

Die Entscheidung, ob ein Unternehmen bei der Personalbeschaffung interne oder externe Wege geht, ergibt sich oft aufgrund der personalpolitischen Grundsätze. Diese können z.B. festlegen, dass Führungskräfte über Laufbahn- und Karriereplanungen in erster Linie aus den eigenen Rei-hen zu rekrutieren sind. Oft wird auch von Fall zu Fall entschieden.

Die Wahl des Beschaffungsweges hängt vor allem von der zu besetzenden Stelle ab. Interne Be-schaffungswege werden von den Unternehmen als schneller, risikoloser, unproblematischer und

---

[55] Vgl. Hentze, J., Kammel, A. (2001), S. 328 f.

[56] Vgl. Hohlbaum, A., Olesch, G. (2004), S. 38.

kostengünstiger eingeschätzt. Der dabei häufig zu beobachtende Automatismus von Kettenbeförderungen bzw. -versetzungen kann sich jedoch produktivitätsmindernd auswirken. Externe Beschaffungswege werden insbesondere wegen der damit verbundenen größeren Auswahlmöglichkeiten als Alternative gewählt.

Während Personalberater bei der Beschaffung von Führungskräften höherer Hierarchieebenen eine große Rolle spielen, werden sie bei der Rekrutierung anderer Mitarbeiter kaum herangezogen. Umgekehrt verhält es sich mit der Inanspruchnahme der Arbeitsagenturen. Untersuchungen zeigen, dass Unternehmen bei der Personalbeschaffung umso aktiver vorgehen und umso eher externe Wege beschreiten, je bedeutender die zu besetzende Stelle für das Erreichen der Unternehmensziele ist.[57]

E-Recruiting und Bewerbungen per Internet werden weiter zunehmen. Unternehmen verlangen bei Bewerbungen auf diesem Wege allerdings die gleiche Qualität wie bei herkömmlichen Bewerbungen.

In den letzten Jahren zeigte sich bei Beschäftigungsspitzen ein zunehmender Trend zum **Personal-Leasing**. Unternehmen arbeiten absichtlich mit einem zu geringen Personalbestand, um bei Konjunktur- und Nachfrageeinbrüchen das Stammpersonal nicht abbauen zu müssen.

College Recruiting und **Öffentlichkeitsarbeit** gewinnen an Bedeutung.

Einen Überblick über die wichtigsten positiven und negativen Aspekte der internen und externen Personalbeschaffung gibt Abb. 21.

Nach dem Abschluss des Beschaffungsprozesses ist es sinnvoll, eine **Erfolgskontrolle** durchzuführen. Dabei sollten insbesondere die folgenden Faktoren erfasst und ausgewertet werden:

- Kosten des Beschaffungsweges
- eingegangene Bewerbungen
  - davon sehr gut geeignete Bewerber
  - davon gut bis befriedigend geeignete Bewerber
  - davon ungeeignete Bewerber
- abgelehnte Bewerber
  - aufgrund mangelnder Eignung
  - aufgrund unrealistischer Gehaltsforderungen
  - aufgrund anderer Aspekte
- zurückgezogene Bewerbungen
  - aufgrund anderer Vorstellungen des Bewerbers von der ausgeschriebenen Stelle
  - aufgrund eines zu niedrigen Gehaltsangebotes
  - aufgrund anderer Aspekte
- an andere Abteilungen mit Personalbedarf weitergeleitete Bewerber
  - davon eingestellte Bewerber
- interessante Bewerber für spätere Auswahlverfahren

---

[57] Vgl. Klimecki, R.G., Gmür, M. ((2001), S. 173 ff.

	Interne Personalbeschaffung	Externe Personalbeschaffung
(ökono-mische) Vorteile	• geringe Informationskosten • geringe Verhandlungskosten • geringe Einarbeitungskosten • schnelle Bedarfsdeckung • geringeres Risiko • Einhaltung des internen Entgelt-niveaus • Betriebskenntnis	• größere Auswahlmöglichkeiten • geringere Personalentwicklungs-kosten, da Bewerber die notwen-dige Qualifikation bereits mitbrin-gen • direkte Deckung des Bedarfs • keine „Betriebsblindheit"
Motivati-ons- und Qualifika-tionswir-kung	**Motivationswirkung:** • geringe Frustrationsgefahr wegen bekannter Anforderungen • freie Stellen für Nachwuchskräfte • transparente Personalpolitik • Anreiz zur Profilierung, um Auf-stiegschancen zu erhalten **Qualifikationswirkung:** • Qualifikation unmittelbar betriebs-spezifisch nutzbar • Erhaltung und Steigerung interner Qualifikation • Mitarbeiterpotenziale bekannt • Unabhängigkeit von der Qualifika-tion Externer	**Motivationswirkung:** • Höhere Leistungsbereitschaft, da die Arbeitsplatzsicherheit geringer eingeschätzt wird • Verhinderung von Beförderungs-automatismus und Cliquenbildung • Aufbrechen bestehender Denk- und Wertmuster • schnellere Anerkennung eines von außen kommenden Vorge-setzen **Qualifikationswirkung:** • Know-how-Zufluss • Informationen über Konkurrenz-verhalten und mögliche Koopera-tionspartner
Nachteile	• geringere Auswahlmöglichkeiten • Rückgang der Leistungsbereit-schaft wegen fehlender externer Konkurrenz • Gefahr der Qualifikations-veralterung wegen geringem Anreiz zur Weiterbildung • Betriebsblindheit • Kostenintensive Weiterbildung • Spannungen und Rivalitäten wegen eines aufgestiegenen Kollegen • Sachentscheidungen werden „verkumpelt", da der neue Vorge-setzte früher ein Kollege war • Beförderungsautomatismus • indirekte Bedarfsdeckung, da neue Vakanzen entstehen	• Demotivierung der Mitarbeiter wegen mangelnder Aufstiegs-chancen • höhere Beschaffungskosten • längere Einarbeitungszeit • höhere Gehaltsvorstellungen bei externem Stellenwechsel • mangelnde Betriebskenntnis • höhere Fluktuation und damit Qualifikationsverluste wegen geringerer Aufstiegschancen

Abb. 21: Bewertung der internen und externen Personalbeschaffung[58]

Aus diesen Informationen ermittelt man Kennzahlen wie das Verhältnis der Zahl der geeigneten Bewerber zur Zahl der eingegangenen Bewerbungen. Sie geben Anhaltspunkte, welche Beschaf-

---

[58] Vgl. Horsch, J. (2000), S. 58; Klimecki, R.G., Gmür, M. (2001), S.163.

fungswege bei zukünftigen Beschaffungsprozessen für welche Stellenarten und Tätigkeitsbereiche den größten Erfolg versprechen.

Wiederholungsfragen

1. Weshalb ist es notwendig, dass ein Unternehmen die aktuelle Arbeitsmarktsituation kennt?

2. Wovon hängt die Stellung des Unternehmens auf dem externen Arbeitsbeschaffungsmarkt ab?

3. Was versteht man unter Stellen-Clearing?

4. Weshalb gehört Personalentwicklung auch zur internen Personalbeschaffung?

5. Stellen Sie die Leistungsbeziehungen beim Personal-Leasing dar.

6. Welche Faktoren müssen bei der Schaltung von externen Stellenanzeigen besonders beachtet werden?

7. Welche Vorteile bietet E-Recruiting gegenüber den Stellenanzeigen in Printmedien?

8. Weshalb werden Stellen im höheren Management oft mithilfe von Personalberatern besetzt?

9. Welche Motivationswirkungen hat die interne Personalbeschaffung im Unternehmen?

10. Welche Probleme können sich bei der externen Personalbeschaffung ergeben?

4 Personalauswahl

4.1 Ziele, Anforderungen und Ablauf

Ziel der Personalauswahl ist es, denjenigen Bewerber zu ermitteln, der am besten für die zu besetzende Stelle geeignet ist. Anders als bei der Personalbeschaffung geht es hier nicht um die Suche nach geeigneten Bewerbern, sondern um die Auswahl. Durch die Personalbeschaffung werden Kandidaten gefunden, unter denen der neue Mitarbeiter ausgewählt wird.

Eine falsche Auswahlentscheidung kann zu beträchtlichen Kosten führen und ist oftmals nur unter großem Aufwand revidierbar. Eine geringere Produktivität des neuen Mitarbeiters und eine erhöhte Arbeitsbelastung seiner Kollegen sind die direkten Folgen. Oft kommt es bereits nach kurzer Zeit zu einer erneuten Vakanz, entweder weil das Unternehmen das Arbeitsverhältnis beendet oder weil der neue Mitarbeiter aufgrund seiner Über- bzw. Unterforderung selbst die Konsequenzen zieht und kündigt. Wird die Stelle stattdessen den Möglichkeiten des neuen Mitarbeiters angepasst oder wird er innerhalb des Unternehmens mit einer anderen Aufgabe betreut, entstehen in der Regel Personalentwicklungs- und weitere Einarbeitungskosten. Auch die Trennung vom Mitarbeiter ist oft mit zusätzlichen Kosten, etwa Arbeitsprozesskosten und Abfindungen, verbunden. Anschließend kommt es zu einem neuen Auswahlprozess, wodurch wiederum Kosten entstehen.[59]

Sieht man die Personalbeschaffung und -auswahl als Investition an, wird die Notwendigkeit einer sorgfältigen Selektion noch deutlicher. So führt etwa die Einstellung eines Betriebswirtes nach seinem Studium zu einem Anfangsgehalt von ca. 40.000 Euro, wodurch in fünf Jahren Auszahlungen – ohne Berücksichtigung von Personalnebenkosten oder Gehaltssteigerungen – von 200.000 Euro fällig werden. Bei der Einstellung von Führungskräften sind erheblich höhere Beträge anzusetzen. Sachinvestitionen in diesen Größenordnungen unterliegen in jedem Unternehmen einer sehr genauen, professionellen und systematischen Prüfung. Personalentscheidungen werden dagegen oft dilettantisch und schlecht vorbereitet getroffen. Dies ist umso eher der Fall, je kleiner das Unternehmen ist. Dabei haben kleine und mittlere Unternehmen sehr viel weniger Möglichkeiten, Auswahlfehlern durch Versetzungen gegenzusteuern, weshalb sie umso sorgfältiger vorgehen müssten.

Der Personalauswahl steht ein umfangreiches Arsenal verschiedener Auswahlmethoden zur Verfügung, die oft kombiniert werden. Der Bewerber wird dabei aus verschiedenen Perspektiven betrachtet, um seine Eignung mit ihren jeweiligen fachlichen, sozialen und anderen Komponenten genauer erfassen zu können, als dies bei der Anwendung nur einer Methode möglich wäre.

Bei internen Bewerbern ist zumindest ein Teil ihrer Qualifikationen und ihres Potenzials bekannt, insbesondere wenn man sich auf bisherige Beurteilungen und Potenzialanalysen stützen kann. Demgegenüber besteht bei externen Bewerbern eine weitaus größere Unsicherheit. Auch wenn für eine vakante Stelle ein genaues Anforderungsprofil vorliegt, bringt die Eignungsprüfung häufig Probleme mit sich. Das Unternehmen trifft seine Auswahl aufgrund unvollständiger Informationen über den Bewerber (Hidden Informations), dessen Absichten zudem nur teilweise bekannt sind (Hidden Intention). Außerdem kennt das Unternehmen nicht alle Eigenschaften des Bewerbers (Hidden Characteristics).[60]

Auch bei sorgfältiger Vorgehensweise sind Fehlentscheidungen unvermeidbar. Die Gründe sind vor allem:

- der Stichprobencharakter der Auswahlverfahren, da weder alle Bewerber noch alle Seiten des späteren Aufgabenbereichs berücksichtigt werden können
- die oft unvollkommene Erfassung der Stellenanforderungen
- Mängel des eingesetzten Auswahlverfahrens
- Fehler seitens der auswählenden Personen, die aufgrund von Vorurteilen, Sympathie bzw. Antipathie, ungenügende Vorbereitung etc. entstehen können
- geringe personelle und finanzielle Ressourcen, die für den Auswahlprozess zur Verfügung stehen
- fehlende Zeit.

---

[59] Vgl. Scherm, E., Süß, S. (2003), S. 54.

[60] Vgl. Göbel, E. (2002), S. 100 ff.

Bei der Entscheidung für ein Auswahlverfahren ist auf die Einhaltung der **methodischen Güte-kriterien** zu achten.

Objektivität ist dann gegeben, wenn die Ergebnisse unabhängig von der Person des Beurteilers gleich ausfallen. Verschiedene Entscheidungsträger müssen also beim selben Bewerber zum gleichen Ergebnis hinsichtlich seiner Eignung für die vakante Stelle kommen. Die Objektivität des Beurteilers kann z.b. durch Emotionen oder Erwartungen beeinträchtigt werden. Zeitdruck wirkt sich ebenfalls negativ aus.

Unter **Reliabilität** versteht man die Messgenauigkeit, welche die Zuverlässigkeit oder Messfeh-lerfreiheit eines Verfahrens anzeigt. Verschiedene voneinander unabhängige Beurteilungen müssen zum selben Ergebnis führen, wenn sie die gleichen Kriterien heranziehen und die gleichen Maßstäbe ansetzen.

Validität liegt vor, wenn mit dem angewandten Auswahlverfahren das erfasst wird, was auch tat-sächlich erfasst werden soll, d.h. die Validität gibt den Grad der Sicherheit der Schlüsse an, die man aus den Ergebnissen des Verfahrens ziehen kann.

Über die Validität der gebräuchlichsten Personalauswahlverfahren gibt es sehr viele Untersu-chungen. Ein Überblick über die durchschnittliche prognostische Validität, die im Rahmen einer Meta-Analyse von Studien ermittelt wurde, findet sich bei Schuler.[61] Danach weist ein konventi-onelles Einstellungsgespräch eine Validität von 0,14, die Analyse von Bewerbungsunterlagen von 0,18 und ein Assessment Center von 0,37 auf. Die Probezeit sowie anforderungsbezogene und strukturierte Interviews haben mit 0,44 und 0,40 die höchste Validität. Eine sinnvolle Kombina-tion von Auswahlverfahren führt zu höheren Werten.

Angemerkt sei bereits an dieser Stelle, dass die Validität von **unstrukturierten Vorstellungsge-sprächen**, bei denen sich die Interviewer auf ihre hervorragende **Menschenkenntnis und auf Intuition** verlassen – etwa weil ihnen strukturierte Vorgehensweisen als zu bürokratisch erschei-nen –, außerordentlich niedrig ist.[62]

Neben den drei genannten Gütekriterien spielen die Praktikabilität, Akzeptanz und Ökonomie bei der Qualität von Auswahlverfahren eine wichtige Rolle. Unter **Praktikabilität** versteht man die Benutzerfreundlichkeit und Beherrschbarkeit des Verfahrens. Es muss verständlich und vom Anwender mit angemessenem Aufwand erlernbar sein.

Akzeptanz bezieht sich sowohl auf die Bewerber als auch auf die Anwender. Wenn ein Aus-wahlverfahren von den Entscheidungsträgern nur widerwillig angewendet wird, können fehler-hafte Ergebnisse die Folge sein.[63] Auch eine mangelnde Akzeptanz auf Bewerberseite führt zu fehlerhaften Ergebnissen, weil diese dann häufig die notwendige Ernsthaftigkeit und Sorgfalt vermissen lassen.

Auch unter **ökonomischen Gesichtspunkten** (Kosten/Nutzen-Überlegungen) muss ein Ver-fahren analysiert werden. Unternehmen sind sich zwar der Tatsache bewusst, dass durch Fehlbe-

---

[61] Vgl. Schuler, H. (1995), S. 129.

[62] Vgl. dazu die ausführlichen Vergleiche bei Weuster, A. (2004), S. 186 ff.

[63] Vgl. ebd., S. 26.

setzungen Kosten entstehen, schätzen diese aber oft – möglicherweise, weil sie nur ungenau erfasst werden können – als nicht sehr bedeutend ein.[64] Auch der Nutzen verbesserter Auswahlverfahren lässt sich nur schwer quantifizieren. Dies ist einer der Gründe, weshalb die Vorzüge aufwändiger Verfahren Praktikern nur schwer vermittelt werden können. Diese bevorzugen in der Regel Verfahren, die mit geringem Aufwand verbunden sind, auch wenn dabei die Auswahlqualität zu wünschen übrig lässt.

Die Analyse der Bewerbungsunterlagen ist in Deutschland das am häufigsten verwendete Verfahren. Das bestätigt eine Befragung von 457 Unternehmen durch Weber und Kabst, bei der 99 Prozent der Unternehmen angaben, Bewerbungsunterlagen zu analysieren[65] Auch Vorstellungsgespräche in Form von Einzelgesprächen werden nahezu überall eingesetzt. Demgegenüber sind Assessment Center und die Anforderung von Referenzen weitaus seltener anzutreffen. Am wenigsten verbreitet ist die Einholung grafologischer Gutachten.[66] In Deutschland, in stärkerem Maße noch in den USA und in Frankreich, legt man bei Bewerbungen großen Wert auf die Einhaltung formaler Kriterien.[67]

Die Vorgehensweise bei der Personalauswahl hängt zunächst davon ab, ob es sich um interne oder externe Bewerber handelt. Der Ablauf der Bewerberauswahl wird in Abb. 22 verdeutlicht.

Bewerber	
aus dem eigenen Unternehmen	**unternehmensextern**
Vorauswahl in Abstimmung mit dem Anforderungsprofil aufgrund betriebsinterner Informationen wie Personalakte, Leistungsbeurteilungen, Gesprächen mit Vorgesetzten etc.	Vorauswahl in Abstimmung mit dem Anforderungsprofil aufgrund schriftlicher Bewerbungsunterlagen
Vorauswahl aufgrund von Bewerbungsgesprächen, Assessment Centern etc.	
Auswahlentscheidung	
Eingruppierung, Umgruppierung	Einstellung
Versetzung und Einarbeitung	Probezeit und Einarbeitung
Kontrolle der Auswahlentscheidung durch Personalbeurteilung	

Abb. 22: Ablauf der Bewerberauswahl

[64] Vgl. Klimecki, R.G., Gmür, M. ((2001), S.249.

[65] Vgl. Weber, W., Kabst, R. (1996), S. 18.

[66] Vgl. Klimecki, R.G., Gmür, M. ((2001), S.246.

[67] Vgl. Scholz, C. (2000 a), S. 476.

4.2 Bewerbungsunterlagen

4.2.1 Vorgehensweise

Sowohl **interne Bewerber** als auch externe Kandidaten erstellen Unterlagen, mit denen sie sich um eine vakante Stelle zu bewerben. Bei internen Bewerbungen werden in der Regel neben dem Anschreiben nur noch neue, dem Unternehmen bislang nicht bekannte auswahlrelevante Informationen eingereicht. In den Personalakten des Unternehmens befinden sich die ursprüngliche Bewerbung des Mitarbeiters sowie zusätzliche Informationen anhand von Personalbogen, Personalbeurteilungen, Mitarbeitergesprächen, Weiterbildungen etc. Insofern ist das Einreichen der sonst üblichen Bewerbungsunterlagen hier nicht erforderlich.

Bei **externen Bewerbern** stellen die Unterlagen die erste Information dar, die das Unternehmen erhält. Sie sind eine Art erste **Arbeitsprobe**, entsprechend groß ist ihre Bedeutung.

Vollständige Bewerbungsunterlagen bestehen aus

- Bewerbungsschreiben,
- Lebenslauf,
- Lichtbild,
- Abschluss- und Ausbildungszeugnissen sowie
- Arbeitszeugnissen.

Einige Unternehmen schicken den Bewerbern **Personalbögen** mit der Bitte zu, diese ausgefüllt zurückzusenden. Das hat den Vorteil, dass die wichtigen Informationen aller Kandidaten in der gleichen Art und Weise vorliegen und leichter verglichen werden können.

Teilweise werden **Referenzen** in das Auswahlverfahren miteinbezogen oder von Unternehmensseite ausdrücklich angefordert.

In letzter Zeit sind weitere Unterlagen und Informationen üblich geworden. Dazu gehört z.B. die „**dritte Seite**", auf der der Bewerber wichtige Aussagen über seine Person, seine Qualifikation und andere stellenrelevante Informationen zusammenfasst. Dies sind übersichtliche und sinnvolle Ergänzungen seiner Unterlagen. Diese Übersicht, die trotz ihrer Bezeichnung nicht auf Seite drei stehen muss, ist oft mit „Was Sie sonst noch über mich wissen sollten", „Was Sie von mir erwarten können" oder dergleichen überschrieben.

Bei Bewerbern mit umfangreicher Erfahrung findet man außerdem oft eine **Leistungsbilanz** in den Bewerbungsunterlagen. Darin wird auf ca. einer Seite eine Zusammenfassung über Branchenerfahrung, Tätigkeitsschwerpunkte und besondere Erfolge geboten. Zur Aussagekraft von Bewerbungsunterlagen siehe Abb. 23.[68]

Auch auf Seiten des Unternehmens ist Sorgfalt im Umgang mit den Bewerbungsunterlagen angebracht. Bewerber sollten bereits aus Image-Gründen wie Kunden behandelt werden, denn sie berichten häufig Freunden und Bekannten über ihre Erfahrungen während des Auswahlprozesses. Diese Gesprächspartner sind möglicherweise ebenfalls potenzielle Bewerber. Oder sie sind be-

---

[68] Vgl. Knebel, H. (1995), S. 76.; Jung, H. (2005), S. 150.

reits Kunden des Unternehmens oder haben Kontakt zu Kunden. Eine Eingangsbestätigung und eine Erläuterung des weiteren Vorgehens sollten deshalb ebenso selbstverständlich sein wie die Einhaltung von Terminen, die sorgfältige Behandlung der Unterlagen, Diskretion und die Rücksendung nicht mehr benötigter Bewerbungsmappen.

Bewerbungsunterlagen	Beurteilungskriterien	Aussagekraft		
		Groß	mittel	gering
Anschreiben	Form, Inhalt		x	
	Struktur		x	
	berufliche Aussagen	x		
	berufliche Erwartungen	x		
Lebenslauf	Form		x	
	Inhalt	x		
Foto	Größe, Alter, Farbe, Herstellungsart			x
Abschluss- und Ausbildungszeugnisse	Ausbildungsdauer		x	
	Noten		x	
	Interessenschwerpunkte		x	
Weiterbildungszeugnisse	Fachgebiete	x		
	Bewertung	x		
Arbeitszeugnisse	bisherige Tätigkeiten	x		
	Leistung	x		
	Führung	x		
Referenzen			x	
Arbeitsproben		x		
Personalbogen			x	

Abb. 23: Bedeutung von Bewerbungsunterlagen

Die Bewerbungsunterlagen werden nach ihrem Eingang in der Personalabteilung erfasst und, falls das Unternehmen über eine Bewerberverwaltung verfügt, in die Bewerberdatei aufgenommen.

Eine DV-gestützte Bewerberverwaltung erleichtert z.B. das Anfertigen von Eingangs-, Einladungs- und Absagebriefen sowie die Erfolgskontrolle der Personalauswahl und ermöglicht außerdem den Rückgriff auf bereits vorhandene Bewerbungen. Eine längerfristige Speicherung der

Daten über das Bewerbungsverfahren hinaus bedarf grundsätzlich der Zustimmung des Bewerbers.

Steht von Anfang an fest, dass der Bewerber nicht dem Anforderungsprofil entspricht, erfolgt eine zeitnahe Absage mit Rücksendung der Bewerbungsunterlagen. Dies sollte frühestens nach ein bis zwei Wochen geschehen, damit beim Bewerber nicht der Eindruck entsteht, seine Unterlagen seien nicht ernsthaft geprüft worden. Bei längeren Bearbeitungszeiten ist es sinnvoll, einen Zwischenbescheid zu erteilen.

4.2.2 Analyse nach formalen Kriterien

Die erste grobe Durchsicht der Bewerbungsunterlagen dient der Aussonderung völlig ungeeigneter Kandidaten. Zu Beginn erfolgt die Analyse der Bewerbungsunterlagen nach rein formalen Gesichtspunkten, die als Mindestanforderungen zu verstehen sind. Man achtet auf

- äußere Form,
- Fehlerfreiheit,
- Übersichtlichkeit,
- Ordentlichkeit und
- Vollständigkeit.

Zur Analyse nach formalen Aspekten gehört außerdem die Durchsicht nach bestimmten **Musskriterien** wie einer bestimmten Führerscheinklasse, einem Mindestalter oder einer erforderlichen Staatsangehörigkeit. Insbesondere in Frankreich und den USA sind solche formalen Kriterien von großer Bedeutung. Scholz berichtet von einem empirischen Befund, wonach 74 Prozent der US-amerikanischen und 83 Prozent der französischen Unternehmen sofort Absagen erteilen, falls die Bewerbungen die formalen Kriterien nicht erfüllen. In Deutschland liegt dieser Anteil bei 51 Prozent.[69]

Bei der ersten Sichtung der Unterlagen geht es insbesondere um **Negativabweichungen** von der üblichen Form, z.B. verschmutzte oder erkennbar öfter verwandte Unterlagen, schwer handhabbare Bewerbungsmappen, lose Einzelblätter, Anschreiben auf liniertem oder kariertem Papier, schlechte Fotos, das Fehlen wichtiger Unterlagen oder Informationen, fehlende Adressen und Unterschriften, Tippfehler und unsaubere Kopien. Dabei wird davon ausgegangen, dass Bewerber, die bereits hier die nötige Sorgfalt vermissen lassen, sich auch später keine Mühe geben werden. Man zieht aus der Qualität der Unterlagen erste Schlüsse über die Grundeinstellung des Kandidaten und sein Interesse an der zu besetzenden Stelle.[70]

Allerdings wird diesen Kriterien nicht immer die gleiche Bedeutung beigemessen. So wird bei Berufen, bei denen die Kreativität im Vordergrund steht, in der Regel weniger Wert auf Formalien gelegt. Im Allgemeinen gilt jedoch: Je bedeutender die vakante Stelle ist, desto eher sollten die Bewerbungsunterlagen in formaler Hinsicht gewissen Mindestanforderungen genügen. Es gibt allerdings auch Fälle, in denen bei einer formvollendet gestalteten Bewerbung auf einen sehr unsi-

---

[69] Vgl. Scholz, C. (2000 a), S. 467.

[70] Vgl. Hentze, J., Kammel, A. (2001), S. 298 f.

cheren Kandidaten, der sich deshalb sehr stark um Korrektheit bemüht, oder auf einen „Blender" bzw. Pedanten geschlossen wird,[71] der zu viel Zeit mit Nebensächlichkeiten verbringt.

4.2.3 Bewerbungsschreiben

Das Bewerbungsschreiben oder Anschreiben dient dazu, das Interesse des Bewerbers an der Stelle zu verdeutlichen und dem Unternehmen in komprimierter Form alle wichtigen Informationen zu geben, die für ihn sprechen. Stereotype Serienbriefe und sehr allgemein gehaltene Aussagen erfüllen diese Funktion hingegen nicht. Befragungen zeigen, dass Unternehmen dem Bewerbungsschreiben eine mittlere bis hohe Bedeutung beimessen.[72]

Aus Gründen der **Übersichtlichkeit** und der zeitlichen Belastung der Entscheidungsträger im Unternehmen sollte ein Anschreiben nicht länger als eine Seite sein. Mehrere Seiten führen beim Leser eher zu Ungeduld als zu Interesse. Erwartet werden eine **klare Gliederung** und eine übersichtliche Gestaltung. Auch **Formulierungsstil**, Satzbau und Ausdrucksweise im Anschreiben vermitteln erste Eindrücke des Bewerbers, seiner Sorgfalt und seines schriftlichen Ausdrucksvermögens.

Wichtige **Inhalte** sind die sachlichen und persönlichen **Bewerbungsgründe**, das Interesse am Unternehmen und selbstverständlich die Eignung für die vakante Stelle. Das Unternehmen erhält damit Anhaltspunkte, ob sich der Bewerber mit den Stellenanforderungen auseinandergesetzt hat, weshalb er seine bisherige Stelle aufgeben will, weshalb er sich für die vakante Stelle interessiert, ob und inwieweit er über das Unternehmen informiert ist und inwieweit er nach dem ersten Eindruck den Anforderungen der ausgeschriebenen Stelle gerecht wird. Fehlende Angaben oder vage Formulierungen wie „habe mitgewirkt …" oder „Grundkenntnisse in …" lassen darauf schließen, dass es gerade an dieser Qualifikation fehlt. Erste Erkenntnisse zur Arbeitsweise des Bewerbers kann man daraus ziehen, ob der Bewerber bereit und in der Lage war, auf die in der Stellenanzeige formulierten Erwartungen einzugehen.

Weitere Informationen wie der frühestmögliche Einstellungstermin oder die Gehaltsvorstellungen runden den ersten Eindruck ab. Weicht die Entgeltforderung stark von den üblichen Entgelten ab, gibt dies Anlass zu der Vermutung, dass der Bewerber entweder die Stelle oder sich selbst stark überschätzt. Zu bescheidene Gehaltswünsche lassen auf eine Fehleinschätzung der Stellenanforderungen oder auf mangelnde Selbstsicherheit des Bewerbers schließen.

Das Anschreiben muss Name, Adresse und Kontaktmöglichkeiten wie Telefonnummer und E-Mail-Adresse enthalten.

Da insbesondere in größeren Unternehmen oft mehrere Stellen zu besetzen sind, muss im Bewerbungsschreiben, sofern es sich nicht um eine freie Bewerbung handelt, eine **Kennziffer** angegeben werden. Außerdem nutzen Unternehmen oft mehrere Medien zur Personalbeschaffung, weshalb auch die Nennung desjenigen Mediums, auf das sich der Bewerber bezieht, von Bedeutung ist. Auf diese Weise lässt sich später beispielsweise feststellen, wie viele geeignete Bewerber sich auf eine Ausschreibung in einer bestimmten Fachzeitschrift, Jobbörse oder regionalen Ta-

---

[71] Vgl. Stopp, U. (2004), S. 72.

[72] Vgl. dazu die Zusammenstellung der Ergebnisse verschiedener empirischer Untersuchung bei Weuster, A. (2004), S. 103 f.

geszeitung beworben haben. Daraus können Schlüsse gezogen werden, welche Medien sich für derartige Vakanzen am besten eignen.

Bestimmte Aussagen im Bewerbungsschreiben vermitteln einen eher negativen Eindruck. So wird aus dem Erwähnen von Referenzgebern oft auf Unsicherheit oder Imponiergehabe geschlossen oder es wird gar als Versuch ausgelegt, mithilfe einflussreicher Persönlichkeiten Druck zu erzeugen. Viele Entscheidungsträger empfinden es außerdem als peinlich, über private Probleme wie Ehescheidungen und daraus resultierende berufliche Neuorientierungen im Bewerbungsschreiben informiert zu werden. Kunstvoll gestaltete Briefköpfe oder Familienwappen wirken als „Sozialprothesen" eher lächerlich und keineswegs förderlich.

Der Vollständigkeit halber sei erwähnt, dass jedes Anschreiben mit dem aktuellen **Datum** und **Originalunterschrift** zu versehen ist.

Die Analyse des Bewerbungsschreibens bildet eine der Grundlagen des Vorstellungsgesprächs.

4.2.4 Lebenslauf

Wie das Anschreiben enthält auch der Lebenslauf ein aktuelles Datum und eine originale Unterschrift. Damit zeigt der Bewerber, dass er seine Unterlagen kurzfristig aktualisiert und selbst zusammengestellt hat. Der Lebenslauf gibt dem Unternehmen einen systematischen Überblick über die persönliche und berufliche Entwicklung des Bewerbers. In den meisten Unternehmen spielt er bei Auswahlentscheidungen eine sehr wichtige Rolle.[73] Üblich ist heute die tabellarische Form.

Zur besseren Übersicht sollte er nicht nur **chronologisch**, sondern auch **logisch** geordnet sein, d.h. die Informationen werden innerhalb einzelner Rubriken wie persönliche Daten, Schulbildung und Berufserfahrung zeitlich angeordnet. Dies erhöht die Übersichtlichkeit. Die vorwärtsreihende Darstellung von der Vergangenheit zur Gegenwart ist in Deutschland immer noch weit verbreitet. Bei der umgekehrten Vorgehensweise, die insbesondere im englischsprachigen Raum üblich ist und sich auch in Deutschland immer mehr durchsetzt, werden nach der Auflistung der persönlichen Daten in jeder Rubrik zunächst diejenigen Informationen genannt, die am aktuellsten sind. Je weiter ein Ereignis zurückliegt, desto später erscheint es. Das hat den Vorteil, dass der Leser zur Abschätzung der aktuellen Situation des Bewerbers in jeder Rubrik zunächst nur die ersten Informationen beachten muss.

Die Analyse des Lebenslaufs erfolgt nach den Zeitfolgen, den Positionen und den Firmen- bzw. Branchenwechseln des Kandidaten.

Mithilfe der **Zeitfolgenanalyse** wird überprüft, wie häufig der Bewerber die Stelle gewechselt hat und ob zwischen den Beschäftigungsverhältnissen ungeklärte Lücken bestehen. Die Lückenlosigkeit des Lebenslaufs gilt als Indikator für Solidität und Ehrlichkeit. Hinter Lücken werden häufig Lebensumstände vermutet, die der Bewerber verschweigen möchte, obwohl sie für das Unternehmen von Bedeutung sind. Mehrere kurzfristige Stellenwechsel werden bei älteren Bewerbern eher negativ gesehen. Man vermutet, dass der Bewerber den Anforderungen nicht entsprochen hat. Bei jüngeren Bewerbern schließt man eher auf Flexibilität oder eine berufliche Orientierungsphase. Zu häufige Wechsel werden jedoch oft als mangelnde Zielstrebigkeit und geringes Durchhaltevermögen oder zu starke Karriereorientierung und Ichbezogenheit sowie als man-

---

[73] Vgl. ebd., S. 121 ff.

gelndes Interesse am jeweiligen Unternehmen ausgelegt. Auch schlechte Beziehungen zu Vorgesetzten, Kollegen und Kunden oder geringe Teamfähigkeit und Integrationsfähigkeit werden als Ursache vermutet. Umgekehrt kann eine sehr lange Betriebszugehörigkeit als mangelnde Flexibilität oder geringe Lernbereitschaft interpretiert werden.[74]

Bei der Analyse muss berücksichtigt werden, dass Arbeitgeberwechsel in einigen Branchen und Berufsfeldern als selbstverständliche Erweiterung des Erfahrungsbereichs und Vervollständigung der Qualifikation angesehen werden, etwa in der Modebranche, bei Werbefirmen und im Hotelgewerbe.

Die **Positionenanalyse** beschäftigt sich mit dem beruflichen Auf- und Abstieg des Bewerbers, wozu auch der Wechsel des Berufs oder des Arbeitsbereichs gehört. Ein Aufstieg wird grundsätzlich positiv beurteilt. Dabei muss auch die Unternehmensgröße berücksichtigt werden, da der horizontale Wechsel zwischen einem kleineren und großen Unternehmen oft mit anderen Anforderungen, Verantwortungsbereichen und Befugnissen verbunden ist, auch wenn es sich formal um die gleiche Stelle handelt.

Wichtig sind vor allem die Geradlinigkeit und Folgerichtigkeit der Stellenwechsel. Allerdings kann aufgrund der heutigen wirtschaftlichen Dynamik selbst bei sehr qualifizierten Bewerbern kein kontinuierlicher Positionsverlauf mehr erwartet werden. Kurze Arbeitslosigkeit oder ein kurzfristiges Beschäftigungsverhältnis sollten deshalb nicht grundsätzlich negativ beurteilt werden, sondern im Einzelnen geprüft und im Vorstellungsgespräch angesprochen werden. So kann z.B. der Mut, sich selbständig zu machen oder in einem neu gegründeten Unternehmen Aufbauarbeit zu leisten, als Eigeninitiative, Risikobereitschaft und Einsatzfreude gewertet werden, selbst wenn das Unternehmen später scheiterte.[75]

Mithilfe der **Firmen- und Branchenanalyse** wird festgestellt, ob der Bewerber verwertbares Wissen aus verwandten oder gleichartigen Branchen mitbringt, etwa Kenntnisse über die Konkurrenz oder über neue Möglichkeiten der Kundenwerbung. Die Betriebsgröße vorheriger Arbeitgeber gibt Hinweise darauf, inwieweit eine reibungslose Integration in das eigene Unternehmen gelingen wird. Bei dieser Analyse wird auch der Ruf der Branche und der Unternehmen, in denen der Bewerber gearbeitet hat, berücksichtigt. Allerdings ist hier eine gewisse Vorsicht angebracht. So wird aus einem technisch rückständigen Unternehmen zwar kaum ein Ingenieur kommen, der über die neuesten technischen Kenntnissen verfügt, andererseits können in solch einem Betrieb durchaus Mitarbeiter tätig sein, die hervorragende Kenntnisse der Kostenrechnung haben.

Hinweise auf den soziokulturellen Hintergrund des Bewerbers runden die bisherigen Erkenntnisse ab. Sie ergeben sich z.B. aus der Schulart und dem Familienstand, einem eher ländlichen oder städtischen Umfeld, aus ehrenamtlichen Tätigkeiten, Hobbys und Freizeitaktivitäten sowie bei männlichen Bewerbern aus dem Wehr- oder Zivildienst.

---

[74] Vgl. Hesse, J., Schrader, H.C. (2002), S. 131.

[75] Vgl. Weuster, A. (2004), S. 133.

4.2.5 Lichtbild

Mit dem Lichtbild vermittelt der Bewerber einen unmittelbaren Eindruck von seiner äußeren Erscheinung. Das Foto sollte den Bewerber so zeigen, wie er im Geschäftsleben auftreten und gesehen werden möchte. Insofern sind Urlaubs- und Privatfotos, obwohl sie immer wieder in Bewerbungsunterlagen zu finden sind, völlig ungeeignet. Aus der Art des Fotos (Automatenfoto, Fotografenfoto) und seiner Aktualität wird häufig auf die Ernsthaftigkeit der Bewerbung geschlossen. So lässt ein professionell erstelltes Lichtbild eher vermuten, dass es sich um einen interessierten Bewerber handelt, als ein Automatenfoto, insbesondere wenn es auch noch älteren Datums ist. Große Bilder vermitteln den Eindruck, dass der Kandidat sehr von sich überzeugt ist. Auch aus äußerlichen Merkmalen (Brille, Bart etc.) werden Rückschlüsse gezogen. Ein ungepflegt wirkender Bewerber mit altmodischer Brillenfassung wird kaum für eine Stelle mit häufigem Kundenkontakt oder Repräsentationsaufgaben in Frage kommen. Rückschlüsse auf die Intelligenz, die Leistungsfähigkeit und grundlegende Charakterzüge verbieten sich allerdings, zumal es keine wissenschaftlichen Erkenntnisse gibt, die dies rechtfertigen würden.[76]

Obwohl viele Unternehmen dem Bewerberfoto keine allzu große Bedeutung beimessen, zeigt eine Befragung von 250 mittelständischen deutschen Unternehmen, dass ein fehlendes Lichtbild von über 80 Prozent negativ bewertet wird. Auch ein Automatenfoto empfinden knapp 50 Prozent als unangemessen.[77] Während im deutschsprachigen Bereich ein Lichtbild selbstverständlicher Bestandteil der Bewerbungsunterlagen ist, dürfen in einigen anderen Ländern – z.B. in den USA – keine Fotos verlangt werden, um Diskriminierungen aufgrund von Rasse, Hautfarbe oder Abstammung zu vermeiden.

4.2.6 Abschluss- und Ausbildungszeugnisse

Schulzeugnisse haben für die Bewerberauswahl eine eher untergeordnete Bedeutung. Schulnoten und -fächer geben Hinweise auf die Allgemeinbildung und spezielle Begabungen. So lassen gute Noten in einem bestimmten Fach ein besonderes Interessengebiet vermuten. Bei Sprachfächern schließt man von der Note auf Sprachbegabung und Ausdauer beim Lernen, bei den Naturwissenschaften und der Mathematik werden Schlüsse auf das Abstraktionsvermögen und die Analysefähigkeiten gezogen. Schlechte Noten gelten als Indiz für fehlende Eigeninitiative, für Desinteresse und mangelnde Kenntnisse, allerdings werden sehr gute Noten gelegentlich auch als Fähigkeit zur Anpassung interpretiert.

Insbesondere bei Bewerbern, die bereits einige Zeit im Beruf stehen, ist die Bedeutung der Schulzeugnisse für den Auswahlprozess gering. Wichtig sind sie bei Bewerbern, die noch keine oder kaum berufliche Erfahrung vorweisen können, sowie bei Jugendlichen, die sich um einen Ausbildungsplatz bemühen.

Die **Ausbildungszeugnisse** sind vor allem bei Berufseinsteigern von Belang, da noch keine Arbeitszeugnisse existieren, aus denen sich Rückschlüsse auf die Qualifikation und die Arbeitsleistung ziehen lassen. Je länger die Berufsausbildung zurückliegt, desto geringer ist ihre Bedeutung für den Auswahlprozess.

---

[76] Vgl. Schuler, H. (2000), S.14 f.

[77] Vgl. Dahlinger, I., (1995), S. 68; zitiert nach Weuster, A. (2004), S. 110.

Hochschulabschlüsse, die innerhalb der Regelstudienzeit erbracht wurden, geben Hinweise auf Zielstrebigkeit und Leistungsorientierung. **Hochschul-Rankings**, bei denen die Hochschulen nach qualitativen Merkmalen bewertet werden, spielen in Deutschland noch eine untergeordnete Rolle. Bis auf wenige Ausnahmen geht man noch von der annähernden Gleichwertigkeit der Abschlüsse aus. Anders in den englischsprachigen Ländern, wo die Hochschule selbst in hohem Maße als Qualitätskriterium gilt.

Fachhochschulabsolventen punkten durch einen größeren Praxisbezug, den früheren Einstieg ins Berufsleben und durch eine generell realistischere Erwartungshaltung. Von Universitätsabsolventen werden in der Regel ein größeres Abstraktionsvermögen und die Fähigkeit zur Lösung komplexer Probleme erwartet. Fachrichtung, Studienschwerpunkte und Diplomarbeit sind oft ein wichtiges Auswahlkriterium, da daraus auf bestimmte Vorkenntnisse geschlossen werden kann. Die Noten, insbesondere die Abschlussnote, spielen vor allem bei Führungsnachwuchskräften eine wichtige Rolle.

Weist der Bewerber bereits eine längere Berufstätigkeit auf, kommt seinen Schul-, Ausbildungs- und Hochschulzeugnissen eher eine Dokumentationsfunktion zu. Sie belegen, dass die behaupteten Abschlüsse tatsächlich erbracht wurden.

4.2.7 Arbeitszeugnisse

Arbeitszeugnisse können als einfache oder qualifizierte Zeugnisse ausgestellt werden. **Einfache Zeugnisse** oder **Arbeitsbescheinigungen** geben lediglich Auskunft über die Person sowie die Dauer und die Art der Beschäftigung, womit sich ein Dritter nur ein unvollständiges Bild von der jeweiligen Stelle machen kann. **Qualifizierte Arbeitszeugnisse** enthalten hingegen zusätzliche Informationen über die erbrachten Leistungen und das Sozialverhalten, bei Führungskräften auch über das Führungsverhalten. Welche Art von Zeugnis er erhält, bestimmt der Arbeitnehmer in der Regel selbst. Legt ein Bewerber nur eine Arbeitsbescheinigung vor, stellt sich allerdings die Frage, weshalb er von seinem früheren Arbeitgeber kein qualifiziertes Arbeitszeugnis verlangt hat. Die Vermutung liegt dann nahe, dass es Negatives über seine Leistung oder sein Sozialverhalten enthalten hätte.

Der Arbeitgeber muss nur dann ein Zeugnis ausstellen, wenn der Arbeitnehmer den Anspruch mündlich oder schriftlich geltend macht. Lediglich bei Auszubildenden muss am Ende des Ausbildungsverhältnisses unaufgefordert ein Zeugnis ausgestellt werden.

Arbeitszeugnisse werden in der Regel bei **Beendigung des Arbeitsverhältnisses** ausgestellt. Bei Versetzungen, Umstrukturierungen oder einem Wechsel des Vorgesetzten empfiehlt es sich jedoch für den Angestellten, ein **Zwischenzeugnis** zu fordern, da sich die neue Stelle möglicherweise als nicht so positiv wie die bisherige erweist, oder das Verhältnis zum neuen Vorgesetzten schlechter ist. Es kann auch geschehen, dass der frühere Vorgesetzte aus dem Unternehmen ausscheidet und danach niemand in der Lage ist, die guten Leistungen des Mitarbeiters zu bestätigen. Bei der Erstellung des Endzeugnisses ist das Unternehmen an die Bewertungen aus den Zwischenzeugnissen gebunden, sofern sich nicht nachträglich für diese Zeiträume neue Tatbestände ergeben. Es übernimmt diese Bewertungen, ohne dass die wörtlichen Formulierungen verwendet werden müssen, und ergänzt sie für die Zeit nach der letzten Zeugnisausstellung.

Der **Anspruch** auf Erstellung eines Arbeitszeugnisses verjährt erst nach 30 Jahren, er kann jedoch bereits früher verwirkt sein, wenn es im Nachhinein nicht mehr möglich ist, die Leistungen des Mitarbeiters zu beurteilen, etwa weil die damaligen Vorgesetzten nicht mehr im Unternehmen sind oder sich nicht mehr genau erinnern und keine Unterlagen mehr vorhanden sind. In diesen Fällen kann lediglich eine Arbeitsbescheinigung ausgestellt werden. Beim Auswahlverfahren stellt sich die Frage, warum der Bewerber nicht frühzeitig ein Zeugnis angefordert hat.

Sollte der Mitarbeiter nicht mit seiner Beurteilung einverstanden sein, muss er unverzüglich eine Berichtigung verlangen und diese ggfs. einklagen. Die Frist für den Widerspruch beträgt vier Wochen nach Bekanntgabe des Zeugnisses.[78] Arbeitszeugnisse dürfen im Original weder verbessert noch sonst irgendwie abgeändert werden, sondern müssen vollständig neu geschrieben werden. Der Mitarbeiter kann ein Zeugnis mit Schreibfehlern, Verbesserungen, Knicken, Flecken etc. ablehnen und ein neues fordern.

Die Verwendung von Geheimzeichen, Unterstreichungen, Anführungszeichen, Ausrufezeichen und Fragezeichen ist nicht zulässig,[79] allerdings sind bestimmte Formulierungen üblich. Da die so genannte **Zeugnissprache** nicht von allen Arbeitgebern beherrscht wird, ist der **Aussagewert** vieler Arbeitszeugnisse häufig fraglich. So kann das Unternehmen in Unkenntnis der üblichen Formulierungen und damit aufgrund einer falschen Wortwahl eine andere Beurteilung abgeben, als es eigentlich beabsichtigte. Es kann aber auch ein explizit gutes Zeugnis ausstellen, um einen Mitarbeiter, mit dem man in Wahrheit nicht besonders zufrieden war, „wegzuloben".

Oftmals werden Zeugnisse auch deshalb bewusst zu positiv formuliert, um möglichen Klagen seitens des ehemaligen Mitarbeiters vorzubeugen. Manchmal soll Mitarbeitern, denen aus Gründen gekündigt wurde, die sie selbst nicht zu verantworten haben (z.B. schlechte Auftragslage), die Stellensuche mit einem guten Zeugnis erleichtert werden.

Nicht alle mit der Personalauswahl betrauten Mitarbeiter sind mit der Zeugnissprache vertraut, so dass Zeugnisse oft falsch interpretiert werden.

Ein formal einwandfreies Arbeitszeugnis beginnt mit der Anschrift des Arbeitnehmers sowie dem Ausstellungsort und -datum. Die Informationen über das ausstellende Unternehmen ergeben sich in der Regel aus dem Briefkopf. Eine Überschrift verdeutlicht, um welche Art von Zeugnis es sich handelt, z.B. um ein Zwischenzeugnis. Es folgen Angaben zur Person des Mitarbeiters und dann der eigentliche Zeugnistext.

Grundsätzlich hat das Unternehmen freie Hand, wie es die Informationen über den Mitarbeiter formuliert. Dabei muss es jedoch bestimmte **Grundsätze** beachten:

- Die **Sorgfaltspflicht** besagt, dass die Angaben über Art und Zeitraum der Tätigkeiten des Arbeitnehmers exakt und vollständig sein müssen. Dies gilt auch für die Beurteilung der Leistung und des Sozialverhaltens des Mitarbeiters, die stets begründet sein muss.

- Zur **Wahrheitspflicht** gehört, dass das Unternehmen alle wichtigen Leistungen und Verhaltensweisen des Mitarbeiters nennen muss. Er darf weder zu gut noch zu schlecht beurteilt werden. Entsteht dem neuen Arbeitgeber ein Schaden, weil er sich auf die Vollständigkeit und Richtigkeit dieser Aussagen verlässt, so haftet der frühere Arbeitgeber.

---

[78] Vgl. Jung, H. (2005), S. 771.

[79] Vgl. edb., S. 772 f.

- Ein Arbeitszeugnis muss **wohlwollend** formuliert sein, damit der Mitarbeiter in seinem weiteren Berufsleben nicht benachteiligt wird. Diese Forderung ergibt sich aus der Fürsorgepflicht des Arbeitgebers. Ungünstige Angaben sollen nach Möglichkeit vermieden werden. Schlechte Leistungen oder unangemessenes Verhalten dürfen aber nicht verschwiegen werden, da dies gegen die Wahrheitspflicht verstoßen würde. Vorübergehend schlechte Leistungen oder einmalige Fehler sollen nicht genannt werden, falls der Mitarbeiter ansonsten gute Leistungen erbracht hat. Da Abmahnungen den Gesamteindruck vom Mitarbeiter negativ beeinflussen, dürfen sie nicht erwähnt werden.

Bei schwerwiegenden Verfehlungen muss der **Grund der Kündigung** angegeben werden. Ansonsten soll er nur erwähnt werden, wenn der Mitarbeiter dies wünscht, etwa weil er selbst gekündigt hat. Die Art der Kündigung, z.B. eine außerordentliche Kündigung, darf nicht genannt werden. Sie kann sich aus dem Ausstellungsdatum oder dem Zeitpunkt der Beendigung des Arbeitsverhältnisses ergeben.

Die Erwähnung von **Gewerkschafts- oder Betriebsratstätigkeiten** ist nur auf ausdrücklichen Wunsch des Arbeitnehmers erlaubt. Auch Formulierungen, aus denen man auf ein entsprechendes Engagement schließen kann, wie „ ... hat sich auch außerhalb des Betriebes sehr für die Belange der Arbeitnehmer eingesetzt" sind unzulässig.

Auf **Krankheiten** des Mitarbeiters darf der Arbeitgeber im Zeugnis nicht eingehen, selbst dann nicht, wenn dem Arbeitnehmer krankheitsbedingt gekündigt wurde. Nur dann, wenn der Mitarbeiter so lange krank war, dass eine korrekte Beurteilung seiner Leistung und seines Verhaltens nicht mehr möglich ist, darf die Krankheit erwähnt werden. Ist eine Gefährdung Dritter möglich, muss sie ebenfalls angegeben werden.

Die heute gängige Zeugnissprache hat sich insbesondere aus dem Dilemma des Arbeitgebers heraus entwickelt, Zeugnisse wahrheitsgemäß, aber auch wohlwollend formulieren zu müssen. Sie verwendet bestimmte **Formulierungen**, denen eine besondere Bedeutung zukommt. Soll das Zeugnis richtig interpretiert werden, muss man die Zeugnissprache kennen.

Außerdem ist es von Bedeutung, wann das Zeugnis erstellt wurde. Arbeitszeugnisse, die bereits vor längerer Zeit geschrieben wurden, sind oft direkter und härter formuliert, als es heute üblich ist. Da Unternehmen arbeitsgerichtlichen Auseinandersetzungen aus dem Weg gehen wollen, sind Zeugnisaussagen inzwischen wesentlich vorsichtiger.

Bei der Interpretation ist auch die Größe des zeugnisausstellenden Unternehmens zu beachten. Bei Großunternehmen sind Standardformulierungen und meist auch die Verwendung einer Zeugniserstellungs-Software selbstverständlich. Man kann davon ausgehen, dass die Besonderheiten der Zeugnissprache bekannt sind und bestimmte Formulierungen bewusst gewählt werden, während dies bei kleinen und mittleren Unternehmen oft nicht der Fall ist. Deshalb kann es schwierig sein, die Aussagen dieser Unternehmen zu werten, da nicht immer klar ist, ob der Aussteller mit der Zeugnissprache vertraut war und bestimmte Formulierungen bewusst gewählt hat oder ob er eine ganz andere Bewertung abgeben wollte und seine Wortwahl nur zufällig war.

Bei der **Interpretation von Arbeitszeugnissen** ist es nicht nur notwendig, auf bestimmte Ausdrücke zu achten, man muss auch „zwischen den Zeilen lesen". Ein gutes Arbeitszeugnis, das die Zeugnissprache beachtet, enthält eine überwiegend positive Wortwahl und viele aktive Formulierungen. Viele passive Formulierungen deuten hingegen darauf hin, dass der Mitarbeiter selbst nicht aktiv war, sondern bei der Leistungserbringung ständig von außen angeregt werden musste.

Bereits aus dem **Einleitungssatz und der Aufgabenbeschreibung** kann sich unter Umständen eine Bewertung über den Arbeitnehmer herauslesen lassen. Aktive, wertfreie oder passive Formulierungen wie „…wurde beschäftigt als…" lassen Rückschlüsse auf das Engagement zu.

Werden zuerst unwichtige und dann wichtige Aufgaben genannt, entspricht die Eignung des Arbeitnehmer meist auch dieser Rangfolge, d.h. die wichtigen Aufgaben wurden schlecht erfüllt. Eine Formulierung wie „…er fand Verwendung als…" weist auf eine ungenügende Leistung hin.

Die **Beurteilung der Leistung** enthält Aussagen über

- das Fachwissen,
- die Arbeitsbereitschaft,
- die Ausdauer und Belastbarkeit,
- die Flexibilität und Aufgeschlossenheit,
- die Zuverlässigkeit, das Vertrauen und die Verantwortung sowie
- die Arbeitsweise und den Arbeitserfolg.

Neben bestimmten Standardformulierungen, mit denen die einzelnen Aspekte beurteilt werden, wird auch mit **Verschweigen und Hervorheben** gearbeitet. Entscheidend ist dabei nicht, dass Eigenschaften und Verhaltensweisen positiv bewertet werden, sondern um welche es sich handelt. Werden unwichtige Aspekte hervorgehoben, geht man davon aus, dass der Mitarbeiter wichtige Dinge vernachlässigt hat. Gleiches gilt, wenn unwichtige Tätigkeiten vor wichtigen genannt werden.

Werden komplexe Aufgaben nur zum Teil beurteilt, schließt man daraus, dass die Leistung bei den anderen Aufgabenteilen nicht erwähnenswert war. Wird die Genauigkeit ohne weitere Ergänzung hervorgehoben, liegt der Verdacht nahe, dass die erbrachte Arbeit gering war. Wird nur die Schnelligkeit betont, steht die Qualität der Arbeitsleistung infrage. Werden Tätigkeiten ohne Beurteilung aufgezählt, bedeutet dies, dass über die Aufgabenerfüllung nichts Gutes gesagt werden kann. Folgt andererseits nach jeder aufgezählten Tätigkeit eine ausführliche Beurteilung, liegt der Schluss nahe, dass der Mitarbeiter für einige Aufgaben besser geeignet war als für andere bzw. dass er nicht kontinuierlich gute Arbeit geleistet hat. Auch doppelte Verneinungen wie „…seine Leistungen waren nicht unbedeutend…" sind als negative Beurteilungen zu werten.

Die **Gesamtbeurteilung der Leistung** erfolgt ebenfalls nach bestimmten Standards. Aussagen wie „…seine Leistungen haben in jeder Hinsicht unsere volle Anerkennung gefunden…" oder „…er hat unsere Erwartungen immer und in jeder Hinsicht erfüllt…" haben die früher übliche, hölzerne Formulierung „…hat die ihm übertragenen Aufgaben stets zu unserer vollsten Zufriedenheit erfüllt…" als Standardaussage für eine sehr gute Gesamtbeurteilung abgelöst. Wegen der Verpflichtung zur wohlwollenden Beurteilung darf eine ungenügende Leistung nicht als solche bezeichnet werden. Stattdessen wird beispielsweise die Formulierung „…hat sich intensiv bemüht, unseren Erwartungen gerecht zu werden…" verwandt.

Mit dem **Sozialverhalten** bewertet das Unternehmen die Führung des Mitarbeiters, d.h. sein

- Verhalten gegenüber Vorgesetzten,
- Verhalten gegenüber Kollegen,
- Verhalten gegenüber weiteren Personen und Institutionen wie Kunden, Lieferanten, Besuchern und anderen Externen sowie sein

- Verhalten in anderen sozialen Situationen.

Bei Führungskräften wird neben dem allgemeinen Sozialverhalten zusätzlich das Verhalten gegenüber unterstellten Mitarbeitern einbezogen.

Zunächst erfolgt eine Beurteilung des Verhaltens gegenüber Vorgesetzten und Kollegen. Daran schließen sich Aussagen zum Verhalten gegenüber Kunden, Lieferanten, Besuchern und weiteren Externen an. Auch Aussagen zur Vertrauenswürdigkeit, Diskretion und Loyalität haben hier ihren Platz.[80] Wie bei den anderen Beurteilungsaspekten haben sich Standardformulierungen herausgebildet, außerdem ist die Reihenfolge von Bedeutung. Wird sie vertauscht oder fehlt ein Aspekt, geht man von Schwierigkeiten des Mitarbeiters aus.

Bei Führungskräften hat die Bewertung des Führungsverhaltens und der Führungsleistung großes Gewicht. Knappe Aussagen lassen hier vermuten, dass das Unternehmen nicht zufrieden war, handelt es sich doch um wesentliche Aufgaben eines Vorgesetzten, die ausführlich gewürdigt werden müssten.

Die Beurteilung endet mit dem **Schlusssatz**. Er enthält

- Angaben zur Beendigung des Arbeitsverhältnisses,
- eine Dankesformel und
- gute Wünsche für die Zukunft.

Im Schlusssatz macht der Arbeitgeber Angaben dazu, wer das Beschäftigungsverhältnis aufgelöst hat, ggfs. werden auch die Gründe genannt. Das Fehlen eines Kündigungsgrundes legt die Vermutung nahe, dass der Arbeitgeber die Kündigung ausgesprochen hat. Ein ungewöhnliches Auflösungsdatum, z.B. der Zehnte eines Monats, lässt auf eine fristlose Kündigung schließen. Bei einer arbeitgeberseitigen Kündigung kann der Auflösungsgrund wichtige Informationen liefern. So kann die Angabe, dass eine Filiale geschlossen wurde, ein Indiz dafür sein, dass dem Mitarbeiter nicht aufgrund schlechter Leistung gekündigt wurde. Auf eine Dankesformel und Zukunftswünsche hat der Arbeitnehmer rechtlich keinen Anspruch. Sie gehören jedoch zum guten Ton und sagen einiges über das Verhältnis zwischen den Beteiligten aus.

Eine gute Beurteilung, die mit einem Dank an den Arbeitnehmer und dem Bedauern über sein Ausscheiden endet, vermittelt den Eindruck, dass es sich um einen geschätzten Mitarbeiter handelte. Gleiches gilt für die Zukunftswünsche. Fehlen diese, schließt man auf eine ernsthafte Verstimmung zwischen den Beteiligten. Soll der Mitarbeiter in besonders positivem Licht dargestellt werden, werden die Zukunftswünsche zusätzlich mit einer Empfehlung verbunden.

Bestätigt sich der Eindruck, den man vom Bewerber gewinnt, in mehreren Zeugnissen, dann erlangt dieser Gesamteindruck ein höheres Gewicht als positive oder negative Formulierungen in einem einzelnen Zeugnis.

Einen Überblick über wichtige gebräuchliche Formulierungen in Arbeitszeugnissen gibt Abb. 24.

---

[80] Vgl. Weuster, A. (2004), S. 171 f.

Formulierung	Bedeutung
Seine Leistungen haben in jeder Hinsicht unsere volle Anerkennung gefunden.	Er war ein sehr guter Mitarbeiter.
Er war immer mit Interesse bei der Sache.	Er hat sich zwar angestrengt, aber nichts geleistet.
Mit seinen Vorgesetzten ist er gut zurechtgekommen.	Er war ein Ja-Sager und Mitläufer und hat sich immer angepasst.
Wir lernten ihn als umgänglichen Menschen kennen.	Er ging vielen Mitarbeitern auf die Nerven und war schlecht gelitten.
Durch seine Geselligkeit trug er zur Verbesserung des Betriebsklimas bei.	Er neigt zu starkem Alkoholgenuss.
Für die Belange der Kollegen zeigte er stets Einfühlungs-vermögen.	Er suchte sexuelle Kontakte im Unter-nehmen.
Wir haben ihn als einsatzwilligen und sehr beweglichen Mitarbeiter kennengelernt, der stets bemüht war, die ihm übertragenen Aufgaben zur vollsten Zufriedenheit in seinem und im Interesse des Unternehmens zu lösen.	Er hat uns sehr geschickt bestohlen.
Wir bestätigen gerne, dass Herr X mit Fleiß, Ehrlichkeit und Pünktlichkeit an seine Aufgaben herangegangen ist.	Er war fachlich inkompetent.
Er hatte Gelegenheit, sich Wissen anzueignen.	Er hat die Gelegenheit nicht genutzt.
Das Arbeitsverhältnis mit Herrn X dauerte von … bis …	Herr X war häufig/lange krank.
Er hat sich nach Kräften bemüht, die Leistungen zu erbrin-gen, die wir an diesem Arbeitsplatz in der Regel erwarten.	Er hat völlig ungenügende Leistungen erbracht.
Er war ein nicht unbeliebter Vorgesetzter.	Sein Führungsverhalten war mäßig.
Seine Führung der Mitarbeiter war stets vorbildlich.	Er ist eine hervorragende Führungskraft.
Er hat alle Aufgaben ordnungsgemäß erledigt.	Er ist ein Bürokrat und zeigt keine Eigen-initiative.
Aufgrund seiner Pünktlichkeit war er stets ein gutes Vorbild.	Seine Leistung war unterdurchschnittlich und er war in jeder Hinsicht unbrauchbar.
Er war bei unseren Kunden sehr schnell beliebt.	Er machte sehr schnell Zugeständnisse.

Abb. 24: Gebräuchliche Formulierungen der Zeugnissprache[81]

---

[81] in Anlehnung an Jung, H. (2005), S. 778 ff.

4.2.8 Weiterbildungszeugnisse und Referenzen

Über das Interesse an Weiterbildung, die berufliche Orientierung und das Engagement, das über das Normalmaß hinausgeht, geben **Weiterbildungszeugnisse** Auskunft. Sie enthalten – ergänzend zum Lebenslauf und den Arbeitszeugnissen – Informationen zur Qualifikation des Bewerbers. Sofern das Zertifikat eine Bewertung enthält, kann man Rückschlüsse auf den Lernerfolg ziehen. Wenn es sich um eine Off-the-job-Maßnahme handelt, ist auch das Bildungsinstitut und dessen Ruf von Bedeutung.

Referenzen sind Informationen von einem früheren Kollegen, einem Vorgesetzten oder einer bekannten Persönlichkeit zu einem Bewerber. Da der Bewerber die Referenzgeber selbst auswählt, kann kein objektives Urteil erwartet werden. Referenzen können den Bewerbungsunterlagen in schriftlicher Form beigelegt oder als Auskunftsmöglichkeit angeboten werden.

Das Unternehmen kann – z.B. per Telefon – mündliche Auskünfte bei früheren Arbeitgebern zu Verhaltensweisen und Qualifikationen des Bewerbers einholen, falls sich diese nicht aus den Bewerbungsunterlagen ergeben. Auf diese Weise kann das eigene Urteil abgesichert werden. Vor allem bei der Auswahl von Mitarbeitern für höhere Hierarchieebenen sind Referenzen eine häufig verwandte Informationsquelle.[82]

4.2.9 Personalfragebögen und biografische Fragebögen

Personalfragebögen ermöglichen einen gleichartigen Überblick über die persönlichen Verhältnisse der Bewerber, ihren beruflichen Werdegang, besondere Qualifikationen, den möglichen Zeitpunkt der Arbeitsaufnahme etc. Sie fassen die wichtigsten beruflichen und persönlichen Daten der Kandidaten zusammen und erleichtern damit dem Unternehmen damit den Vergleich. Auch Unstimmigkeiten in den Bewerbungsunterlagen können auf diese Weise leichter festgestellt werden.

Der Betriebsrat muss den Inhalten der Fragebögen zustimmen. Damit soll sichergestellt werden, dass nur solche Punkte abgefragt werden, die für die ausgeschriebene Position von Bedeutung sind, und die Intimsphäre der Bewerber gewahrt bleibt. Wie im Vorstellungsgespräch sind auch hier bestimmte Fragen nicht erlaubt. Werden sie dennoch gestellt und falsch beantwortet, kann der Arbeitsvertrag nicht angefochten werden.

Biografische Fragebögen sind eine spezielle Form von Personalfragebögen. Dabei handelt es sich um einen standardisierten Fragenkatalog zu einzelnen Lebensabschnitten. Die Daten werden durch Fragen erhoben, bei denen der Bewerber zwischen mehreren Antworten wählen kann. Durch die Kombination der Fragen und durch Wiederholungen bzw. sehr ähnliche Formulierungen soll erreicht werden, dass der Bewerber keine falschen Auskünfte gibt. Die anschließende Auswertung soll Verhaltensmuster und Werteinstellungen des Bewerbers aufdecken, die auf sein zukünftiges Arbeitsverhalten schließen lassen.[83]

---

[82] Vgl. Lorenz, M. (1998), S. 74.

[83] Vgl. Bröckermann, R. (2004), S. 107 f.; Oechsler, W.A. (2000), S. 245.

Beim Entwurf und bei der Beantwortung der Fragebögen sind oft Mitarbeiter beteiligt, die bereits eine ähnliche Stelle wie die ausgeschriebene bekleiden. Der Vergleich ihrer Antworten mit denen der Bewerber soll Aufschlüsse über die Eignung der Kandidaten geben.

Kritikpunkte sind insbesondere der umfangreiche Entwicklungsaufwand und die fehlende empirische Absicherung. Außerdem verleitet die Anwendung biografischer Fragebögen dazu, Kandidaten immer nach den gleichen, in der Vergangenheit erfolgreich angewandten Kriterien auszuwählen, während künftige Entwicklungen zu wenig beachtet werden.

4.2.10 Grafologische Gutachten

Manchmal wird in der Stellenausschreibung eine Handschriftenprobe für ein **grafologisches Gutachten** erbeten. Dazu bedarf es der ausdrücklichen Einwilligung seitens des Bewerbers. Es werden Bewegungsmerkmale (Bindungsformen, Druckstärke etc.), Raummerkmale (Größe, Schriftlage, Zeilenabstände etc.), Formmerkmale (Regelmaß, Völle etc.) sowie die Schrift als Ganzes betrachtet. Die Aussagefähigkeit dieser Analysen ist sehr umstritten. Weuster kommt nach einer Auswertung zahlreicher empirischer Untersuchungen zu dem Schluss, dass die prognostische Validität von grafologischen Gutachten, die nach einer Handschriftenprobe auf der Grundlage eines neutralen Textes gestellt werden, kaum größer als null ist. Die Beurteilung resultiere eher aus dem Inhalt des Textes als aus der Schrift selbst.[84] Die Gutachter bewerten also nicht die Handschrift, sondern die Aussagen der Schriftprobe.

Bei der Bewerberauswahl in Deutschland, Großbritannien und den USA sind grafologische Gutachten weitgehend irrelevant. In anderen Ländern wie Frankreich, Israel, der Türkei und der Schweiz werden sie hingegen durchaus angewandt, vor allem wenn es um die Auswahl von Führungskräften geht.

4.2.11 Abschließende Bewertung der Unterlagen

Die Analyse der Bewerbungsunterlagen ermöglicht nur einen ersten Eindruck und dient deshalb lediglich der Vorauswahl der Kandidaten. Bei potenziell geeigneten Bewerbern schließt sich ein Vorstellungsgespräch an, in dem sich der Eindruck vertiefen lässt und in dem sich Unklarheiten beseitigen lassen. Die Erkenntnisse der Unterlagenanalyse dienen als Grundlage für das Vorstellungsgespräch.

4.3 Vorstellungsgespräch

Das Vorstellungsgespräch (Bewerbungsgespräch, Interview, Einstellungsgespräch) ist das in der Praxis am häufigsten verwandte Instrument der Personalauswahl.[85] Es dient dazu, die bisherigen Erkenntnisse über den Bewerber zu erweitern und zu ergänzen.

Bisweilen stellen Unternehmen dem Vorstellungsgespräch ein Assessment Center oder ein anderes Testverfahren voran. In der Regel schließt es sich jedoch an die Unterlagenanalyse an, weitere

---

[84] Vgl. Weuster, A. (2004). S. 125 ff.

[85] Vgl. Knoll, L., Dotzel, W. (1996), S. 348 f.; Weuster, A. (2004), S. 172 ff.

Auswahlverfahren folgen später. Diese Vorgehensweise bietet sich schon deswegen an, weil hochwertige Eignungstests sehr zeitaufwändig und teuer sind und es deshalb sinnvoll ist, sie nur mit einem kleinen Kreis von Bewerbern durchzuführen, die es in die Endauswahl geschafft haben.

Das Interview hat die **Ziele**

- einen persönlichen Eindruck vom Bewerber zu gewinnen,
- seine fachliche Qualifikation festzustellen,
- seine Sozialkompetenzen zu ermitteln,
- Ungenauigkeiten und unvollständige Angaben in den Bewerbungsunterlagen zu klären,
- die Gründe für seine Motivation zum Stellenwechsel zu erfahren,
- die Interessen und Erwartungen des Bewerbers kennenzulernen,
- beim Bewerber einen positiven Eindruck von der Unternehmenssituation zu erzeugen,
- sich als Bewerber über das Unternehmen, seine Leistungen, Arbeitsbedingungen und personalwirtschaftlichen Grundsätze zu informieren,
- sich als Bewerber über die ausgeschriebene Stelle und deren Einordnung in den Leistungszusammenhang des Unternehmens zu informieren.

Neben der **Informationsermittlung** dient das Vorstellungsgespräch also auch der **Informationsvermittlung**. Der Bewerber kann sich ein genaueres Bild vom Unternehmen und dem Aufgabengebiet machen. Er erhält Auskunft über seine Entwicklungsmöglichkeiten und kann feststellen, ob seine Erwartungen mit denen des Unternehmens übereinstimmen.

Die erfolgreiche Durchführung eines Bewerbungsgesprächs bedarf der sorgfältigen **Vorbereitung**, wobei diese Punkte zu beachten sind:

- ausreichend Zeit einplanen
- eine angenehme und störungsfreie Gesprächsatmosphäre schaffen
- festlegen, wer von Unternehmensseite an dem Gespräch teilnehmen soll
- Informationen für den Bewerber bereithalten (z.B. Geschäftsbericht, Organigramm, Stellenbeschreibung)
- Bewerbungsunterlagen bereithalten
- wesentliche Gesprächsinhalte festlegen
- Gesprächsart und Gesprächsaufbau festlegen
- weitere Vorgehensweise vereinbaren, insbesondere was die Auswahlentscheidung und die Mitteilung an den Bewerber betrifft

Bei der **Art des Vorstellungsgesprächs** unterscheidet man

- je nach Strukturierungsgrad zwischen standardisierten, freien und teilstrukturierten Gesprächen und
- je nach Zahl der Beteiligten zwischen Einzel-, Doppel- und Board-Interviews.

Standardisierte Vorstellungsgespräche laufen nach einem vorgegebenen Schema ab. Die Inhalte und der Gesprächsverlauf sind detailgenau festgelegt. Da allen Bewerbern die gleichen Fragen in der gleichen Reihenfolge gestellt werden, erleichtert dies zwar die Auswertung und den Vergleich der Interviews, allerdings kann dabei nicht auf die besonderen Merkmale der Kandidaten eingegangen werden. Damit werden die Ziele des Vorstellungsgesprächs zum größten Teil verfehlt.

Bei unstrukturierten oder **freien Vorstellungsgesprächen** sind die Gesprächsinhalte und der Gesprächsverlauf nicht vorgegeben, sondern völlig offen. Jedes Gespräch entwickelt sich anders. Oft wird es ohne sorgfältige Vorbereitung, ohne Anforderungsanalyse und ohne Bewertungsbogen geführt. Dies führt bei jedem Interview zu anderen Themenschwerpunkten sowie zu Abschweifungen und Zufallsfragen. Die Auswahlentscheidung erfolgt schließlich aufgrund von Menschenkenntnis, Intuition oder der „gleichen Chemie" der Beteiligten. Eine rationale Entscheidung kann auf dieser Grundlage kaum getroffen werden. Freie Vorstellungsgespräche sind entsprechend wenig valide, die Auswahl erfolgt eher zufällig. In den USA ist ihre Subjektivität wiederholt von Gerichten beanstandet worden.[86]

Das **teilstrukturierte Interview** stellt einen Mittelweg dar. Es existiert ein Gesprächsrahmen mit Kerninhalten und Stichpunkten, zu denen die Bewerber befragt werden sollen. Dies stellt sicher, dass alle wichtigen Aspekte angesprochen werden. Die Fragen werden jedoch nicht vorher ausformuliert, sondern im Laufe des Gesprächs entwickelt. Auch ihre Reihenfolge variiert. Teilstrukturierte, sorgfältig vorbereitete und geführte Vorstellungsgespräche weisen eine besonders hohe prognostische Validität auf.[87] Der Informationsgehalt ist deutlich größer als bei standardisierten und freien Vorstellungsgesprächen.

Je nach Zahl der Gesprächsteilnehmer auf Unternehmensseite wird zwischen Einzelinterviews und Gruppeninterviews unterschieden. Beim **Einzelgespräch** wird das Bewerbungsgespräch zwischen einem Mitarbeiter des Unternehmens und dem Bewerber geführt. Einzelinterviews werden häufig **seriell** durchgeführt, etwa zunächst mit einem Mitarbeiter der Personalabteilung und anschließend mit dem Fachvorgesetzten. Auf diese Weise lässt sich das Gespräch persönlicher führen, als wenn mehrere Mitarbeiter teilnehmen. Außerdem kann sich so eher ein Vertrauensverhältnis entwickeln, was dazu führt, dass der Bewerber aufgeschlossener ist und Fragen konkreter beantwortet. Allerdings besteht die Gefahr zu großer Subjektivität auf Seiten des Gesprächsführenden.

Bei **Doppelinterviews** wird das Gespräch von zwei Personen – in der Regel aus der Personal- und aus der Fachabteilung – geführt, wobei sich der Bewerber gleichzeitig auf mehrere Gesprächspartner einstellen muss. Dadurch sollen das Rollenverhalten und die Persönlichkeit des Bewerbers deutlicher hervortreten, außerdem werden Fehleinschätzungen vermieden. Viele Bewerber empfinden es darüber hinaus als fairer, wenn ihre Beurteilung nicht nur von einer Person abhängt.

Wenn mehr als zwei Unternehmensvertreter – meist höherer Hierarchieebenen – gleichzeitig beteiligt sind, spricht man von **Board-Interviews**. Mit den zusätzlich gewonnenen Eindrücken will man sich ein noch genaueres Bild vom Bewerber machen. Die Mitwirkung künftiger Kollegen kann die Entscheidung noch weiter verbessern, da die prognostische Validität steigt. Eine zu große Zahl von Gesprächsteilnehmern kann jedoch beim Bewerber das Gefühl erzeugen, sich in ei-

---

[86] Vgl. Weuster, A. (2004), S. 187.

[87] Vgl. ebd. S. 197.

ner Prüfungssituation zu befinden, was nicht selten dazu führt, dass er sich während des Interviews verschließt.

Um die psychische Belastbarkeit der Bewerber zu prüfen, führen manche Unternehmen **Stressinterviews** durch. Der Bewerber wird dabei durch provozierende und verunsichernde Fragen unter Druck gesetzt. Bei **Tiefeninterviews** versucht man, unbewusste Einstellungen und Motive des Bewerbers zu ermitteln. Viele Bewerber fühlen sich durch solche Techniken bedrängt und manipuliert, was nicht selten zur Folge hat, dass ihr Interesse an der Position und dem Unternehmen sinkt. Da der Imageverlust, den das Unternehmen erleidet, den Erkenntnisgewinn in der Regel übersteigt, sollte man auf ihren Einsatz verzichten.

Im Vorstellungsgespräch sind nur solche **Fragen** zulässig, die für die ausgeschriebene Position von Bedeutung sind. Andernfalls darf der Bewerber sie falsch beantworten, ohne dass deshalb der Arbeitsvertrag angefochten werden kann. Rechtsfolgen können sich nur ergeben, wenn der Bewerber auf eine zulässige Frage eine falsche Antwort gibt.

Zulässig sind beispielsweise Fragen nach

- den beruflichen Fähigkeiten,
- dem beruflichen Werdegang,
- den Motiven für den Arbeitsplatzwechsel,
- den Nichtbeschäftigungszeiten,
- dem Wehr- oder Zivildienst,
- der Höhe des bisherigen Entgelts, sofern dies für die neue Stelle von Bedeutung ist,
- öffentlichen Ämtern und Ehrenämtern,
- der Staatsangehörigkeit,
- ansteckenden und chronischen Krankheiten, sofern sie für die neue Stelle von Bedeutung sind,
- einer Schwerbehinderung, und zwar aufgrund der sich daraus für den Arbeitgeber ergebenden gesetzlichen Pflichten.[88]

Nicht zulässig sind Fragen nach

- Vorstrafen (außer es besteht ein konkreter Bezug zur Stelle),
- einer bevorstehenden Heirat,
- einem Kinderwunsch,
- dem Vorliegen einer Schwangerschaft (außer bei Beschäftigungsverboten nach dem Mutterschutzgesetz),
- den Vermögensverhältnissen (außer bei Vertrauenspositionen),
- der Konfessions- oder einer Gewerkschafts- oder Parteizugehörigkeit (außer bei Tendenzbetrieben),
- der Abstammung und Herkunft,
- dem allgemeinen Gesundheitszustand.[89]

---

[88] Vgl. Oechsler, W.A. (2000), S. 247.

[89] Vgl. ebd.

Dem berechtigten Interesse des Bewerbers nach Wahrung der Privat- und Intimsphäre steht das Interesse des Unternehmens gegenüber, einen qualifizierten Mitarbeiter einzustellen. Entsprechend unterliegt der Bewerber einer **Offenbarungspflicht**, d.h. er ist verpflichtet, das Unternehmen über alle Sachverhalte zu unterrichten, die für das Beschäftigungsverhältnis von Bedeutung sind, und ihm alle Informationen zu geben, die ihn für die Stelle möglicherweise ungeeignet machen.

Zwischen der Bedeutung, die den Vorstellungsgesprächen von Unternehmensseite eingeräumt wird, und ihrer Validität besteht eine erhebliche Diskrepanz. Die Ursachen sind in Abb. 25 zusammengefasst.[90]

Ursachen für Validitätsdefizite

- mangelnder Zusammenhang zwischen den Fragen und den Anforderungen der Stelle

- Suggestivfragen, auf die der Bewerber so antwortet, wie der Gesprächspartner es wünscht

- unvollständige Verarbeitung der Informationen, die der Bewerber gibt

- Bewertung der Antworten des Bewerbers wird durch die Einstellungen und Überzeugungen des Gesprächspartners beeinflusst

- Vergleich mit einem „Stereotyp des optimalen Stelleninhabers"

- Dominanz der Eindrücke während der ersten Gesprächsminuten

- Überbewertung von negativen Informationen

- Einfluss emotionaler Aspekte auf das Urteil

- Kontrasteffekte, die z.B. einen mittelmäßigen Bewerber, der auf einen schlechten folgt, besonders gut erscheinen lassen

- Interviewer spricht die meiste Zeit selbst

Abb. 25: Ursachen für Validitätsdefizite bei Vorstellungsgesprächen

Unabhängig von der Art des Interviews haben sich für seinen **Ablauf** bestimmte Vorgehensweisen herausgebildet. Es empfiehlt sich, zunächst allgemeine und dann in immer stärkerem Maße sachliche und fachbezogene Fragen zu stellen. Das Vorstellungsgespräch läuft idealer Weise in **sieben Phasen** ab.[91]

In der **ersten Phase** wird der Kontakt zwischen den Beteiligten hergestellt. Es geht darum, eine entspannte Atmosphäre zu schaffen, Schwellenängste abzubauen und sich auf das Gegenüber einzustellen. Dazu zählen die Vorstellung der Beteiligten, Fragen nach der Anreise, die Zusicherung der Vertraulichkeit und die Beschreibung der weiteren Vorgehensweise. Auch erste Fragen,

---

[90] in Anlehnung an Horsch, J (2000), S. 85.

[91] Vgl. Henze, J., Kammel, A. (2000), S. 322; Horsch, J. (2000), S. 84; Stopp, U. (2004), S. 92.

mit denen nähere Informationen über den Bewerber eingeholt werden sollen, gehören zu dieser Phase. So kann das Interesse an der ausgeschriebenen Stelle dadurch ermittelt werden, dass dem Bewerber Fragen zum Unternehmen gestellt werden, woraus sich dann ergibt, wie sehr er mit ihm und seinen Produkten bzw. Dienstleistungen vertraut ist. Die Antwort lässt auch Schlüsse auf den Grad der Eigeninitiative zu, da sie zeigt, ob sich der Bewerber selbständig über das Unternehmen informiert hat.

In der **zweiten Phase** geht es um den persönlichen, familiären und sozialen Hintergrund des Bewerbers. Mit Fragen nach dem sozialen Umfeld will man z.B. feststellen, ob er in das Unternehmen und die Arbeitsgruppe passt und wie kontaktfähig er ist. Man erhält Informationen über seine Mobilität, Flexibilität und Integrationsfähigkeit. Auch Fragen zur Familie und zum Freizeitverhalten geben hierüber Auskunft und lassen erste Schlüsse zur Persönlichkeit des Bewerbers zu.

Phase drei beschäftigt sich mit dem Bildungsweg des Kandidaten. Dabei geht es um seine Schul- und Hochschulausbildung, um seine berufliche Ausbildung sowie um bisherige Personalentwicklungsmaßnahmen. Es soll herausgefunden werden, inwieweit bestimmte Interessen bereits frühzeitig vorhanden waren und ob der Bewerber seinen Neigungen systematisch gefolgt ist. Bei Bruchstellen im Lebenslauf wird nach den Gründen gefragt und geklärt, ob der Bewerber sich oder andere dafür verantwortlich macht. Außerdem gewinnt man Anhaltspunkte über sein Bildungsengagement.

In **Phase vier** liegt der Schwerpunkt auf der beruflichen Entwicklung und der fachlichen Qualifikation des Bewerbers. Dabei werden die bisherigen Tätigkeitsfelder sowie in den Bewerbungsunterlagen offen gebliebene Fragen thematisiert. Außerdem werden die Gründe für den angestrebten Wechsel analysiert. Weiterhin wird der Frage nachgegangen, ob für die bisherige berufliche Entwicklung eher die Zielstrebigkeit des Bewerbers oder der Zufall ausschlaggebend war. Auch das Verhältnis zu früheren Vorgesetzten, Kollegen und Mitarbeitern ist von Bedeutung. Aus all dem lassen sich Rückschlüsse auf Initiative, Kritikfähigkeit und Selbsteinschätzung des Bewerbers ziehen.

In **Phase fünf** werden dem Bewerber Informationen über das Unternehmen und die zu besetzende Stelle gegeben. Die bisherige Unternehmensentwicklung und die möglichen Perspektiven des Bewerbers werden dargestellt. Er erhält Auskunft darüber, wo die ausgeschriebene Stelle in die Unternehmensstruktur angesiedelt ist. Aufgaben, Kompetenzen und Verantwortungsbereiche werden – eventuell anhand der Stellenbeschreibung – erörtert und Personalentwicklungsmöglichkeiten aufgezeigt. Auf diese Weise kann sich der Bewerber ein Bild von der Unternehmenssituation und der Bedeutung der ausgeschriebenen Stelle sowie von den Karrieremöglichkeiten im Unternehmen machen. Aufgrund dieser Angaben kann er dann beurteilen, ob die vakante Position und die Rahmenbedingungen seinen Vorstellungen entsprechen.

In **Phase sechs** stehen die Vertragsverhandlungen im Vordergrund. Jetzt geht es um die konkrete Ausgestaltung des Arbeitsvertrages, den frühest möglichen Einstellungstermin und Entgeltaspekte. Ein im Gehaltsgefüge zu hoch angesiedeltes Gehalt kann zu Konflikten mit anderen Mitarbeitern führen, da sie, sollte die Entgelthöhe bekannt werden, eine Gehaltserhöhung erwarten oder sich möglicherweise ungerecht behandelt fühlen, was Wechselabsichten nach sich ziehen kann. Andererseits kann ein zu niedriges Gehalt die gleichen Überlegungen beim neuen Mitarbeiter auslösen.

Die **siebte Phase** bildet den Abschluss des Bewerbungsgesprächs. Die Ergebnisse der vorherigen Phasen werden kurz zusammengefasst, außerdem wird ein Entscheidungstermin bzw. Termin für einen weiteren Kontakt festgelegt. Weiterhin sollte man dem Bewerber – unabhängig davon, ob man ihn für geeignet hält oder nicht – für sein Interesse am Unternehmen und der ausgeschriebenen Stelle sowie für sein Kommen danken. Schließlich sind mit jeder Bewerbung Hoffnungen verbunden, zumal jeder Bewerber der Ansicht ist, er komme für die vakante Position in Frage, ansonsten hätte er sich nicht beworben. Eine Ablehnung kann deshalb sehr schnell als persönliche Zurückweisung empfunden werden. Damit sich der Bewerber nicht brüskiert fühlt, sollte eine negative Entscheidung nicht sofort und vor allem nicht vor anderen Personen ausgesprochen werden. Gerade weil mit einer Absage fast immer Enttäuschungen und möglicherweise auch andere negative Gefühle verbunden sind, sollte sie unbedingt sensibel erfolgen. Auch deshalb, damit der Bewerber das Unternehmen als fair und respektvoll in Erinnerung behält.

Häufig finden – insbesondere bei der Auswahl von Führungskräften auf mittlerer und höherer Ebene – ein oder sogar mehrere **weitere Vorstellungsgespräche** statt. Phase sechs entfällt dann im ersten Gesprächsdurchlauf.

Beim zweiten Interview sind in der Regel zusätzliche Führungskräfte des Unternehmens beteiligt, um den bisherigen Eindruck zu verfestigen und abzurunden. Neben noch offenen Fragen auf beiden Seiten, die sich nach dem ersten Gespräch und dessen Auswertung ergeben haben, werden Entgeltverhandlungen und Verhandlungen über weitere Leistungen wie bezahlter Urlaub, Dienstwagen und freiwillige Sozialleistungen geführt. Manchmal werden diese auch auf ein drittes Gespräch verschoben. Bei Führungskräften sind oft detaillierte Verhandlungen nötig, da in der Regel nicht auf tarifvertragliche Bestimmungen zurückgegriffen werden kann. Insofern kommt hier weiteren Gesprächen eine besondere Bedeutung zu. Da diese Verhandlungen meist sehr zeitaufwändig sind, empfiehlt es sich, sie nur mit denjenigen Bewerbern zu führen, die für eine Einstellung in die engere Wahl kommen.

Um die Eindrücke, die man in den Gesprächen vom Bewerber gewonnen hat, festzuhalten, ist es zweckmäßig, einen **Auswertungsbogen** zu verwenden. [92] Denn oft sind die Qualifikationsprofile der eingeladenen Kandidaten in vielen entscheidungsrelevanten Aspekten sehr ähnlich und entsprechen weitgehend den Anforderungen der ausgeschriebenen Stelle. Vor allem wenn mehrere Bewerber in enger zeitlicher Abfolge zu Interviews eingeladen wurden, kann der Überblick schnell verloren gehen.

Ein Beispiel für einen Auswertungsbogen gibt die folgende Abb. 26. Dieser Bogen wird je nach Zielgruppe angepasst und ergänzt, so z.B. fehlen in der obigen Abbildung Kriterien zur Mitarbeiterführung. Wie eingehend die einzelnen Kriterien bewertet werden, hängt von der Art der Stelle ab.

---

[92] Vgl. Jung, H. (2005), S. 163.

Auswertung des Vorstellungsgesprächs mit..am..............						
Kriterien	**Einschätzung der Eignung**				**Bedeutung für die Entscheidung**	
	++	**+**	**-**	**--**		
Fachwissen						
– Wissensbreite						
– Spezialwissen						
– Praxisbezug						
-weitere wesentliche Aspekte:						
Motivation für die Stelle (z.B. Interesse an der Aufgabe, Zielstrebigkeit)						
Kreativität						
Kooperationsfähigkeit						
Kontaktfähigkeit						
Teamfähigkeit						
Äußere Erscheinung						
Auftreten						
Selbständigkeit						
Ausdrucksfähigkeit						
Belastbarkeit						
Dynamik						
Vertrauenswürdigkeit						
Offenheit						

Weitere entscheidungsrelevante Kriterien:	
positiv:	
negativ:	
Entscheidung:	

Abb. 26: Auswertungsbogen zur Beurteilung eines Vorstellungsgesprächs

4.4 Testverfahren

Zur Fundierung der Auswahlentscheidung können Testverfahren herangezogen werden. Darunter versteht man psychologisch-diagnostische Verfahren, die unter standardisierten Bedingungen individuelle Reaktionen der Testpersonen ermitteln.[93] Sie sollen Rückschlüsse auf das spätere Verhalten in der Arbeitssituation ermöglichen. In Deutschland sind sie recht selten anzutreffen, während sie im angelsächsischen Raum häufig angewandt werden. Man unterscheidet

- Leistungstests,
- Intelligenztests und
- Persönlichkeitstests.

Ein Test muss drei **Anforderungen** genügen:[94]

- Die Testpersonen müssen ihr typisches Verhalten zeigen können.
- Der Test muss geeicht, erprobt und zuverlässig sein.
- Die Ergebnisse müssen für das künftige Verhalten der Kandidaten Gültigkeit haben.

---

[93] Vgl. Bröckermann, R. (2003), S. 119; Berthel, J., Becker, F.G. (2003), S. 174.

[94] Vgl. Olfert, K. (2005), S. 150.

Außerdem sind die in Kapitel 4.1 genannten **methodischen Gütekriterien** zu beachten.

Des Weiteren müssen die Verfahren die Kriterien **Standardisierung** und **Normierung** erfüllen. Unter Standardisierung versteht man, dass jede Testperson die gleichen Bedingungen für die Erfüllung gleicher Aufgaben antreffen muss. Nur so können die Ergebnisse verschiedener Personen miteinander verglichen werden. Wenn ein Test normiert ist, ermöglicht dies quantitative Aussagen über das individuelle Leistungsniveau eines Kandidaten, indem seine relative Position auf einer Skala der ermittelten Testergebnisse angegeben wird.

Leistungstests messen entweder allgemeine Voraussetzungen für eine Tätigkeit, etwa Konzentrationsfähigkeit und Belastbarkeit, oder sie stellen auf spezielle, stellenspezifische Qualifikationsmerkmale ab. Sie eignen sich insbesondere für einfache Tätigkeiten und untersuchen meist das Verhalten in einer arbeitsähnlichen Situation. So werden z.B. sensorische oder motorische Funktionen und Rechtschreib- oder Rechenkenntnisse überprüft. Spezielle Begabungstests ermitteln z.B. die Fingerfertigkeit und Geschicklichkeit. Aufgrund ihrer begrenzten Aussagekraft werden in der Regel mehrere Tests hintereinander in sog. **Testbatterien** durchgeführt. Bekannte Verfahren sind der Aufmerksamkeits-Belastungstest (d2), der Konzentrations-Verlaufs-Test (KVT), der Konzentrations-Leistungs-Test (KLT), der Pauli-Test (PT), der Mechanisch-Technische-Verständnis-Test (MTVT) und der Allgemeine Büro-Arbeitstest (ABAT).[95]

Intelligenztests beziehen sich auf kognitive Aspekte wie räumliches Vorstellungsvermögen, sprachliches Denkvermögen, Kombinationsfähigkeit, Vorstellungsfähigkeit und Abstraktionsvermögen. Schwierigkeiten tauchen allerdings schon bei der Frage auf, was überhaupt unter Intelligenz zu verstehen ist. Die Tests bestehen in der Regel aus eine Vielzahl ähnlicher Aufgaben, die mittels weniger kognitiver Operationen unter Zeitdruck zu lösen sind. Wissenschaftliche Untersuchungen kommen allerdings zu dem Ergebnis, dass zwischen der Intelligenz, die in diesen Tests ermittelt wird, und dem Berufserfolg kaum ein Zusammenhang besteht. Jemand, der unter Zeitdruck besonders gut Gemeinsamkeiten zwischen Begriffen erkennen oder Zahlen addieren kann, muss deshalb noch keine gute Führungskraft sein. Zu den bekanntesten in Deutschland verwendeten Intelligenztests zählen der Hamburg-Wechsler-Intelligenztest für Erwachsene (HAWIE) und der Intelligenzstrukturtest nach Amthauer.[96]

Persönlichkeitstests erfassen situationsunabhängige Grundtendenzen der Persönlichkeit einer Testperson. Sie beziehen sich auf Interessen, Einstellungen und Wahrnehmungen, die im Beruf förderlich oder hinderlich sein können. Man unterscheidet psychometrische und projektive Tests. Erstere zielen auf die quantitative Erfassung psychischer Merkmale ab, letztere versuchen die gesamte Persönlichkeit der Testperson indirekt zu erfassen. Sie muss z.B. angefangene Geschichten zu Ende erzählen, verschwommene Bilder deuten oder Farben zusammenstellen. Man geht davon aus, dass sie dabei ihre Ideen, Phantasien und Vorstellungen in diese Geschichten, Bilder und Farbkombinationen überträgt. Projektive Verfahren wurden für die klinische Psychologie konstruiert und sollten deshalb ausschließlich von Fachleuten durchgeführt werden. Ihre Übertragbarkeit auf Unternehmenssituationen ist allerdings zweifelhaft. Am bekanntesten sind der Rorschach-Test und der Lüscher-Farbtest. Psychometrische Tests versuchen, mithilfe von Fragebögen bestimmte Teilaspekte der Persönlichkeit des Bewerbers zu ermitteln. Diejenigen Merkmale,

---

[95] Vgl. Lorenz, M. (1998), S. 113.

[96] Vgl. Bröckermann, R. (2003), S. 120.

die analysiert werden sollen, werden zuvor festgelegt. Der bekannteste Test ist der 16-Persönlichkeitsfaktoren-Test (16-PF-Test).[97]

Da die Testverfahren zum Teil in die Intimsphäre des Bewerbers eindringen und seine Persönlichkeitsrechte verletzen können, dürfen sie nur mit dessen ausdrücklicher Genehmigung angewandt werden. Der Teilnehmer muss darüber hinaus über Inhalt und Reichweite des Tests informiert werden, außerdem muss die Relevanz der erhaltenen Informationen hinsichtlich der Stellenanforderungen nachgewiesen sein.

Diese Kriterien sind in der **DIN-Norm 33430** zur Eignungsdiagnostik von Juni 2002 festgelegt. Sie bestimmt auch, dass Testverfahren bei der Personalauswahl nur dann eingesetzt werden dürfen, wenn alle Informationen wahrheitsgemäß und belegbar sind. Des Weiteren müssen alle Unterlagen und Ergebnisse streng vertraulich behandelt und bei abgelehnten Bewerbern vernichtet werden, außerdem sollte sich das berufliche Profil der Tester an dem von Psychologen orientieren. Die Testverfahren und ihr Einsatz sollten zertifiziert werden.[98] Ob und inwieweit sich diese Norm bei der Personalauswahl durchsetzt, ist noch offen. Es könnte sein, dass sie zu umfangreich und kompliziert ist, um in der Praxis Bedeutung zu erlangen. Darauf weist auch ihr geringer bisheriger Bekanntheitsgrad hin. Dennoch sollten Testverfahren nur von geschultem Personal durchgeführt werden.

In der Praxis werden bisweilen Verfahren angewandt, die in der Forschung als überholt gelten. Zudem werden immer wieder Verfahren eingesetzt, die von Laien mit ungenügenden psychologischen Kenntnissen entwickelt wurden und deren Aussagefähigkeit fragwürdig ist.

4.5 Assessment Center

4.5.1 Begriff und wesentliche Kennzeichen

Beim Assessment Center (AC) handelt es sich nicht um ein völlig neues Instrument der Personalauswahl, sondern um eine Zusammenfassung und Weiterentwicklung bereits seit langem bekannter und oft bewährter Verfahren. Diese Vielfalt soll möglichst genaue Erkenntnisse über den Bewerber ermöglichen. Praktiker schätzen die Selektionsqualität des AC besonders hoch ein, wissenschaftliche Analysen bestätigen diesen Eindruck.[99]

Unter einem Assessment Center versteht man ein systematisches und geplantes Verfahren zur qualifizierten Erfassung von Verhaltensleistungen und Verhaltensdefiziten durch einen Vergleich mit zuvor definierten Anforderungen. Die Erfassung fachlicher Kompetenzen tritt dabei in den Hintergrund.

In der Praxis werden Assessment Center auch als Auswahl-, Potenzial- oder Beurteilungsseminar bezeichnet. Entgegen anderer Einschätzungen werden sie nicht nur zur Auswahl von Fach- und

---

[97] Vgl. Berthel, J., Becker, F.G. (2003), S. 176 f.

[98] Vgl. Bröckermann, R. (2003), S. 121.

[99] Vgl. Klimecki, R.G., Gmür, M. (2001), S. 247 f.

Führungskräften eingesetzt, sondern können auf allen Hierarchieebenen verwandt werden.[100] Etliche Großunternehmen setzen sie sogar zur Auswahl ihrer Auszubildenden ein. Daran wird deutlich, dass Assessment Center wie erwähnt in erster Linie zur Erfassung von Verhaltensmerkmalen, die für ein Tätigkeitsfeld von Bedeutung sind, und nicht zur Beurteilung der Fachkompetenz abgehalten werden.

Um Fehlerquellen zu eliminieren, wie sie in Einzeltests auftreten können, werden verschiedene Verfahren hintereinander angewandt. Der Schwerpunkt liegt dabei auf situativen und Simulationsübungen, die reale Vorgänge abbilden sollen. Assessment Center können für einzelne Stellen, für Tätigkeitsfelder oder für Zielgruppen konzipiert werden. Es gibt eine Vielzahl von erprobten Einzelübungen, die je nach Zweck des Assessment Centers unterschiedlich kombiniert werden können.

Aus Kostengründen verwendet man selten Assessment Center, die auf eine bestimmte Stelle, beispielsweise den Leiter der Personalentwicklung, zugeschnitten sind. Stattdessen werden meist Übungen zusammengestellt, die sich an bestimmten Tätigkeitsfeldern wie etwa dem Vertrieb orientieren. AC werden auch konzipiert, um bestimmte Zielgruppen wie z.B. Führungsnachwuchs auszusuchen. Dabei wird unterstellt, dass es Verhaltensanforderungen gibt, die für die gesamte Zielgruppe relevant sind.

Assessment Center haben in der Regel mehrere Teilnehmer **(Probanden)**, üblicherweise sechs bis zwölf. Die meist drei bis sechs **Beobachter** werden Assessoren genannt. Der Einsatz eines kompetenten **Moderators** unterstützt den reibungslosen Ablauf des AC. Diese Aufgabe wurde früher meist von externen Psychologen wahrgenommen. In der Praxis hat sich jedoch gezeigt, dass ein geschulter Mitarbeiter – in der Regel aus der Personalabteilung – denselben Zweck erfüllt.

Bei der Auswahl von Führungskräften werden häufig **Einzel-Assessment-Center** mit nur einem Probanden durchgeführt. Damit soll dem Umstand Rechnung getragen werden, dass es dieser Bewerbergruppe nicht zuzumuten ist, sich mit Kollegen, die sie eventuell sogar kennen, in einem gemeinsamen Auswahlverfahren zusammenzufinden. Besonders mögliche Indiskretionen seitens der Kandidaten werden gefürchtet. Sie könnten dazu führen, dass die Vertraulichkeit der Bewerbung nicht gewahrt bleibt oder Verhaltensdefizite anderer Teilnehmer öffentlich bekannt werden. Mit dem Einzel-Assessment-Center können allerdings keine gruppenspezifischen Verhaltensweisen, wie z.B. Teamfähigkeit, überprüft werden.

Neben der externen und internen Bewerberauswahl werden Assessment Center auch bei der Personalentwicklung eingesetzt, um so Erkenntnisse über die Notwendigkeit von Entwicklungsmaßnahmen und über Potenziale der Mitarbeiter zu gewinnen.

Während früher eine Dauer von drei bis fünf Tagen in Großunternehmen üblich war, werden Assessment Center heute insbesondere aus Kostengründen meistens auf ein bis zwei Tage begrenzt.

Assessment Center zeichnen sich durch diese **Merkmale** aus:

---

[100] Vgl. Jung, H. (2005), S, 169; Horsch, J. (2000), S. 93.

- **Methodenvielfalt**: Mehrere Verfahren der Eignungsdiagnostik werden miteinander verbunden, um möglichst viele Informationen über das tätigkeitsfeldbezogene Verhalten des Bewerbers zu gewinnen.

- **Mehrfachbeurteilung**: Jeder Proband wird mindestens einmal von jedem Assessor beobachtet und beurteilt. So soll Fehlern, die durch das subjektive Urteil Einzelner entstehen können, entgegengewirkt werden.

- **Trennung von Beobachtung und Beurteilung**: Damit soll vermieden werden, dass ein Beobachter bereits während einer Übung darüber nachdenkt, wie das Verhalten eines Teilnehmers zu bewerten ist. Er könnte dadurch weitere bedeutsame Verhaltensaspekte verpassen, was zu einem unvollständigen und ungenauen Urteil führen würde. Die Assessoren werden deshalb dazu angehalten, zunächst nur zu beobachten und sich erst anschließend Gedanken über die Bedeutung des Verhaltens und dessen Bewertung zu machen. Die abschließende gemeinsame Beurteilung erfolgt dann anlässlich einer Beobachterkonferenz.

- **Verhaltensorientierung**: Die Übungen im AC sollen die Verhaltensweisen und -defizite der Teilnehmer ermitteln. Fachspezifische Kenntnisse sind allenfalls am Rande von Interesse. Da also das Verhalten beobachtet werden soll, dürfen auch nur diejenigen Verhaltensmerkmale in das Assessment Center einbezogen werden, die tatsächlich beobachtbar sind. Dazu werden die tätigkeitsfeldspezifischen Verhaltensanforderungen in beobachtbare Kriterien übersetzt. Das Merkmal Ausdrucksfähigkeit kann z.B. durch folgende Kriterien präzisiert werden: „Der Proband formuliert flüssig", „er benutzt plastische Vergleiche", „er benutzt optische Hilfsmittel", „er passt sich der Situation im Ausdruck an", „andere übernehmen seine Ideen".[101]

- **Anforderungsbezogenheit**: Die Übungen werden in Art und Anzahl auf das Anforderungsprofil abgestimmt, d.h. sie werden entsprechend den Anforderungen ausgesucht und kombiniert. Aspekte, die für eine Stelle von besonderer Bedeutung sind, werden mehrmals anhand verschiedener Übungen überprüft. Weniger bedeutsames Verhalten wird lediglich mithilfe von ein oder zwei Übungen ermittelt. Eine Verdichtung der Anforderungsmerkmale auf die wesentlichen Verhaltensweisen ist sinnvoll, da für die Übungen nur eine begrenzte Zeit zur Verfügung steht und die menschliche Beobachtungskapazität begrenzt ist.

- **Trainierte Assessoren**: In der Regel werden die Teilnehmer eines Assessment Centers von Führungskräften des Unternehmens beobachtet und beurteilt. Bisweilen werden externe und weitere interne Beobachter, z.B. Psychologen, hinzugezogen. Um Fehler bei der Beobachtung und der Beurteilung zu vermeiden, ist eine systematische Schulung der Assessoren erforderlich. Dazu gehört, dass sie den Ablauf, die Ziele und die Beobachtungsdimensionen des Auswahlverfahrens kennen und sich mit den Übungen vertraut machen. Ferner muss ihnen klar sein, was in den einzelnen Übungen beobachtet werden soll und worauf sie nicht achten sollen. Die strikte Trennung von Beobachtung und Be-

---

[101] Vgl. Jeserich, W. (1991), S. 171.

urteilung muss ebenfalls trainiert werden. Die Assessoren können Beobachtungs- und Beurteilungsfehler nur dann vermeiden, wenn ihnen diese bewusst sind.

- **Ausführliche Information zu Beginn**: Die Teilnehmer werden zu Beginn ausführlich über den Ablauf und die Inhalte des Assessment Centers unterrichtet. Sie werden über den Zweck des AC und darüber, welche Verhaltensweisen beobachtet werden sollen, informiert. Dabei geht es nicht um jede einzelne Übung, sondern sie erhalten vielmehr einen Überblick. Weiterhin werden die Beobachter vorgestellt, außerdem werden die Teilnehmer darüber in Kenntnis gesetzt, wie die Ergebnisse des AC verwendet werden.

- **Feedback**: Zu einem professionell durchgeführten Assessment Center gehört auch, dass den Bewerbern anschließend mitgeteilt wird, wie sie eingeschätzt wurden. Dabei wird ihnen anhand der Übungen und der jeweiligen Anforderungen von einem Assessor oder vom Moderator erläutert, worauf die Beurteilung basiert. Eine solche inhaltliche Begründung ist für die Bewerber besser nachvollziehbar und kann damit leichter akzeptiert werden als eine Pauschalbeurteilung.

Vor allem bei internen Auswahlverfahren bedarf es einer sehr sorgfältigen Vorgehensweise, da sich die Bewerber, die durch die einzelnen Auswahlphasen gegangen sind, im Blickfeld ihrer Vorgesetzten und Kollegen befinden. Auch wenn sie nicht für die vakante Stelle in Betracht kommen, sollen sie auch weiterhin geschätzte Mitarbeiter bleiben. Nur durch eine faire Auseinandersetzung mit dem Ergebnis des Assessment Centers wird erreicht, dass der Mitarbeiter motiviert bleibt und seine Aufgaben weiterhin gut erfüllt.

4.5.2 Geschichtliche Entwicklung

Assessment Center wurden zuerst vom Militär und im geheim- und nachrichtendienstlichen Bereich eingesetzt. Danach wurde die Idee von US-Unternehmen aufgegriffen. Erst Jahre später wurde dieses Verfahren im privatwirtschaftlichen und öffentlichen Bereich in anderen Ländern angewandt.

Bereits Anfang des 17. Jahrhunderts gab es in der englischen Marine bei der Auswahl der Offiziersanwärter eignungsdiagnostische Verfahren. Nach dem Ersten Weltkrieg wurden in Deutschland verschiedene psychologische Testverfahren kombiniert und unter der Bezeichnung „Heerespsychotechnik" bei der Auswahl von Kraftfahrern, Piloten und Funkern eingesetzt, ab 1927 auch bei Offiziersanwärtern. In der NS-Zeit fand die Auswahl der Offiziere nicht mehr allein anhand von objektiven Kriterien, sondern auch im Hinblick auf politische und parteiliche Kriterien statt. Das Verfahren wurde deshalb in Deutschland aufgegeben.

Im Zweiten Weltkrieg wurden Assessment Center verstärkt in der britischen Armee und im Commonwealth eingesetzt. Seit 1957 kommt es auch bei der Bundeswehr wieder als Auswahlinstrument für Offiziersanwärter zur Anwendung. In den USA wurden Assessment Center zuerst vom Geheimdienst bei der Auswahl von Agenten eingesetzt. Nach den positiven Erfahrungen des Geheimdienstes übernahm die US-Armee 1943 das Verfahren.

Schließlich griff Henry H. Murray von der Harvard University die Idee auf und entwickelte die Konzeption weiter. Er gilt als Vater des Assessment Centers in seiner heutigen Form und prägte auch den Begriff. Als erstes privatwirtschaftliches Unternehmen setzte der Telefonkonzern AT&T Assessment Center 1956 bei der Personalauswahl ein. Im Anschluss an eine empirische

Studie wurde es bereits kurze Zeit später zum Standardverfahren. Seit etwa 1970 setzen amerikanische Unternehmen Assessment Center routinemäßig ein.

Über Tochtergesellschaften amerikanischer Konzerne fand das AC auch in anderen Ländern eine anfangs noch langsame, dann allerdings immer raschere Verbreitung. Heute hat es sich als gängiges Verfahren etabliert.

4.5.3 Wichtige Übungen

Die im Assessment Center eingesetzten **Übungen** lassen sich entsprechend Abb. 27 in mehrere Hauptgruppen unterteilen.

Typische Assessment Center-Übungen	
Gruppe	Beispiele
• Einzelkämpferaufgabe	• Postkorbübung
• Jeder gegen jeden	• (Führerlose) Gruppendiskussion
• Einer gegen den anderen	• Rollenspiele
• Einer gegen alle	• Präsentationen
• Alle miteinander	• Konstruktionsübungen
• Weitere gebräuchliche Übungen	• Fallstudien, Planspiele, Selbsteinschätzungen, Interviews

Abb. 27: Typische Assessment Center-Übungen[102]

Bei einer **Postkorbübung** müssen die Teilnehmer unter Zeitdruck eine große Zahl von Informationen bearbeiten. In der Regel handelt es sich um die Eingangspost einer Führungskraft. Die Post ist nicht etwa zeitlich und inhaltlich logisch geordnet oder vorsortiert, sondern durcheinander geraten. Von der erforderlichen Unterschrift für eine strategische Entscheidung über interne Notizen, Kundenbeschwerden, Sitzungstermine, private Mitteilungen bis zum Reklamezettel ist alles zu finden. Die Übung soll über das Entscheidungsverhalten des Probanden Aufschluss geben. Man will z.B. feststellen, ob er in der Lage ist, Wichtiges von Unwichtigem zu trennen, ob er auch unter Stress planmäßig vorgeht und Aufgaben sinnvoll delegiert.

Bei **Gruppendiskussionen** geht es darum, Informationen über die soziale Kompetenz der Teilnehmer zu erhalten. Im Mittelpunkt stehen die Beurteilungskriterien Kontakt-, Kooperations- und Durchsetzungsfähigkeit, es lassen sich aber auch sprachliches Ausdrucksvermögen, Ausdauer, Engagement und Zielorientierung beobachten. Bei einer führerlosen Gruppendiskussion sind alle Teilnehmer gleichberechtigt. Im anderen Fall wird ein Diskussionsleiter bestimmt, der den Verlauf des Gesprächs steuert. Eine Abwandlung, die selbst wiederum eine Gruppendiskussion ist, besteht darin, den Diskussionsleiter durch die Gruppe festlegen zu lassen. Die Themen werden meist vom Unternehmen vorgegeben. Es gibt aber auch Gruppendiskussionen, bei denen die Teilnehmer das Thema anhand eines Katalogs oder völlig frei wählen.

---

[102] in Anlehnung an Jung, H. (2005), S. 170.

In **Rollenspielen** stellt jeder Beteiligte eine unterschiedliche Person mit individuellem Verhalten dar. Die Teilnehmer erhalten dazu in der Regel schriftliche Vorgaben. Üblich sind Verkaufsgespräche oder Situationen, aus denen Rückschlüsse auf das Führungsverhalten gezogen werden können. So wird beispielsweise ein Mitarbeitergespräch simuliert, in dem ein Teilnehmer einen renitenten, faulen Arbeitnehmer und ein anderer eine Führungskraft spielt.

Mitunter wird der Mitarbeiterpart von einem der Beobachter oder einem anderen Mitarbeiter des Unternehmens übernommen. Die Teilnehmer schlüpfen dann alle in die Rolle des Vorgesetzten. Da nun jeder Proband die gleiche Rolle einnimmt und das gleiche Gegenüber hat, ist das Führungsverhalten besser vergleichbar. Zu den wesentlichen Beurteilungskriterien bei Rollenspielen gehören die Fähigkeit, sachlich zu bleiben, sowie Stresstoleranz, Sensibilität, Problemanalyse und Verantwortungsbewusstsein.

Bei einer **Präsentation** bereitet der Teilnehmer ein bestimmtes Thema – oft anhand vorgegebener Materialien – systematisch auf und trägt es anschließend vor. Sowohl die Vorbereitung als auch der Vortrag sind zeitlich begrenzt. Beurteilt werden mündlicher Ausdruck, Problemlösungsfähigkeit, Präsentationstechnik, Belastbarkeit und Überzeugungskraft. Bei der Themenwahl können auch fachliche Aspekte berücksichtigt werden.

Von **Konstruktionsübungen** spricht man, wenn eine Gruppe eine Aufgabe wie die Konstruktion eines Bauwerks mit begrenzten Ressourcen erhält oder ein logisches Problem lösen muss. Ähnlich wie beim Rollenspiel und bei der Gruppendiskussion steht auch hier das Sozialverhalten der Teilnehmer im Vordergrund. Allerdings kann die Aufgabe nur durch eine gemeinsame Anstrengung gelöst werden, weshalb sich die Beobachtungen auf die Teamfähigkeit der Teilnehmer konzentrieren.

Bei **Fallstudien und Planspielen** erhalten die Teilnehmer Unterlagen zu einem praktischen und meist komplexen Problem. Es handelt sich um längere, in der Regel mehrstündige Übungen, die häufig als Grundlage für anschließende Präsentationen dienen. Dabei geht es in erster Linie um die Beurteilung der Analyse- und Problemlösungsfähigkeit sowie des Sozialverhaltens und der Teamfähigkeit der Probanden. Manchmal werden die Übungen so konzipiert, dass zur Bearbeitung auch **fachspezifische Kenntnisse** erforderlich sind. Bei den Fallstudien und Planspielen werden oft Computer eingesetzt. Die Simulationen beziehen sich dann häufig auf mehrere Perioden.

Bei **Selbsteinschätzungen** erhalten die Teilnehmer ein Polaritätsprofil mit Eigenschaftspaaren wie zurückhaltend/initiativ, besonnen/risikobereit oder praxis-/theorieorientiert. Aufgrund ihrer Selbsteinschätzung will man feststellen, ob sie ein realistisches Selbstbild haben und ob dieses mit der Einschätzung der Assessoren übereinstimmt.

Mithilfe von **Interviews** sollen z.B. die Erwartungen der Bewerber ermittelt werden. Des Weiteren erhält man Auskunft über die Wertvorstellungen, persönlichen Interessen und sozialen Einstellungen, auch fachliche Informationen können abgefragt werden. Die Interviews werden insbesondere eingesetzt, wenn das Vorstellungsgespräch erst nach dem Assessment Center stattfindet.

Abb. 28 zeigt Beispiele für beobachtbare Anforderungskriterien. Sie macht deutlich, dass mit jeder Übung mehrere Verhaltensweisen überprüft werden können.

Beispiele für beobachtbare Anforderungskriterien	
Art der Übung	z.B. geeignet für folgende Anforderungskriterien
Gruppendiskussion	• Teamfähigkeit • Überzeugungsfähigkeit • Belastbarkeit • Zielstrebigkeit • Durchsetzungsfähigkeit
Postkorbübung	• Delegationsfähigkeit • Organisationsfähigkeit • Belastbarkeit • Entscheidungsfähigkeit • Analysefähigkeit
Präsentation	• Ausdrucksfähigkeit • Überzeugungsfähigkeit • Belastbarkeit • Organisationsfähigkeit • Kreativität
Rollenspiel	• Durchsetzungsfähigkeit • Konfliktfähigkeit • Kooperationsfähigkeit • Überzeugungsfähigkeit • Fähigkeit, Ziele zu setzen • Belastbarkeit
Fallstudien	• Entscheidungsfähigkeit • Analysefähigkeit • Problemlösungsfähigkeit • Kreativität • Organisationsfähigkeit

Abb. 28: Beobachtbare Anforderungskriterien[103]

4.5.4 Ablauf eines Assessment Centers

Was den Ablauf des Assessment Centers anbelangt, hat sich die Vorgehensweise bewährt, die Jeserich bereits 1981 vorgeschlagen hat. Er unterscheidet die drei Abschnitte Vorbereitung, Durchführung sowie Abschluss und Feedback und gliedert sie in insgesamt fünfzehn Schritte. Einen Überblick gibt Abb. 29.

Der letzte Punkt des Ablaufs entfällt, wenn es sich um externe Bewerber handelt, die nicht für die freie Stelle ausgewählt wurden.

---

[103] in Anlehnung an Horsch, J. (2000), S. 100.

Ablauf eines Assessment Centers		
Vorbereitung	Durchführung	Abschluss und Feedback
1 Festlegen der Ziele und der Zielgruppen	**6** Training der Beobachter	**11** Abstimmung der Auswertungen
2 Beobachterauswahl	**7** Empfang der Teilnehmer, Erläuterung des Ziels und des Ablaufs des AC	**12** Anfertigen der Gutachten und ggf. Empfehlung von Fördermaßnahmen
3 Definition des Anforderungsprofils ggf. unter Einbezug der Beobachter	**8** Bearbeiten der Übungen und Unterlagen durch die Teilnehmer	**13** Endabstimmung, Endauswahl
4 Zusammenstellung der Übungen entsprechend der Anforderungen	**9** Beobachtung von Verhalten und Leistungen der Probanden durch die Assessoren	**14** Information der Teilnehmer über die Ergebnisse
5 Information der Teilnehmer und organisatorische Vorbereitung	**10** Auswerten der Beobachtungen	**15** ggf. Vereinbaren von Förder- und Entwicklungsmaßnahmen (nach internem AC)

Abb. 29: Ablauf eines Assessment Centers[104]

4.5.5 Kritische Würdigung des Assessment Centers

Das Assessment Center wird in der Literatur sehr kontrovers diskutiert und genauso oft in den Himmel gelobt wie verteufelt. Als bedeutendste **Vorteile** gelten:

- Das AC verwendet eine Vielzahl verschiedenster Übungen, um das Verhalten der Teilnehmer in seinen vielfältigen Facetten zu erfassen.
- Diese Tests orientieren sich an realitätsnahen, tätigkeitsspezifischen Situationen.

---

[104] Vgl. Jeserich, W. (1981), S. 35.

- Die Objektivität wird im Vergleich zu anderen Verfahren dadurch verbessert, dass es mehrere Beobachter gibt und dass jeder Proband von jedem Assessor mindestens einmal beobachtet wird.
- Die Trennung von Beobachtung und Beurteilung führt dazu, dass die Beobachter sich auf die Verhaltensweisen der Bewerber konzentrieren und nicht abgelenkt werden. Durch eine Urteilsfindung im Anschluss an jede Übung wird die Aussagekraft des Verfahrens erhöht.[105]
- Im abschließenden gemeinsamen Beurteilungsgespräch reflektieren die Assessoren ihre Beobachtungen und kommen so zu einer besseren Einschätzung der Teilnehmer.
- Da die Gesamtbewertung aufgrund mehrerer Urteile erfolgt, werden extreme Meinungen abgemildert.
- Der direkte Vergleich der Bewerber erleichtert die Auswahlentscheidung.
- Das ausführliche Feedback erhöht die Akzeptanz der Auswahlentscheidung bei den Teilnehmern.

Als **Nachteile** sind zu nennen:

- Der zeitliche und finanzielle Aufwand für Vorbereitung, Durchführung und Abschluss des Verfahrens ist erheblich.
- Die Einzelübungen haben meist keinen Bezug zueinander und sind zu wenig am Kontext des Unternehmens ausgerichtet. Deshalb können bei den Teilnehmern keine Handlungsstrategien, sondern nur kurzfristige Reaktionen beobachtet werden.
- Zur prognostischen Validität existieren unterschiedliche Untersuchungen mit zum Teil widersprüchlichen Ergebnissen.
- Es besteht die Gefahr, dass ein bestimmter Typus von Bewerber, der sich gut „verkaufen" kann, besonders positiv beurteilt wird, obwohl eine gute Selbstdarstellung nicht zu den Stellenanforderungen gehört.
- Situationsbedingte Stressreaktionen werden möglicherweise überbewertet und verzerren das Ergebnis.
- Bei der Urteilsfindung kann das Ergebnis durch Gruppendruck, dem sich einzelne Beobachter nicht entziehen können, beeinflusst werden.
- Bewerber, die bereits mehrere Assessment Center durchlaufen oder sich gut vorbereitet haben, können die Übungen durchschauen und sich dann so verhalten, wie es von ihnen erwartet wird.
- Die Beobachtungen sind nur eine Momentaufnahme. Die Lernfähigkeit der Teilnehmer und die Entwicklung neuer Verhaltensweisen bleiben unberücksichtigt.
- Die weite Verbreitung des Assessment Centers legt die Vermutung nahe, dass nicht alle Assessment Center von Experten entwickelt bzw. dem jeweiligen Unternehmen angepasst wurden. Die Qualität dieser Laiendiagnostik ist fragwürdig.

Manche Vorwürfe lassen sich leicht entkräften. So etwa die dem Assessment Center unterstellte Möglichkeit der „Schauspielerei" der Teilnehmer, die man auch als geschicktes und flexibles Verhalten auslegen kann. Denn ein Bewerber, der begreift, welche Verhaltensweise von ihm gefor-

---

[105] Vgl. Siquans, A. (2005), S. 74.

dert wird und sich dementsprechend verhält, schauspielert nicht, sondern beweist eine schnelle Auffassungsgabe sowie Einfühlungsvermögen, das er später im Beruf einbringen kann. Gegen den Vorwurf, gut vorbereitete Teilnehmer würden besser abschneiden, lässt sich einwenden, dass eine gute Vorbereitung nicht nur in der speziellen Situation des Assessment Centers, sondern auch im beruflichen Alltag von Vorteil ist.

Das so genannte **dynamische Assessment Center** begegnet einigen Schwächen des Verfahrens, indem es ein umfangreiches Unternehmensplanspiel integriert. Die Probanden arbeiten dabei oft mehrere Tage gemeinsam an einer komplexen Aufgabe, z.B. der Steuerung eines Unternehmens in unterschiedlichen Wachstumsphasen. Klassische AC-Übungen wie Mitarbeitergespräch und Präsentation werden in das Planspiel eingebunden, wodurch das Assessment Center lebendiger und realitätsnaher wird. Neben Verhaltenskomponenten können auch fachliche Aspekte berücksichtigt werden, die beim klassischen AC meist außen vor bleiben. Außerdem kann man im dynamischen Assessment Center Kriterien feststellen, die in der Regel erst nach einer längeren Beobachtungszeit für den Assessor transparent werden, wie z.B. durchgängige Handlungsstrategien oder Verhaltensflexibilität.

4.6 Ergänzende Auswahlverfahren

Ein weiteres, allerdings nicht so häufig genutztes Auswahlinstrument ist die **Arbeitsprobe**. Sie bietet einen unmittelbaren Einblick in die Leistung eines Bewerbers. Die Veröffentlichungen eines Journalisten zählen ebenso hierzu wie die Bildermappe eines Fotografen, die Kunstwerke eines Bildhauers oder die Konzepte eines Werbefachmanns. Im künstlerischen Bereich, in der Werbebranche und generell bei kreativen Aufgaben ist eine Vorlage üblich. Ansonsten sind Arbeitsproben wenig verbreitet.

Auch **Probearbeitstage** werden relativ selten vereinbart, lediglich im handwerklichen Bereich sind sie üblich. Der Bewerber arbeitet einige Zeit im Unternehmen, erst danach entscheiden die Beteiligten, ob es zum Abschluss eines Arbeitsvertrages kommt. Das Unternehmen erhält während der Probearbeitstage Einblicke in das Arbeitsverhalten des Bewerbers in der stellenspezifischen Situation, und der Bewerber kann feststellen, ob er die auf ihn zukommenden Aufgaben meistern kann. Auch vor der Einstellung von Auszubildenden werden – vor allem in mittelständischen Unternehmen – oft Probearbeitstage vereinbart. In dieser Zeit können das Unternehmen und der Jugendliche feststellen, ob eine grundlegende Eignung und Interesse für den Ausbildungsberuf vorhanden sind.

Letztlich ist auch die **Probezeit** eine Art Arbeitsprobe, wobei der Mitarbeiter hier allerdings bereits eingestellt worden ist.

Eine Bestätigung, dass der Bewerber nicht nur fachlich und aufgrund seines Verhaltens, sondern auch gesundheitlich den Stellenanforderungen gewachsen ist, stellt die **ärztliche Eignungsuntersuchung** dar. Deshalb bildet sie in vielen Fällen den Abschluss des Auswahlverfahrens. Bei Jugendlichen unter 18 Jahren ist nach dem Jugendarbeitsschutzgesetz eine solche „Tauglichkeitsbescheinigung" gesetzlich vorgeschrieben. Sie muss vor Ablauf des ersten Beschäftigungsjahres wiederholt werden.

Eine ärztliche Eignungsuntersuchung setzt genaue Kenntnisse des Arztes über die Anforderungen der Arbeitssituation voraus, z.B. Anforderungen an die Sinnesorgane, Schwindelfreiheit, Lärmbelästigung etc. Auch bei Tätigkeiten im Ausland sind solche Untersuchungen angebracht, wenn es sich um Länder mit extremen klimatischen Bedingungen handelt.

4.7 Entscheidung und Abschluss des Arbeitsvertrags

Mit der Entscheidung für einen Bewerber ist der Auswahlprozess abgeschlossen. Kandidaten, die nicht berücksichtigt wurden, erhalten zusammen mit einem **Absageschreiben** ihre Unterlagen zurück. Bei der Formulierung des Absagetextes muss man bedenken, dass jeder Bewerber der Auffassung war, für die ausgeschriebene Stelle geeignet zu sein. Dies dem Unternehmen mitzuteilen und sich einem Auswahlprozess zu stellen, ist immer ein mutiger und bedeutsamer Schritt. Entsprechend persönlich, höflich und ermunternd sollte das Absageschreiben formuliert sein. Unfreundliche und möglicherweise noch nicht einmal unterschriebene Standardbriefe wirken abschreckend. Die Bewerber werden in ihrem Umfeld über die Erfahrungen bei der Bewerberauswahl berichten. Sie selbst und andere potenzielle Bewerber werden eine (weitere) Bewerbung eventuell davon abhängig machen, wie mit abgelehnten Kandidaten umgegangen wurde. Das Unternehmen schadet sich also, wenn es bei der Absage nicht sorgfältig vorgeht. Unter dem Aspekt des Personalmarketings ist ein Absagebrief so etwas wie Visitenkarte.[106]

Manchmal kommt es vor, dass **Bewerbungsunterlagen** nicht zurückgesandt oder weggeworfen werden. Sie bleiben jedoch das Eigentum des Bewerbers, der sie dem Unternehmen lediglich bis zur Entscheidung über die Stellenbesetzung zur Verfügung stellt. Die Bewerbungsunterlagen müssen also zurückgegeben werden. Man kann den Bewerber jedoch bitten, seine Unterlagen für mögliche spätere Stellenbesetzungen weiterhin zur Verfügung zu stellen.

Der **Abschluss des Arbeitsvertrags** bindet den neuen Mitarbeiter an das Unternehmen. Der Arbeitsvertrag umfasst die Rechte und Pflichten beider Vertragsparteien. Die Schriftform ist nicht zwingend erforderlich, auch ein mündlich abgeschlossener Arbeitsvertrag ist rechtswirksam. Allerdings erleichtert die Schriftform beiden Seiten die Durchsetzung etwaiger Ansprüche, da sich die jeweiligen Absprachen auf diese Weise in der Regel leichter beweisen lassen.

Folgende Aspekte sollten im Arbeitsvertrag mindestens enthalten bzw. durch ihn geregelt sein:[107]

- Eintrittsdatum, Probezeit, Arbeitszeit, Kündigungsfristen, Urlaubsanspruch
- Bezeichnung der Stelle, Aufgabenbereich, Vollmachten, Versetzungs- und Beurlaubungsvorbehalte, Verpflichtung zu Mehrarbeit
- Entgeltaspekte wie Eingruppierung, Grundgehalt, Leistungszulage, Beteiligungen, betriebliche Altersvorsorge, Reisekostenerstattung, Regelungen zu Erfindungen und Patenten
- Regelungen zu Nebentätigkeiten, Wettbewerbsverbote, Geheimhaltungspflichten

---

[106] Vgl. List, K.-H. (1996), S. 59.

[107] Vgl. Horsch, J. (2000), S. 119; Stopp, U. (2004), S. 127 ff.; Jung, H. (2005), S. 116.

- Schlussbestimmungen wie etwa eine Schrifterfordernis bei Vereinbarung von Änderungen und Ergänzungen
- Vertragsdatum und Unterschriften

Werden die Rechte und Pflichten der Vertragspartner aufgrund eines Tarifvertrags und von Betriebsvereinbarungen präzisiert, kann der Einzelarbeitsvertrag entsprechend kurz gehalten werden.

Die gesetzliche Grundlage bilden die Vorschriften über den Dienstvertrag im BGB. Sie werden durch eine Vielzahl weiterer Gesetze ergänzt.

Arbeitsverträge können befristet oder unbefristet abgeschlossen werden. Befristete Arbeitsverhältnisse bedürfen keiner Kündigung, sondern enden mit dem Zeitablauf. Sie sind allerdings an bestimmte Voraussetzungen gebunden. So muss ein sachlicher Grund für die Befristung vorliegen. Ist dies nicht der Fall, darf die Befristung maximal zwei Jahre bei höchstens dreimaliger Verlängerung betragen. Auch bei Dauerarbeitsverträgen kann eine Beendigung, etwa bei Erreichen des Renteneintrittsalters, festgelegt sein.

Um Fehlentscheidungen auf Arbeitgeber- und Arbeitnehmerseite korrigieren zu können, wird in der Regel eine drei- bis sechsmonatige **Probezeit** vereinbart, in der besondere Kündigungsbedingungen gelten und die normalen Kündigungsschutzregeln nicht wirksam sind. Sofern keine anderen Vereinbarungen getroffen sind, können beide Seiten mit einer Frist von zwei Wochen ohne Angabe von Gründen kündigen.

4.8 Rechtliche Aspekte der Personalauswahl

Der Betriebsrat hat nach § 93 BetrVG das Recht, die interne Ausschreibung einer Stelle zu verlangen, nicht jedoch deren interne Besetzung. Wenn der Arbeitgeber die interne Ausschreibung verweigert, kann der Betriebsrat nach § 99 BetrVG Widerspruch gegen die Einstellung des externen Bewerbers einlegen und so die Stellenbesetzung verhindern. Dies gilt vorbehaltlich einer Entscheidung des zuständigen Arbeitsgerichts. Sofern es sich um leitende Angestellte handelt, muss dem Betriebsrat nach § 105 BetrVG die beabsichtige Einstellung lediglich mitgeteilt werden. Ein weitergehendes Mitbestimmungsrecht hat er in diesem Fall nicht. Ansonsten gelten für leitende Angestellte die Bestimmungen des Sprecherausschussgesetzes (SprAuG).

Setzt das Unternehmen Auswahlrichtlinien ein, muss der Betriebsrat nach § 95 BetrVG zustimmen. In Betrieben mit über 500 Mitarbeitern kann er sogar ihre Einführung verlangen. Auch die Informationserhebung mittels Personalfragebogen sowie dessen Gestaltung sind nach § 95 BetrVG zustimmungspflichtig. Wird keine Einigung erzielt, entscheidet die Einigungsstelle. Auch bei allgemeinen Beurteilungsgrundsätzen für Bewerber ist nach § 94 BetrVG die Zustimmung des Betriebsrates einzuholen.

Bei Eingruppierungen, Umgruppierungen und Versetzungen von Mitarbeitern ist der Betriebsrat ebenfalls zu beteiligen. Nach § 99 BetrVG muss er in Betrieben mit mehr als zwanzig wahlberechtigten Arbeitnehmern über die betroffenen Mitarbeiter informiert werden und der Versetzung zustimmen. Unter bestimmten Voraussetzungen kann die Zustimmung verweigert werden, etwa beim Verstoß gegen eine Auswahlrichtlinie oder bei zu erwartenden Nachteilen für andere Mitarbeiter des Betriebes. Wird die Versetzung mit einer Änderungskündigung verbunden, muss diese nach § 102 BetrVG dem Betriebsrat mitgeteilt und mit ihm beraten werden. Verstößt sie gegen die Richtlinien von § 95 BetrVG, hat der Betriebsrat nach § 102 BetrVG ein Widerspruchsrecht. In Streitfällen entscheidet gem. § 102 BetrVG das Arbeitsgericht oder die Einigungsstelle.

4.9 Kritische Würdigung und Ausblick

Trotz des derzeit schwierigen konjunkturellen Umfelds finden in den Unternehmen zahlreiche Beschaffungs- und Auswahlprozesse statt. Da bei jedem Personalauswahlverfahren stets nur bestimmte Facetten des Bewerbers berücksichtigt werden, ist keines optimal. Deshalb sollten – da die Anforderungen an künftige Mitarbeiter steigen und sowohl fachliche Qualifikationsmerkmale als auch bestimmte Verhaltensweisen und die soziale Kompetenz an Bedeutung gewinnen – nach Möglichkeit mehrere Verfahren kombiniert werden.

Grundlegende Neuentwicklungen hat es bei den Personalauswahlinstrumenten in den letzten Jahren nicht gegeben. Nach wie vor wird der Analyse der Bewerbungsunterlagen und den Vorstellungsgesprächen die größte Bedeutung beigemessen. Öfter als früher werden jedoch in letzter Zeit **telefonische Interviews** durchgeführt, bevor der Bewerber zu einem persönlichen Gespräch eingeladen wird. Teilweise ist es auch üblich geworden, die Bewerber nach einem telefonischen Interview direkt zum Assessment Center einzuladen, ohne dass zuvor ein persönliches Vorstellungsgespräch stattfindet. Manchmal werden die Bewerber nach einer Online-Bewerbung ohne Telefon-Interview und ohne Vorstellungsgespräch zum Assessment Center eingeladen.

Inzwischen spielt das **Internet** wird bei der Personalauswahl eine immer größere Rolle. So ist die Zusendung der Bewerbungsunterlagen per **E-Mail** mittlerweile eine Selbstverständlichkeit geworden. Viele, vor allem größere Unternehmen arbeiten auch mit **Online-Personalfragebögen**. Manche Unternehmen weisen zudem auf den „Karriere"-Seiten ihrer Websites darauf hin, dass sie nur noch Bewerbungen per E-Mail oder per Online-Personalfragebogen akzeptieren. Zum Teil wird dabei mit so genannten Killer-Kriterien gearbeitet, d.h. Bewerbungen werden automatisch von der Software abgelehnt, falls bestimmte Grundbedingungen (z.B. Altersgrenzen, Abschlussnoten etc.) nicht erfüllt sind. Die elektronischen Bewerbungen sollen den Unternehmen helfen, Personal und damit Kosten einzusparen. Allerdings gilt hier dasselbe wie bei den Absagen auf traditionelle schriftliche Bewerbungen. Die Art und Weise, wie Bewerbern abgesagt wird, muss sorgfältig vom Unternehmen bedacht werden, da Absagen auch hier den Charakter von Visitenkarten haben. Im Übrigen führen die elektronischen Bewerbungsmöglichkeiten, zumal sie weniger Zeitaufwand erfordern als klassische schriftliche Bewerbungen, zu einer zum Teil erheblichen Zunahme an Bewerbungen bei den Unternehmen. Damit erweist sich die ursprünglich erhoffte Kostenreduzierung durch Personaleinsparungen in vielen Fällen als illusorisch, da nun mehr Bewerbungen eingehen und überprüft werden müssen als früher.

Bei der Bearbeitung von Assessment-Center-Aufgaben, der Durchführung von Testverfahren und der Lösung von Fallstudien im Rahmen der Vorauswahl wird ebenfalls zunehmend das Internet eingesetzt. Allerdings gibt es dann keine Gewähr, dass die Antworten und Lösungen tatsächlich vom Bewerber stammen. Wie in anderen Bereichen (E-Commerce, Internet Banking, studentische Prüfungsleistungen, Copyright-Vergehen, Identitätsdiebstahl etc.) führt auch hier das Internet zu vermehrten Täuschungen und Betrugsversuchen oder macht sie erst möglich.

Wiederholungsfragen

1. Nach welchen Kriterien analysieren Sie ein Bewerbungsanschreiben?

2. Erläutern Sie, was man unter Zeitfolgen- und Positionenanalyse im Lebenslauf versteht.

3. Welche Informationen lassen sich aus den Abschluss- und Ausbildungszeugnissen für den Personalauswahlprozess gewinnen?

4. Welche Pflichten hat das Unternehmen bei der Erstellung eines Arbeitszeugnisses?

5. Inwieweit sind Referenzen für Personalauswahlentscheidungen von Interesse?

6. Welchen Stellenwert haben grafologische Gutachten bei der Personalauswahl?

7. Welche Ziele verfolgen Unternehmen mit Vorstellungsgesprächen?

8. Beschreiben Sie die Phasen und Inhalte eines Vorstellungsgesprächs.

9. Was unterscheidet ein standardisiertes von einem freien Vorstellungsgespräch?

10. Warum treten bei Vorstellungsgesprächen Validitätsdefizite auf?

11. Was zeichnet das Assessment Center aus?

12. Welches sind die gebräuchlichsten Übungen im Assessment Center?

13. Wie kann man den Nachteilen des Assessment Centers begegnen?

14. Worauf ist bei Absageschreiben zu achten?

15. Was versteht man unter Probearbeitstagen und welche Vorteile bieten sie?

5 Personaleinführung und Personaleinarbeitung

5.1 Notwendigkeit integrierender Maßnahmen

Eine sorgfältige Bewerberauswahl allein reicht nicht aus, will man sicherstellen, dass der neue Mitarbeiter seine volle Arbeitsleistung für das Unternehmen erbringt. Dazu bedarf es seiner systematischen Integration, d.h. seiner **Einführung** und **Einarbeitung**.

In den ersten drei bis sechs Monaten des Beschäftigungsverhältnisses ist die Fluktuationsrate besonders hoch. Becker gibt an, dass ca. 40 Prozent der neuen Mitarbeiter ohne Führungsaufgaben und 30 Prozent der neuen Führungskräfte innerhalb der Probezeit aus dem Unternehmen ausscheiden.[108] Die **Kosten** dieser so genannten **Frühfluktuation** werden auf 17.500 Euro für einen Facharbeiter und 130.000 Euro für eine Führungskraft geschätzt.[109] Sie werden verursacht durch

- geringere Produktivität des neuen Mitarbeiters während und nach der Kündigungsphase,
- Wiederholung der Auswahlverfahren,
- Anlernen und Einarbeiten des nächsten Mitarbeiters,
- erhöhte Arbeitsbelastung der anderen Mitarbeiter,
- Störungen der Arbeitsabläufe und Gruppenprozesse und
- Probleme mit Kunden, die sich auf neue Ansprechpartner einstellen müssen.

Nicht zu unterschätzen ist auch der Imageverlust, den das Unternehmen erleidet, wenn eine hohe Fluktuationsrate bekannt wird.

Neben den vollzogenen Kündigungen sind **innere Kündigungen** ein besonderes Problem. Sie haben ähnliche Auswirkungen auf die Leistung des Betroffenen und die Belastung seiner Kollegen, allerdings verlässt der Mitarbeiter trotz seiner Unzufriedenheit das Unternehmen nicht, da er keine geeignete Alternative auf dem externen Arbeitsmarkt sieht.

Die Ursache für Frühfluktuation und innere Kündigung liegt häufig darin, dass zentrale **Erwartungen des neuen Mitarbeiters** nicht erfüllt werden. Eine falsche Vorgehensweise beim Auswahlprozess – meist eine verzerrte, zu vorteilhafte Darstellung der Stellenaufgaben – führt zu falschen Annahmen hinsichtlich der Arbeitssituation und damit zu falschen Entscheidungen auf beiden Seiten. Der neue Mitarbeiter macht sich beim Eintritt in das Unternehmen falsche Vorstellungen von den Arbeitsinhalten, dem Anspruchsniveau, der Entscheidungspartizipation oder der Einbeziehung in den Informationsprozess und erleidet einen **Realitätsschock**. Neben enttäuschten Erwartungen ist eine qualitative Unterforderung für die Motivation des neuen Mitarbeiters und seine Bindung an das Unternehmen besonders schädlich. Qualitative oder quantitative Überforderung, die sich in einem akzeptablen Rahmen bewegt, führt hingegen oft dazu, dass der neue Mitarbeiter zunächst versucht, die Defizite durch Weiterbildung und Überstunden zu beseitigen.

Ein weiterer wesentlicher Grund für Frühfluktuation und innere Kündigung ist **Orientierungslosigkeit** des neuen Mitarbeiters. Er ist mit der neuen Arbeitssituation und den betrieblichen Gegebenheiten noch nicht vertraut und muss erst lernen, welche Erwartungen an ihn gestellt werden. Je mehr Aspekte sich gegenüber seiner früheren Arbeitssituation geändert haben, desto größer ist seine Rollenunklarheit und desto größer ist damit auch die Gefahr, dass er die Erwartungen, die an ihn gestellt werden, falsch interpretiert oder unvollständig wahrnimmt. Ihm fehlt die betriebliche Sozialisation, d.h. die Eingliederung in den betrieblichen Zusammenhang, bei dem die stellen-, team- und unternehmensbezogenen Normen und Werte, Regeln und Routinen verinnerlicht werden. Seine Orientierungslosigkeit wird dadurch vergrößert, dass sich im Laufe der Zeit in jedem Unternehmen selbstverständliche Verhaltensweisen herausbilden, die gerade deshalb, weil sie als selbstverständlich empfunden werden, meist nicht verbal kommuniziert werden. Umso schwerer fällt es dem neuen Mitarbeiter, sie zu erkennen. Feedback-Defizite verstärken das Problem zusätzlich.

---

[108] Vgl. Becker, M. (2002), S. 307.

[109] Vgl. Berthel, J., Becker, F.G. (2003), S. 230 f.

Die **Integration** ist dann vollzogen, wenn sich der neue Mitarbeiter in seine Rolle und seine Arbeitsumgebung zur wechselseitigen Zufriedenheit eingefügt hat, seine Aufgaben erfolgreich bewältigt und sich mit seiner Rolle im Unternehmen identifiziert.[110] Sie wird durch folgende Fehler erschwert:

- Die Einführung vollzieht sich weitgehend per Zufall und ungeplant.
- An die Leistung des neuen Mitarbeiters werden während der Einarbeitungszeit zu hohe Erwartungen gestellt.
- Die Informationen, die der Mitarbeiter benötigt, werden als Holschuld aufgefasst.
- Es wird ein falscher Pate oder Mentor gewählt.
- Der Vorgesetzte vernachlässigt seine Pflichten bei der Einführung und Einarbeitung des neuen Mitarbeiters.
- Der Vorgesetzte hält seine Versprechen nicht ein bzw. vergisst sie.
- Die Kollegen wurden nicht ausreichend informiert, dass bzw. weshalb ein neuer Mitarbeiter eingestellt wurde.
- Interne und externe Ansprechpartner wurden nicht benachrichtigt.

5.2 Am Integrationsprozess Beteiligte

Nach § 81 BetrVG ist der Arbeitgeber verpflichtet, den Arbeitnehmer über seine Aufgaben und den entsprechenden Verantwortungsbereich sowie die Art seiner Tätigkeit und ihre Einordnung in den Arbeitsablauf des Betriebes zu unterrichten. Auch über Unfall- und Gesundheitsgefahren und die Möglichkeiten zur Abwendung dieser Gefahren muss er informieren. Die Integration erfordert jedoch wesentlich mehr als die Erfüllung der gesetzlichen Vorschriften.

Es gibt kein Patentrezept für die Einführung und Einarbeitung, sie sollten auf den neuen Mitarbeiter bzw. auf die Mitarbeitergruppe, der er angehört, abgestimmt werden. Bei internen Versetzungen und Beförderungen treten, wenn auch in abgeschwächter Form, die gleichen Probleme auf. Da dieser Mitarbeiter bessere Möglichkeiten hat, sich über die neue Stelle zu informieren und mit den Rollenerwartungen vertraut zu machen, lässt sich eine Integration allerdings schneller erreichen. Ein zielorientiertes, geplantes und systematisches Vorgehen bei der Einführung und Einarbeitung ist gleichwohl bei der internen wie bei der externen Personalbeschaffung – in unterschiedlichem Umfang – notwendig.

Besondere Bedeutung im Integrationsprozess haben

- der Pate oder Mentor,
- der Vorgesetzte sowie
- die Personalabteilung bzw. die dort zuständige Stelle.

Die Auswahl eines **Paten oder Mentors**, der dem neuen Mitarbeiter zur Seite steht, unterstützt eine schnelle Integration. Der neue Mitarbeiter, der in inhaltlichen, fachlichen und organisatorischen Dingen unsicher ist, muss sich dann nicht an irgendeinen Kollegen wenden, der vielleicht

---

[110] Vgl. Ilenberger, B. (2000), S. 54 f.

keine Zeit hat, ihn weiter verweist oder unwillig und unvollständig antwortet. Er hat vielmehr einen festen Ansprechpartner, dessen Aufgabe es ist, ihm weiterzuhelfen. Das hat außerdem den Vorteil, dass andere Mitarbeiter und Kollegen seltener „belästigt" werden. Der Pate übernimmt die folgenden **Aufgaben**:

- Er weist den neuen Mitarbeiter in seine Aufgaben ein und unterstützt die Einarbeitung in die neue Stelle.
- Er fördert die Integration in die Arbeitsgruppe.
- Er macht den neuen Mitarbeiter mit den internen und externen Partnern bekannt.
- Er ist Ansprechpartner für alle sonstigen Fragen und macht den Mitarbeiter mit den formalen und informalen Normen vertraut.

Da der Pate und der neue Mitarbeiter während der Integrationszeit eng zusammenarbeiten und sich ein besonderes Vertrauensverhältnis zwischen beiden entwickeln soll, kommt der Auswahl des Paten eine besondere Bedeutung zu. Ein ähnliches Alter, eine gemeinsame Sprache und gemeinsame Interessen sind förderlich.[111]

Wenn der neue Mitarbeiter keinen Paten hat, dann obliegt es dem **Vorgesetzten**, die oben genannten Aufgaben zu erfüllen. Außerdem ist er für folgende Punkte **verantwortlich**:

- Er ist der erste Ansprechpartner des neuen Mitarbeiters.
- Er muss den Mitarbeiter ins Team integrieren.
- Er muss ihm die notwendige Aufmerksamkeit zukommen lassen, ohne dass sich die anderen Mitarbeiter vernachlässigt fühlen.
- Er beurteilt den Mitarbeiter am Ende der Probezeit und trifft eine Entscheidung bzw. gibt eine Empfehlung über die Fortsetzung des Arbeitsverhältnisses.

Unabhängig davon trägt er die **Gesamtverantwortung** für den Integrationsprozess.

Der **Personalabteilung** kommt bei der Integration eine unterstützende Funktion zu:

- Sie erledigt die administrativen Aufgaben wie das Anlegen der Personalakte, die Anforderung von Lohnsteuer-Informationen und die Berechnung und Überweisung des Gehalts.
- Sie informiert über allgemeine Themen wie Arbeitszeitregelungen und Sozialleistungen.
- Sie stellt Instrumente wie Stellenbeschreibungen, Checklisten, Einführungshilfen für den Vorgesetzten und Informationsmaterial zur Verfügung.
- Sie erinnert den Vorgesetzten an die Überprüfung von Zwischenergebnissen und an den Ablauftermin der Probezeit.

---

[111] Vgl. Wilhelm, A. (2003), S. 78.

5.3 Integrationsprogramm

Idealerweise erfolgt die Integration zielorientiert und systematisch mithilfe eines Programms. Ein solches **Integrationsprogramm** sollte mindestens vier Elemente enthalten:

- vertrauensbildende Maßnahmen vor Arbeitsbeginn
- Gestaltung des ersten Arbeitstages
- Einarbeitungsplan
- abschließendes Mitarbeitergespräch am Ende der Integrationsphase

Je nach Vorkenntnissen und Qualifikation des neuen Mitarbeiters werden diese Elemente unterschiedlich gestaltet. Selbstverständlich gehört dazu die Bereitstellung des entsprechenden **Informationsmaterials**.

Bereits **vor Arbeitsbeginn** kann das Unternehmen Vertrauen schaffen, indem es dem neuen Mitarbeiter den Eindruck vermittelt, dass man sich auf ihn freut und auf ihn vorbereitet ist. Dazu gehören folgende Maßnahmen:

- Bestätigung, dass der unterschriebene Arbeitsvertrag eingetroffen ist
- Mitteilung darüber, welche Unterlagen der Mitarbeiter bei Arbeitsbeginn mitbringen soll, z.B. Sozialversicherungsausweis, Lohnsteuernummer, Foto für Firmenausweis
- Einladungen zu besonderen Terminen vor dem Einstellungstermin, z.B. Tag der offenen Tür oder Weihnachtsfeier
- Information über wichtige Termine in den ersten Tagen
- Information aller „betroffenen" Stellen
- Maßnahmen zur Vorbereitung des Arbeitsplatzes und der Arbeitsumgebung wie Bereitstellung von Werkzeug, Büromaterial, Arbeitskleidung, PC, Telefonanschluss, Schlüsseln, Dienstwagen etc.
- Erstellung von Informationsmaterial für den neuen Mitarbeiter
- Aufnahme in interne Verteiler, Ausstellung eines Firmenausweises
- Erstellung eines Einarbeitungsplans
- Überlegungen zur Gestaltung des ersten Arbeitstages
- Auswahl eines Paten oder Mentors

Daneben sollte der neue Mitarbeiter eine gesonderte **Mitteilung zum ersten Arbeitstag** erhalten, die ihn über den Arbeitsbeginn informiert und ihm Auskunft gibt, wo er sich melden soll (z.B. am Empfang) und wo ihn jemand aus der Personalabteilung abholen wird. Er sollte außerdem eine Übersicht bekommen, wie der Ablauf des ersten Tages aussehen wird.

Besondere Bedeutung kommt der **Gestaltung des ersten Arbeitstages** zu. Dieser dient der Einführung in das Unternehmen, die Abteilung und die Aufgaben. Ziel ist es, den neuen Mitarbeiter möglichst schnell mit seiner Arbeitsumgebung und seiner neuen Rolle vertraut zu machen. Er soll den Eindruck bekommen, dass man seinen Arbeitsbeginn gründlich vorbereitet hat. Die Personalabteilung koordiniert die einzelnen Schritte mit dem Vorgesetzten und dem Paten.

Idealerweise beginnt der Tag mit einer **allgemeinen Einführung** durch die Personalabteilung. Die notwendigen Formalitäten wie Überprüfung der Vollständigkeit der Personalunterlagen, Ausstellen eines Firmenausweises, Aushändigen von Schlüsseln, Empfangsbescheinigungen etc.

werden anschließend erledigt. Der Mitarbeiter bekommt – sofern dies nicht bereits im Vorfeld geschehen ist – einen kurzen Überblick über das Unternehmen und seine Ziele. Dann wird ihm eine Mappe ausgehändigt, die eine allgemeine Informationsbroschüre des Unternehmens, die Arbeitsordnung, Betriebsvereinbarungen, Führungsgrundsätze, Sicherheitsvorschriften, Arbeitszeitordnung, wichtige Telefonnummern etc enthält. Anschließend werden erste Fragen besprochen, daran kann sich eine Vorstellung beim Betriebsrat anschließen.

Danach begrüßt der neue Vorgesetzte seinen Mitarbeiter und beginnt mit der **speziellen Einführung in die Fachabteilung**. Dass er sich dafür genügend Zeit nimmt, sollte selbstverständlich sein. Er stellt sich selbst, die Kollegen sowie den Paten vor, informiert über die Aufgaben der Abteilung und ihre organisatorische Einordnung und konkretisiert die Aufgaben des neuen Mitarbeiters, am besten mithilfe der Stellenbeschreibung. Dann tauschen der Vorgesetzte und der Mitarbeiter ihre Erwartungen aus. Dabei ist ein Einarbeitungsplan hilfreich. Anschließend sollten der weitere Ablauf des ersten Arbeitstages sowie **erste Aufgaben für diesen Tag** und für die nächste Zeit besprochen werden. Ein Rundgang mit dem Vorgesetzten oder dem Paten durch andere Abteilungen, die für den neuen Mitarbeiter von Bedeutung sind, hilft ihm, sich schneller im Unternehmen zurechtzufinden. Dabei sollte man allerdings darauf achten, dass er nicht mit zu vielen Informationen überfrachtet wird. Ein abendliches Abschlussgespräch zwischen Vorgesetztem, Paten und Mitarbeiter, bei dem die bisherigen Eindrücke ausgetauscht werden, rundet den ersten Tag ab.

An die Einführung am ersten Arbeitstag schließt sich die **Einarbeitung** an. Die Vorgehensweise ist im **Einarbeitungsplan** festgelegt. Dieser gibt – ausgehend von der Stellenbeschreibung – einen zeitlichen Überblick, welche Aufgaben der neue Mitarbeiter in welcher Reihenfolge übernehmen soll, und legt fest, wann er die Aufgaben selbständig erfüllen und beherrschen sollte. Außerdem enthält er zusätzliche nützliche Informationen und regelt, wer außer dem Paten als Ansprechpartner bei Problemen in Frage kommt. Eventuelle Trainingsmaßnahmen werden ebenfalls aufgeführt. Des Weiteren informiert der Einarbeitungsplan über Leistungsstandards, die der Mitarbeiter am Ende der Einarbeitungszeit erfüllen sollte. Regelmäßige **Feedback-Termine** zwischen dem neuen Mitarbeiter und dem Vorgesetzten sind ebenfalls angegeben. Mit dem Abschluss-Feedback ist die Einarbeitungszeit beendet.

Bei einer externen Personalbeschaffung ist der **zeitliche Rahmen** der Einarbeitung meist mit der Probezeit identisch. Bei einer internen Versetzung richtet er sich nach den betriebs- und fachspezifischen Vorkenntnissen des Mitarbeiters und kann deutlich kürzer ausfallen.

Am **Ende der Einarbeitungszeit** steht die Beurteilung durch ein Mitarbeitergespräch oder ein **Abschluss-Feedback**. Wenn die Einarbeitungszeit der Probezeit entspricht, entscheidet sich jetzt, ob der Mitarbeiter im Unternehmen bleibt oder ob man sich von ihm trennt. Da bereits regelmäßig Feedback-Gespräche stattgefunden haben (sollten), kann das abschließende Mitarbeitergespräch keine Überraschungen enthalten. Es stellt deshalb vor allem eine Zusammenfassung der vorherigen Gespräche dar.

Hentze/Kammel erweitern das Integrationsprogramm zusätzlich um einen Einführungslehrgang und einen Infotreff.[112] Einen Überblick gibt Abb. 30.

---

[112] Vgl. Hentze, J., Kammel, A. (2001), S. 441 ff.

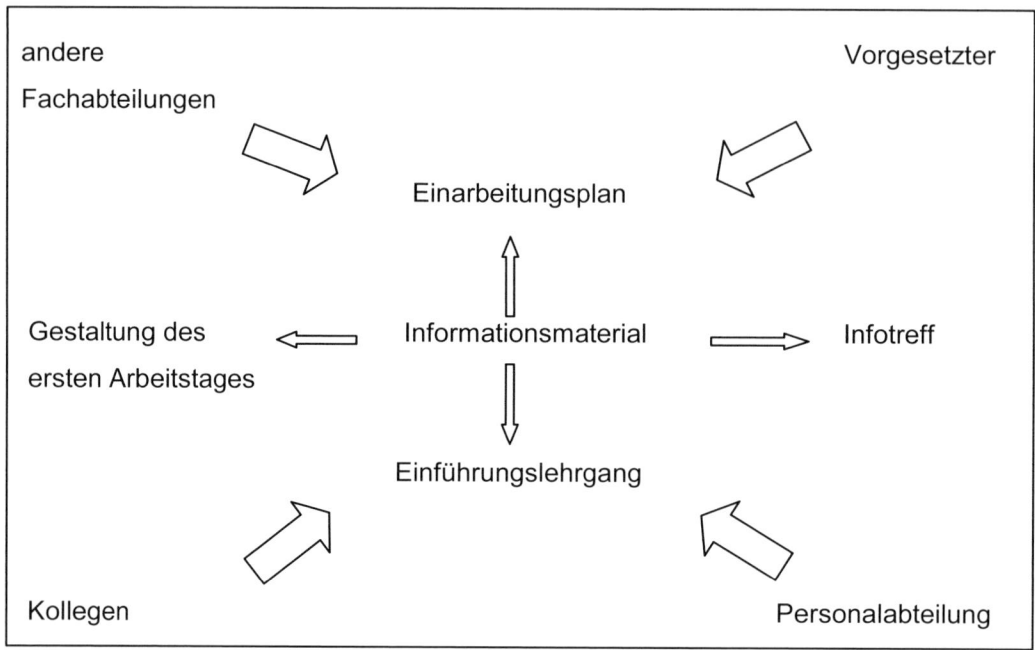

Abb. 30: Integrationsprogramm

Ein **Einführungslehrgang** bietet sich vor allem dann an, wenn Unternehmen eine größere Zahl von Neueinstellungen vornehmen. Alle Mitarbeiter, die innerhalb eines bestimmten Zeitraums in das Unternehmen einsteigen, werden zu dieser Veranstaltung eingeladen. Ihre Dauer reicht von einem halben Tag bis zu mehreren Tagen. Themen, die für alle Mitarbeiter von Interesse sind, werden hier zusammengefasst und von der Personalabteilung den Neueinsteigern präsentiert. So spart man Zeit, da nicht alle Mitarbeiter einzeln mit denselben Informationen versorgt werden müssen. Oft stehen außerdem Führungskräfte als Referenten zur Verfügung und stellen ihre Abteilungen vor.

Um einen ungestörten Ablauf zu gewährleisten, findet der Einführungslehrgang idealerweise außerhalb des Unternehmens statt. Neben der reinen Informationsvermittlung bietet er die Möglichkeit, Repräsentanten des Unternehmens kennenzulernen, sich mit anderen neuen Mitarbeitern auszutauschen und erste Kontakte über Abteilungsgrenzen hinweg zu knüpfen.[113]

Der Zweck des **Infotreffs** besteht in einer Einführung in das Unternehmen. Seine Inhalte überschneiden sich teilweise mit denen des Einführungslehrgangs, es geht jedoch mehr um soziale Integration als um Information. Der Infotreff sollte etwa drei bis vier Monate nach Arbeitsbeginn stattfinden. Er ist eine Art Forum, in dem die neuen Mitarbeiter, die das Unternehmen nun bereits einige Monate kennen, ihre Erwartungen und Probleme diskutieren können. Die Kontakte, die im Einführungslehrgang geknüpft wurden, können jetzt erneuert und vertieft werden. Hent-

---

[113] Vgl. Schwertfeger, B. (2001), S. 62.; Mühleisen, S.U. (2002), S. 68 f.

ze/Kammel schlagen eine regelmäßige Wiederholung des Infotreffs im Abstand von etwa drei Monaten vor.[114]

5.4 Kritische Würdigung und Ausblick

Um sicherzustellen, dass der neue Mitarbeiter seine Arbeitsleistung schnellstmöglich in vollem Umfang erbringt, ist eine systematische Integration nötig, ansonsten kann es zu Frühfluktuation und innerer Kündigung kommen. Ursachen sind oft eine falsche Vorgehensweise bei der Personalbeschaffung und -auswahl sowie Orientierungslosigkeit im neuen Unternehmen und in der neuen Arbeitssituation.

Immer mehr Unternehmen gehen deshalb dazu über, den Arbeitsbeginn und die Einarbeitungszeit ihrer neuen Mitarbeiter zu strukturieren. Damit erreichen sie eine deutlich schnellere Ressourcenallokation, welche die zusätzlichen Kosten der Betreuung aufwiegt. Auch unter Image-Gesichtspunkten wirkt es sich positiv aus, wenn neue Mitarbeiter bei ihrer Integration im Unternehmen unterstützt werden.

Wiederholungsfragen

1. Welche möglichen Ursachen für Frühfluktuation und innere Kündigung kennen Sie?

2. Welche Stellen sind am Integrationsprozess beteiligt?

3. Weshalb ist der Pate für die Integration eines Mitarbeiters von besonderer Bedeutung?

4. Welche Aufgaben haben Vorgesetzte und Personalabteilung im Integrationsprozess?

5. Welche Elemente sollte ein Integrationsprogramm enthalten?

6. Wie kann ein Unternehmen bereits vor Arbeitsbeginn Vertrauen schaffen?

7. Wie sollte ein erster Arbeitstag gestaltet werden?

8. Worin unterscheidet sich die Integration neuer Mitarbeiter, die bereits vorher im Betrieb tätig waren, von der Vorgehensweise bei externen neuen Mitarbeitern?

9. Welchem Zweck dienen Feedback-Gespräche während der Integrationsphase?

10. Welche Ziele werden mit einem Einführungslehrgang verfolgt?

---

[114] Vgl. Hentze, J., Kammel, A. (2001), S. 443.

6 Personaleinsatz und Personalerhaltung

Nachdem die Integrationsphase abgeschlossen ist, muss das Unternehmen sicherstellen, dass der neue Mitarbeiter seine volle Arbeitsleistung **dauerhaft** erbringt. Unter **Personaleinsatz und Personalerhaltung** sind all diejenigen Aspekte des Personalmanagements zu verstehen, bei denen es darum geht, die Mitarbeiter bestmöglich einzusetzen, ihre Qualifikation und ihr Potenzial zu erhalten, zu fördern und anzupassen, sie zur Leistung zu motivieren sowie sie an das Unternehmen zu binden.

Dazu gehören auch die **Personalbeurteilung** und **Personalentwicklung**. Da sie jedoch vor allem unter dem Aspekt der Qualifikationssicherung von großer Bedeutung sind, werden sie nicht an dieser Stelle, sondern jeweils in einem eigenen Kapitel ausführlich behandelt.

6.1 Grundannahmen über menschliches Verhalten im Unternehmen

6.1.1 Menschenbilder

Es gibt nur wenige Unternehmen, die von einem konkreten Menschenbild ausgehen. Menschenbilder kommen eher in den Handlungen der Entscheidungsträger und in der Ausgestaltung der personalwirtschaftlichen Funktionen zum Ausdruck. Hier zeigt sich, von welchen Annahmen bei den Zielen, dem Verhalten und der Persönlichkeit der Mitarbeiter ausgegangen wird. Je nach Menschenbild existieren unterschiedliche Auffassungen darüber, welche Motive Mitarbeiter für ihre Arbeit im Unternehmen haben und wie sie zur Leistung motiviert werden können.[115]

In der Literatur gibt es zahlreiche Versuche, Menschenbilder zu erstellen. Zum Teil handelt es sich um idealisierte Sichtweisen des Menschen, zum Teil wird versucht, Realtypen zu beschreiben. Die bekanntesten dürften die Theorien X und Y von McGregor und die Typologien nach Schein sein.

Die **Theorien X und Y** kennzeichnen zwei extreme Menschenbilder, deren Grundannahmen in Abb. 31 zusammengefasst sind.

Die **Theorie X** sieht den Menschen als von Natur aus faul und passiv an. Er scheut sich, Verantwortung zu übernehmen, und hat keinerlei Interesse an seiner Arbeit oder daran, sich weiterzuentwickeln. Sein Sicherheitsbedürfnis ist stark ausgeprägt.

Die **Theorie Y** geht davon aus, dass der Mensch eigenverantwortlich handelt und nach möglichst großer Selbstverwirklichung bei der Arbeit strebt. Er ist lern- und anpassungsfähig und versucht, die ihm gesetzten Ziele zu erreichen, wenn er damit auch seine eigenen Ziele verwirklichen kann. Er ist fähig und bereit, Kompromisse einzugehen, um seine Ziele zu erreichen. Er übernimmt gern Verantwortung und muss, um produktiv zu sein, weder ständig kontrolliert noch mit Strafen bedroht werden.

---

[115] Vgl. Steinle, C., Ahlers, F. (2004), Sp. 1148 f.; Staehle, W.H. (1999), S. 192.

Grundannahmen der Theorie X	Grundannahmen der Theorie Y
1. Der Durchschnittsmensch hat eine angeborene Abneigung gegen Arbeit. Er versucht sie zu vermeiden.	1. Der Mensch hat keine ausgeprägte Abneigung gegen Arbeit, sondern körperliche und geistige Anstrengung sind ebenso natürlich für ihn wie Spiel und Ruhe. Es hängt von den Bedingungen ab, ob Arbeit für ihn eine Strafe oder eine Quelle der Zufriedenheit ist.
2. Deshalb muss er zumeist geführt, kontrolliert und mit Strafandrohungen gezwungen werden, einen produktiven Beitrag zur Erreichung der Unternehmensziele zu leisten.	2. Wenn der Mensch sich mit den Zielen des Unternehmens identifiziert, muss er nicht von anderen überwacht und mit Strafe bedroht werden. Er entwickelt Eigeninitiative und übt Selbstkontrolle.
3. Der Mensch möchte gerne geführt werden. Er vermeidet es, selbst Verantwortung zu übernehmen. Er besitzt wenig Ergeiz und hat ein sehr starkes Sicherheitsbedürfnis.	3. Wie sehr sich der Mensch den Zielen des Unternehmens verbunden fühlt, hängt von den Belohnungen ab, die damit verbunden sind. Von besonderer Bedeutung ist das Streben nach Anerkennung und nach Selbstverwirklichung.
	4. Unter geeigneten Bedingungen lernt der Mensch, Verantwortung zu suchen und zu übernehmen.
	5. Kreativität und Urteilsvermögen, um organisatorische Probleme zu lösen, sind weit verbreitet.
	6. Die intellektuellen Fähigkeiten über die der Mensch verfügt, werden in der Wirtschaft nur zum Teil genutzt.

Abb. 31: Grundannahmen der Theorie X und der Theorie Y[116]

McGregor sieht den Menschen der Theorie Y als Idealtypus an. Er vermutet jedoch, dass stattdessen Theorie X im Bewusstsein vieler Führungskräfte verankert ist und ihr Führungsverhalten prägt. Deshalb seien sie unfähig, ihre Mitarbeiter richtig zu motivieren. Sie würden falsche Anreize bieten, die eher auf die Befriedigung materieller Bedürfnisse als auf die Befriedigung sozialer und ideeller Bedürfnisse ausgerichtet seien.[117] Außerdem könnten die falschen Annahmen dazu führen, dass das Phänomen der „sich selbst erfüllenden Prophezeiung" auftritt: Ein Vorgesetzter, der seine Mitarbeiter für faul und unwillig hält, wendet einen autoritären Führungsstil an, bei dem Kontrolle überwiegt und Eigeninitiative nicht gefragt ist. Dies kann dann dazu führen, dass die Mitarbeiter in der Tat kein Engagement zeigen, da es ihnen systematisch ausgetrieben wurde.

---

[116] Vgl. McGregor, D.M. (1960), S. 33 ff.

[117] Vgl. Oechsler, W.A. (2000), S. 377.

McGregors Theorien sind stark vereinfachend und sehen den Menschen zu undifferenziert. Inzwischen hat sich die Sichtweise durchgesetzt, dass der Mensch ein aktives, selbstbestimmtes Wesen ist, dessen Verhalten durch seine individuellen Bedürfnisse und Ziele geprägt wird. Dennoch kann man nicht ohne weiteres voraussetzen, dass Selbstverwirklichung bei der Arbeit für jeden Mitarbeiter gleichermaßen wichtig ist.

Bei Scheins **Menschenbildern**, die eine große Verbreitung gefunden haben, werden nach der historischen Entwicklung vier Gruppen unterschieden. Die Grundannahmen gibt Abb. 32 wieder.

Menschenbilder nach Schein
• **Der rational-ökonomische Mensch (Economic Man):**   Er ist in erster Linie durch monetäre Anreize motivierbar. Eine Leistungssteigerung erfolgt aufgrund höherer Bezahlung. Er ist passiv und wird von seinen Vorgesetzten kontrolliert. Sein Handeln ist rational. Es gelten die Annahmen der Theorie X.
• **Der soziale Mensch (Social Man):**   Zwischenmenschliche Beziehungen sind das Wichtigste in seinem Leben. Eine hohe Arbeitszufriedenheit wird dadurch erreicht, dass der Mitarbeiter seine sozialen Bedürfnisse möglichst umfassend durch seine Arbeit befriedigen kann. Die Einbindung in seine Arbeitsgruppe und deren soziale Normen beeinflussen ihn stärker als Anreize und Kontrolle durch Vorgesetzte.
• **Der sich selbst verwirklichende Mensch (Self Actualizing Man):**   Er strebt nach Autonomie und wird dadurch motiviert, dass er sich entfalten und verwirklichen kann. In diesem Fall ist die Arbeit etwas Positives für ihn. Er sieht keinen zwangsläufigen Konflikt zwischen den Unternehmenszielen und seinen eigenen Zielen. Er bevorzugt Selbstkontrolle. Es gelten die Annahmen der Theorie Y.
• **Der komplexe Mensch (Complex Man):**   Dabei handelt es sich um einen vielschichtigen, von verschiedenen Faktoren beeinflussten Menschen. Er ist lern- und wandlungsfähig und hat die unterschiedlichsten Motive, die einem ständigen Wandel unterliegen. Sein Verhalten im Unternehmen ist durch Verhandlungs-, Anpassungs- und Problemlösungsprozesse geprägt.

Abb. 32: Menschenbilder nach Schein[118]

Der **rational-ökonomische Mensch** ist durch materielle Anreize motivierbar. Er ist passiv und manipulierbar und entspricht im Wesentlichen dem Menschen der Theorie X von McGregor. Dieser Menschentyp spiegelt die mechanistische Sichtweise des **Scientific Management** wieder, das auf Taylor zurückgeht.[119] Dessen Ziel ist es, den Produktionsfaktor Arbeit optimal auszulasten, indem die Arbeitsgänge weitestgehend zerlegt werden. Dies führt zu einer Minimierung der Anlernzeiten. Der Mensch wird als maschinenähnliches Wesen gesehen, welches sich ständig

---

[118] Vgl. Schein, E.H. (1980), S. 55 ff.

[119] Vgl. Jung, H. (2005), S. 368 f.

wiederholende, einfache Aufgaben ausführt und mit seiner Arbeit ausschließlich ökonomische Interessen verbindet. Ein leistungsorientierter Lohn soll für Leistungsbereitschaft sorgen. Neben Arbeitsmethode und Entlohnungssystem ist die menschliche Arbeitsleistung nach Taylor durch die technischen Arbeitsbedingungen beeinflussbar. Dazu gehören insbesondere eine zweckmäßige Arbeitsplatzgestaltung und eine bestmögliche Anpassung der Werkzeuge an die auszuführende Arbeit. Eine optimale Gestaltung der Arbeitsorganisation sieht Taylor vor allem in so genannten Funktionsmeistersystem, das davon ausgeht, dass ein Arbeiter mehreren Vorgesetzten gleichzeitig unterstellt ist und von allen Weisungen erhält. Er selbst ist lediglich der ausführende Faktor, während Planung, Steuerung und Kontrolle der betriebswirtschaftlichen Zusammenhänge in den Händen der Vorgesetzten liegen. Effizienzmängel werden dabei nicht auf mangelnde Motivation zurückgeführt, sondern ausschließlich auf organisatorische Probleme, da der Mitarbeiter durch das Akkordsystem ausreichend motiviert ist. Ein starres Kontrollsystem gehört ebenfalls zum Scientific Management.

Der **soziale Mensch** leitet seine Identität aus den Beziehungen zu anderen ab. Der **Human-Relations-Bewegung** liegt dieses Menschenbild zugrunde. Leistung entsteht durch Zufriedenheit in der Arbeitssituation, die sich auf Anerkennung und Zugehörigkeitsgefühl zu einer Gruppe gründet. Der Mensch ist umso leistungsbereiter und zufriedener, je eher er seine sozialen Bedürfnisse durch seine Arbeit befriedigen kann. Den Anfang der Human-Relations-Bewegung bildeten die so genannten **Hawthorne-Experimente** in den 20er Jahren des letzten Jahrhunderts, die insbesondere von Mayo und Roethlisberger durchgeführt wurden. Zunächst sollte ganz im Sinne des Scientific Management nachgewiesen werden, dass die menschliche Arbeitsleitung positiv durch eine Verbesserung der technischen Arbeitsbedingungen beeinflusst wird. Dazu wurden Testgruppen mit veränderten Arbeitsbedingungen und Kontrollgruppen, deren Situation unverändert war, gebildet. In beiden Gruppen stiegen überraschenderweise die Leistungen. Auch neue Versuchsgruppen sowie andere Veränderungen der Arbeitsbedingungen und Änderungen des Entgeltsystems brachten die gleichen, zunächst unverständlichen Ergebnisse. Weitere Untersuchungen bestätigten, dass nicht nur ökonomische Anreize und technische Arbeitsbedingungen für das Verhalten und die Leistung der Mitarbeiter ausschlaggebend sind. Soziale Faktoren können einen wesentlich stärkeren Einfluss ausüben. So führten insbesondere eine stärkere Beachtung durch die Führungskräfte und positive Beziehungen innerhalb der Gruppen zur Leistungssteigerung. Auch das Gefühl, dass es sich bei der eigenen Gruppe um eine besondere handelte, steigerte die Zufriedenheit und damit die Leistung. Dieses Phänomen wird als „Hawthorne-Effekt" bezeichnet.

Diese Erkenntnisse führten zu einer Abkehr vom Scientific Management. Die Human-Relations-Bewegung strebt in erster Linie danach, die sozialen Bedürfnisse der Mitarbeiter zu befriedigen, um auf diese Weise die Arbeitszufriedenheit zu erhöhen. Aus Zufriedenheit folgt dann als logische Konsequenz Leistung. Damit stehen formelle und informelle Kommunikations- und Informationsbeziehungen, die Förderung von Gruppen und deren soziale Anerkennung sowie die stärkere Beachtung des einzelnen Mitarbeiters im Vordergrund. Die sehr starke Harmonieorientierung verstellt allerdings den Blick auf das eigentliche Ziel, die Leistungssteigerung. Der zufriedene, aber faule Mitarbeiter passt nicht in dieses Menschenbild.

Unter dem **sich selbst verwirklichenden Menschen** versteht man eine Person, die nach Autonomie strebt. Wenn sie sich entfalten kann, motiviert sie sich selbst. Dazu muss die Arbeit so gestaltet sein, dass sie eigenverantwortlich entscheiden kann. Der Vorgesetzte wird zum Unterstützer und Förderer, ein Motivator und Kontrolleur ist nicht mehr erforderlich. Der Mitarbeiter ist fähig und auch bereit, für das Erreichen der Unternehmensziele zu arbeiten. Leistungsdruck ist für ihn ein selbstverständlicher Bestandteil seiner Arbeit.[120] Daraus ergibt sich seine Bereitschaft zur Leistung und zur Übernahme von Verantwortung. Das Menschenbild des „Self Actualizing Man" hat zur Entwicklung der verschiedenen Management-by-Modelle beigetragen. Außerdem hat es bewirkt, dass die Personalentwicklung stärker ins Blickfeld rückte.[121]

Der **komplexe Mensch** vereint Elemente der drei anderen Menschenbilder. Er ist sehr wandlungsfähig, seine Bedürfnisse, ihre Bedeutung und Dringlichkeit verändern sich, womit er sich der Schematisierung entzieht. Der Vorgesetzte muss in der Lage sein, die Veränderungen und Entwicklungen zu erkennen. Diesen Änderungen entsprechend sind dann je nach Situation andere Anreize nötig, um den Mitarbeiter zur Leistung zu motivieren. Ein differenziertes Anreizsystem ist notwendig.

Dem „Complex Man" kommt aus heutiger Sicht besondere Bedeutung zu. Er ist nur dann bereit, die erwünschte Arbeitsleistung zu erbringen, wenn zwischen den Leistungen für das Unternehmen, der Arbeitszufriedenheit und den Weiterentwicklungsmöglichkeiten gemäß der eigenen Vorstellungen ein subjektives Gleichgewicht besteht. Andernfalls wird er seine Leistungen außerhalb des Unternehmens erbringen.[122]

6.1.2 Erklärungsansätze zur Motivation im Arbeitsprozess

6.1.2.1 Vorbemerkungen

Motive sind Beweggründe menschlichen Verhaltens. Sie entstehen aus einem Bedürfnis, das auf ein Mangelempfinden zurückgeht, sowie aus der Erwartung, dass sich der Mangel durch ein bestimmtes Verhalten beseitigen lässt.

Motive sind erstrebenswerte Zielzustände und erzeugen also eine latente Verhaltensbereitschaft. Damit diese in ein tatsächliches Verhalten mündet, müssen weitere Komponenten, zumindest ein passender Anreiz, hinzukommen. Dieser sorgt dafür, dass der Mensch in einen Spannungszustand gerät, der durch eine Aktion beseitigt werden kann. So führt z.B. Hungergefühl zu einem Spannungszustand, nämlich dem Bedürfnis, etwas zu essen. Es wird durch eine Aktion, nämlich die Aufnahme von Lebensmitteln, beseitigt. Vereinfacht lässt sich menschliches Verhalten wie folgt darstellen:[123]

Motiv + Anreiz → Aktion (Verhalten)

Motive werden in verschiedene Klassen eingeteilt, um ihre Aussagekraft und ihre Auswirkungen besser zu verdeutlichen. Man unterscheidet

- **intrinsische und extrinsische Motive**: Intrinsische Motive werden durch die Arbeit an sich befriedigt. Ein Mitarbeiter erbringt umso mehr Leistung, je mehr er sich mit seiner

---

[120] Vgl. Bühner, R. (2005), S. 260.

[121] Vgl. Jung, H. (2005), S. 372.

[122] Vgl. Bühner, R. (2005), S. 261.

[123] Vgl. Jung, H. (2005), S. 360.

Arbeit identifizieren kann und je mehr Freude er an ihr hat. Bei einfachen Aufgaben ist die intrinsische Motivation deutlich geringer als bei komplexen. Extrinsische Motive werden durch die Folgen und Begleitumstände der Arbeit befriedigt. Die Arbeit ist somit nur Mittel zum Zweck.

- **primäre und sekundäre Motive**: Primäre Motive sind Beweggründe, die bei jedem Menschen vorhanden sind, z.B. Hunger und Durst. Sekundäre Motive dienen der Befriedigung anderer Motive. Ein Beispiel ist das Geldmotiv, mit dem sich viele primäre Bedürfnisse befriedigen lassen.

- **physische, psychische und soziale Motive**: Zu den physischen Motiven gehören z.B. Hunger, Durst, Ruhe, Erholung und Sexualität. Psychische Motive sind z.B. Unabhängigkeit und Selbstverwirklichung. Bei den sozialen Motiven geht es um Anerkennung durch andere. Ein Beispiel ist die Gruppenzugehörigkeit.

Abb. 33 zeigt die wichtigsten Motive der Arbeitnehmer im Arbeitsprozess.

Hauptmotive der Arbeitnehmer im Arbeitsprozess	
extrinsische Motive	intrinsische Motive
• Geldmotiv	• Leistungsmotiv
• Sicherheitsmotiv	• Kompetenzmotiv
• Status- und Prestigemotiv	• Kontaktmotiv

Abb. 33: Hauptmotive der Arbeitnehmer im Arbeitsprozess[124]

Das **Geldmotiv** als offensichtlichstes Motiv für die Arbeit ist bei einzelnen Menschen sehr unterschiedlich ausgeprägt. Das Geld ist zum einen ein Tauschwert für Güter und Dienstleistungen aller Art, zum anderen ist es auch ein Maßstab für die erbrachte Leistung und ein Symbol für Status, Ansehen, Macht oder auch Sicherheit.

Jüngere Menschen sind in der Regel stärker geldmotiviert als ältere. Für sie ist Geld die Basis, um viele materielle Bedürfnisse (erstmals) befriedigen zu können und nicht mehr auf die Unterstützung durch die Familie angewiesen zu sein. Bei älteren Arbeitnehmern spielt das Geldmotiv meist eine geringere Rolle, da ein Teil dieser Bedürfnisse bereits befriedigt ist und oft Ersparnisse für die Befriedigung künftiger Bedürfnisse vorhanden sind. Wenn das Einkommen als ausreichend empfunden wird, verlieren Gehaltserhöhungen immer mehr ihre leistungsfördernde Wirkung. Andererseits steigt die Bedeutung des Geldes als Symbol für Ansehen und beruflichen Erfolg, wodurch das Geldmotiv auch bei den Älteren einen wichtigen Platz einnimmt.

Das **Sicherheitsmotiv** resultiert aus dem Verlangen, alle Gefahren, die der Bedürfnisbefriedigung im Weg stehen, zu verringern oder ganz auszuschalten. Auch hier variiert die Bedeutung von Mensch zu Mensch. Arbeitsplatzsicherheit ist für die meisten ein wichtiges Motiv, dem die Unternehmen und der Gesetzgeber mit zahlreichen Regelungen und Maßnahmen Rechnung tra-

---

[124] in Anlehnung an Jung, H. (2005), S. 364.

gen. Eine zu große Ausprägung des Sicherheitsmotivs kann jedoch zu verminderter Eigeninitiative, Kreativität und Leistung des Mitarbeiters führen.

Viele Menschen streben danach, sich von anderen abzugrenzen und aus einer Gruppe herauszuragen. Diesen Beweggrund nennt man das **Status- oder Prestigemotiv**. Der Status, den ein Mensch besitzt, wird nicht von ihm selbst bestimmt, sondern ihm von seiner Umgebung zugewiesen. Auf die Arbeit bezogen entsteht Prestige dann, wenn ein Mitarbeiter die Verhaltenserwartungen seiner Arbeitsumgebung erfüllt. Die Erwartungen werden sowohl von den Vorgesetzten als auch von Kollegen und anderen Mitarbeitern an ihn herangetragen. Je nachdem ob er diesen Erwartungen gerecht wird, kann er bei diesen Gruppen einen ganz unterschiedlichen Status haben.

Das **Leistungsmotiv** beruht auf dem Bestreben des Menschen, selbstgesteckte Leistungsziele zu erreichen. Ein leistungsmotivierter Mitarbeiter empfindet eine ihm gestellte Aufgabe als Herausforderung. Sie bildet für ihn den eigentlichen Anreiz. Komplexe Aufgaben steigern seinen Arbeitseifer und erhöhen die Anforderungen, die er an sich selbst stellt. Sein Interesse gilt der Bewältigung und Überwindung von Problemen, einfache Aufgaben motivieren ihn nicht. Die Leistung, die er erzielt, dient der Befriedigung seiner Bedürfnisse. Dazu ist es allerdings erforderlich, dass der Mitarbeiter auf das Ergebnis der Arbeit aktiv Einfluss nehmen kann. Geld dient leistungsmotivierten Menschen als Maßstab zur Beurteilung der eigenen Leistung im Vergleich zu derjenigen anderer Mitarbeiter.

Das **Kompetenzmotiv** spiegelt den Wunsch des Menschen wieder, seine Umwelt – in diesem Fall seine Arbeit – zu beherrschen. Ein kompetenzmotivierter Mitarbeiter legt Wert darauf, Experte auf seinem Aufgabengebiet zu sein. Er möchte sich beruflich entfalten, Probleme meistern und Entwicklungen mitbestimmen. Selbständigkeit und Eigenverantwortlichkeit sind ihm wichtig, Routine und Fremdkontrolle wirken sich eher negativ auf seine Motivation aus. Ein zu häufiger Aufgabenwechsel und ständig neue Anforderungen können sich allerdings ebenfalls negativ bemerkbar machen, da der Mitarbeiter dann möglicherweise das Empfinden hat, nicht mehr kompetent zu sein.

Das **Kontaktmotiv** als das dritte intrinsische Motiv entsteht durch den Wunsch des Menschen nach Zugehörigkeit zu einer Gruppe. Neben dem Schutz und der Anerkennung, die man dort erfährt, wird auch das Bedürfnis nach Geselligkeit befriedigt. Unternehmen können den Kontaktmotiven ihrer Mitarbeiter insbesondere durch die Auswahl geeigneter Arbeitsformen, wie z.B. Gruppen- oder Projektarbeit, begegnen. Auch betriebliche Freizeiteinrichtungen und Betriebsfeiern erfüllen diesen Zweck.

Um zu jedem Motiv das passende Anreizsystem bieten zu können, führen Unternehmen seit einigen Jahren verstärkt **Mitarbeiterbefragungen** durch.[125]

Von den Motiven ist die Motivation abzugrenzen. Unter **Motivation** versteht man diejenigen Prozesse und Faktoren, die das menschliche Verhalten bestimmen. Sie unterliegt einem Lernprozess, der mit der Entwicklung des Menschen zusammenhängt. Es handelt sich also um ein situationsabhängiges, komplexes Zusammenspiel von verschiedenen, aktivierten Motiven. Die Richtung, Stärke und Dauer des Verhaltens hängt zudem von der Erfahrung und der Qualifikation

---

[125] Vgl. Steffens-Duch, S. (2000), S. 295 ff.

des Menschen ab.[126] Ein Beispiel, in welchen Phasen ein **Motivationsprozess** ablaufen kann, findet sich bei Jung und wird in Abb. 34 dargestellt.

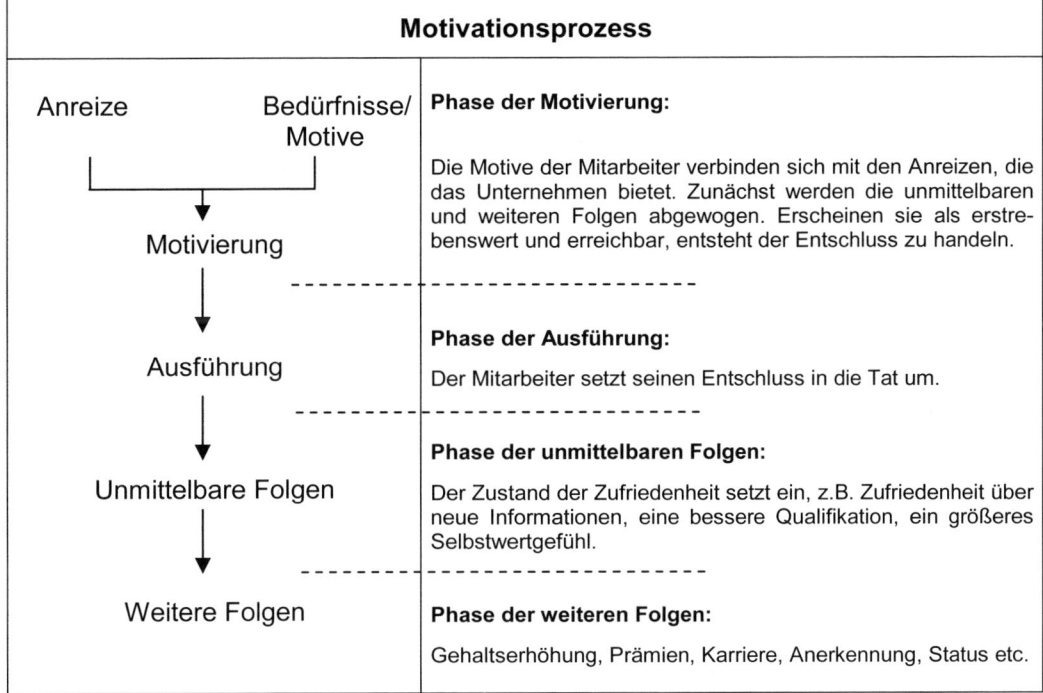

Abb. 34: **Phasen des Motivationsprozesses**[127]

Zunächst sind die **Anreize**, durch welche die latent vorhandenen **Motive** aktiviert werden, von zentraler Bedeutung. Sie lösen Erwartungen aus, ob bestimmte Verhaltensweisen oder Handlungen zum Erreichen der Ziele, die der Mitarbeiter anstrebt, geeignet sind. Wenn diese Erwartungen positiv sind, folgt daraus der Entschluss zu handeln (**Motivierung**). In der **Phase der Ausführung** wird dieser Entschluss dann in die Tat umgesetzt. Die anschließend eintretenden **unmittelbaren Folgen** vergleicht der Mitarbeiter mit seinen Erwartungen. Wenn beide übereinstimmen, entsteht ein Zustand der Zufriedenheit, andernfalls kommt es zu Unzufriedenheit. Gleiches gilt für die **Phase der weiteren Folgen**. Sowohl Anreize als auch Erwartungen und Motive unterliegen Lernprozessen, die auf eigenen Erfahrungen und Beobachtungen sowie auf den mitgeteilten Erfahrungen und Beobachtungen von anderen basieren.[128]

6.1.2.2 Motivationstheorien

Bis heute existiert keine einheitliche allgemeingültige Theorie der Motivation, sondern eine Vielzahl unterschiedlicher Erklärungsansätze. Während sich die einen auf die Frage nach den bedeut-

---

[126] Vgl. Berthel, J., Becker, F.G. (2003), S. 19; Jung, H. (2005), S. 359.

[127] Vgl. Jung, H. (2005), S. 361.

[128] Vgl. ebd., S. 360.

samen Motiven bzw. dem Inhalt der Bedürfnisse konzentrieren, betrachten die anderen den Prozess der Motivation und versuchen herauszufinden, wie Motivation entsteht und wie sie das Verhalten des Menschen beeinflusst. Entsprechend werden **Inhalts- und Prozesstheorien** unterschieden.

Problematisch bei allen Theorien ist, dass ein Motiv unterschiedliche Verhaltensweisen auslösen kann und dass umgekehrt auch das Verhalten durch unterschiedliche Motive hervorgerufen werden kann. Deshalb ist ein eindeutiger Zusammenhang zwischen Motiv und menschlichem Verhalten nicht immer herstellbar. Inhaltstheorien und Prozesstheorien weisen nur wenige Berührungspunkte auf, obwohl Inhaltstheorien ohne Annahmen über den Motivationsprozess nicht auskommen und Prozesstheorien stets auch inhaltstheoretische Elemente enthalten.[129] Jede Theorie erklärt zudem nur einige Aspekte der Motivation.

Gleichwohl bieten Motivationstheorien Verständnishilfen für Vorgesetzte und Personalmanager und ermöglichen das Ableiten von Handlungsempfehlungen. Während die Inhaltstheorien in der Praxis breite Verwendung gefunden haben, lässt ihre empirische Fundierung oft zu wünschen übrig. Umgekehrt verhält es sich bei den Prozesstheorien.

6.1.2.2.1 Inhaltstheorien

Die bekanntesten Inhaltstheorien, die hier dargestellt werden, sind

- die Bedürfnispyramide von Maslow,
- die ERG-Theorie von Alderfer und
- die Zwei-Faktoren-Theorie von Herzberg.

(a) Bedürfnispyramide von Maslow

Sie wurde in den 1940er Jahren aufgestellt und anschließend vier Jahrzehnte lang weiterentwickelt. Maslow gliedert die menschlichen Bedürfnisse in fünf hierarchische Stufen, von denen die ersten vier so genannte Defizitbedürfnisse darstellen. Bei der fünften Stufe handelt es sich um Wachstumsbedürfnisse, deren Befriedigung auf die Entfaltung des menschlichen Potenzials ausgerichtet ist. Sie ist für den Menschen erst dann von Bedeutung, wenn die Defizite der darunter liegenden Bedürfnisstufen ausgeglichen sind. Maslow geht davon aus, dass die von ihm aufgestellte Hierarchie der Bedürfnisse für jeden Durchschnittsmenschen zutreffend ist. Eine Übersicht gibt die Abb. 35.

Physiologische Grundbedürfnisse, z.B. Nahrung, Kleidung, Gesundheit und Schlaf, sind auf die Selbsterhaltung ausgerichtet. Anreize bei der Arbeit können beispielsweise eine ausreichende Bezahlung und soziale Leistungen wie Werkswohnungen und Gesundheitsvorsorge sein.

Sicherheitsbedürfnisse der Mitarbeiter beziehen sich auf das Streben nach materieller und zwischenmenschlicher Sicherheit. Passende Anreize im Unternehmen sind z.B. ein sicherer Arbeitsplatz, ausreichende Altersversorgung, Absicherung im Krankheitsfall, Unfallversicherung oder die dauerhafte Zugehörigkeit zu einer Arbeitsgruppe.

---

[129] Vgl. Drumm, H.J. (2005), S. 471 f.

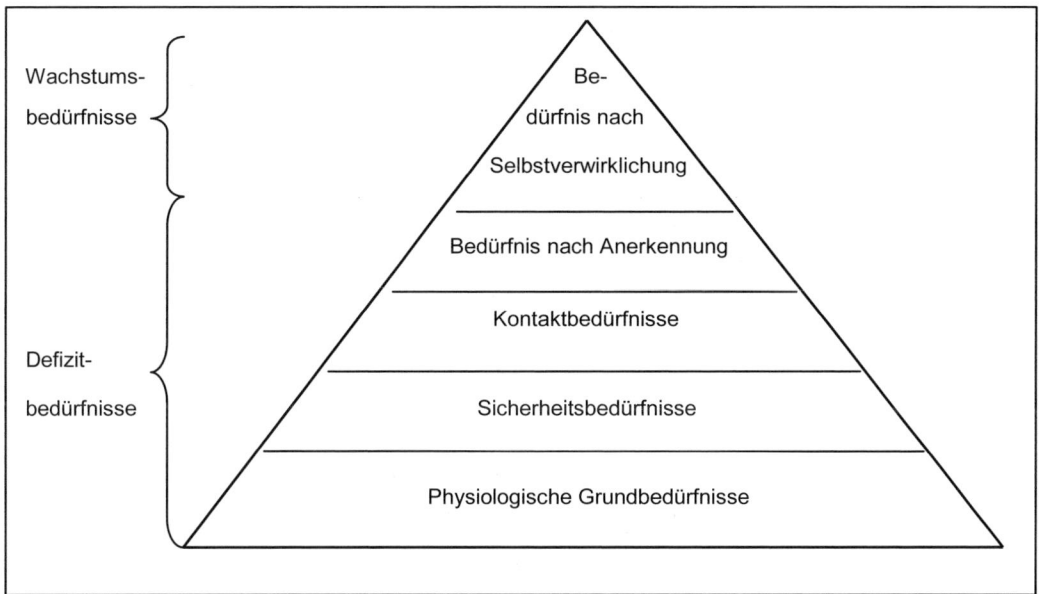

Abb. 35: Bedürfnispyramide nach Maslow

Kontaktbedürfnisse oder soziale Bedürfnisse umfassen das Streben nach Integration, Geselligkeit, Gemeinschaft und Kommunikation. Beispiele für Anreize zur Befriedigung dieser Bedürfnisse sind Projektteams, Werkskantinen, Betriebsausflüge und Sportgruppen.

Selbstachtung, Bestätigung durch andere und Macht gehören zum **Bedürfnis nach Anerkennung**. Es kann z.B. durch Aufstiegsmöglichkeiten und Statussymbole befriedigt werden.

Das **Bedürfnis nach Selbstverwirklichung** ist auf die Ausschöpfung der eigenen Möglichkeiten und die Realisation der eigenen Pläne gerichtet. Anreize durch das Unternehmen können Mitbestimmung, Delegation von Verantwortung und kooperative Führung sein.

Die Bedürfnisse einer höheren Stufe werden erst aktiviert, wenn alle darunter liegenden befriedigt sind. Die niedrigste nicht befriedigte Bedürfnisstufe ist für das Handeln des Menschen relevant. Weder darunter liegende, ausreichend befriedigte noch darüber liegende, nicht befriedigte Stufen sind handlungsmotivierend. Durch die Beseitigung des Mangels wird ein Wohlbefinden erreicht. Während Defizitbedürfnisse mit zunehmender Befriedigung nicht mehr motivierend wirken, behalten Wachstumsbedürfnisse ihre Motivationskraft. Ihre Befriedigung führt sogar zu verstärktem Streben nach weiterer Befriedigung.

Befriedigte Bedürfnisse können durch geänderte Lebenssituationen wieder aktiviert werden, z.B. werden die Sicherheitsbedürfnisse wieder handlungsrelevant, wenn ein Mitarbeiter entlassen wird und eine neue Stelle suchen muss.

Maslows Theorie wird in vielerlei Hinsicht kritisiert. Die Stufung der Motive wird als willkürlich angesehen, die ungenaue Abgrenzung zwischen den fünf Ebenen und die mangelnde empirische Überprüfung der Theorie werden ebenso bemängelt wie die automatische Entwicklung des Menschen von niedrigen zu höheren Bedürfnissen. Außerdem fehlen einige Bedürfnisse gänzlich, etwa ästhetische Bedürfnisse. Auch die Dominanz des niedrigsten nicht befriedigten Bedürfnisses wird bezweifelt.[130] Trotz aller Kritik ist die Maslowsche Theorie in der Wirtschaft auf großes Interesse gestoßen. Sie führt den Entscheidungsträgern deutlich vor Augen, dass es wichtig ist, Anreize zu differenzieren, um die Mitarbeiter entsprechend ihren aktuellen Bedürfnissen gezielt zur Leistung anzuregen. Somit dient sie für die Entwicklung eines Anreizsystems als Orientierungshilfe.

Geht man davon aus, dass das menschliche Verhalten durch mehrere Bedürfnisse gleichzeitig beeinflusst wird, ergibt sich ein Diagramm, wie es in Abb. 36 dargestellt wird. Dabei ist zwar jeweils eine Stufe vorherrschend, aber nicht allein motivierend.[131]

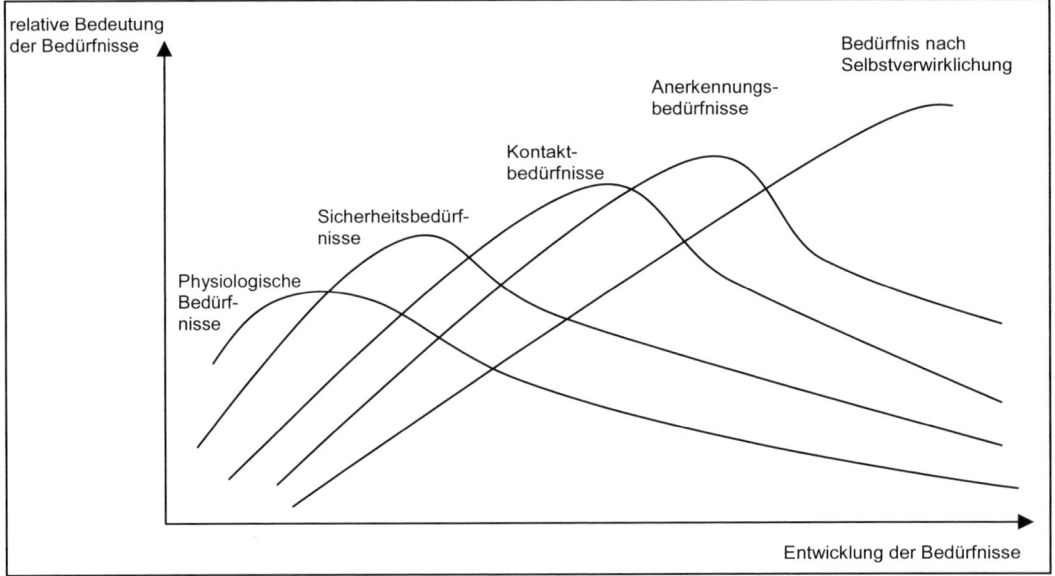

Abb. 36: Dynamische Betrachtung der Bedürfnisse

(b) ERG-Theorie von Alderfer

Die ERG-Theorie baut auf den Überlegungen Maslows auf und fasst die fünf Bedürfnisstufen zu drei Stufen zusammen. Alderfer unterscheidet zwischen

- Existenzbedürfnissen (Existence Needs), worunter er physiologische Bedürfnisse und materielle Sicherheit versteht,
- sozialen Bedürfnissen (Relatedness Needs), die sich auf Kontakt, Achtung und Wertschätzung beziehen, sowie
- Wachstums- und Selbstverwirklichungsbedürfnissen (Growth Needs), die das Streben nach Entfaltung und Selbstverwirklichung umfassen.

---

[130] Vgl. Bröckermann, R. (2003), S. 365 ff.; Oechsler, W.A. (2000), S. 155 f.

[131] Vgl. Bühner, R. (2005), S, 265.

Alderfer geht – ähnlich wie Maslow – zunächst davon aus, dass ein nicht befriedigtes Bedürfnis dominant ist. Der Mensch strebt nach dessen Befriedigung. Danach wird das nächst höhere Bedürfnis relevant. Das niedrigere, bereits befriedigte Bedürfnis kann jedoch in umgekehrter Richtung wieder aktiviert werden, wenn die Befriedigung des höheren blockiert ist. Es wirkt dann als eine Art Ersatz für das höhere Motiv, das nicht befriedigt werden kann, und ist weiterhin verhaltensrelevant. Die Wachstumsbedürfnisse der dritten Stufe werden nach Alderfer umso stärker, je mehr sie befriedigt werden. Das Anspruchsniveau des Menschen erhöht sich, er strebt immer mehr nach Entfaltung und Selbstverwirklichung.[132]

Der Informationsgehalt der ERG-Theorie wird im Allgemeinen höher als derjenige der Maslowschen Theorie bewertet. Auch ist sie durch empirische Untersuchungen stärker abgesichert, allerdings hat sie in den Unternehmen keine große Bedeutung erlangt.

(c) Zwei-Faktoren-Theorie von Herzberg

Sie baut auf den Ergebnissen der Pittsburgh-Studie auf, bei der Ende der 1950er Jahre ca. 200 Ingenieure und Büroangestellte über positive und negative Aspekte ihrer Arbeit Auskunft gaben. Gefragt wurde, welche Faktoren Zufriedenheit hervorrufen und welche Unzufriedenheit vermeiden bzw. abbauen. Es zeigte sich, dass Zufriedenheit und Unzufriedenheit keine gegensätzlichen Pole sind, sondern differenzierter gesehen werden müssen. Eine Reihe weiterer Untersuchungen bestätigte dieses Ergebnis.

Demnach ist das Gegenteil von Unzufriedenheit die Nicht-Unzufriedenheit. Der Zufriedenheit steht die Nicht-Zufriedenheit gegenüber.

Entsprechend unterteilt Herzberg die Bedürfnisse der Menschen in die beiden Kategorien

- Hygienefaktoren und
- Motivatoren.

Das Fehlen bestimmter Arbeitsbedingungen, der **Hygienefaktoren**, führt zu Unzufriedenheit. Sind sie vorhanden, baut dies **Unzufriedenheit** ab, führt aber nicht zu Zufriedenheit, sondern lediglich zu **Nicht-Unzufriedenheit**. Die Hygienefaktoren beziehen sich hauptsächlich auf die Arbeitsumgebung und die Rahmenbedingungen, unter denen die Arbeit durchgeführt wird. Es handelt sich also in erster Linie um extrinsische Bedürfnisse.

Der Begriff Hygienefaktoren wird hier ähnlich aufgefasst wie in einem Krankenhaus. Die Verschlechterung der Hygiene führt zur Zunahme von Krankheiten. Durch eine Verbesserung der hygienischen Verhältnisse erreicht man aber nicht etwa mehr Gesundheit, sondern man verhindert nur die Zunahme von Krankheiten. Auf die Arbeitssituation bezogen bedeutet dies, dass eine Verschlechterung der Hygienefaktoren zu Unzufriedenheit führt, ihre Verbesserung bewirkt, dass die Mitarbeiter nicht mehr unzufrieden sind.

Zu den Hygienefaktoren am Arbeitsplatz zählen

- Entgelt,
- Status,
- Entwicklungsmöglichkeiten,

---

[132] Vgl. Hentze, J., Kammel, A., Lindert, K. (1997), S. 133 f.

- Beziehungen zu Vorgesetzten, Kollegen und Mitarbeitern,
- Führungsverhalten des Vorgesetzten,
- Firmenpolitik und -organisation sowie
- Arbeitsbedingungen und -sicherheit.[133]

Auch das Privatleben wirkt sich als Hygienefaktor auf die Arbeitssituation aus.

Nur eine Veränderung der **Motivatoren** kann die **Zufriedenheit** beeinflussen. Dabei handelt es sich im Wesentlichen um intrinsische Bedürfnisse. Ihre Befriedigung schafft Zufriedenheit, werden sie nicht befriedigt, führt dies zu **Nicht-Zufriedenheit**.

Zu den Motivatoren gehören

- Selbstbestätigung und Leistungserfolg,
- Anerkennung,
- Inhalt der Arbeit,
- Verantwortung und
- Aufstieg.[134]

Eine **Steigerung der Arbeitsleistung** ist nur über eine Veränderung der Motivatoren möglich. Insbesondere bei den Arbeitsinhalten und der Arbeitsstrukturierung können starke Leistungsanreize gesetzt werden.

Eine Veränderung der Hygienefaktoren hingegen kann keine höhere Leistung bewirken. Wenn die Hygienefaktoren zu wenig befriedigt sind, folgt daraus Unzufriedenheit, d.h. es kommt zu einer negativen Arbeitseinstellung und zu einem Absinken der Leistung. Die Beseitigung der Unzufriedenheit auslösenden Faktoren führt jedoch nicht zu mehr Leistung, sondern verhindert nur einen weiteren Rückgang. Es ist deshalb wenig sinnvoll, über eine bestimmte, als angemessen betrachtete Ausstattung hinaus in Hygienefaktoren zu investieren. Empirische Untersuchungen zeigen zudem, dass bei den meisten Mitarbeitern die Wirkungsdauer von Hygienefaktoren eher kurzfristig ist.[135]

Bei der Übertragung der Herzbergschen Zwei-Faktoren-Theorie auf das Unternehmen ergibt sich jedoch das Problem, dass viele Faktoren nicht eindeutig den Motivatoren oder den Hygienefaktoren zugerechnet werden können, weil die Zuordnung immer auch von der Persönlichkeit des Mitarbeiters abhängt. Es ist also von Mitarbeiter zu Mitarbeiter verschieden, welche Faktoren lediglich auf ein angemessenes Niveau gebracht werden müssen und welche weiter erhöht werden sollten, um die Arbeitszufriedenheit und damit die Leistung zu steigern.

So sind Unternehmenspolitik und Organisation für den größten Teil der Mitarbeiter lediglich Hygienefaktoren, während sie auf einen kleinen Teil wie Motivatoren wirken. Umgekehrt wird Anerkennung von den meisten als Motivator empfunden, einige sehen darin jedoch einen Hygiene-

---

[133] Vgl. Jung, H. (2005), S. 383.

[134] Vgl. Klimecki, R.G., Gmür, M. (2001), S. 272.; Jung, H. (2005), S. 383.

[135] Vgl. Jung, H. (2005), S. 397 f.

faktor. Auch komplexe und schwierige Aufgaben oder umfangreiche Entscheidungsbefugnisse werden nicht von allen Mitarbeitern als Motivatoren betrachtet.

Während Herzberg die materiellen Anreize größtenteils zu den Hygienefaktoren zählt, kommen neuere Befragungen zu widersprüchlichen Ergebnissen, die Herzberg teilweise bestätigen und teilweise widerlegen.[136] Zudem existieren die Faktoren nicht unabhängig voneinander. So haben beruflicher Aufstieg und höhere Leistung in der Regel ein höheres Entgelt zur Folge, der Hygienefaktor Entgelt wirkt dann gleichzeitig als Motivator.

Auch die geringe empirische Fundierung der Theorie wird oft bemängelt, wobei sich die Kritik vor allem auf die Befragungsmethodik und die Stichprobenauswahl bezieht. Der unterstellte (automatische) Zusammenhang zwischen Arbeitszufriedenheit und höherer Leistung wird von Kritikern ebenfalls in Frage gestellt.

6.1.2.2.2 Prozesstheorien

Prozesstheorien versuchen zu erklären, wie Motivation entsteht und wie sie das menschliche Verhalten steuert. Die Bedürfnisinhalte sind in diesem Zusammenhang von untergeordneter Bedeutung. Erfahrungen, Einstellungen und Erwartungen des Menschen werden beleuchtet.

Man unterscheidet Erwartungsvalenztheorien und Gleichgewichtstheorien. Zu den Ersteren zählt beispielsweise die VIE-Theorie von Vroom. Bedeutsame Gleichgewichtstheorien sind die Anreiz-Beitrags-Theorie von Simon und March und die Gleichheitstheorie von Adams.

(a) VIE-Theorie nach Vroom

Motivation entsteht nach dieser Theorie durch die multiplikative Verknüpfung von

- Valenz,
- Instrumentalität und
- Erwartung.[137]

Unter **Valenz** versteht man die subjektiv wahrgenommene Belohnung, d.h. die Attraktivität, die mit der Zielerreichung verbunden ist. Sie ist von den individuellen Motiven des Mitarbeiters und den entsprechenden Anreizen abhängig.

Instrumentalität zeigt, wie der Mitarbeiter eine bestimmte Handlung und das daraus resultierende Ergebnis als geeignetes Instrument zur Zielerreichung einschätzt. Bei den Ergebnissen unterscheidet man **zwei Ebenen**. Die Ergebnisse erster Ebene, z.B. das Entgelt für eine Arbeitsleistung, dienen ihrerseits als Anreize für die Ergebnisse zweiter Ebene, die primär vom Mitarbeiter verfolgten Ziele.

Erwartung ist die subjektive Einschätzung des Mitarbeiters, wie groß die Wahrscheinlichkeit ist, eine Handlung erfolgreich zum Abschluss zu bringen.

Daraus ergibt sich der folgende Zusammenhang:

$$\textbf{Erwartung} \ * \ \textbf{Instrumentalität} \ * \ \textbf{Valenz} \ = \ \textbf{Motivation}$$

---

[136] Vgl. o.V. (2003 a), S. 15.; Scherff, D. (2004), S. 53.

[137] Vgl. Hentze, J., Kammel, A., Lindert, K. (1997), S. 142 f.

Motivation kann also nur entstehen, wenn die drei Faktoren Erwartung, Instrumentalität und Valenz vorhanden sind. Ist einer der Faktoren nicht existent, also gleich null, ist das Ergebnis der Multiplikation ebenfalls null.

Damit Leistung entsteht, müssen zur Motivation noch die (passenden) individuellen Fähigkeiten des Mitarbeiters hinzukommen. Auch diese zwei Elemente sind multiplikativ verknüpft:

Leistung = Motivation * individuelle Fähigkeiten

Unter personalwirtschaftlichen Gesichtspunkten kommt es deshalb darauf an, Aufgaben so zu strukturieren, dass der Mitarbeiter es für sehr wahrscheinlich hält, das gewünschte Arbeitsergebnis erzielen zu können. Dieses Ergebnis muss dann aus Sicht des Mitarbeiters mit hoher Wahrscheinlichkeit zur Gewährung der Anreize und damit zur Bedürfnisbefriedigung beitragen. Dazu müssen die Anreize so gestaltet sein, dass sie den aktivierten Bedürfnissen möglichst weitgehend entsprechen.

Die Theorie klärt zwar nicht, welche Faktoren die Erwartungen und die Valenz beeinflussen, es wird jedoch deutlich, dass es nicht ausreicht, zur Steigerung der Motivation allein die Anreize zu erhöhen.

(b) Anreiz-Beitrags-Theorie von Simon und March

Sie geht davon aus, dass der Mitarbeiter die Anreize, die er vom Unternehmen erhält, in Beziehung zu den Beiträgen setzt, die er für das Unternehmen leistet. Die Anreize dienen der Bedürfnisbefriedigung und führen zu weiteren Leistungen für das Unternehmen.

Anreize können sowohl monetärer als auch nichtmonetärer Art sein. Für den Mitarbeiter muss ein erkennbarer Zusammenhang zwischen Anreizgewährung und erbrachter Leistung, also seinen Beiträgen für das Unternehmen, bestehen. **Beiträge** sind Arbeitsleistungen und Anpassung an die Verhaltenserwartungen des Unternehmens.

Der Mitarbeiter hält seine Arbeitsbeziehung zum Unternehmen solange aufrecht, wie sich nach seinem subjektiven Empfinden Anreize und Beiträge im **Gleichgewicht** befinden oder die Anreize die Beiträge übersteigen. Der Wert, den der Mitarbeiter seinen Beiträgen beimisst, hängt davon ab, welche Handlungs-alternativen ihm sonst noch zur Verfügung stehen. Der Wert der Anreize wird durch individuelle Normen bestimmt.[138]

Die Anreiz-Beitrags-Theorie zeigt, dass das **subjektive Empfinden** hinsichtlich der Ausgewogenheit von Anreizen und Beiträgen für die Beitragsleistung von erheblicher Bedeutung ist. Daneben wirken sich die Verhaltensalternativen, deren wahrgenommene Konsequenzen und die individuellen Ziele des Mitarbeiters auf seine Entscheidung aus, den Verhaltenserwartungen im Unternehmen zu entsprechen oder nicht. Die Anreiz-Beitrags-Theorie geht davon aus, dass das Anspruchsniveau der Mitarbeiter langfristig konstant bleibt, und ignoriert somit eine Weiterentwicklung der Bedürfnisse.

(c) Gleichheitstheorie von Adams

Nach den Überlegungen von Adams definiert ein Mitarbeiter seine Arbeitssituation ebenfalls als Austauschbeziehung zwischen sich und dem Unternehmen. Außerdem vergleicht er sein eigenes

---

[138] Vgl. Scholz, C. (2000 a), S. 122 f.

Input-Output-Verhältnis mit dem anderer Mitarbeiter. Beide Bewertungen nimmt er subjektiv vor.

Output sind alle Belohnungen des Unternehmens, z.B. Entgelt, Status, interessante Aufgaben etc. Als **Input** bringt der Mitarbeiter seine Leistung, Erfahrung, Ausbildung etc. ein.

Wenn der Mitarbeiter zwischen dem eigenen **Input-Output-Verhältnis** und dem seiner Kollegen ein Ungleichgewicht vermutet, führt dies zu inneren Spannungen, die er abzubauen versucht. Dazu stehen ihm verschiedene **Alternativen** zur Verfügung, von denen er diejenige auswählt, die er am leichtesten umsetzen kann:[139]

- Er verändert sein Input-Output-Verhältnis durch Anpassung der Arbeitsleistung so, dass es nach seinem subjektiven Empfinden demjenigen der Vergleichspersonen entspricht.
- Er fordert andere Outputs oder eine Steigerung der bisherigen Outputs.
- Er wechselt die Aufgaben im Unternehmen.
- Er verlässt das Unternehmen.

Empirische Untersuchungen zeigen, dass das Empfinden, unterbezahlt zu sein, zu Unzufriedenheit und einer Verringerung der Arbeitsleistung führt. Auch eine vermutete Überbezahlung erzeugt Unbehagen und Unzufriedenheit. Die Gleichheitstheorie gibt jedoch keine Hinweise, wie sich der Vorgesetzte im Einzelfall verhalten soll. Aus ihr geht auch nicht hervor, wie der Mitarbeiter seine Vergleichspersonen aussucht. Ebenso wird nicht geklärt, wie die individuelle Bewertung von Input und Output zustande kommt.

6.1.3 Determinanten der menschlichen Arbeitsleistung

Die Arbeitsleistung ist das Ergebnis des individuellen leistungsbezogenen Verhaltens eines Mitarbeiters im Unternehmen. Sie hängt von diesen vier Determinanten ab:

- Leistungsbedingungen
- Leistungsfähigkeit
- Leistungsdisposition
- Leistungsbereitschaft

Leistungsfähigkeit und -disposition sind ihrerseits Komponenten des **Leistungsvermögens**.

Den Zusammenhang gibt Abb. 37 im Überblick wieder.

Die äußeren Einflüsse, die sich auf die Leistung eines Mitarbeiters auswirken, werden als **Leistungsbedingungen** bezeichnet. Großes Gewicht kommt dabei den organisatorischen, sachlichen und sozialen Faktoren zu. Daneben sind die technischen Bedingungen und die rechtliche Arbeitssituation von Bedeutung.

Die organisatorische Umwelt ist insbesondere durch einen hierarchischen Aufbau, die Gestaltung von Entscheidungsbefugnissen und die Strukturierung der Arbeitsinhalte, -prozesse und -verfahren geprägt.

---

[139] Vgl. ebd., S. 892 ff.

Zu den sachlichen Leistungsbedingungen gehören die Bereitstellung der Arbeitsmittel und die Gestaltung des Arbeitsplatzes. Hierunter fallen Faktoren wie eine ergonomisch gestaltete Arbeitsumgebung, die räumliche Anordnung der Arbeitsplätze (z.B. Großraumbüro oder Einzelbüros), Beleuchtung, Lärmschutz, Klimabedingungen etc.

Die soziale Umwelt umfasst alle zwischenmenschlichen Beziehungen im Unternehmen, sowohl zu Vorgesetzten als auch zu Kollegen und Mitarbeitern. Dazu zählen auch alle Kontakte, die nicht unmittelbar mit der Arbeitssituation in Zusammenhang stehen.

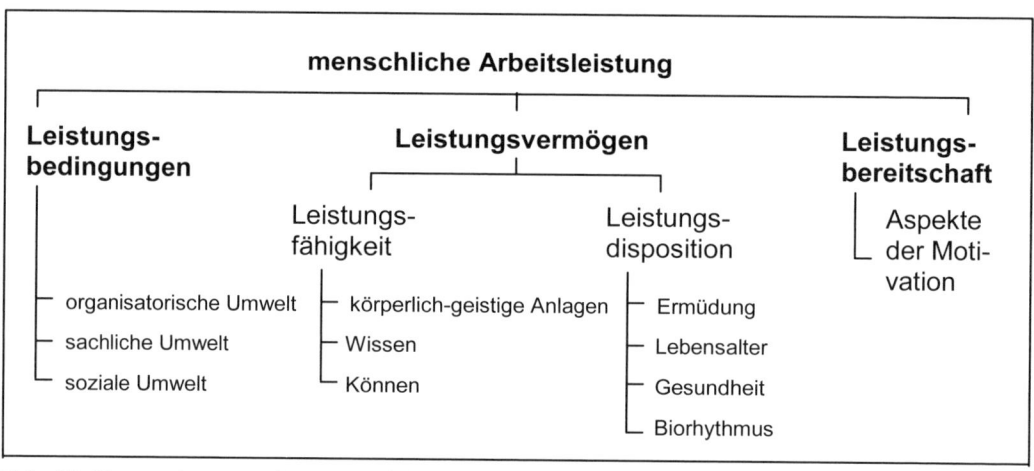

Abb. 37: Determinanten der menschlichen Arbeitsleistung

Durch die Kombination von Leistungsfähigkeit und Leistungsdisposition ergibt sich das tatsächliche aktuelle **Leistungsvermögen**.

Die **Leistungsfähigkeit** eines Mitarbeiters ist das Maximum dessen, was er im Unternehmen an Leistung erbringen kann. Es handelt sich um eine theoretische Größe, die durch die körperlich-geistigen Anlagen, das Wissen und das Können bestimmt wird. Inwieweit der Mitarbeiter seine Leistungsfähigkeit ausschöpft, hängt von seiner **Leistungsdisposition** ab. Darunter versteht man das körperliche und seelische Befinden eines Menschen. Die Leistungsdisposition verändert sich unter anderem durch Faktoren wie Ermüdung, Lebensalter und Gesundheitszustand. Auch psychische Faktoren spielen eine Rolle. Außerdem wirkt sich der menschliche Biorhythmus auf das Befinden des Mitarbeiters aus.

Abb. 38 zeigt die Schwankungen der Leistungsdisposition im Tagesablauf. Dabei handelt es sich um eine Durchschnittsbetrachtung. Der Kurvenverlauf ist bei jedem Menschen ähnlich, allerdings sind Maxima und Minima unterschiedlich hoch. Auch die zeitliche Lage verschiebt sich individuell nach links oder rechts. Zu beachten ist weiterhin, dass der Biorhythmus auch monatlichen und jährlichen Schwankungen unterliegt.

Die Leistungsbedingungen wirken sich nicht nur auf das Ergebnis der menschlichen Arbeitsleistung, sondern auch auf die **Leistungsbereitschaft** aus. Diese wiederum bestimmt, inwieweit der Mitarbeiter bereit ist, sein Leistungsvermögen in das Unternehmen einzubringen.

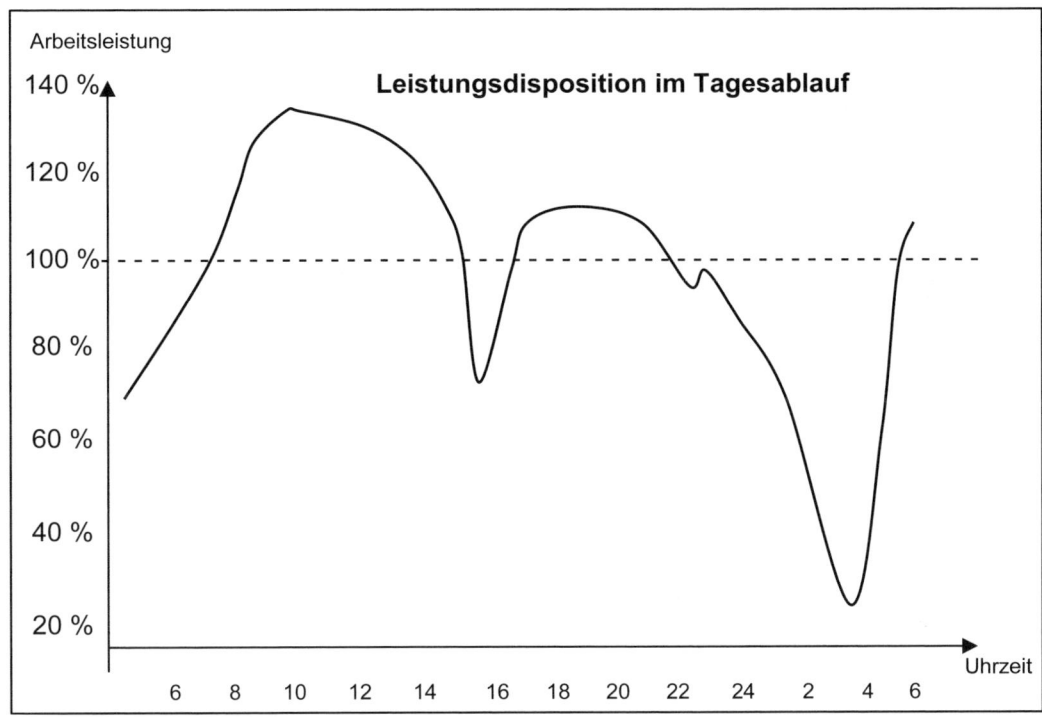

Abb. 38: Leistungsdisposition im Tagesablauf[140]

6.2 Anreizsysteme

6.2.1 Überblick

Über Anreize wird die Leistungsbereitschaft der Mitarbeiter aktiviert. Damit die verschiedenen Bedürfnisse befriedigt werden können, ist ein differenziertes Anreizsystem erforderlich, das den jeweiligen Motiven der Mitarbeiter angepasst ist. Deren Vielfalt zwingt jedoch dazu, bestimmten Bedürfnissen und Anreizen den Vorrang zu geben. Gegenstand eines Anreizsystems können monetäre und nichtmonetäre Anreize sein.

Monetäre oder materielle Anreize beziehen sich auf die Entgeltsituation. Neben Lohn- und Gehaltsregelungen gehören auch Sozialleistungen und Beteiligungssysteme zu dieser Gruppe. Monetäre Anreize zielen vor allem auf die Befriedigung der physiologischen Grundbedürfnisse und der Sicherheitsbedürfnisse ab. Aber auch als Statussymbol und zur Befriedigung des Anerkennungsbedürfnisses spielen sie eine Rolle.

Nichtmonetäre oder immaterielle Anreize sind vor allem auf das Bedürfnis nach Anerkennung und Selbstverwirklichung ausgerichtet. Hierzu zählen die Personalentwicklung, die Vergrö-

---

[140] in Anlehnung an Graf, O. (1960), S. 16.

ßerung der Eigenverantwortung, Aufstiegsmöglichkeiten, soziale Kommunikation, Gruppenmitgliedschaft, Führungsstil, Arbeitszeitgestaltung und Arbeitsstrukturierung.

In Abb. 39 sind die wichtigsten materiellen und immateriellen Anreize zusammengefasst.

Überblick über materielle und immaterielle Anreize	
Materielle Anreize	Immaterielle Anreize
• Lohn und Gehalt • Sozialleistungen • Mitarbeiterbeteiligungssysteme	• Personalentwicklung • Aufstiegsmöglichkeiten • Arbeitsstrukturierung • Arbeitszeitgestaltung • Flexibilisierung des Arbeitsortes • Soziale Kommunikation und Gruppenmitgliedschaft • Personalführung

Abb. 39: Überblick über materielle und immaterielle Anreize

Viele Anreize enthalten sowohl materielle als auch immaterielle Elemente. So dient eine Beförderung in erster Linie als immaterieller Anreiz, meist sind damit aber auch finanzielle Vorteile verbunden. Das betriebliche Vorschlagswesen sieht nicht nur eine Prämie für nützliche Vorschläge vor, sondern enthält wegen des positiven Effektes auf das Anerkennungsbedürfnis auch eine immaterielle Komponente. Auch die betrieblichen Sozialleistungen bestehen aus materiellen und immateriellen Elementen. Die Zuordnung wird im Folgenden davon abhängig gemacht, welche der beiden Komponenten vorherrschend ist.

6.2.2 Ausgewählte materielle Anreize

6.2.2.1 Vorbemerkung

Das **Entgelt** oder die Vergütung umfasst alle materiellen Leistungen, die der Mitarbeiter erhält. Dazu gehören

- das direkte Entgelt für geleistete Arbeit, also Lohn, Gehalt oder Beamtenbesoldung,
- die betrieblichen Sozialleistungen und
- die Mitarbeiterbeteiligungen.

In der Praxis und in der Literatur wird nicht streng zwischen Entgelt, Entlohnung, Lohn und Gehalt getrennt. Da die Unterscheidung in Lohn als Entgelt für Arbeiter und Gehalt als Entgelt für Angestellte unter rechtlichen und inhaltlichen Gesichtspunkten bedeutungslos geworden ist, werden diese Begriffe hier synonym verwandt.

Auch etliche Tarifverträge, etwa der Bundesentgelttarifvertrag für die chemische Industrie, nehmen diese Unterscheidung nicht mehr vor und sprechen nur noch von Entgelt für die Arbeitnehmer.

Einen Überblick über die wichtigsten Entgeltformen gibt Abb. 40.

Entgeltformen im Überblick		
Entgelt für geleistete Arbeit	Sozialleistungen	Mitarbeiterbeteiligungen
• Zeitlohn • Akkordlohn • Prämienlohn • Pensumlohn • Potenziallohn	• Gesetzliche Leistungen • Tarifliche Leistungen • Freiwillige Leistungen	• Erfolgsbeteiligung • Kapitalbeteiligung

Abb. 40: Entgeltformen im Überblick

6.2.2.2 Exkurs: Entgeltgerechtigkeit und Entgeltzusammensetzung

Wenn man die unterschiedliche Höhe von Löhnen und Gehältern für gleichwertige Aufgaben in verschiedenen Unternehmen, Branchen, Tarifgebieten etc. betrachtet, stellt sich immer wieder die Frage nach dem gerechten Entgelt.

Die Vergütung eines Mitarbeiters wird durch Verhandlungen zwischen Unternehmen und Mitarbeiter bzw. zwischen Arbeitgeber- und Arbeitnehmervertretern sowie durch gesetzliche Rahmenbedingungen bestimmt. Angesichts unterschiedlicher Verhandlungsergebnisse kann es nur eine relative und keine absolute Entgeltgerechtigkeit geben. Relative Entgeltgerechtigkeit bedeutet, dass der Mitarbeiter sich im Vergleich zu seinen Kollegen als angemessen entlohnt **empfindet**. Sie ist dann gegeben, wenn innerhalb eines Unternehmens für gleiche Anforderungen ein gleiches (Grund-)Entgelt gezahlt wird. Differenzen ergeben sich aufgrund der verschiedenen (Leistungs-)-Komponenten der Mitarbeiter.

Kosiol fasst diese Überlegungen im **Äquivalenzprinzip von Lohn und Leistung** zusammen. Es besteht aus den beiden Komponenten **Äquivalenz von Lohn und Anforderungsgrad** und **Äquivalenz von Lohn und Leistungsgrad**.[141] Erstere fordert eine Ausrichtung des Entgelts an den Stellenanforderungen, und zwar unabhängig von den Leistungen des Stelleninhabers. Die zweite Komponente ergänzt die erste, indem sie das Entgelt auch an den individuellen Leistungen des einzelnen Mitarbeiters ausrichtet. Der Anforderungsgrad wird im Rahmen der Arbeitsbewertung (Kapitel 6.2.2.3) ermittelt. Die Leistungsbeurteilung ist Teil der Personalbeurteilung, die in Kapitel 7 behandelt wird.

In der Praxis werden gewöhnlich markt-, qualifikations- und verhaltensorientierte Elemente sowie soziale Aspekte zusätzlich in das Entgeltsystem einbezogen.

Ein **marktgerechtes Entgelt** berücksichtigt die konjunkturelle Lage und das Verhältnis von Angebot und Nachfrage nach bestimmten Qualifikationen auf dem Arbeitsmarkt. Die **Qualifikationsgerechtigkeit** bezieht sich zum einen auf die berufliche Anfangsqualifikation des Mitarbeiters. Außerdem werden auch Qualifikationsmerkmale, die das Unternehmen derzeit oder zukünf-

---

[141] Vgl. Kosiol, E. (1962), S. 29 ff.

tig verwerten kann, berücksichtigt. **Verhaltensbezogene Aspekte** wie Pflichtbewusstsein, Solidarität und Hilfsbereitschaft, die nicht bereits von den Stellenanforderungen erfasst sind, beziehen sich auf das Verhalten gegenüber Vorgesetzten, Mitarbeitern und Kollegen und allgemein auf die „Unternehmensverbundenheit". **Soziale Entlohnungskomponenten** schließlich berücksichtigen soziale und ethische Aspekte wie den Familienstand, das Alter des Mitarbeiters, die Dauer der Betriebszugehörigkeit oder den Wunsch nach Absicherung.

Das Bruttoentgelt der Mitarbeiter entspricht nicht der Höhe der Personalkosten des Unternehmens. Diese sind weitaus höher.

Unter **Personalzusatzkosten** (Personalnebenkosten) versteht man denjenigen Teil der Personalkosten, der zusätzlich zum Entgelt für geleistete Arbeit, dem Direktentgelt, gezahlt wird. Ihre Höhe ist sehr unterschiedlich. Während beispielsweise im Jahr 2004 im Großhandel im Durchschnitt 66,1 Prozent des Direktentgelts als zusätzliche Personalkosten anfielen, waren es im produzierenden Gewerbe 76,6 und im Kreditgewerbe sogar 102,6 Prozent.[142] Im Durchschnitt betrugen die Personalzusatzkosten für das Jahr 2005 in den alten Bundesländern 77,0 Prozent und in den neuen 66,1 Prozent.[143]

Seit Neuestem geht das Institut der deutschen Wirtschaft (iwd) bei der Ermittlung der Personalzusatzkosten nicht mehr wie bisher nach der amtlichen Gliederung des Statistischen Bundesamtes vor und ermittelt deshalb abweichende Werte. Es zählt erfolgs- und leistungsabhängige Sonderzahlungen zum Direktentgelt anstatt zu den Personalzusatzkosten, da diese Vorgehensweise modernen Vergütungssystemen besser entspräche. Dadurch verschiebt sich das Verhältnis zwischen den beiden Kostenarten. Die Personalzusatzkosten sind geringer als in der amtlichen Berechnung, da ihre Berechnungsgrundlage, das Direktentgelt, höher geworden ist. Sie betragen dann in den alten Bundesländern 71,4 und in den neuen Bundesländern 62,6 Prozent.[144] In Westdeutschland kamen 2005 auf das direkte Arbeitsentgelt eines Vollzeitbeschäftigten im verarbeitenden Gewerbe durchschnittlich 21.960 Euro und in Ostdeutschland 13.530 Euro hinzu.[145] Die gesamten Arbeitskosten verändern sich natürlich gegenüber der amtlichen Berechnung nicht. Ihre Zusammensetzung nach der iwd-Berechnung zeigt Abb. 41 am Beispiel der westdeutschen Industrie.[146]

International zählt Deutschland zu den Ländern mit den höchsten Arbeitskosten. Eine Studie des Instituts der deutschen Wirtschaft ermittelte für 2004 einen durchschnittlichen Stundenlohn von 27,60 Euro im verarbeitenden Gewerbe in den alten Bundesländern. Nur Dänemark hatte mit 28,14 Euro höhere Arbeitskosten. In Ungarn und Tschechien betrugen sie hingegen nur ca. 4,50 Euro. Bei den Personalzusatzkosten war Deutschland mit 12,15 Euro je Stunde Spitzenreiter. In Dänemark waren es 7,08 Euro, in Ungarn lediglich 2,55 Euro.[147]

---

[142] Vgl. Schröder, C. (2005), S. 26 f.

[143] Vgl. Schröder, C. (2006), S. 5 und 7.

[144] Vgl. ebd. sowie iwd vom 25.06.2006, Nr. 21.

[145] Vgl. iwd vom 25.05.2006, Nr. 21.

[146] Vgl. ebd.

[147] Vgl. iwd vom 11.08.2005, Anlage zur Pressemitteilung Nr. 32/2005.

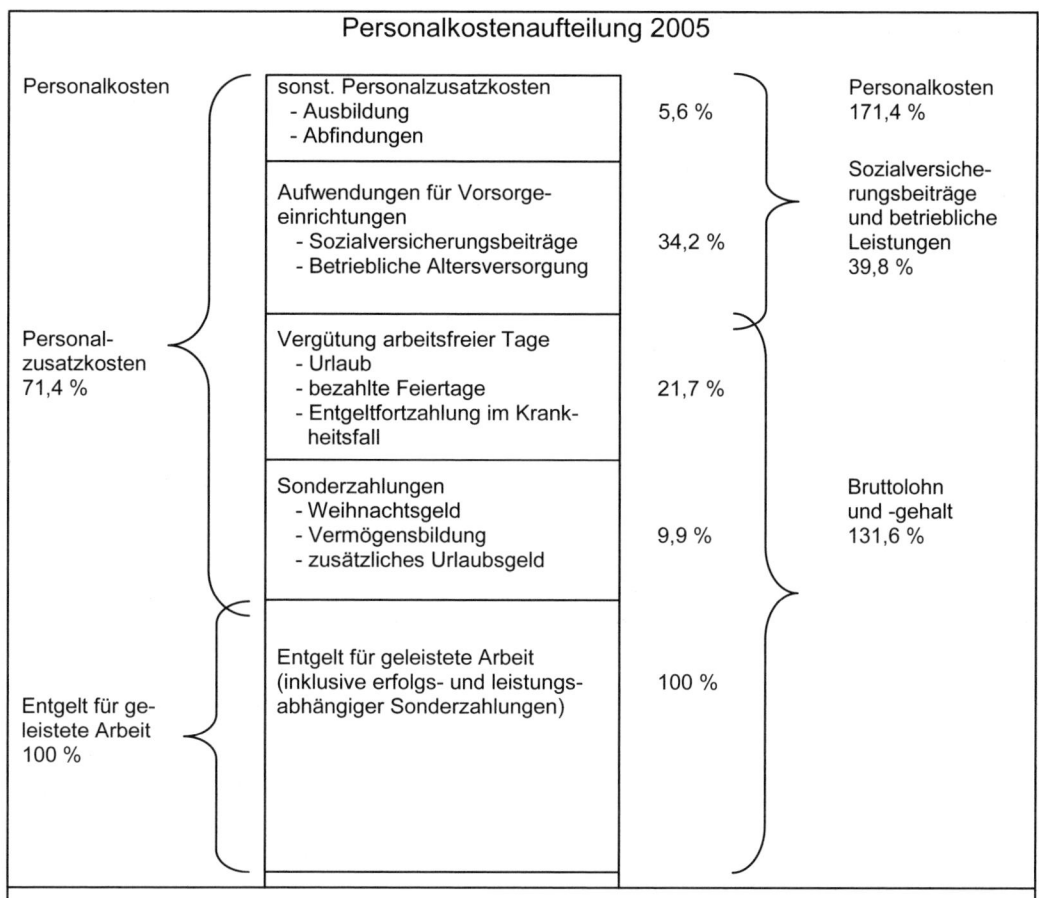

Abb. 41: Personalzusatzkosten 2005 nach der Berechnung des iwd

6.2.2.3 Arbeitsbewertung als Basis für anforderungsgerechte Entgeltfindung

Nach dem Äquivalenzprinzip von Lohn und Leistung sind die wichtigsten Kriterien bei der Entgeltfindung der Anforderungs- und der Leistungsbezug. Bei der Arbeitsbewertung werden die Anforderungen einer Stelle **unabhängig** vom Stelleninhaber bewertet. Die Höhe der Anforderungen bestimmt die Höhe des Entgelts. Um mitarbeiterspezifische Merkmale auszuschalten, geht man von einer Normalleistung aus, die eine durchschnittliche Arbeitskraft erbringen soll. Die individuellen Leistungen eines Stelleninhabers werden nicht in der Arbeitsbewertung, sondern in der Leistungsbeurteilung, die Bestandteil der Personalbeurteilung ist, ermittelt.

Man unterscheidet zwei Formen der Arbeitsbewertung, die **summarische** (ganzheitliche) und die **analytische** (nach verschiedenen Kriterien differenzierte) Arbeitsbewertung. Erstere bewertet die Arbeitsschwierigkeit einer Stelle im Ganzen und vergleicht sie undifferenziert mit derjenigen anderer Stellen. Eine systematische Analyse der einzelnen Anforderungsarten erfolgt nicht. Bei der analytischen Arbeitsbewertung wird die Gesamtanforderung einer Stelle in ihre einzelnen Bestandteile zerlegt, die anschließend getrennt bewertet werden. Zum Schluss werden die einzelnen Teilbewertungen zu einem Wert zusammengefasst.

Als Bewertungstechnik bieten sich wiederum zwei Verfahren an. Bei der **Reihung** werden die bewerteten Aufgaben nach ihrem Schwierigkeitsgrad in eine Reihenfolge gebracht, beginnend mit der Aufgabe mit den höchsten Anforderungen bis zu derjenigen mit den niedrigsten. Bei der **Stufung** legt man zuerst Merkmalsstufen fest, denen ein Schwierigkeitsgrad zugeordnet wird. Aufgaben mit gleichem Schwierigkeitsgrad stehen auf der gleichen Stufe.

Durch die Kombination des summarischen und analytischen Verfahrens mit Reihung und Stufung ergeben sich vier Methoden der Arbeitsbewertung, die in Abb. 42 dargestellt sind.

Art der Bewertung Art der Quantifizierung	summarisch	analytisch
Reihung	Rangfolge- verfahren	Rangreihen- verfahren
Stufung	Lohngruppen- verfahren	Stufenwert- zahlverfahren

Abb. 42: Methoden der Arbeitsbewertung

Das **Rangfolgeverfahren** listet alle Stellen nach ihrem Gesamtschwierigkeitsgrad auf. Dazu vergleicht es jede Stelle mit jeder anderen. Je weiter oben in der Rangfolge eine Stelle angesiedelt ist, desto wichtiger ist sie für das Unternehmen und desto höher ist das Entgelt, das der Mitarbeiter erhält. Der wesentliche Vorteil dieses Verfahrens liegt in seiner Verständlichkeit und einfachen Handhabung. Es macht jedoch keine Angaben darüber, wie groß die Abstände zwischen den einzelnen Stellen sind. So kann zwischen Platz 1 und 2 ein großer Unterschied bestehen, zwischen Platz 2 und 3 aber nur ein sehr geringer. Um dem Anspruch einer anforderungsgerechten Entgeltfindung gerecht zu werden, müsste es deshalb bei der Entlohnung zwischen Stelle 1 und Stelle 2 eine größere Differenz als zwischen Stelle 2 und Stelle 3 geben. Je größer ein Unternehmen ist, desto schwieriger wird die Bildung von Rangfolgen.

Das **Lohngruppenverfahren** verwendet die Methode der Stufung. Zunächst legt man mehrere Stufen mit unterschiedlichem Schwierigkeitsgrad der Anforderungen fest. Dabei werden für jede Stufe so genannte Richtbeispiele definiert, die angeben, welche Stellenarten und Stellenanforderungen auf dieser Stufe angesiedelt sein sollen. Die einzelnen Stellen werden mit den Richtbeispielen verglichen und entsprechend zugeordnet. Jeder Stufe entspricht ein bestimmtes Entgelt. Wegen ihrer verständlichen Methodik werden Lohngruppenverfahren den Entgelttarifverträgen zugrunde gelegt. Für gewöhnlich gibt es 6 bis 12 Entgeltgruppen mit Richtbeispielen. Meist wird eine Gruppe als **Ecklohngruppe** festgelegt, die dann 100 Prozent des tarifvertraglich ausgehandelten Entgelts erhält. Die anderen Entgeltgruppen bekommen Zu- oder Abschläge des Ecklohnes, die in einem Rahmen- bzw. Manteltarifvertrag festgelegt sind. Ein Beispiel zeigt Abb. 43.

Arbeitsbewertung mit dem Lohngruppenverfahren		
Gruppe	Lohngruppen-Definition	Lohnschlüssel
1	Arbeiten, die nach kurzfristiger Einarbeitungszeit und Unterweisung ausgeführt werden.	85,00 Prozent
2	Arbeiten, die nach nicht nur kurzfristiger Einarbeitungszeit und eingehender Unterweisung ausgeführt werden und über die Anforderungen der vorhergehenden Lohngruppe hinausgehen.	85,00 Prozent
3	Arbeiten, die Arbeitskenntnis und Fertigkeiten voraussetzen und eine Anlernung erfordern.	86,33 Prozent
4	Arbeiten, die Sach- und Arbeitskenntnis und Fertigkeiten mit zusätzlicher Erfahrung voraussetzen, die über die Anforderungen der vorhergehenden Lohngruppe hinausgehen.	88,60 Prozent
5	Arbeiten, die umfassende Sach- und Arbeitskenntnis und Fertigkeiten voraussetzen, wie sie durch eine Sonderausbildung und entsprechende Erfahrung erreicht werden.	90,50 Prozent
6	Arbeiten, die ein Spezialkönnen voraussetzen, das entweder durch eine abgeschlossene zweijährige Ausbildung oder eine Ausbildung wie in der vorhergehenden Lohngruppe mit zusätzlicher langjähriger Erfahrung erreicht wird.	94,50 Prozent
7	Facharbeiten, die ein Können voraussetzen, das durch eine fachentsprechende, ordnungsgem. abgeschlossene Ausbildung erreicht wird, oder Arbeiten, deren Ausführung gleichwertige Spezialfähigkeiten und Spezialkenntnisse erfordern, auch wenn sie nicht durch eine fachentsprechende, ordnungsgem. abgeschlossene Ausbildung erworben wurden.	**100 Prozent** **(Ecklohn)**
8	Schwierige Facharbeiten, die besondere Fertigkeiten und langjährige Erfahrung voraussetzen.	110,00 Prozent
9	Besonders schwierige und hochwertige Facharbeiten, die an das fachliche Können und Wissen hohe Anforderungen stellen und große Selbständigkeit und hohes Verantwortungsbewusstsein voraussetzen.	120,00 Prozent
10	Hochwertige Facharbeiten, die überragendes Können, völlige Selbständigkeit, Dispositionsvermögen, umfassendes Verantwortungsbewusstsein und entsprechende theoretische Kenntnisse voraussetzen.	133,00 Prozent

Abb. 43: Arbeitsbewertung mit dem Lohngruppenverfahren am Beispiel IG Metall[148]

[148] in Anlehnung an Schanz, G. (2000), S. 588 f.

In den letzten Jahrzehnten hat sich in vielen Tarifgebieten die Lohnspanne zwischen der Ecklohngruppe und der untersten Lohngruppe stark verringert, d.h. die unteren Löhne sind überproportional stark angehoben worden. Während ein Mitarbeiter der untersten Lohngruppe in der nordrhein-westfälischen Metallindustrie 1950 nur 58,7 Prozent des Entgelts der Ecklohngruppe verdiente, sind es heute 85 Prozent.[149] Unter Anreizgesichtspunkten bezwecken eine schwache Lohnsatzdifferenzierung und eine Anhebung der unteren Löhne vor allem die Befriedigung der Bedürfnisse unterer Stufen. Sie verringern allerdings den Anreiz, schwierigere Aufgaben zu übernehmen.

Das älteste Verfahren zur Differenzierung der Anforderungsarten ist das **Genfer Schema**, das 1950 auf einer Konferenz für Arbeitsbewertung in Genf entwickelt wurde. Es enthält die vier Anforderungsarten Können, Verantwortung, Belastung und Umgebungseinflusse. Diese sind in Theorie und Praxis vielfach verändert und ergänzt worden. Eine zu starke Differenzierung ist aus Gründen der Übersichtlichkeit nicht sinnvoll. Deshalb beschränkt man sich in der Praxis auf die typischsten Anforderungsarten.[150]

Rangreihenverfahren betrachten jede einzelne Anforderungsart einer Stelle und vergleichen sie mit denen anderer Stellen. Da nicht alle Anforderungsarten einer Stelle von gleicher Bedeutung sind, erfolgt anschließend eine Gewichtung. Dann wird für jede Anforderungsart eine Stellen-Rangfolge aufgrund des jeweiligen Schwierigkeitsgrades erstellt. Die multiplikative Verknüpfung von Gewichtung der Anforderungsart und Rangfolgenplatz der Stelle ergibt eine so genannte Wertzahl, die Summe der verschiedenen Wertzahlen entspricht dem Arbeitswert einer Stelle. Je höher der **Arbeitswert**, desto höher das Entgelt. Rangreihenverfahren eignen sich für ausführende Tätigkeiten ebenso wie für Führungsaufgaben. Sie sind jedoch sehr aufwändig, insbesondere die Anforderungsarten und deren Gewichtung müssen ständig überprüft und bei Bedarf angepasst werden.

Stufenwertzahlverfahren legen für jede Anforderungsart Stufen fest, die mit Richtbeispielen beschrieben werden. Jeder Stufe wird entsprechend ihrer Wichtigkeit eine Wertzahl zugeordnet, eine unterschiedliche Gewichtung der Anforderungsarten ist zusätzlich möglich. Dann erfolgt die Zuordnung der Anforderungen einer Stelle zu den zuvor definierten und bewerteten Anforderungsstufen. Die Summe der Wertzahlen ergibt den Arbeitswert einer Stelle, auf dessen Grundlage das Entgelt ermittelt wird. Der Vorteil des Stufenwertzahlverfahrens gegenüber der summarischen Variante liegt in der größeren Objektivität. Allerdings müssen die Anforderungsarten, Richtbeispiele und Wertzahlzuordnungen aufgrund der dynamischen Entwicklung des wirtschaftlichen Umfelds häufig angepasst werden.

6.2.2.4 Entgelt für geleistete Arbeit

6.2.2.4.1 Zeitlohn

Die älteste Lohnform ist der **reine Zeitlohn**, bei dem ein fester Betrag pro Zeiteinheit unabhängig von der erbrachten Leistung gezahlt wird. Es kann sich um einen Stunden-, Wochen- oder Monatslohn oder auch um ein Jahresgehalt handeln. Der Zeitlohn bezieht sich grundsätzlich auf

---

[149] Vgl. IG Metall (2003), S. 28.

[150] Vgl. Schanz, G. (2000), S. 590 f.

die Anwesenheitszeit und nicht auf die Arbeitsleistung. Es wird allerdings eine übliche Normalleistung erwartet. Die Berechnung erfolgt folgendermaßen:

Zeitlohn = Lohnsatz je Zeiteinheit * Anzahl der Zeiteinheiten

z.B. 2.600 Euro/Monat =   16,25 Euro/Stunde   *   160 Stunden/Monat

Da kein direkter Bezug zwischen Entgelt und Leistung besteht, wirken sich Mehr- oder Minderleistungen nicht im Entgelt des Mitarbeiters aus, sie gehen zu Gunsten oder zu Lasten des Arbeitgebers. Die Lohnstückkosten variieren mit der Leistung. Erbringt ein Mitarbeiter eine höhere Leistung pro Zeiteinheit als die Normalleistung, sinken bei konstantem Entgelt die Lohnkosten pro Leistungseinheit. Umgekehrt steigen sie, wenn er in derselben Zeit weniger leistet als normal, aber das gleiche Entgelt erhält. Beim Zeitlohn ist mit einer Leistungssteigerung kein finanzieller Anreiz verbunden. Der reine Zeitlohn findet z.B. bei diesen Arbeitssituationen **Anwendung**:

- besondere Bedeutung der Qualität der Arbeit
- erhebliche Unfallgefahr
- sich häufig ändernde Arbeitsinhalte
- quantitativ schwer bestimmbare Leistungen
- nicht beeinflussbares Arbeitstempo
- Gefahr erhöhter Gesundheitsschäden
- schöpferische, künstlerische, kreative Arbeiten
- Arbeiten mit häufigen Unterbrechungen des Arbeitsablaufs
- reine Kontrolltätigkeiten

Als **Vorteile** sind eine einfache Gehaltsabrechnung, die geringere Belastung der Mitarbeiter und der Betriebsmittel, die Verringerung von Unfallgefahren und die Erhöhung der Qualität durch Vermeidung von überhastetem Arbeiten zu nennen. **Nachteilig** ist vor allem, dass kein direkter Leistungsanreiz vorhanden ist und dass das Unternehmen das alleinige Risiko einer zu geringen Arbeitsleistung trägt.

Um die Nachteile abzumildern, wird der reine Zeitlohn oft durch eine **Zulage** ergänzt, die als Leistungszulage oder als Prämie gewährt werden kann. Auch eine Kombination von beidem ist möglich.

Leistungszulagen sind, was ihre Höhe und Bemessungsgrundlage anbelangt, häufig tarifvertraglich festgelegt, ansonsten können sie freiwillig aufgrund von Leistungsbeurteilungen gewährt werden. Die Höhe der Leistungszulage bemisst sich dann an Zielen, die zwischen dem Vorgesetzten und dem Mitarbeiter zu Beginn eines Beurteilungszeitraums – in der Regel ein Jahr – vereinbart werden. An dessen Ende wird der Zielerreichungsgrad ermittelt, der für die Höhe der Zulage in der nächsten Periode ausschlaggebend ist. Gleichzeitig werden neue Ziele für den nächsten Beurteilungszeitraum vereinbart. Die Zulage kann im Ganzen oder in mehreren Raten ausgezahlt werden.

In vielen Unternehmen ist es üblich, eine durch zwölf geteilte Zulage monatlich zum Zeitlohn zu zahlen. Das bedeutet, dass der Mitarbeiter für seine Leistung, die er im letzten Jahr erbracht hat, in jedem Monat des aktuellen Jahres eine Zulage erhält, unabhängig vom Stand seiner derzeitigen Leitung. Diese wirkt sich erst bei der Zulage des nächsten Jahres aus. Aufgrund des langen Zeitraums, der zwischen Leistung und Zahlung des zusätzlichen Entgelts liegt, ist die Zulage nicht unmittelbar als Leistungsanreiz wirksam, da der Zusammenhang zwischen Leistung und Zulage nicht spürbar wird.

Zusätzlich oder alternativ gezahlte **Prämien** können diesen Bezug herstellen. Sie werden mit der nächsten Entgeltzahlung – beispielsweise am Monatsende – ausgezahlt, falls der Mitarbeiter eine prämienwirksame Leistung erbracht hat.

Zulagen werden in der Regel als Zusatzzahlung zum Zeitlohn gewährt. Grundsätzlich ist jedoch auch eine Kombination mit leistungsorientierten Entgeltformen wie dem Akkordlohn möglich, wenn außer der Quantität der erbrachten Leistung noch andere leistungswirksame Faktoren bei der Aufgabenerfüllung eine Rolle spielen.

6.2.2.4.2 Akkordlohn

Beim Akkordlohn handelt es sich um eine leistungsabhängige Entgeltform. Er wird für quantitativ messbare Leistungseinheiten gezahlt. Voraussetzungen für die Verwendung des Akkordlohns sind

- die Akkordfähigkeit,
- die Akkordreife und
- die direkte Beeinflussbarkeit der Arbeitsmenge.

Akkordfähigkeit ist dann gegeben, wenn der Arbeitsablauf und die Arbeitsmethoden bekannt sind und sich in gleicher Weise und regelmäßig wiederholen. Außerdem muss das Arbeitsergebnis quantifizierbar sein.

Für die **Akkordreife** müssen der Arbeitsplatz, der Arbeitsvorgang und der Arbeitsablauf so gestaltet werden, dass ein ausreichend geübter und eingearbeiteter Mitarbeiter die Aufgaben störungsfrei erfüllen kann.

Als dritte Voraussetzung muss der Mitarbeiter **direkten Einfluss auf die Höhe der Arbeitsmenge** nehmen und die vorgegebene Zeit unterbieten können. Produktionstechniken, bei denen der Arbeitsrhythmus und die Arbeitsgeschwindigkeit festgelegt sind und nicht beeinflusst werden können, erfüllen diese Voraussetzung nicht.

Zur Berechnung des Akkordlohns unterscheidet man zwischen dem **Geldakkord** oder Stückakkord und dem **Zeitakkord**.

Beim **Geldakkord** (Stückakkord) wird das Entgelt nach dieser Formel ermittelt:

Akkordlohn je Zeiteinheit	=	Menge je Zeiteinheit	*	Geldsatz je Mengeneinheit
z.B. 3.150 Euro je Monat	=	1.500 Stück je Monat	*	2,10 Euro je Stück

Ein Mitarbeiter erhält 3.150 Euro Akkordlohn pro Monat, wenn er 1.500 Stück herstellt und pro Stück 2,10 Euro gezahlt werden. Die Ausgangsüberlegung ist, dass der Mitarbeiter, wenn er mehr Mengeneinheiten herstellt, bei gleichem Geldsatz je Einheit einen höheren Akkordlohn im Monat erzielt.

Der **Zeitakkord** wird folgendermaßen berechnet:

Akkordlohn je Zeiteinheit	=	Menge je Zeiteinheit	*	Vorgabezeit je Mengeneinheit	*	Geldfaktor je Vorgabezeit

z.B. 3.150 Euro je Monat = 1.500 Stück je Monat * 6 Minuten je Stück   *   0,35 Euro je Minute

2,10 Euro je Stück (= Geldsatz je Mengeneinheit)

Der Mitarbeiter erhält ein umso größeres monatliches Entgelt, je weiter er unter der Vorgabezeit liegt, d.h. je weniger Minuten er für die Erstellung eines Stücks benötigt. Das Ergebnis der Entgeltberechnung ist bei beiden Akkordarten gleich, lediglich die Methodik ist eine andere.

Die **Vorgabezeiten** werden durch Zeitstudien ermittelt, in denen man alle Haupt- und Nebentätigkeiten sowie die durchschnittlichen Unterbrechungszeiten berücksichtigt. Der Geldfaktor je Vorgabezeit (**Akkordrichtsatz**) entspricht dem Minuten- bzw. dem Stundenverdienst eines Akkordarbeiters mit Normalleistung. Dieser liegt ca. 15 bis 20 Prozent über dem Zeitlohn für eine vergleichbare Aufgabe. Damit soll die Bereitschaft zur Akkordarbeit honoriert werden.

In den meisten Unternehmen wird der Akkordlohn nach der Formel für den Zeitakkord ermittelt. Bei Tarifänderungen müssen dann nur die Stundenlöhne bzw. die Geldfaktoren je Vorgabezeit neu verhandelt werden. Bei der Verwendung des Geldakkords müssen hingegen alle Geldsätze neu berechnet und tarifvertraglich festgeschrieben werden.

Wenn ein Mitarbeiter ohne eigenes Verschulden die Vorgabezeit überschreitet, ist ihm tarif- oder arbeitsvertraglich immer ein **Mindestlohn** garantiert.

Der **Vorteil** des Akkordlohns liegt in der leistungsgerechten Entlohnung. Er bietet einen direkten Anreiz zur Mehrleistung. Die Lohnkosten pro Leistungseinheit sind konstant.

Die höhere Arbeitsleistung hat jedoch den **Nachteil**, dass der Mitarbeiter schneller ermüdet und seine Gesundheit stärker belastet wird, was zu größeren Fehlzeiten und entsprechenden Kosten führen kann. Der Mitarbeiter erhält ein je nach Leistung schwankendes Monatsentgelt, was seine Lebensplanung erschwert. Außerdem werden Betriebsmittel und Werkzeuge schneller abgenutzt und weniger sorgfältig behandelt, da es bei der Arbeit hauptsächlich auf Schnelligkeit ankommt. Darunter leidet wiederum die Qualität der erbrachten Leistung, so dass stärkere Kontrollen erforderlich sind.

Um zu verhindern, dass Mitarbeiter ständig ihre Leistungsgrenze überschreiten und damit ihre Gesundheit gefährden, ist es in Deutschland üblich, den Anreiz zu Mehrleistung nach oben zu begrenzen. Deshalb erhält man ab einer bestimmten Menge für zusätzliche Leistung kein zusätzliches Entgelt. Die Grenze liegt in der Regel bei 140 bis 150 Prozent der Normalleistung.

Neben dem beschriebenen **Einzelakkord** gibt es den **Gruppenakkord**. Er wird wie der Einzelakkord berechnet, Berechnungsgrundlage ist aber die Arbeitsmenge einer Gruppe anstelle derjenigen eines einzelnen Mitarbeiters. Zur Entgeltaufteilung verwendet man Äquivalenzziffern, die das Verhältnis der Löhne bei Zeitlohn (nach Tarifgruppe) zueinander ausdrücken. Die Vorteile des Gruppenakkords liegen in der gegenseitigen Kontrolle der Mitarbeiter sowie in der Förderung von kooperativem und zielorientiertem Verhalten. Leistungsschwache werden zu größerer Leistung animiert, weil sie „mitziehen müssen". Die Gruppe darf jedoch nicht zu groß sein, da dann der einzelne Mitarbeiter seine Leistung nicht mehr so gut beeinflussen kann. Der Anreiz zur Leistungssteigerung würde abnehmen, leistungsstarke Mitarbeiter würden unzufrieden.

In Deutschland ist der **Proportionalakkord** üblich, bei dem der einzelne Mitarbeiter oder die Gruppe pro Leistungseinheit immer denselben Betrag erhält. In anderen Ländern werden als zusätzlicher Leistungsanreiz auch **progressiv steigende Akkordlöhne** gezahlt.

Der Akkordlohn verliert in der industriellen Fertigung immer mehr an Bedeutung, da die Mitarbeiter bei zunehmender Automatisierung das mengenmäßige Arbeitsergebnis immer weniger beeinflussen können und gleichzeitig qualitative Faktoren immer wichtiger werden.

6.2.2.4.3 Prämienlohn

Der Prämienlohn enthält sowohl leistungs- als auch anforderungsabhängige Elemente. Er wird zusätzlich zu einem Grundlohn gezahlt und kann sowohl mit dem Zeitlohn als auch mit dem Akkordlohn kombiniert werden. Die Prämie wird für bestimmte Sonderleistungen gewährt.

Prämienlohn wird in der Praxis vor allem dann gezahlt, wenn der Mitarbeiter aufgrund der Arbeitsbedingungen das Arbeitsergebnis nicht beeinflussen kann. Da die Anschaffungskosten der eingesetzten Maschinen sehr hoch sind, ist eine optimale Nutzung wichtig. Der Reduzierung der Leerzeiten kommt deshalb eine besondere Bedeutung zu. Die Mitarbeiter werden mithilfe von Prämien motiviert, die Bestückungs-, Einricht-, Rüst- und Entleerungszeiten möglichst gering zu halten.[151] Auch für andere Sonderzahlungen finden sich in der Praxis, vor allem im Produktions- und im Verwaltungssektor, viele Beispiele. Gebräuchliche Prämienarten sind:

- **Qualitätsprämien**, die für die Verringerung von Ausschuss, Nacharbeitszeiten und so genannter B-Ware gezahlt werden
- **Ersparnisprämien**, die man für den sorgfältigen Umgang mit Rohstoffen und eine bessere Materialausnutzung gewährt
- **Nutzungsgradprämien**, mit denen die Reduzierung von Leerzeiten bzw. die optimale Auslastung der Betriebsmittel honoriert wird
- **Quantitätsprämien**, die für zusätzliche Mengenleistungen gezahlt werden, wenn zuvor keine genauen Vorgabezeiten ermittelt werden konnten
- **Energiesparprämien** für einen sparsamen Umgang mit Strom, Gas, Benzin etc.
- **Termintreueprämien**, die für die termingerechte Fertigstellung von Aufträgen gezahlt werden
- **Innovationsprämien** für Verbesserungsvorschläge im Rahmen des betrieblichen Vorschlagswesens oder als Element des kontinuierlichen Verbesserungsprozesses (KVP)
- **Umsatzprämien**, die vor allem im Vertrieb den Verkäufern gezahlt werden

Die jeweiligen Berechnungsgrundlagen werden oft – bisweilen mit unterschiedlicher Gewichtung – kombiniert und zu einer **Verbundprämie** zusammengefasst. Der Mitarbeiter erhält dann z.B. eine Prämie, die für die Verringerung von Ausschuss und für den sorgfältigen Umgang mit Rohstoffen gezahlt wird. Neben **Einzelprämien** werden zunehmend auch **Gruppen- oder Teamprämien** gezahlt. Sie werden dann gewährt, wenn eine Arbeitsgruppe ein bestimmtes Ziel er-

---

[151] Vgl. Bühner, R. (2005), S. 160.

reicht hat. Die Teamprämie wird analog zum Gruppenakkordlohn nach einem Äquivalenzschlüssel auf die einzelnen Teammitglieder verteilt.

Der **Prämienverlauf** kann unterschiedliche Formen annehmen. Einen Überblick gibt Abb. 44.

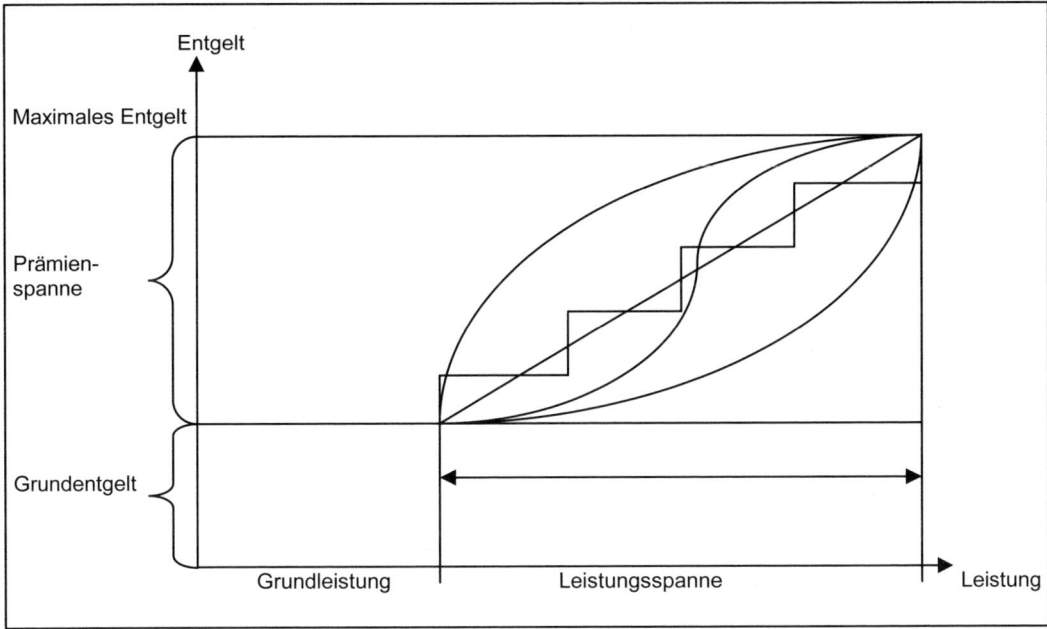

Abb. 44: Prämienverläufe

Bei einem **linearen** Prämienverlauf wird das Grundentgelt bei jeder Mehrleistung um den gleichen Betrag erhöht. Für den Mitarbeiter ist die Lohnentwicklung daher leicht und genau abzuschätzen. Mit der Zahlung von **progressiven** Prämien werden Höchstleistungen angestrebt, z.B. wenn sehr teure Fertigungssysteme ausgelastet werden müssen oder ein Auftrag unbedingt termingerecht ausgeführt werden muss. **Degressive** Prämienzahlungen führen dazu, dass der Mitarbeiter eher wenig Mehrleistung erbringt, da jedes weitere Engagement weniger belohnt wird als das vorherige. Sie verhindern jedoch die erhöhte Abnutzung von Maschinen, die Qualitätsminderung der Produkte und Gesundheitsschäden bei den Mitarbeitern. Um den rechnerischen Aufwand zu verringern, findet man in der Praxis außerdem die – allerdings seltenen – **gestuften** Prämien.

Die Prämienverläufe sind **kombinierbar**. So könnte eine Prämie beispielsweise zunächst einem linearen oder progressiven Verlauf folgen, um dem Mitarbeiter einen besonderen Leistungsanreiz zu bieten. Um zu verhindern, dass er seine Gesundheit aufs Spiel setzt, verläuft die Prämie aber ab einer zuvor bestimmten Leistungsgrenze degressiv, so dass der Anreiz zu weiteren Leistungssteigerungen schwächer wird.

6.2.2.4.4 Pensumlohn und Potenziallohn

Angesichts geänderter Arbeitsstrukturen sind in den letzten Jahren auch neue Formen der Entgeltzahlung entstanden.

Der **Pensumlohn** weist Elemente verschiedener Entgeltformen auf. Er sieht eine bestimmte Sollleistung, das Pensum, vor. Dieses muss der Mitarbeiter in einem längeren Zeitraum erfüllen, er erhält dafür ein festes Grundentgelt. In regelmäßigen Abständen wird überprüft, ob er das vereinbarte Pensum erreicht. Eine Minderleistung hat keine Auswirkungen auf den aktuellen Zeitraum, das Grundentgelt wird aber in der nächsten Periode an die geringere Leistung angepasst. Eine höhere Leistung wirkt sich dagegen unmittelbar auf die Entgelthöhe in einem Abrechnungszeitraum aus. Wenn der Mitarbeiter über einen längeren Zeitraum eine Mehrleistung erbringt, dann wird das Grundentgelt nach oben angepasst. Das vereinbarte Pensum kann sich auf quantitative und/oder qualitative Aspekte beziehen.

Der Pensumlohn hat für den Mitarbeiter den Vorteil, dass sich eine geringere Leistung nicht unmittelbar auf sein Entgelt auswirkt. Er kann über einen längeren Zeitraum mit dem gleichen Grundgehalt rechnen. Insofern hat der Pensumlohn Ähnlichkeit mit dem Zeitlohn, dem ebenfalls ein direkter Leistungsbezug fehlt. Anders als beim Zeitlohn trägt aber nicht nur das Unternehmen das Risiko einer Minderleistung, da eine Entgeltreduzierung mit zeitlicher Verzögerung erfolgt. Eine zusätzliche Leistung führt ähnlich wie beim Akkordlohn zu einer unmittelbaren Entgeltsteigerung. Dies erhöht den Anreiz zur Mehrleistung, weil der Zusammenhang zwischen zusätzlicher Leistung und Entgelt sichtbar wird.

Der **Potenziallohn** wird wie der Zeitlohn als festes Entgelt pro Periode gezahlt. Es handelt sich um eine anforderungsorientierte Entgeltart. Allerdings werden nicht nur die Anforderungen der Stelle bei der Entgeltfindung berücksichtigt, sondern auch die Qualifikation des Mitarbeiters, und zwar unabhängig davon, ob sie für seine Tätigkeit von Belang ist oder nicht. Das Unternehmen bietet mit dem Potenziallohn einen Anreiz zur Weiterbildung und motiviert so die Mitarbeiter, zusätzliches Wissen zu erwerben. Es fördert Mehrfachqualifikationen, die in der Zukunft von Bedeutung sein könnten. Dabei besteht jedoch die Gefahr, dass wahllos Qualifikationen erworben werden, die für das Unternehmen letztlich nicht von Nutzen sind.[152] Dem kann das Unternehmen durch ein Personalentwicklungskonzept begegnen. Es bleibt das Problem, wie die zusätzlichen Qualifikationen in das Entgeltsystem eingeordnet werden sollen und wie viel zusätzliches Entgelt eine Qualifikation wert ist, die nicht genutzt wird.

6.2.2.5 Sozialleistungen

6.2.2.5.1 Vorbemerkung

Betriebliche Sozialleistungen sind Leistungen des Unternehmens, die über das Entgelt für geleistete Arbeit hinausgehen. Es gibt keinen Bezug zu einer betrieblichen Erfolgsgröße. Sie können Mitarbeitern und deren Angehörigen oder auch ehemaligen Mitarbeitern sowie deren Angehörigen gewährt werden. Nach den Regelungsebenen unterscheidet man zwischen

- gesetzlichen,
- tariflichen und
- freiwilligen Sozialleistungen.

---

[152] Vgl. Scherm, E., Süß, S. (2003), S. 135.

Da ein einzelnes Unternehmen auf die Gestaltung der gesetzlichen und tariflichen Sozialleistungen keinen Einfluss hat, beschränkt sich die betriebliche Sozialpolitik auf die freiwilligen Sozialleistungen.

Sozialleistungen können **Geldleistungen, Sachleistungen** und **Nutzenleistungen** sein. Geldleistungen werden den Mitarbeitern direkt ausgezahlt und stehen ihnen zur freien Verfügung. Beispiele sind Urlaubsgeld, Weihnachtsgeld und Betriebsrente. Sachleistungen sind Waren aus der eigenen Produktion sowie Kleidung und Verpflegung. Bei den Nutzenleistungen können die Mitarbeiter soziale Einrichtungen wie Sportstätten, Kindergärten und Wohnungen kostenlos oder vergünstigt nutzen.[153]

Neben **dauerhaften** Leistungen unterscheidet man zwischen **periodischen** und **einmalig gewährten Sozialleistungen**. Ein Beispiel für Dauerleistungen sind Betriebsrenten. Weihnachtsgeld zählt zu den periodischen Leistungen. Bei einem Geldgeschenk zur Pensionierung handelt es sich um eine einmalige Sozialleistung.

Betriebliche Sozialleistungen können einzelnen Mitarbeitern, bestimmten Arbeitnehmergruppen oder der gesamten Belegschaft gewährt werden. Ein Firmenwagen beispielsweise ist eine Sozialleistung für einen einzelnen Mitarbeiter, bei Programmen zur Frauenförderung oder zur Integration Behinderter kommt die Sozialleistung einer Arbeitnehmergruppe zugute. Ernährungsprogramme und Grippeschutzimpfungen richten sich an die gesamte Belegschaft.

6.2.2.5.2 Gesetzliche Sozialleistungen

Unter gesetzlichen Sozialleistungen versteht man alle Sozialleistungen, zu deren Erbringung das Unternehmen von Rechts wegen verpflichtet ist. Sie sollen die Mitarbeiter gegen Lebensrisiken absichern. Die Leistungen werden vom Unternehmen allein oder gemeinsam vom Unternehmen und Mitarbeiter erbracht. Sie umfassen

- die Sozialversicherungsbeiträge zur Renten-, Kranken-, Pflege- und Arbeitslosenversicherung, die zu gleich großen Teilen vom Unternehmen und vom Mitarbeiter entrichtet werden,
- die Zahlungen für Betriebsunfallversicherungen,
- die Zahlungen bei Ausfallzeiten wie Urlaubs-, Krankheits- und Feiertagen sowie
- die Zahlungen, die sich aus der Fürsorgepflicht des Arbeitgebers ergeben, z.B. für Auszubildende, Schwerbehinderte und werdende Mütter.

Die letzten drei Leistungen muss der Arbeitgeber ohne Mitarbeiterbeteiligung erbringen. Gesetzliche Sozialleistungen stellen eine Art Mindeststandard dar, der durch tarifliche und freiwillige Leistungen verbessert und ergänzt, aber nicht unterschritten werden darf.

6.2.2.5.3 Tarifliche Sozialleistungen

Tarifvertragliche Regelungen werden zwischen den zuständigen Gewerkschaften und Arbeitgeberverbänden bzw. bei Haustarifverträgen zwischen einer Gewerkschaft und einem einzelnen Unternehmen vereinbart. Sie sichern die Arbeitnehmer zusätzlich zu den gesetzlichen Mindeststandards gegen Risiken ab.

---

[153] Vgl. Hentze, J. (1995), S. 153.

90 Prozent der Arbeitnehmer sind in Unternehmen beschäftigt, die tarifgebunden sind.[154] Die bekanntesten tariflichen Sozialleistungen sind:

- Verkürzung der betrieblichen Arbeitszeiten
- Verlängerung des Urlaubsanspruchs
- Zahlungen von zusätzlichem Urlaubsgeld über die Entgeltfortzahlung im Urlaub hinaus
- Zahlung von Weihnachtsgeld
- Zahlung vermögenswirksamer Leistungen
- zusätzlicher Kündigungsschutz für bestimmte Arbeitnehmergruppen (z.B. ältere Arbeitnehmer)
- Entgeltfortzahlung im Krankheitsfall über die gesetzlichen Regelungen hinaus

Unternehmen, die nicht tarifgebunden sind, müssen diese Leistungen nicht gewähren. Für Unternehmen, die aus einem Arbeitgeberverband ausgetreten sind, gelten die tariflichen Regelungen weiter, bis der jeweilige Tarifvertrag endet. Zahlreiche Firmen, insbesondere in den neuen Bundesländern, haben in den letzten Jahren von dieser Möglichkeit zur Senkung der Personalnebenkosten Gebrauch gemacht. Nach dem Ende des Tarifvertrags müssen Betriebsvereinbarungen oder einzelvertragliche Vereinbarungen zu den bislang geregelten Themen abgeschlossen werden, ansonsten gilt der alte Tarifvertrag weiter. Ein Haustarifvertrag ersetzt allerdings schon beim Austritt des Unternehmens aus dem Arbeitgeberverband die Bestimmungen des Verbandstarifvertrags, auch wenn er für die Mitarbeiter ungünstigere Regelungen enthält.[155]

6.2.2.5.4 Freiwillige Sozialleistungen

Dabei handelt es sich um Leistungen, die das Unternehmen freiwillig zusätzlich zu den gesetzlichen und tariflichen Leistungen gewährt. Ein Anspruch des Mitarbeiters besteht nicht. Eine Abgrenzung fällt allerdings häufig schwer, da das Unternehmen in seiner Entscheidung, ob es eine Leistung weiterhin gewährt oder abschafft, nicht immer frei ist. Oft müssen Leistungen aufgrund von Betriebsvereinbarungen oder betrieblicher Übung beibehalten werden.

Sozialleistungen werden trotz ihrer Bezeichnung nicht vorrangig aus sozialen Gründen gewährt, sondern dienen letztlich wirtschaftlichen Zwecken und sollen die Mitarbeiter zu Mehrleistungen animieren. Ein empirischer Nachweis einer direkten leistungsfördernden Wirkung ist jedoch bislang nicht erbracht worden.

Man unterscheidet zwischen ökonomischen, sozialen und politischen Zielen, die mit freiwilligen Sozialleistungen verbunden sind.

Zu den **ökonomischen Zielen** gehören

- Leistungssteigerung,
- Personalbindung,
- Werbung bei der Personalbeschaffung und
- Imagepflege.

---

[154] Vgl. Jung, H. (2005), S, 593.

[155] Vgl. Horsch, J. (2000), S. 273.

Soziale Ziele sind beispielsweise

- Förderung des Kommunikationsprozesses in formellen und informellen Gruppen,
- Stärkung des Verbundenheitsgefühls mit dem Unternehmen und
- Befriedigung sozialer Bedürfnisse der Mitarbeiter.

Als **politisches Ziel** erhoffen sich Unternehmen vor allem eine geringere Affinität ihrer Mitarbeiter zu den Gewerkschaften.

Entsprechend kritisch beurteilen die Gewerkschaften die freiwilligen Sozialleistungen. Sie betrachten sie in erster Linie als vorenthaltenes Entgelt und kritisieren, da ihre Gewährung dem gewerkschaftlichen Einfluss entzogen ist, den unsicheren und uneinheitlichen Charakter der Leistung. Außerdem sehen sie die Entscheidungsfreiheit des Arbeitnehmers eingeschränkt, der möglicherweise ein Unternehmen nur deshalb nicht verlässt, weil er seinen Anspruch auf Sozialleistungen nicht verlieren möchte.

Um die zuvor genannten Ziele zu erreichen, stehen den Unternehmen praktisch unbegrenzt viele Möglichkeiten zur Verfügung. Einen Überblick über die wichtigsten freiwilligen Sozialleistungen gibt Abb. 45.

Freiwillige Sozialleistungen				
Vorsorge-leistungen	Geldleistungen	Sachleistungen	Fürsorge und Gesundheits-pflege	Sonstige Leistungen
- Betriebliche Altersversorgung - Invaliditäts-versorgung - Hinterbliebenen-versorgung - Unfallversiche-rung - Lebensversiche-rung - vermögenswirk-same Leistungen	- Weihnachtsgeld - Urlaubsgeld - 13. Monats-gehalt - Beihilfen - Dienstalters-prämie - Jubiläums-zuwendung - Fahrtkosten-zuschuss - Essenszuschuss - Umzugs-zuschuss - Firmendarlehen	- Firmenwagen - Arbeitskleidung - Eigenerzeug-nisse/Deputate - Mitarbeiter-rabatte - Preisnachlässe bei umliegenden Firmen - Kostenlose Getränke und Früchte bzw. sonstige Verpflegung	- Kostenlose Vorsorgeunter-suchungen - Grippeschutz-impfungen - Gesundheits-dienst und Werksfürsorge - Wellness-Programme - Krankenrück-kehrgespräche	- Bildungs-angebote - Freizeit-angebote - Werks-wohnungen - Kinder-betreuung - Mobilitätshilfen - Beratungs- und Betreuungs-angebote

Abb. 45: Überblick über die wichtigsten freiwilligen Sozialleistungen

In den letzten Jahren haben **Altersvorsorgeleistungen** stark an Bedeutung gewonnen, da die gesetzliche Rente zur Absicherung im Alter nicht mehr ausreicht.

Daneben ist **Gesundheitsvorsorge** ein großes Thema. Unternehmen unterstützen ihre Mitarbeiter durch ärztliche Untersuchungen, präventive Maßnahmen und weitere Hilfsangebote. Diese reichen von Ernährungsberatungen und Sportprogrammen über Seminare für **Stressbewältigung** bis zur Betreuung bei Suchtproblemen.

Auch die **Schuldnerberatung** wird immer wichtiger, da die Verschuldung in allen gesellschaftlichen Schichten zunimmt. Immer mehr Unternehmen bieten ihren Mitarbeitern in Form von Einzelberatungen und Seminaren Hilfe zu diesem Thema an.

Krankenrückkehrgespräche zählen ebenfalls zu den freiwilligen Sozialleistungen. Kehrt ein Mitarbeiter nach einer Krankheit in das Unternehmen zurück, führt sein direkter Vorgesetzter ein Gespräch mit ihm. Dabei geht es nicht vornehmlich um die Krankheit selbst, vielmehr soll dem Mitarbeiter die Arbeitsaufnahme erleichtert werden, etwa indem man ihn über alle wichtigen Ereignisse während seiner Abwesenheit informiert. Außerdem soll der Vorgesetzte in Erfahrung bringen, ob die Krankheit mit der Arbeitssituation in Zusammenhang steht. Mögliche Ursachen können z.b. Über- und Unterforderung, die Arbeitsatmosphäre oder widrige Umwelteinflüsse wie Lärm und Zugluft sein. Dem Mitarbeiter soll durch das Krankenrückkehrgespräch außerdem vermittelt werden, dass er als Mensch und nicht lediglich als Arbeitskraft betrachtet wird. Unternehmen, die Krankenrückkehrgespräche eingeführt haben, sehen darin einen wichtigen Faktor zur Reduzierung von Fehlzeiten. Zum einen kann der Vorgesetzte erkennen, ob die Fehlzeit krankheits- oder motivationsbedingt war und ggfs. Maßnahmen einleiten. Zum anderen hat das Rückkehrgespräch bei Mitarbeitern, die durch häufiges Fehlen auffallen, oft einen disziplinierenden Effekt.

Seit einiger Zeit sind so genannte **Wellness-Programme** als freiwillige Sozialleistungen in Mode gekommen. Diese aus den USA stammende Idee soll das Gesundheitsbewusstsein der Mitarbeiter erhöhen. Ein gesunder Lebensstil kann beispielsweise durch Broschüren und Videos, Diätprogramme und vegetarisches Kantinenessen, Nichtraucherzonen und kostenlose Gesundheits-Check-ups vermittelt werden.

Freiwillige Sozialleistungen sind dann sinnvoll, wenn sie den Mitarbeiter tatsächlich zur Leistung motivieren. Vielfach werden sie jedoch nach dem **Gießkannenprinzip** verteilt, d.h. sie kommen jedem Mitarbeiter zugute, gleichgültig ob dieser daran interessiert ist oder nicht. Ob und inwieweit sie tatsächlich als Anreiz wirken und ihre oben genannten Zwecke erfüllen, bleibt in diesem Fall ungewiss.

6.2.2.6 Mitarbeiterbeteiligungssyteme

6.2.2.6.1 Ziele der Mitarbeiterbeteiligung

Der Arbeitgeber trägt als Kapitalgeber in einer Marktwirtschaft das finanzielle Risiko der unternehmerischen Aktivitäten, weshalb ihm grundsätzlich der volle Gewinn zusteht. Die Mitarbeiter erhalten für ihre geleistete Arbeit Entgelt und Sozialleistungen. Wenn sie darüber hinaus am Unternehmenserfolg oder am unternehmerischen Risiko beteiligt werden, spricht man von Mitarbeiterbeteiligungssystemen, die aus **Erfolgs- und Kapitalbeteiligungen** bestehen.

Weber et al. berichten von einer Studie, bei der 3.100 international tätige europäische Unternehmen befragt wurden. 63,4 Prozent der Firmen zahlten ihren Führungskräften in Deutschland eine

Erfolgsbeteiligung, bei den technischen und kaufmännischen Fachkräften lag der Anteil bei 32,9 Prozent. Bei Kapitalbeteiligungen beliefen sich die Werte auf 17,8 bzw. 9,0 Prozent.[156]

Obwohl Mitarbeiterbeteiligungen ursprünglich aus **sozialpolitischen Gründen** eingeführt wurden, stellen sie keine Sozialleistungen dar, da für die Vergabe stets eine leistungsabhängige Bemessungsgrundlage herangezogen wird.[157] Mittlerweile verfolgen die Unternehmen mit Beteiligungssystemen höchst unterschiedliche Ziele.

Zu den **verteilungs- und gesellschaftspolitischen Zielen** gehört die Umverteilung von Eigentum am Produktivvermögen. Eine breite Vermögensstreuung wird von staatlicher Seite gewünscht und gefördert. Sie soll die wirtschaftliche Macht Einzelner begrenzen, den Abbau sozialer Spannungen begünstigen und dadurch die bestehende Wirtschaftsordnung stützen.

Unter **finanzwirtschaftlichen Gesichtspunkten** stellen Beteiligungssysteme eine Form der Kapitalbeschaffung dar. Sie bieten die Möglichkeit, die Eigenkapitalbasis zu erhöhen, die Kapitalzusammensetzung zu verändern und zusätzliche Liquidität zu beschaffen.

Aus **personalpolitischer Sicht** runden sie ein leistungsorientiertes Entgeltsystem ab und können als Instrument der betrieblichen Altersversorgung eingesetzt werden.

Mitarbeiterbeteiligungssysteme bieten einen **zusätzlichen Leistungsanreiz**, da sich die Mitarbeiter dann eher mit dem Unternehmen und seinen Zielen identifizieren und ihr Handeln stärker an dessen wirtschaftlichem Erfolg ausrichten. Außerdem erhofft man sich einen positiven Effekt auf die Fluktuationsrate und die Fehlzeiten. Auf dem externen Personalbeschaffungsmarkt können Beteiligungssysteme zudem ein positives Unternehmensimage befördern.

In Großunternehmen stehen die verteilungs- und gesellschaftspolitischen Aspekte meist im Vordergrund. Während kleine und mittlere Unternehmen vor allem die Vorteile bei der Motivation und Finanzierung schätzen.[158]

Leider liegen derzeit keine aktuellen Untersuchungen zur Bedeutung der Ziele und zu den Auswirkungen von Beteiligungssystemen auf die Mitarbeiter vor.

6.2.2.6.2 Erfolgsbeteiligungen

Unter Erfolgsbeteiligung versteht man materielle Leistungen, die den Mitarbeitern gewährt werden, falls das Unternehmen einen Erfolg erzielt. In der Praxis haben sich zahlreiche Formen herausgebildet, die wichtigsten sind in Abb. 46 aufgeführt.

Die **Ertragsbeteiligung** bemisst sich an den abgesetzten Leistungen eines Unternehmens. Als Bemessungsgrundlage können Umsatz, Roh- oder Nettoertrag oder Wertschöpfung herangezogen werden. Bei der Umsatzbeteiligung erhält der Mitarbeiter einen Anteil an den Umsatzerlösen. Dabei werden auch außerordentliche Erträge berücksichtigt. Beim Rohertrag als Bezugsgröße werden diese herausgerechnet. Zieht man außerdem die kalkulatorischen Kosten und betriebli-

---

[156] Vgl. Weber, W., Festing, M., Dowling, P.J., Schuler, R.S. (2001), S. 223 f.

[157] Vgl. Oechsler, W.A. (2000), S. 525.

[158] Vgl. Guski, H.G., Schneider, H.J. (1983), S. 112.

chen Aufwendungen ab, erhält man den Nettoertrag. Bei der Wertschöpfung handelt es sich um die Differenz zwischen Rohertrag und Vorleistungskosten.[159]

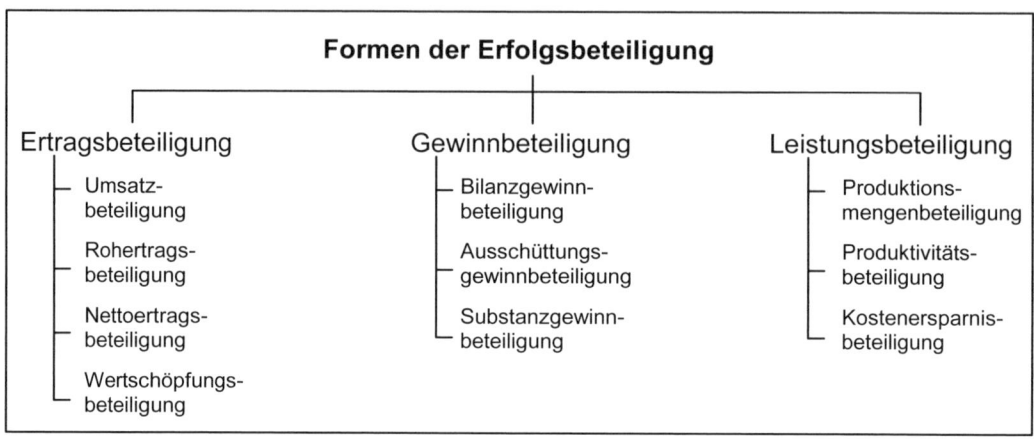

Abb. 46: Formen der Erfolgsbeteiligung[160]

Die Höhe der **Gewinnbeteiligung** hängt von der betrieblichen Gewinnentwicklung und der Marktlage des Unternehmens ab. Sie ist die in der Praxis am häufigsten anzutreffende Form der Erfolgsbeteiligung. Als Bemessungsgrundlage kann der Bilanz-, der Ausschüttungs- oder der Substanzgewinn verwendet werden. Bei einer Beteiligung am Bilanzgewinn ist entweder die Steuer- oder die Handelsbilanz maßgeblich. Der Ausschüttungsgewinn ist derjenige Teil des Gewinns, der an die Anteilseigner ausgezahlt wird. Er ist in jedem Fall niedriger als der Bilanzgewinn. Beim Substanzgewinn wird zusätzlich zum Bilanzgewinn die Veränderung des Unternehmenswerts berücksichtigt. Er kann – je nachdem, ob der Unternehmenswert gestiegen oder gesunken ist – höher oder niedriger als der Bilanzgewinn ausfallen.

Bei der **Leistungsbeteiligung** werden bestimmte Leistungen als Basis für die Erfolgsbeteiligung verwendet. Beim Überschreiten einer zuvor definierten Leistung wird die Beteiligung fällig, unabhängig davon, ob das Unternehmen einen Gewinn erwirtschaftet hat oder nicht. Eine Erhöhung der Produktionsleistung führt beispielsweise zur Zahlung einer Produktionsmengenbeteiligung. Die Produktivitätsbeteiligung wird gewährt, wenn ein bestimmtes Verhältnis zwischen Input und Output überschritten wird. Bei der Kostenersparnisbeteiligung erhalten die Mitarbeiter eine Beteiligung, wenn die Sollkosten unterschritten werden.

Die Erfolgsbeteiligung muss nicht ausgezahlt werden, sie kann durch Umwandlung in eine Kapitalbeteiligung auch ganz oder teilweise im Unternehmen verbleiben. Den meisten Unternehmen ist am Verbleib gelegen. Denn nur so ist mit einer engeren Bindung der Mitarbeiter an das Unternehmen zu rechnen. Auch den Mitarbeitern bietet die Umwandlung Vorteile, denn für ausgezahlte Erfolgsbeteiligungen müssen sie Einkommensteuer entrichten. Auch eine Einflussnahme auf die Unternehmensentwicklung ist nur möglich, wenn der Mitarbeiter am Kapital beteiligt ist.

---

[159] Vgl. Jung, H. (2005), S. 596 f.; Hentze, J. (1995), S. 133 f.

[160] Vgl. Oechsler, W.A. (2000), S. 528.

6.2.2.6.3 Kapitalbeteiligungen

Man unterscheidet zwischen Fremdkapital- und Eigenkapitalbeteiligung. Daneben wird zwischen direkter und indirekter Beteiligung differenziert. Die Zusammenhänge verdeutlicht Abb. 47.

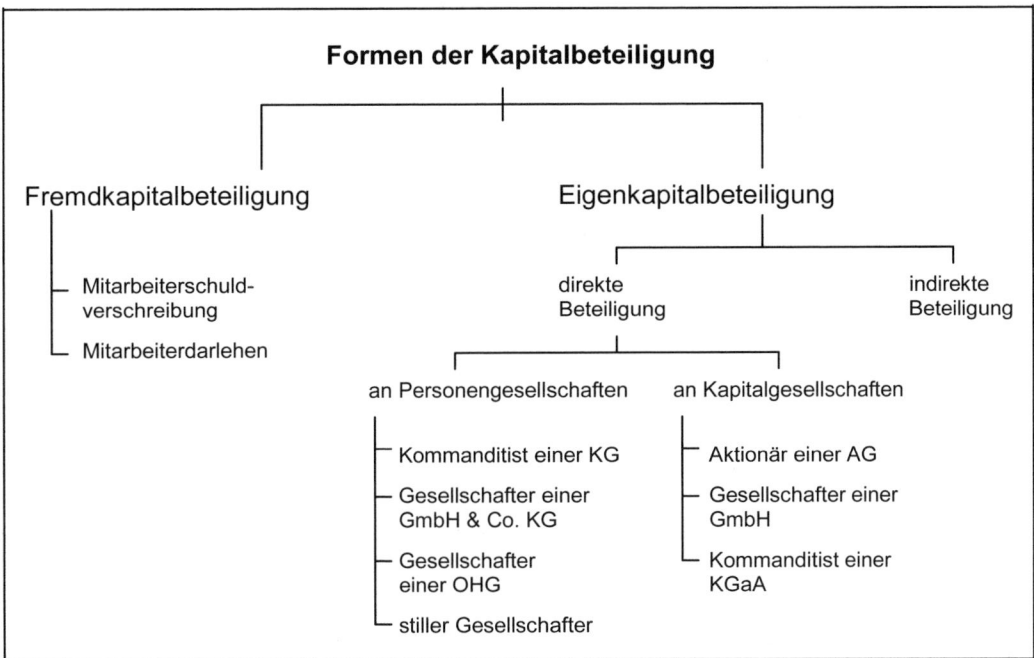

Abb. 47: Formen der Kapitalbeteiligung

Bei **Fremdkapitalbeteiligungen** stellt der Mitarbeiter dem Unternehmen für einen bestimmten Zeitraum einen Geldbetrag zur Verfügung und erhält dafür eine Verzinsung. Mitspracherechte, was die Entwicklung des Unternehmens anbelangt, erwirbt er dadurch nicht.

Mitarbeiterschuldverschreibungen sind festverzinsliche Wertpapiere, die vom Mitarbeiter zu einem bestimmten Kurs erworben werden können. Üblich sind Gewinnschuldverschreibungen, bei denen zusätzlich zum Festzins ein Gewinnanteil ausgezahlt wird, und Wandelschuldverschreibungen, bei denen später eine Umwandlung in Aktien möglich ist.

Beim **Mitarbeiterdarlehen** erhält der Mitarbeiter für die Kapitalüberlassung ein Entgelt, also eine Verzinsung. Nach Ablauf eines zuvor vereinbarten Zeitraums bekommt er seinen Geldbetrag zurück. Fristen, Höhe und Zeitpunkt der Rückzahlung sind frei verhandelbar. Das gilt auch für die Zinshöhe, die sich in der Regel am Kapitalmarkt orientiert. Gelegentlich variiert sie auch mit der Ertragslage des Unternehmens.

Durch eine **Eigenkapitalbeteiligung** ist der Mitarbeiter am Gewinn und Verlust des Unternehmens beteiligt. Es gibt direkte, indirekte und kombinierte Formen der Eigenkapitalbeteiligung. Da der Mitarbeiter zum Miteigentümer des Unternehmens wird, besteht grundsätzlich kein Anspruch auf Rückzahlung des eingesetzten Kapitals.

Kommanditisten einer KG oder GmbH & Co. KG haften nur mit ihrer Eigenkapitalbeteiligung. Als Miteigentümer werden die Mitarbeiter ins Handelsregister eingetragen. Da sie auch steuerlich als Eigentümer angesehen werden, unterliegen ihre Einkommen der Gewerbesteuer. Weitere handelsrechtliche Vorschriften – wie der notarielle Vertrag und der Fixkostencharakter des Stammkapitals – erschweren die Anwendung dieser Beteiligungsformen.[161]

Bei der Beteiligung als **Gesellschafter einer OHG** kommt noch hinzu, dass der Gesellschafter mit seinem Privatvermögen für Verbindlichkeiten des Unternehmens haftet. Diese Nachteile führen dazu, dass beide Formen der Eigenkapitalbeteiligung in der Praxis kaum vorkommen.

Bei der Beteiligung als **stiller Gesellschafter** leistet der Mitarbeiter eine Kapitaleinlage in das Vermögen des Unternehmens. Seine Haftung ist auf diese Einlage beschränkt. Er tritt nach außen nicht als Gesellschafter auf und ist auch nicht im Handelsregister eingetragen. Stille Gesellschafter sind zwingend am Unternehmensgewinn beteiligt, eine Verlustbeteiligung kann jedoch ausgeschlossen werden. Vor allem in mittelständischen Personengesellschaften ist diese Beteiligungsform von größerer Bedeutung.

Bei Aktiengesellschaften ist die **Belegschaftsaktie** die bekannteste Form der Kapitalbeteiligung. Sie ist auch bei **Kommanditgesellschaften auf Aktien** möglich. Der Mitarbeiter wird zum Miteigentümer des Unternehmens, indem er Aktien zu einem Vorzugspreis erwirbt oder sogar kostenlos erhält. Er haftet nur mit seiner Einlage und ist am Gewinn, jedoch nicht am Verlust des Unternehmens beteiligt. Bei Kurszuwächsen erhöht sich der Wert des eingesetzten Kapitals, bei Kursverlusten verringert er sich. In der Regel wird eine Sperrfrist vereinbart, in welcher der Mitarbeiter seine Aktien nicht veräußern darf. In der Praxis kommt es vor, dass die Mitbestimmungsrechte der Eigentümer von Belegschaftsaktien eingeschränkt werden.

Für **GmbH-Gesellschafter** gilt grundsätzlich eine Haftungsbeschränkung. Da neue Gesellschafter ins Handelsregister eingetragen werden müssen, jede Änderung der Einlagenhöhe und der Gesellschafterzahl beurkundet werden muss und außerdem zahlreiche steuerrechtliche Vorschriften zu beachten sind, ist diese Form der Eigenkapitalbeteiligung jedoch kaum verbreitet.

Bei der **indirekten Beteiligung** sind die Mitarbeiter nicht selbst, sondern über eine **Beteiligungsgesellschaft** am Unternehmen beteiligt. Die Mitarbeiter halten keine Anteile des Unternehmens, bei dem sie beschäftigt sind, sondern Anteile der Beteiligungsgesellschaft, die wiederum Anteile des Unternehmens besitzt. Von den Gewerkschaften wird diese Art der Kapitalbeteiligung den anderen Formen vorgezogen, da die Beteiligungsgesellschaften die Arbeitnehmerinteressen aus ihrer Sicht wirksamer vertreten können, als dies bei direkten Beteiligungen einzelner Mitarbeiter der Fall ist. Für die Unternehmen bietet die indirekte Beteiligung hingegen keinerlei Vorteile, zumal für die Mitarbeiter der direkte Bezug zum Unternehmen verloren geht.

Gewerkschaften lehnen Kapital- und Erfolgsbeteiligungen aus grundsätzlichen Erwägungen ab. Wesentliche Kritikpunkte sind das doppelte Verlustrisiko und die Ungleichbehandlung der Arbeitnehmer. Denn je nach Beteiligungsform verliert der Mitarbeiter im Konkursfall nicht nur seinen Arbeitsplatz, sondern auch sein eingesetztes Kapital. Beschäftigte von erfolgreichen Unternehmen können durch eine Beteiligung zusätzliches Vermögen bilden, andere, die bei ertragsschwachen Firmen oder im öffentlichen Dienst beschäftigt sind, haben diese Möglichkeit jedoch

---

[161] Vgl. Jung, H. (2005), S. 600.

nicht.[162] Außerdem handelt es sich bei den Beteiligungen aus Gewerkschaftssicht nicht um zusätzliche Einkommen, sondern um Beträge, die die Mitarbeiter erwirtschaftet haben und die ihnen deshalb sowieso zustehen. Vor allem aber fürchten sie, dass durch die direkte Beteiligung der Mitarbeiter am Unternehmen das Interesse an einer überbetrieblichen Arbeitnehmervertretung sinkt und der gewerkschaftliche Einfluss schwindet.

6.2.2.7 Besondere Aspekte der Vergütung von Führungskräften

Die Vergütung von Führungskräften weist einige Besonderheiten auf. In der Regel fehlt die Tarifbindung, so dass der Gestaltungsspielraum wesentlich größer ist. Da die Leistung und das Verhalten von Führungskräften einen großen Einfluss auf den Unternehmenserfolg haben, ist ihr Entgelt in der Regel deutlich höher als das der übrigen Mitarbeiter.[163] Führungskräfte müssen außerdem flexibel sein und sich neuen Situationen schnell anpassen bzw. diese den Unternehmenszielen entsprechend gestalten. Oft beeinflussen sie die mittel- und langfristigen Ziele des Unternehmens, weshalb es wichtig ist, einen Teil des Entgelts an taktische und strategische Aspekte zu knüpfen. Werden solche Entgeltkomponenten jedoch erst nach längerer Zeit wirksam, sind sie nur wenig motivierend. So sind Aktienoptionen, die eine Führungskraft erst nach mehreren Jahren einlösen kann, kaum ein Anreiz zur derzeitigen Mehrleistung. Deshalb sollten Führungskräfte durch eine Kombination aus operativen, taktischen und strategischen Anreizen zur optimalen Leistung angeregt werden und so den Unternehmenserfolg sichern.

Die Gesamtvergütung, die so genannte **Total Compensation**, besteht aus der **Grundvergütung**, den **variablen Bestandteilen** und **Zusatzleistungen**.

Die **Grundvergütung** (Zieleinkommen) ist meist anforderungsbezogen und wird mit der Führungskraft individuell vereinbart. Ausgangspunkt ist – wie bei ausführenden Stellen – die Arbeitsbewertung. Die Höhe der Grundvergütung hängt hauptsächlich von diesen Faktoren ab:

- Art und Umfang der Verantwortung
- Stellung in der Hierarchie des Unternehmens
- Art der Abteilung (z.B. Controlling als interner Dienstleister)
- Unternehmensgröße, eventuell Abhängigkeit vom Mutterkonzern
- allgemeines Vergütungsniveau im Unternehmen
- Existenz variabler Vergütungssysteme
- externe Personalbeschaffung oder interne Versetzung/Beförderung
- konjunkturelle Lage
- Branche
- Führungskräfteangebot und -nachfrage
- Alter und Familienstand

Daneben gehen bei modernen Vergütungssystemen auch qualifikationsorientierte Gesichtspunkte in die Festlegung der Entgelthöhe ein. Außerdem wird die individuelle Leistung der einzelnen Führungskraft bereits bei den Grundbezügen berücksichtigt, obwohl dieser Aspekt eigentlich die

---

[162] Vgl. Hentze, J. (1995), S. 148 f.

[163] Vgl. Berthel, J., Becker, F.G. (2003), S. 456.

Berechnungsgrundlage der variablen Bezüge bildet. Eine Führungskraft, die kontinuierlich eine hohe Leistung erbringt bzw. in der Vergangenheit erbracht hat, erhält deshalb häufig bereits ein höheres Grundentgelt als eine durchschnittliche.

Den **variablen Bestandteilen** der Vergütung von Führungskräften kommt eine besondere Bedeutung zu. Sie beruhen auf der individuellen Leistung und der Erfüllung vereinbarter Ziele. Der Bereichs- und/oder Unternehmenserfolg wird regelmäßig als Bezugsgröße herangezogen. Sinnvollerweise handelt es sich um eine Kombination aus Leistungs- und Erfolgsentgelten.

Ein Teil des variablen Entgelts hängt oft nicht von den individuellen Leistungen und dem individuellen Erfolg, sondern von den gemeinsamen Anstrengungen der Führungskräfte zur Zielerreichung ab. Dadurch werden die Kooperationsbereitschaft und das ressortübergreifende Denken gefördert sowie der Bereichsegoismus eingeschränkt.

Während in der Vergangenheit in Deutschland variable Vergütungen sowie deren Anteil am Gesamtentgelt der Führungskräfte im internationalen Vergleich eher gering war, ist in den letzten Jahren eine deutliche Steigerung zu beobachten. Rund 80 Prozent der Geschäftsführer in Deutschland erhalten variable Vergütungsanteile, auf der zweiten Hierarchieebene sind es ca. 70 Prozent der Führungskräfte.[164]

Lender schätzt den variablen Anteil am Zieleinkommen bei leitenden Angestellten in Deutschland auf 25 bis 35 Prozent.[165] In DAX-gelisteten Unternehmen beträgt er bei Führungskräften unterhalb der Vorstandsebene etwa 60 Prozent, bei mittelgroßen Unternehmen liegt er bei rund 30 Prozent. Bei der **absoluten Entgelthöhe** liegen deutsche **Führungskräfte** im internationalen Vergleich nur im Mittelfeld.[166] Auch das Entgelt von **tariflichen Mitarbeitern** enthält in zunehmendem Maße variable Bestandteile.

Variable Vergütungsanteile haben verschiedene **Funktionen**[167]:

- **Motivationsfunktion**: Die Gewährung einer leistungs- und erfolgsabhängigen Vergütung soll die Leistungsbereitschaft fördern.

- **Steuerungsfunktion**: Durch Auswahl der Kriterien, von deren Erreichung die Höhe der variablen Vergütung abhängt, wollen Unternehmen die Richtung und die Intensität des Verhaltens ihrer Mitarbeiter beeinflussen.

- **Informationsfunktion**: Vergütungssysteme zeigen, welche Verhaltensweisen von Seiten des Unternehmens erwartet werden.

- **Kooperationsfunktion**: Die Gewährung von variablen Vergütungsanteilen soll die Mitarbeiter zu kooperativem Verhalten veranlassen, da sich sonst ihr Gesamtentgelt verringern könnte.

---

[164] Vgl. Hören, M.v. (2004), S. 17.; o. V. (2005 e), S. 49.

[165] Vgl. Lender, M. (2005), S. 52.

[166] Vgl. o. V. (2005 c), S. 50.

[167] Vgl. Becker, F.G. (2005), S. 1038.

- **Veränderungsfunktion**: Wenn sich die Anforderungen an die Mitarbeiter ändern, kann eine entsprechende Anpassung des Vergütungssystems dazu genutzt werden, die Bedeutung der Änderung zu unterstreichen.

- **Selektionsfunktion**: Ein interessantes Vergütungssystem fördert die Bleibemotivation der Mitarbeiter und erhöht die Teilnahmemotivation potenzieller Bewerber. Gleichzeitig werden jedoch auch manche Mitarbeiter von einem hohen variablen Entgeltanteil abgeschreckt, da das sichere Grundgehalt entsprechend geringer ausfällt.

Zur Belohnung von **kurzfristigen Erfolgen** dienen operative Anreizsysteme, die auch als Tantiemensysteme bezeichnet werden. Es handelt sich um erfolgsabhängige Entgelte für eine dispositive Tätigkeit. Um eine möglichst hohe Motivationswirkung zu erreichen, werden im Vorfeld die Tantiemenbasis, auf der die Vergütung gewährt wird, und der Tantiemensatz, der die Höhe bestimmt, festgelegt.

Mittel- bis langfristige Erfolge werden durch taktische Anreizsysteme entgolten. Die Basis bilden individuelle Leistungen oder operative Unternehmensziele, die über mehrere Jahre hinweg immer wieder erreicht wurden. Die Führungskräfte sollen einen Anreiz haben, dauerhaft hohe Leistungen zu erbringen.

Strategische Anreize unterstützen das **Erreichen eines langfristigen, nachhaltigen Unternehmenserfolgs**. Sie kommen in Deutschland bislang meist nur in größeren Aktiengesellschaften und dort in den verschiedensten Formen vor, etwa per Aktien, Aktienoptionen oder sogar Phantomaktien. Auch Beteiligungen am Kursgewinn ohne die Übereignung von Aktien trifft man in der Praxis an.[168]

Allerdings haben diese Leistungsanreize in den letzten Jahren hierzulande und in anderen Ländern stark an Bedeutung eingebüßt. Dies lag zum einen an neuen internationalen und US-amerikanischen Rechnungslegungsvorschriften[169] und zum anderen an der konjunkturellen Situation und der negativen Entwicklung der Aktienmärkte.

Viele Unternehmen gewähren sowohl Anreize zur kurz- als auch zur mittel- und langfristigen Zielerreichung. Für Führungskräfte kann sich dadurch ein Zielkonflikt ergeben. Denn da Generalistentum immer stärker gefördert wird, steigt die Anzahl der Positionswechsel innerhalb eines Unternehmens, was dazu führt, dass Führungskräfte eine Stelle oft nicht lange genug besetzen, um langfristige Ziele im Blick zu haben.[170] Auch häufigere Unternehmenswechsel und mangelndes Vertrauen in die konjunkturelle Entwicklung sowie eine verstärkte Orientierung am Shareholder-Value begünstigen eine kurzfristige Denkweise.

Wenn ein Teil der variablen Vergütung nicht ausgezahlt, sondern dem Mitarbeiter als Versorgungszusage gutgeschrieben wird, spricht man von **Deferred Compensation**. Sie muss nicht sofort versteuert werden und bietet sich für denjenigen Teil des Entgelts an, der über der Beitragsbemessungsgrenze zur gesetzlichen Sozialversicherung liegt, da dann keine negativen Auswirkungen auf den gesetzlichen Rentenanspruch entstehen.

---

[168] Vgl. Oechsler, W.A. (2000), S. 499.

[169] Vgl. o. V. (2005 d), S. 57.

[170] Vgl. Oechsler, W.A. (2000), S. 501.

Die Summe der im Laufe der Jahre angesammelten Beträge wird erst dann versteuert, wenn die Leistung ausgezahlt wird, in der Regel mit Eintritt in den Ruhestand. Während der Aufschubzeit wird der unversteuerte Bruttobetrag zinsbringend angelegt, womit der Nettonutzen deutlich höher ist als bei einer sofortigen Barauszahlung oder einer Anlage nach Steuern. Die Auszahlung kann in einem Betrag oder in mehreren Raten erfolgen. Da im Rentenalter das verfügbare Einkommen und die individuelle steuerliche Belastung in der Regel geringer sind als während der Erwerbsphase, verringert sich der zu zahlende Steuerbetrag durch einen geringeren Progressionssatz oft deutlich. Deferred Compensation-Systeme sind sehr gut in so genannte Cafeteria-Systeme integrierbar.

Zusatzleistungen bilden die dritte Komponente der Führungskräfteentlohnung. Dabei handelt es sich um heterogene, personenbezogene Privilegien, die einzelvertraglich ausgehandelt werden. Sie umfassen sämtliche Geld- und Sachleistungen, die nicht im Grundentgelt und den variablen Bezügen bereits enthalten sind, wie Dienstwagen, zusätzliche Altersversorgung, Lebensversicherung und besondere Büroausstattungen. Sie dienen der Sicherung und Verbesserung der Lebensqualität und werden einmalig oder wiederholt gewährt. Höhe und Umfang hängen vor allem von der Position der Führungskraft in der Unternehmenshierarchie ab. Da Zusatzleistungen zum Teil für andere sichtbar sind, kommt das Unternehmen damit auch dem Bedürfnis seiner Führungskräfte nach Statussymbolen entgegen.

6.2.3 Ausgewählte immaterielle Anreize

Bedeutende immaterielle Anreize stellen die **Personalentwicklung** und die damit für den Mitarbeiter verbundenen **Aufstiegsmöglichkeiten** dar. Gleichzeitig sind sie ein wesentlicher Aspekt der Zukunftssicherung des Unternehmens. Aus diesem Grund wird die Personalentwicklung in einem eigenen Kapitel behandelt.

6.2.3.1 Arbeitsstrukturierung

Unter **Arbeitsstrukturierung** versteht man alle Regelungen, Änderungen und Flexibilisierungen, die die Gestaltung der Arbeit betreffen. Durch neue Formen sollen die Nachteile der Stellenspezialisierung verringert bzw. vermieden werden. Man verspricht sich davon eine Steigerung der Motivation und Arbeitszufriedenheit sowie eine höhere Identifikation der Mitarbeiter mit dem Unternehmen. Der Trend geht dahin, einerseits die Aufgaben- und Kompetenzbereiche der Mitarbeiter zu erweitern und andererseits die Team-Orientierung zu stärken.

6.2.3.1.1 Spezialisierung versus Generalisierung

Die Stellenbildung bildet die Basis der Arbeitsstrukturierung. Dazu muss zunächst die Gesamtaufgabe mittels Aufgabenanalyse in Teilaufgaben zerlegt werden. Diese fasst man durch eine Aufgabensynthese zu Aufgabenkomplexen zusammen und verteilt sie unter Berücksichtigung des menschlichen Leistungspotenzials auf Stellen. Dabei wird von einem fiktiven, durchschnittlich qualifizierten Mitarbeiter ausgegangen, der dauerhaft eine normale Leistung erbringt. Konkrete mitarbeiterspezifische Belange bleiben in der Regel unberücksichtigt. Eine Ausnahme bildet nur die Aufgabenträgerzentralisation im Rahmen der personenorientierten Aufgabensynthese,[171] bei

---

[171] Vgl. ausführlich zur Aufgabenanalyse und -synthese Steinbuch, P.A. (2001), S. 147 ff.

der Teilaufgaben entsprechend der spezifischen Qualifikation des Stelleninhabers kombiniert werden.

Eine Stelle ist somit das Ergebnis der Zusammenfassung von Teilaufgaben zu Aufgabenkomplexen unter sachlichen und logischen Gesichtspunkten. Sie ist die kleinste organisatorische Einheit im Unternehmen.

Bei der inhaltlichen Gestaltung der Aufgaben einer Stelle spielt die **Spezialisierung** eine wesentliche Rolle. Diese kann soweit gehen, dass der Mitarbeiter nur noch routinemäßige, sich ständig wiederholende Aufgaben – im Extremfall wenige Handgriffe – zu erfüllen hat. Nach dem Grundgedanken des Scientific Management sind durch starke Spezialisierung höhere Leistungen des Stelleninhabers und eine bessere Qualität der Produkte zu erwarten, da sich durch häufige Wiederholungen und dem damit verbundenen Übungseffekt gewohnheitsmäßige Bewegungsabläufe einstellen. Zudem ist es nicht notwendig, sich gedanklich auf ständig wechselnde Verrichtungen einzustellen und dadurch Zeit zu verlieren.

Eine starke Arbeitsteilung und die damit verbundene Spezialisierung führen zu **Vorteilen**:[172]

- Zeitersparnis durch Lerneffekte
- Verkürzung von Anlern- und Einarbeitungszeiten
- Senkung von Einsatzmengen und Kosten durch Größeneffekte
- eignungsgerechter Mitarbeitereinsatz
- aufgabenadäquate Ausrichtung des Arbeitsplatzes
- Einsatz gering qualifizierter und damit kostengünstiger Mitarbeiter
- Einsatz aufgabenadäquater und damit kostengünstiger sog. Einzweckmaschinen

Die Spezialisierung bringt neben den Vorteilen auch erhebliche **Nachteile** mit sich:

- Unselbständigkeit der Mitarbeiter
- Verringerung der Anpassungs- und Umstellungsfähigkeit
- einseitige körperliche Belastung
- Monotonie
- eingeschränkte Möglichkeiten der sozialen Interaktion
- Entfremdung vom Endprodukt

Für ein Unternehmen ergeben sich als negative Begleiterscheinungen Arbeitsunzufriedenheit, hohe Absentismusrate, hohe Fluktuationsrate, Leistungsminderungen, niedrige Qualität der Arbeitsergebnisse und erhöhte Ausschussquote.[173]

Wegen der negativen Auswirkungen der Standardisierung und Spezialisierung verzichten immer mehr Unternehmen auf Extremformen der Arbeitsteilung zugunsten einer stärkeren **Generalisierung**. Durch Umstrukturierung und neue Kombination von Teilaufgaben sollen die Arbeitsinhalte vielfältiger und die geistigen und körperlichen Anforderungen an den Stelleninhaber ge-

---

[172] Vgl. Schulte-Zurhausen, M. (2002), S. 132 f.

[173] Vgl. Bühner, R. (2004), S. 120 f.

ändert werden. Abb. 48 zeigt die **erwünschten Wirkungen**, die bei der Stellenbildung mit der Generalisierung verknüpft werden.

Maßnahme	Erwünschte Wirkungen	
	einzelner Maßnahmen	insgesamt
Veränderung von Arbeitsinhalt und Arbeitsumfang	Erkennen des Produktionszusammenhangs Identifikation mit der Arbeit Verringerung der Monotonie Vermeidung einseitiger körperlicher Belastung	
Veränderung von Autonomiegraden und von Automiebereichen	Stärkung des Verantwortungsgefühls Vergrößerung des Entscheidungsspielraums	Motivation Leistung Arbeitszufriedenheit
Stärkung der Selbstkontrolle	Kenntnis der Ergebnisse und der eigenen Leistung Schnelleres Eingreifen bei Fehlern Qualitätsverbesserung	
Verbesserung der sozialen Interaktionsmöglichkeiten	Humanisierung des Arbeitsprozesses Veränderung der betrieblichen Sozialisation der Mitarbeiter	

Abb. 48: Generalisierungstendenzen und erwünschte Wirkungen[174]

Neben den erwünschten Wirkungen der Generalisierung und den generellen Vorteilen einer höheren Motivation, Leistung und Arbeitszufriedenheit sind mit der Verringerung der Spezialisierung allerdings auch **Nachteile** verbunden:

- höhere Investitionen je Arbeitsplatz
- längere Anlern- und Einarbeitungszeiten

---

[174] in Anlehnung an Hentze, J., Kammel, A. (2001), S. 451.

- zusätzliche Personalentwicklungskosten, da eine höhere Mitarbeiterqualifikation erforderlich wird
- höheres Entgelt für anspruchsvollere Aufgaben und besser qualifizierte Mitarbeiter

Der Zwang zum organisatorischen Wandel und damit zur Generalisierung beruht auf marktwirtschaftlichen, technischen sowie gesellschaftlichen und sozialpolitischen Einflüssen.

So geht die **marktwirtschaftliche Entwicklung** immer stärker hin zu Käufermärkten und damit weg von Verkäufermärkten, d.h. das Angebot an Waren und Dienstleistungen ist größer als die Nachfrage, es kommt zum „Kampf um den Kunden". Der Wettbewerb wird härter, auch mittelgroße Unternehmen müssen sich zunehmend internationaler Konkurrenz stellen. Gleichzeitig fordern Käufer in vielen Bereichen mehr Flexibilität, z.B. in Form von Produktvarianten, bei den Liefer- und Zahlungsmodalitäten und beim Service. Die neue Marktsituation führt zu größerer Qualitätsorientierung und zunehmendem Kostendruck bei gleichzeitig kürzeren Produktlebenszyklen.

Des Weiteren wird der organisatorische Wandel durch **technische Einflüsse** begünstigt. Produktionsmittel und -techniken veralten immer schneller, so dass unter Kosten- und Investitionsgesichtspunkten eine möglichst intensive Nutzung und optimale Auslastung angestrebt wird. Die Mitarbeiter müssen mit den technologischen Änderungen Schritt halten und entsprechend qualifiziert werden. Flexibilität und Weiterbildung sollen Leerzeiten, in denen die Anlagen nicht genutzt werden, vermeiden oder minimieren.

Letztlich sind auch **gesellschaftliche und sozialpolitische Einflüsse** ursächlich für die zunehmende Generalisierung bei der Arbeitsstrukturierung. Mitarbeiter bringen heute bessere Anfangsqualifikationen mit, außerdem hat der Wertewandel die Einstellungen und Bedürfnisse hinsichtlich der Arbeitssituation verändert, die Erwartungen sind heute deutlich höher. Neue Konzepte der Arbeitsgestaltung sind als Anreize für den Mitarbeiter zu verstehen, seine Bedürfnisse in der Arbeitssituation verwirklichen zu können.

Während früher vor allem unter humanitären Gesichtspunkten über Änderungen der Arbeitsstrukturierung und eine Verringerung der Spezialisierung diskutiert wurde,[175] ergibt sich der Zwang zum organisatorischen Wandel heute aus ökonomischer Notwendigkeit.

Wenn eine Abkehr von starker Spezialisierung aus wirtschaftlichen, technischen oder organisatorischen Gründen nicht möglich ist, kann eine **Umgestaltung der Arbeitsumgebung** die Nachteile der Spezialisierung zumindest verringern. Einseitiger körperlicher Belastung kann durch eine sinnvolle ergonomische Gestaltung des Arbeitsplatzes begegnet werden. Optimale Beleuchtung hilft, die Fehlerquote zu verringern und dadurch die Qualität zu steigern. Harmonische und abwechslungsreiche Farben verändern zwar nicht eine monotone Aufgabe, schaffen aber wenigstens eine interessante Umgebung, während eine graue Farbgestaltung den eintönigen Eindruck monotoner Arbeiten verstärkt.

Die bekanntesten **Konzepte zur Generalisierung** sind

- Job Enlargement,
- Job Enrichment,

---

[175] Vgl. Schreyögg, G. (2003), S. 248 f.

- Job Rotation sowie
- teilautonome Arbeitsgruppen.

6.2.3.1.2 Job Enlargement, Job Enrichment und Job Rotation

Durch **Job Enlargement** (Aufgabenerweiterung) wird eine stark horizontale Arbeitsteilung rückgängig gemacht. Der Arbeitsumfang pro Arbeitszyklus wird durch die Zusammenfassung mehrerer gleichwertiger Aufgaben vergrößert. Das Anforderungsniveau der Stelle bleibt also unverändert, es handelt sich um eine rein quantitative Umstrukturierung. Der Arbeitsumfang wird so erweitert, dass er von einem einzelnen Mitarbeiter ohne größere Probleme beherrscht werden kann. Ein einfaches Beispiel: Mitarbeiter 1 hat im Zeitraum X 150 Mal Aufgabe A zu erfüllen und Mitarbeiter 2 im selben Zeitraum 150 Mal Aufgabe B. Auf Mitarbeiter 3 entfällt 150 Mal Aufgabe C. Nach der Umstrukturierung hat jeder der drei Mitarbeiter je 50 Mal die Aufgaben A, B und C durchzuführen. Arbeitserweiterungen trifft man sowohl im Produktions- als auch im Dienstleistungs- und im Verwaltungssektor an.

Job Enlargement dient in erster Linie dazu, Monotonie und Demotivation sowie einseitige körperliche Belastungen zu vermeiden bzw. zu verringern. In empirischen Untersuchungen konnte eine Steigerung der Produktivität und der Qualität nachgewiesen werden.[176] Der Mitarbeiter erkennt aufgrund der größeren Aufgabe eher einen Sinn in seiner Arbeit und kann sie besser in einen Gesamtzusammenhang einordnen. Außerdem hat er mehr Abwechslung. Man geht darüber hinaus davon aus, dass er sich durch die Arbeitserweiterung stärker mit seinem Arbeitsergebnis identifiziert und ein größeres Verantwortungsbewusstsein entwickelt. Zu guter Letzt erhöht sich auch die Arbeitszufriedenheit.

Der Arbeitnehmer muss für das Job Enlargement über zusätzliche, gleichwertige Qualifikationen verfügen. In der Regel handelt es sich aber um leicht zu erlernende Aufgaben. Außerdem müssen zusätzliche Sachmittel angeschafft bzw. Sachmittel verändert werden. Während im oben genannten Beispiel die drei Mitarbeiter vorher ein jeweils unterschiedliches Spezialwerkzeug für ihre Aufgabe benutzten, müssen sie nun, um ihre erweiterte Arbeit zu erledigen, über alle drei Werkzeuge verfügen. Bei computergestützten Aufgaben müssen die Benutzerberechtigungen erweitert und eventuell zusätzliche Hard- und Software angeschafft werden. Soziale Interaktionsmöglichkeiten werden durch die Arbeitserweiterung hingegen nicht verändert.

Job Enrichment (Arbeitsbereicherung) zielt auf eine qualitative Veränderung der Arbeit, der Entscheidungs- und Kontrollspielraum des Mitarbeiters wird also vergrößert. Außerdem kommen qualitativ unterschiedliche Teilaufgaben hinzu. Es handelt sich daher nicht nur um eine horizontale, sondern auch um eine vertikale Aufgabenveränderung. Die Arbeitsteilung wird in beide Richtungen reduziert.

Der Mitarbeiter arbeitet selbständiger und übernimmt Verantwortung für die Aufgabenerfüllung, Fremdkontrolle wird weitgehend durch Selbstkontrolle ersetzt. Gleichzeitig erhält der Mitarbeiter Gelegenheit, seinen Arbeitsprozess individuell zu planen und seinen Bedürfnissen entsprechend zu gestalten. Die größere Selbstbestimmung fördert die Persönlichkeitsentfaltung, außerdem

---

[176] Vgl. Hentze, J., Kammel, A. (2001), S. 453.

werden starre hierarchische Strukturen gelockert,[177] da die traditionelle Trennung von leitender (entscheidender) und ausführender Arbeit aufgebrochen wird.

Die notwendigen Qualifizierungsmaßnahmen beim Job Enrichment sind, da es sich um eine Erweiterung um qualitativ unterschiedliche Teilaufgaben handelt, umfangreicher, langwieriger und kostenintensiver als beim Job Enlargement. Die höhere Qualifikation führt zudem zu einem höheren Entgelt. Die Mitarbeiter müssen außerdem die Bereitschaft mitbringen, anspruchsvollere Aufgaben zu erfüllen. Allerdings werden die sozialen Interaktionsmöglichkeiten gegenüber dem vorigen Zustand kaum verbessert.

Job Rotation (systematischer Arbeitsplatzwechsel) bedeutet, dass der Mitarbeiter seinen Arbeitsplatz nach einem vorgegebenen oder selbst gewählten Rhythmus innerhalb seiner Arbeitsgruppe wechselt. Eine Arbeitszerlegung in horizontaler oder vertikaler Richtung erfolgt nicht, die Aufgaben variieren stattdessen in örtlicher und zeitlicher Hinsicht.

Durch Job Rotation lässt sich die Monotonie verringern und die Entfremdung vom Endprodukt vermeiden, außerdem kann einseitigen körperlichen Belastungen vorgebeugt werden. Verläuft der Arbeitsplatzwechsel entlang der Verrichtungsfolge, lernt der Mitarbeiter den Arbeitsprozess idealerweise vollständig kennen und kann ihn so in den Gesamtzusammenhang der Leistungserstellung einordnen. Dadurch erhöht sich sein Verantwortungsbewusstsein. Die regelmäßigen Anforderungsveränderungen führen zu mehr Flexibilität, da sich die Mitarbeiter gegenseitig vertreten können. Die Kenntnis der verschiedenen Arbeitsschritte ermöglicht darüber hinaus ein schnelleres Eingreifen bei Fehlern, was die Qualität verbessert. Auch die sozialen Interaktionsmöglichkeiten werden etwas verbessert.

Durch den häufigen Arbeitsplatzwechsel muss sich der Mitarbeiter auf immer neue Umgebungen einstellen. Die Motivationswirkung von Job Rotation wird deshalb eher zurückhaltend beurteilt, da eine Identifizierung mit den ständig wechselnden Aufgaben kaum möglich ist.[178]

Das **Springer-Prinzip** ist eine besondere Form der Job Rotation. In diesem Fall wird ein Mitarbeiter für mehrere Arbeitsplätze ausgebildet und springt bei vorübergehenden Ausfällen seiner Kollegen für diese ein. Der Arbeitsplatz und die Arbeit des Springers wechseln ständig, während die anderen Arbeitnehmer an ihren Arbeitsplätzen bleiben. Bei der Fließ- und Reihenfertigung ermöglicht dies einen kontinuierlicher Arbeitsprozess, obwohl sich einzelne Mitarbeiter zeitweise nicht an ihrem Arbeitsplatz befinden.

6.2.3.1.3 Teilautonome Arbeitsgruppen

Bei **teilautonomen Arbeitsgruppen** werden die drei genannten Formen der Arbeitsstrukturierung mit weitgehender Selbständigkeit verbunden. Die Arbeitsgruppe übernimmt die Verantwortung für einen zusammenhängenden Aufgabenkomplex. Entscheidungs-, Planungs-, Ausführungs- und Kontrollmaßnahmen führt sie selbst durch, so dass Vorgesetzte im Extremfall überflüssig werden. Die Anbindung der Gruppe an die Organisation erfolgt über Leistungsziele und Qualitätsstandards. Teilautonome Arbeitsgruppen wurden anfangs vor allem in der Fertigung eingesetzt, inzwischen erstreckt sich ihr Einsatzgebiet auch auf den Verwaltungsbereich.

---

[177] Vgl. Schulte-Zurhausen, M. (2002), S. 139.

[178] Vgl. Schanz, G. (2000), S. 571.

Da viele Aufgaben, die früher auf anderen Hierarchieebenen bzw. in anderen Abteilungen durchgeführt wurden, aus den bisherigen Stellen herausgelöst und den teilautonomen Arbeitsgruppen übertragen werden, ergeben sich zwangsläufig weitreichende Veränderungen in der horizontalen und vertikalen Arbeitsteilung des gesamten Unternehmens.

Die **Besonderheiten** dieses Konzepts der Arbeitsstrukturierung sind

- Gruppenarbeit und
- Teilautonomie.

Bei der **Gruppenarbeit** ist nicht mehr die einzelne Stelle die kleinste organisatorische Einheit, stattdessen wird die Arbeitsgruppe zum organisatorischen Basissystem. Sie weist diese Merkmale auf:

- Zusammenfassung von komplexen Teilaufgaben
- unter sachlichen und logischen Gesichtspunkten
- unter Zuordnung entsprechender technischer Hilfsmittel
- bei Übertragung des Aufgabenkomplexes auf **eine** Personenmehrheit
- zur gemeinsamen Aufgabenerfüllung
- im Team

Man kann sinnvollerweise nur dann von echter Gruppenarbeit sprechen, wenn

- mehrere Personen
- über einen längeren Zeitraum
- in unmittelbarer Zusammenarbeit
- nach gemeinsamen Werten und Regeln
- gemeinsame Aufgaben bewältigen, um dadurch
- gemeinsame Ziele zu erreichen.
- Dazu entwickeln sie ein Wir-Gefühl und
- eine bestimmte Rollenverteilung in der Gruppe.

Grundlegend für die Gruppenarbeit ist das **Prinzip des gegenseitigen Vertretens**. Jedes Gruppenmitglied muss mehrere Aufgaben beherrschen, um einen systematischen Arbeitsplatzwechsel und das kurzfristige Einspringen für einen verhinderten Kollegen zu ermöglichen.

Können die genannten Punkte größtenteils nicht verwirklicht werden, etwa weil eine Aufgabe nicht so strukturiert werden kann, dass eine unmittelbare Zusammenarbeit mehrerer Personen möglich ist, führt dies zur **Einzelarbeit**. So können z.B. Pförtner, Sekretärinnen, Assistenten des Werksleiters oder bestimmte Spezialisten nicht in teilautonome Arbeitsgruppen integriert werden.

Bei der zweiten Besonderheit **Teilautonomie** unterscheidet man zwischen

- Autonomiebereichen und
- Autonomiegraden.

Die **Autonomiebereiche** von teilautonomen Arbeitsgruppen sind in der Praxis sehr unterschiedlich gestaltet. Die Gruppen unterliegen einem Lernprozess, weshalb zunächst mit einigen wenigen Autonomiebereichen begonnen wird, die dann während des Fortbestands der Gruppe systematisch erweitert werden. Ihre Entscheidungen können sich z.B. auf diese Bereiche erstrecken:[179]

- Aufgabenverteilung innerhalb der Gruppe
- Arbeitsgeschwindigkeit
- Pausenregelung
- Urlaubsplanung
- Wahl eines Koordinators und Gruppensprechers
- Neueinstellung von Gruppenmitgliedern
- Mitsprache bei der Entlassung von Gruppenmitgliedern
- Wahl von Produktionsmethoden
- Wahl der technologischen Ausstattung
- Notwendigkeit von Personalentwicklungsmaßnahmen
- Materialumschlag und -transport
- kleinere Reparaturen und Wartungen
- Serienplanung
- Wareneingangskontrolle
- Qualitätskontrolle
- kontinuierliche Verbesserungsprozesse

Diese Beispiele verdeutlichen die vielfältigen Ausgestaltungen der teilautonomen Gruppenarbeit. Je nach Fähigkeiten und Potenzial der Gruppenmitglieder und dem Stand der organisatorischen Veränderung im Unternehmen ergeben sich neue Erweiterungs- und Veränderungsmöglichkeiten.

Dies gilt auch für die **Autonomiegrade**. Dabei unterscheidet man zwischen

- Alleinentscheidungs-,
- Mitbestimmungs-,
- Veto- und
- Informationsrechten der teilautonomen Arbeitsgruppe.

Sie können für jeden Autonomiebereich unterschiedlich gestaltet und jederzeit variiert werden. Die Autonomie der Gruppe ist durch Plan- und Zeitvorgaben sowie durch Produktions- und Qualitätsvorgaben begrenzt.[180] An gesamtbetrieblichen Beschlüssen und Entscheidungen hinsichtlich des Produktionsprogramms ist sie in der Regel nicht beteiligt.

Neben den bereits bei Job Enlargement, Job Enrichment und Job Rotation genannten positiven Wirkungen bieten teilautonome Arbeitsgruppen sehr gute Gelegenheiten zur Persönlichkeitsentfaltung und Selbstverwirklichung. Die Möglichkeiten der sozialen Interaktion sind hier am größten.

---

[179] Vgl. Antoni, C.H. (1994), S. 36 f.

[180] Vgl. Schulte-Zurhausen, M. (2002), S. 140.

Die **erfolgreiche Arbeit teilautonomer Gruppen** hängt davon ab, ob das technische Arbeitsumfeld, die Arbeitsumgebung und die Führungsorganisation angepasst und die notwendigen personellen Veränderungen vorgenommen werden.

Die **Arbeitstechnologie** muss ebenso wie die Informations- und Kommunikationstechnologie entsprechend der neuen Arbeitssituation verändert werden. PCs müssen beschafft, Internet- und Intranetzugänge eingerichtet werden. Des Weiteren werden zur Koordination und Kommunikation Besprechungsräume benötigt.

Die weitreichendsten Änderungen betreffen die **Führungsorganisation**. Wenn anspruchsvollere Aufgaben in die Gruppenarbeit integriert werden sollen, wird die nächst höhere Ebene (Meister, Vorarbeiter, Gruppenleiter) nicht oder nur noch zeitweise benötigt. Die Vorarbeiter müssen deshalb in die Gruppe eingebunden werden, und aus Gruppenleitern und Meistern werden Gruppenmanager und Koordinatoren. Außerdem müssen ein kooperativer Führungsstil eingeführt und ein effektives Kennzahlensystem aufgebaut werden, da die Kommunikations- und Informationsbeziehungen zwischen den Arbeitsgruppen zunehmen. Schließlich muss die Entlohnungsstruktur der Gruppensituation angepasst werden.

Die **personellen Änderungen** erfordern Personalentwicklungsmaßnahmen hinsichtlich der Fach-, Methoden- und Sozialkompetenz auf allen Hierarchieebenen. Dazu gehören z.B. das Erlernen von Teamarbeit, Konflikt- und Kommunikationstraining, der Umgang mit Kennzahlen, Präsentations- und Moderationstechniken, Führungstraining etc. Zudem ist eine rechtzeitige und umfassende Information der Gruppenmitglieder notwendig, um Unsicherheit abzubauen und die Akzeptanz zu fördern.

Empirische Untersuchungen belegen die hohe soziale Effizienz teilautonomer Arbeitsgruppen. Höhere Arbeitszufriedenheit, geringere Fluktuation und weniger Absentismus sind ebenfalls nachweisbar. Negativ können sich die stärkere soziale Kontrolle und der damit verbundene hohe soziale Druck in der Arbeitsgruppe auswirken. Was die ökonomische Effizienz anbelangt, so berichten Sozialwissenschaftler von beachtlichen Produktivitätssteigerungen, einer deutlichen Verringerung der fluktuations- und absentismusbedingten Kosten und weniger Fertigungsfehlern. Allerdings steigen die Entgeltkosten, die Anlernkosten und die Investitionsausgaben für Sachmittel.[181]

Die bisherigen Untersuchungen beruhen auf einem relativ kurzen Zeitraum von ca. 15 Jahren. Inwieweit sie langfristig realistische Ergebnisse liefern, ist auch deshalb fraglich, weil sie vor allem Pilotgruppen mit freiwilligen Teilnehmern betrachten, die neuen Konzepten gegenüber besonders aufgeschlossen sind. Möglicherweise werden die Ergebnisse auch durch den Hawthorne-Effekt verfälscht.[182] Danach führt allein die Tatsache, dass die Teilnehmer im Mittelpunkt der Aufmerksamkeit von Vorgesetzten, Beratern und Wissenschaftlern stehen, zu erhöhtem Arbeitsinteresse und höherer Leistung. Welcher Anteil der Effizienzsteigerung auf diesen Effekt, auf das Engagement der freiwillig teilnehmenden Mitarbeiter oder auf das Konzept der teilautonomen Arbeitsgruppen zurückzuführen ist, bleibt letztlich unklar. Ob die soziale und die ökonomische

---

[181] Vgl. Bühner, R. (2004), S. 273 ff.

[182] Vgl. edb., S. 275.

Effizienz ebenso hoch sind, wenn überall im Unternehmen teilautonome Arbeitsgruppen zum Einsatz kommen, ist deshalb fraglich.

Und schließlich werden sich einige Mitarbeiter nicht in teilautonome Arbeitsgruppen eingliedern lassen, weil sie entweder nicht in der Lage oder willens sind, komplexere und wechselnde Tätigkeiten zu übernehmen, oder weil sie nicht teamfähig oder -willig sind.

6.2.3.1.4 Qualitätszirkel

Die Anfänge der Qualitätszirkel reichen bis in die 1940er Jahre zurück, als sie erstmals in Japan eingesetzt wurden. In den USA kamen sie ab den 1960er Jahren zur Anwendung. In Deutschland begann ihre Verbreitung vor etwa 35 Jahren. Einige Autoren sehen die ersten Anfänge bereits um das Jahr 1890, und zwar bei Zeiss in Jena.[183]

Bei Qualitätszirkeln handelt es sich um langfristig angelegte Gesprächsgruppen, in denen sich eine begrenzte Zahl von Mitarbeitern der unteren Hierarchieebenen eines bestimmten Arbeitsbereichs in regelmäßigen Abständen während oder – gegen zusätzliches Entgelt – außerhalb der Arbeitszeit auf freiwilliger Basis trifft. Dabei werden selbst gewählte Sachprobleme und Konflikte im eigenen Arbeitsbereich diskutiert und unter Anleitung eines geschulten Moderators mithilfe von Problemlösungs- und Kreativitätstechniken gemeinsam Lösungsvorschläge erarbeitet und deren Umsetzung (selbständig oder über den Instanzenweg) initiiert und kontrolliert. Die Verbesserungsvorschläge werden im Rahmen der gesetzlichen oder betrieblichen Regelungen vergütet. Der Gruppenarbeitsprozess führt bei dem Teilnehmer zu Lerneffekten.

Allerdings hatten die ersten Qualitätszirkel in Deutschland einen ganz anderen Zweck. Mit ihnen sollten die Sprach- und Kommunikationsprobleme ausländischer Mitarbeiter im Produktionsbereich abgebaut werden.[184] Man hatte schnell erkannt, dass sich die Teilnehmer über ihre Arbeitssituation unterhalten. Auf diese Weise verbesserten sie ihre Sprachkenntnisse und fanden gleichzeitig Lösungen für betriebliche Probleme. Deshalb wurden bald alle ausführenden Mitarbeiter in die Qualitätszirkel einbezogen.

Die Grundidee ist, dass Mitarbeiter, die ihren Arbeitsbereich sehr gut kennen, am ehesten Schwachstellen aufdecken. Darüber hinaus machen sie auch die brauchbarsten Verbesserungsvorschläge. Es geht also darum, das Problemlösungs- und Kreativitätspotenzial der Mitarbeiter der unteren Hierarchieebenen zu nutzen. Neben der Qualität der Produkte und Dienstleistungen werden in Qualitätszirkeln auch Verbesserungen der Arbeitsabläufe und der Arbeitsstruktur behandelt.

Aus unternehmerischer Sicht dienen Qualitätszirkel der Steigerung der Flexibilität und der Veränderungs- und Innovationsbereitschaft der Mitarbeiter. Sie erhöhen die Qualifikation der Gruppenmitglieder, indem diese zu eigenständigem, unternehmerischem Denken angeregt werden und die erarbeiteten Lösungen in ihrer jeweiligen Arbeitssituation umsetzen. Die Bereitschaft, Verantwortung zu übernehmen, wird dabei ebenso gestärkt wie Kooperationsbereitschaft

---

[183] Vgl. Berthel, J., Becker, F.G. (2003), S. 356.

[184] Vgl. Oechsler, W.A. (2000), S. 595.

und Teamfähigkeit. Angesichts der Möglichkeit, die eigene Arbeitssituation zu gestalten, führen Qualitätszirkel auch zu größerer Arbeitszufriedenheit.[185]

6.2.3.2 Arbeitszeitgestaltung

Die Arbeitszeitgestaltung kann sich auf die Standardarbeitszeiten in einem Unternehmen bzw. in den verschiedenen Unternehmensbereichen beziehen oder aber auf die Regelungen für einzelne Mitarbeiter.

Durch die Variierung der Standardarbeitszeiten bleibt die gleichmäßige Verteilung der Arbeitszeit auf die Wochentage weitgehend unberührt. Bei individuell flexiblen Arbeitszeitregelungen können hingegen sowohl Anfang und Ende der Arbeitszeit als auch deren tägliche, wöchentliche, monatliche oder jährliche Dauer variieren.

6.2.3.2.1 Flexibilisierung der Arbeitszeit: Ursachen, Ziele und Restriktionen

Bis Anfang der 80er Jahre stand bei Gewerkschaften und Arbeitgebern der Gedanke im Vordergrund, für alle Mitarbeiter eine gleiche Dauer und gleichmäßige Verteilung der Arbeitszeit auf die Arbeitstage und -wochen zu erreichen. Es waren nur geringfügige Variationen, z.B. in Form von Gleitzeitmodellen, Schichtarbeit und Teilzeitarbeit, üblich. Mittlerweile ist es zu einer umfangreichen Flexibilisierung und Individualisierung der Arbeitszeit gekommen. Normalarbeitszeit bzw. Standardarbeitszeit ist heute nicht mehr der Regelfall.[186] Die Zahl der Beschäftigungsverhältnisse mit wöchentlich fixer Arbeitszeit liegt laut Schätzungen von Klimecki/Gmür bei unter 30 Prozent.[187]

Drei Überlegungen sind bei der Gestaltung der Arbeitszeit ausschlaggebend:

- **Betriebszeit und Arbeitszeit** decken sich immer weniger. Durch Arbeitszeitverkürzungen weichen sie immer mehr voneinander ab. Ein durchschnittlicher Arbeitnehmer steht bei einer 35-Stunden-Woche nur noch an ca. 200 Arbeitstagen für je 7 Stunden zur Verfügung, da von den 365 Jahrestagen im Durchschnitt 104 Wochenendtage und 11 Feiertage sowie 30 Urlaubs- und rund 20 Abwesenheitstage wegen Krankheit, Weiterbildung, Betriebsversammlungen etc. abgezogen werden müssen. Gleichzeitig stehen die Betriebsmittel an 365 Tagen für 24 Stunden zur Verfügung, werden aber bei einer starren 35-Stunden-Woche nur zu 16 Prozent ausgelastet, d.h. während 84 Prozent des Jahres sind sie ungenutzt, falls es sich um einen Ein-Schicht-Betrieb handelt. Die rasante technologische Entwicklung in vielen Bereichen führt außerdem dazu, dass Betriebsmittel sehr schnell veralten und sich Investitionen immer schneller amortisieren müssen. Um eine höhere Kapazitätsauslastung zu erreichen, ist es deshalb notwendig, die Arbeitszeit flexibel zu gestalten. Auch Nachfrageschwankungen oder Schwankungen im Produktionsablauf können durch eine Arbeitszeitflexibilisierung aufgefangen werden.

  Das Problem stellt sich auch im Dienstleistungssektor. Die Ansprechzeiten der einzelnen Mitarbeiter sind für Kunden und Lieferanten deutlich geringer als die übliche Ge-

---

[185] Vgl. Klimecki, R.G., Gmürr, M. (2001), S. 213.

[186] Vgl. Knörzer, M. (2002), S. 3 ff.

[187] Vgl. Klimecki, R.G., Gmür, M. (2001), S. 189.

schäftszeit. Bei internationalen Geschäftsbeziehungen kommen unterschiedliche Zeitzonen hinzu. Eine Verlängerung der Ansprechzeiten durch eine Entkopplung von Geschäfts- und Arbeitszeit ist deshalb dringend geboten. Im öffentlichen Bereich sollen lange „Dienstleistungstage" Bürgernähe signalisieren, allerdings können sie kaum über mangelnde Flexibilität und Kundenorientierung hinwegtäuschen.

- Die **Arbeitszeitwünsche der Mitarbeiter** sind ein weiterer Grund für die Einführung flexibler Arbeitszeitmodelle. Der Wunsch nach individueller Gestaltung der Arbeitszeit wird allenthalben größer. Dabei kann es sich z.B. um eine Reduzierung der Monats- oder Wochenarbeitszeit, um eine Änderung der täglichen Anfangs- und Endzeit durch Gleitzeit oder um den Wunsch nach mehreren freien Wochen oder Monaten handeln.

- Die dritte Ursache sind **gesellschaftspolitische Aspekte**. Darunter fällt die Humanisierung der Arbeitswelt durch eine größere Zeitsouveränität seitens Mitarbeiter und die Bekämpfung der Arbeitslosigkeit durch flexiblere Arbeitszeiten.[188] Als Beispiele seien die Aufhebung des Nachtarbeitsverbots für Frauen und die Lockerung des Ladenschlussgesetzes genannt.

Den Möglichkeiten der Arbeitszeitflexibilisierung sind durch gesetzliche, tarifliche und betriebliche Regelungen allerdings Grenzen gesetzt. Im Arbeitszeitgesetz (ArbZG) von 1994 ist unter anderem der Spielraum für die Gestaltung der Arbeitszeit geregelt. Es enthält sowohl Bestimmungen zur werktäglichen Arbeitszeit und zu Überschreitungsmöglichkeiten als auch zum Zeitausgleich. Die werktägliche Arbeitszeit ist auf 8 Stunden begrenzt und darf unter Berücksichtigung betrieblicher Erfordernisse auf 10 Stunden erhöht werden, wenn innerhalb von 6 Monaten oder 24 Wochen durchschnittlich 8 Stunden Arbeitszeit pro Werktag nicht überschritten werden. Werktage sind alle Tage von Montag bis einschließlich Samstag außer den Feiertagen.

Tarifvertragliche Abweichungen, welche die Arbeitszeit auf über 10 Stunden pro Werktag verlängern, sind zulässig, wenn in die Arbeitszeit regelmäßig und in erheblichem Umfang Arbeitsbereitschaft fällt. Außerdem ist es möglich, einen anderen Ausgleichzeitraum zu bestimmen oder ohne Ausgleich die Arbeit auf bis zu 10 Stunden pro Werktag zu verlängern, wenn dies an höchstens 60 Tagen im Jahr geschieht.[189]

Daneben sind in Tarifverträgen noch zahlreiche weitere Möglichkeiten der Flexibilisierung vorgesehen (z.B. zur Wochenarbeitszeit und zu den Urlaubszeiten), die Spielräume für die ungleichmäßige Verteilung von Arbeitszeit schaffen. Details werden heute stärker als früher auf betrieblicher Ebene geregelt oder sind Bestandteil individueller Vereinbarungen. Die Zahl der Arbeitszeitmodelle ist mittlerweile kaum noch zu überblicken.

Die Arbeitszeitflexibilisierung unterliegt neben den genannten Einschränkungen außerdem betrieblichen Restriktionen. So erfordern bestimmte Arbeitsabläufe eine ununterbrochene Aufgabenerfüllung. **Technischen Einschränkungen** findet man z.B. in der Chemiebranche oder bei der Arbeit an Hochöfen. Auch **organisatorische Restriktionen** sind zu berücksichtigen. So sind die Möglichkeiten der individuellen Flexibilisierung bei Fließbandarbeit stark eingeschränkt. Daneben müssen **biologisch-medizinische Beschränkungen** beachtet werden. Die Mitarbeiter

---

[188] Vgl. Jung, H. (2005), S. 221.

[189] Vgl. Schanz, G. (2000), S. 418.

unterliegen im Tagesablauf gewissen Leistungsschwankungen, außerdem müssen Möglichkeiten zur Regeneration des Leistungsvermögens berücksichtigt werden.[190]

Wenn die Mitarbeiter über einen großen Dispositionsspielraum verfügen, spricht man von **offenen Arbeitszeitsystemen** mit hohem Individualisierungsgrad, ansonsten von **geschlossenen Arbeitszeitsystemen** mit niedrigem Individualisierungsgrad. Im ersten Fall stehen bei der Arbeitszeitflexibilisierung in erster Linie die Mitarbeiterwünsche, im zweiten Fall die Unternehmensziele im Vordergrund.

Unternehmen verbinden mit flexiblen Arbeitszeiten verschiedene **Ziele**:

- längere Erreichbarkeit für Kunden und Lieferanten
- Anpassung bei Beschäftigungsschwankungen
- kürzere Durchlaufzeiten
- Verringerung der Leerzeiten von Betriebsmitteln
- Verringerung der Lagerkosten
- bessere Einhaltung von Lieferterminen
- optimale Kapazitätsauslastung
- Attraktivität auf dem Arbeitsmarkt

Mitarbeiter wollen mit flexiblen Arbeitszeiten

- größere Zeitautonomie,
- längere bzw. zusätzliche Freizeitphasen,
- Berücksichtigung individueller Werte und Bedürfnisse,
- größere Dispositionsfreiheit bei der Abstimmung von Arbeitszeit und privaten Interessen und
- bessere Anpassung an den persönlichen Biorhythmus erreichen.[191]

Die Entkopplung von Arbeits- und Betriebszeit erfolgt durch Veränderung der Arbeitszeitlage (**chronologische Arbeitszeitflexibilisierung**) und/oder der Arbeitszeitdauer (**chronometrische Arbeitszeitflexibilisierung**). Da es in der Praxis viele Mischformen gibt, ist eine eindeutige Zuordnung oft nicht möglich.

Eine Befragung des Instituts der deutschen Wirtschaft von 878 Unternehmen im Jahr 2003 ergab, dass 58 Prozent flexible Tages- und Wochenarbeitszeiten praktizierten. Individuell vereinbarte Arbeitszeiten waren in 56,4 Prozent und vorübergehende Teilzeit in 40,4 Prozent der Firmen üblich. Vertrauensarbeitszeit setzten 22,1 Prozent ein. Eine Flexibilisierung der Jahres- oder der Lebensarbeitszeit kam in 18,3 Prozent und Job Sharing in 7,8 Prozent der Unternehmen vor. Sabbaticals gewährten 4,1 Prozent.[192]

Abb. 49 gibt einen Überblick über die wichtigsten Arbeitszeitregelungen.

---

[190] Vgl. Berthel, J., Becker, F.G. (2003), S. 395 f.

[191] Vgl. Jung, H. (2005), S. 221; Foidl-Dreißer, S., Breme, A., Grobosch, P. (2004), S. 223; Berthel, J., Becker, F.G. (2003), S. 391.

[192] Vgl. Flüter-Hoffmann, C., Solbrig, J. (2003), S. 9.

Arbeitszeitregelungen			
Standardarbeits-zeiten	Arbeitszeitflexibili-sierung ohne Re-duzierung des Zeit-umfangs	Formen der Teil-zeitarbeit	Flexibilisierung der Lebensarbeitszeit
• Erhöhung bzw. Verringerung der wöchentlichen betriebsüblichen Arbeitszeit • Veränderung des Zeitpunktes des Eintritts von Er-werbspersonen in das Berufsleben • Veränderung des Zeitpunktes des Austritts aus dem Berufsleben	• Gleitzeit-regelungen • Wöchentlich flexible Arbeits-zeiten • Jahresarbeitszeit • Variable Arbeitszeit • Vertrauens-arbeitszeit • Schichtarbeit	• klassische Formen der Teilzeitarbeit • KAPOVAZ • Job Sharing • Gleitender Über-gang in den Ruhe-stand	• Lebensarbeitszeit-Modelle • Sabbatical

Abb. 49: Arbeitszeitregelungen[193]

Die Flexibilisierung der Arbeitszeit ist auch ein **Instrument der Personalbeschaffung**, das dem Unternehmen Wettbewerbsvorteile verschafft und die Eintritts- und Bleibeentscheidungen der (potenziellen) Mitarbeiter positiv beeinflusst.

Als **Instrument der Personalfreisetzung** hilft die Arbeitszeitflexibilisierung, personelle Über-kapazitäten zu verringern, ohne dass die Zahl der Mitarbeiter reduziert werden muss.

6.2.3.2.2 Überlegungen zu Standardarbeitszeiten

Eine Variationsmöglichkeit der Standardarbeitszeiten ist die **Erhöhung bzw. Verringerung der wöchentlichen betriebsüblichen Arbeitszeit**. Im Rahmen von Tarifverträgen sind Wochenar-beitszeiten von 35 bis 40 Stunden die Regel. Meist ist die Möglichkeit enthalten, bei bestimmten Mitarbeitergruppen oder Mitarbeitern individuell höhere Wochenarbeitszeiten zu vereinbaren. Außerdem sind in der Regel Betriebsvereinbarungen zugelassen.

Der Beschäftigungstarifvertrag der IG Metall vom März 1994 enthält beispielsweise folgende Op-tionen:[194]

- 36 Stunden pro Woche mit der Möglichkeit, für einen Teil der Belegschaft 40 Stunden zu vereinbaren

---

[193] teilweise in Anlehnung an Hentze, J. (1995), S. 233.

[194] Vgl. Oechsler, W.A. (2000), S. 292.

- Verkürzung der Arbeitszeit für alle Mitarbeiter um bis zu 6 Stunden pro Woche ohne Lohnausgleich aber mit der Garantie, dass keine betriebsbedingten Kündigungen vorgenommen werden

- Reduzierung der Arbeitszeit für einzelne Betriebsteile um bis zu 6 Stunden pro Woche mit Teillohnausgleich, jedoch ohne Beschäftigungsgarantie

Im Zusammenhang mit beschäftigungspolitischen Maßnahmen wird immer wieder der **Zeitpunkt des Eintritts von Erwerbspersonen in das Berufsleben** thematisiert. Während es früher meist um einen späteren Eintritt ging – etwa wegen der Einführung des obligatorischen zehnten Schuljahres –, stehen heute Überlegungen im Vordergrund, den Eintritt ins Berufsleben zu beschleunigen, z.B. durch eine Verkürzung der Schul- und Studienzeiten. Einige Bundesländer haben die Schulzeit bis zum Abitur bereits von 13 auf 12 Jahre verringert. Die Einführung der Bachelor-Studiengänge und Abschaffung der Diplom-Studiengänge bewirkt eine Verkürzung der Mindeststudienzeit und soll Hochschulabsolventen unter anderem einen früheren Berufseinstieg ermöglichen.

Auch der **Austritt aus dem Erwerbsleben** wird in der Öffentlichkeit kontrovers diskutiert. Während man sich früher eher mit Möglichkeiten der Altersteilzeit und Vorruhestandsregelungen befasste, geht es in den letzten Jahren zunehmend um eine Erhöhung der Lebensarbeitszeit und damit einen späteren Eintritt ins Rentenalter.

6.2.3.2.3 Arbeitszeitflexibilisierung ohne Reduzierung des Zeitumfangs

Zu den Arbeitszeitregelungen, bei denen der Zeitumfang nicht verändert wird, zählen vor allem

- Gleitzeitregelungen,
- flexible Wochenarbeitszeiten,
- Jahresarbeitszeit,
- variable Arbeitszeit und
- Vertrauensarbeitszeit.

Sie bieten dem Mitarbeiter unterschiedliche Einflussmöglichkeiten auf Anfangs- und Endzeiten sowie auf die Dauer der Arbeit. Zum Teil gehen sie ineinander über oder sind miteinander kombinierbar.

Auch die **Schichtarbeit** gehört zur Arbeitszeitflexibilisierung ohne Reduzierung des zeitlichen Umfangs. Hier bestimmt allein das Unternehmen Arbeitsbeginn und -ende.

Gleitzeitregelungen lassen den zeitlichen Umfang der Arbeit unberührt, variieren aber Anfangs- und Endzeiten der Arbeit. Das Grundmodell ist die **täglich gleitende Arbeitszeit mit Kernzeit**. Sie ist von **zwei Gleitzeitbereichen davor und danach** umgeben, die den frühesten und spätesten Arbeitsbeginn und das früheste und späteste Arbeitsende pro Tag festlegen. Während der Kernzeit muss der Mitarbeiter anwesend sein, den Rest der Arbeitszeit legt er nach seinen persönlichen Vorlieben in die beiden Gleitzeitbereiche. Oft wird über die Kernzeit hinaus eine bestimmte Mindestanwesenheitszeit pro Tag vorgegeben.

Abb. 50 verdeutlicht die Zusammenhänge an einem Beispiel.

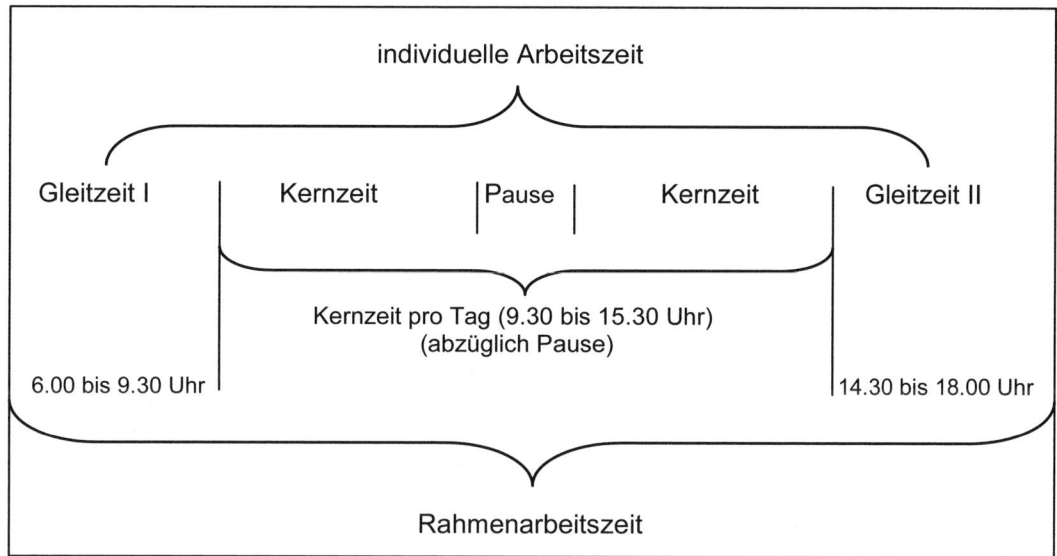

Abb. 50: Grundmodell der gleitenden Arbeitszeit

In diesem Beispiel wird als möglicher Bereich für die Arbeitszeit der Zeitraum zwischen 6.00 und 18.00 Uhr festgelegt. Die so genannte Rahmenarbeitszeit variiert in der Praxis stark, es sind sowohl kürzere als auch längere Zeiträume denkbar. Teilweise beginnt die Gleitzeit in den Sommermonaten früher als in der Winterzeit. Die Unternehmen kommen damit Mitarbeiterwünschen nach flexibler Freizeitgestaltung an warmen Sommertagen bzw. -abenden entgegen. In den im Beispiel festgelegten 12 Stunden zwischen 6.00 und 18.00 Uhr muss der Mitarbeiter seine vertraglich vereinbarte Arbeitszeit leisten. Innerhalb der Gleitzeit I kann er – frei wählbar – frühestens um 6.00 Uhr und spätestens um 9.30 Uhr beginnen. Zwischen 9.30 und 14.30 Uhr muss er – abgesehen von einer Pause – anwesend sein. Die Mittagspause ist zum Teil festgelegt, z.B. auf eine Stunde, kann aber auch innerhalb einer Bandbreite gleitend sein, z.B. von mindestens 45 Minuten bis maximal 75 Minuten. Um 15.30 Uhr beginnt dann die Gleitzeit II. Je nach Arbeitsbeginn und Pausenlänge kann der Mitarbeiter sein Arbeitsende zwischen 14.30 und 18.00 Uhr variieren. Geht man etwa von einer täglichen Mindestanwesenheitszeit von 6 Stunden, einer einstündigen Pause und einem Arbeitsbeginn um 8.00 Uhr aus, liegt das frühestmögliche Arbeitsende an diesem Tag bei 15.00 Uhr.

Bei einer Gleitzeit mit **täglich gleitenden Arbeitszeiten** muss der Mitarbeiter an jedem Arbeitstag die gleiche Anzahl an Stunden anwesend sein, er kann nur die Lage der Anwesenheitsstunden um die Kernzeit herum verändern, nicht jedoch die Anzahl der Arbeitsstunden pro Tag. Er muss beispielsweise jeden Tag 7,5 Stunden anwesend sein und könnte bei einem Arbeitsbeginn um 8.00 Uhr erst um 16.30 Uhr seine Arbeit beenden. Am nächsten Tag kann er den Arbeitsbeginn und das Arbeitsende verändern, nicht jedoch die Anwesenheitspflicht von mindestens 7,5 Stunden.

Bei älteren Gleitzeitmodellen legt der Mitarbeiter Arbeitsbeginn und -ende für einen längeren Zeitraum fest. Er beginnt in unserem Beispiel an jedem Arbeitstag um 8.00 Uhr und beendet seine Arbeit um 16.30 Uhr. Nach z.B. einem Vierteljahr kann dies geändert werden.

Meist ist es aus unternehmerischer Sicht nicht erforderlich, eine fixe Arbeitsdauer pro Tag oder pro Woche festzulegen. Neuere Gleitzeitmodelle lassen deshalb eine tägliche Variation sowohl der Anfangs- und Endzeiten als auch der Dauer der Arbeit zu. Der Mitarbeiter hat die Möglichkeit, Zeitguthaben oder Zeitschulden auf ein **Gleitzeit- oder Arbeitszeitkonto** zu übertragen. Zum Abbau gibt es unterschiedliche Regelungen. Er kann tage-, halbtage- oder stundenweise mit oder ohne Zustimmung des Vorgesetzten erfolgen. Die Möglichkeit, mehrere Gleitzeittage als eine Art zusätzlichen Urlaub zu nehmen, ist eher unüblich, hingegen können in vielen Unternehmen einzelne Gleitzeittage zur Urlaubsverlängerung genutzt werden, indem sie vor den ersten oder nach dem letzten Urlaubstag angehängt werden.

Die Zahl übertragbarer Stunden auf spätere Perioden ist meist durch Betriebsvereinbarungen geregelt (**beschränkte Gleitzeit**) und in der Regel begrenzt. Oft fallen angesammelte Gleitzeitstunden, die eine bestimmte Anzahl pro Monat oder Woche überschreiten, z.B. mehr als 20 Stunden pro Monat, ersatzlos weg. Diese Vorgehensweise ist sinnvoll, wenn der Arbeitsumfang über das Jahr hinweg relativ gleichmäßig anfällt und kaum Arbeitsspitzen oder -flauten zu verzeichnen sind. Umfangreiche Über- oder Unterschreitungen der betriebsüblichen Arbeitszeit lassen dann auf eine Über- oder Unterforderung des Mitarbeiters bzw. eine schlechte Aufgabenverteilung und -strukturierung schließen. Der Vorgesetzte muss die Ursachen ausfindig machen und Maßnahmen zur Abhilfe ergreifen.

Neben den oben beschriebenen **Kurzzeitkonten** mit einem kurzfristigen – meist unterjährigen Ausgleichszeitraum – existieren in der Praxis so genannte **Langzeitkonten**. Zeitkontingente können dabei langfristig gesammelt und für verschiedene Zwecke verwendet werden, z.B. für einen früheren Austritt aus dem Erwerbsleben oder einen Langzeiturlaub.

Von **Ampelkonten** spricht man, wenn die Gleitzeitstunden in drei Kategorien – grün, gelb, rot – eingeteilt werden. Zunächst wird eine normale Bandbreite für Abweichungen von der Wochen- oder Monatsarbeitszeit festgelegt, dies ist der grüne Bereich. Über ihn kann der Mitarbeiter im Rahmen der betrieblichen Möglichkeiten frei verfügen.

Der gelbe Bereich weist Zeitguthaben oder -schulden aus, die aus Sicht des Unternehmens problematisch sind. Der Mitarbeiter muss sich mit seinem Vorgesetzten absprechen und sich an ein Konzept halten, das festlegt, wie die Guthaben oder Schulden abgebaut werden können.

Ist die Anzahl der Über- oder Unter-Stunden so hoch, dass das Konto im roten Bereich liegt, darf der Mitarbeiter nicht mehr selbständig über seine Arbeitszeit entscheiden, jeder Auf- oder Abbau von Gleitzeitstunden muss vom Vorgesetzten genehmigt werden. Der Vorgesetzte ist verpflichtet, konkrete Maßnahmen einzuleiten, damit das Konto zumindest wieder in den gelben Bereich gelangt.

Der grüne Bereich könnte beispielsweise alle Über- oder Unterstunden bis zu 40 Stunden enthalten. Zwischen 41 und 80 Stunden Über- oder Unterschreitung befindet sich das Konto im gelben Bereich, ab 81 Stunden plus oder minus beginnt der rote Bereich.

Anwendung findet die Gleitzeit vor allem im Verwaltungsbereich. Dem Vorteil der Zeitsouveränität der Mitarbeiter steht als Nachteil die auf die Kernzeit reduzierte betriebliche Kommunikationszeit gegenüber. Allerdings sprechen sich in den meisten Abteilungen die Mitarbeiter untereinander ab, so dass in der Regel weit über die Kernzeit hinaus ein Ansprechpartner zur Verfügung steht. **Versetzte Kernzeiten** erhöhen die Kommunikationszeit, wenn die Mitarbeiter von ihrer Qualifikation her in der Lage sind, sich zumindest teilweise zu vertreten. Für die Fertigung sind

Gleitzeitmodelle aufgrund der starken Abhängigkeit der einzelnen Stellen voneinander meist weniger geeignet. Es müssten umfangreiche Puffer geschaffen werden, was die Arbeitsorganisation erschwert und die Lagerhaltungskosten erhöht.

Eine weitere Form der Arbeitszeitflexibilisierung sind die **wöchentlich flexiblen Arbeitszeiten**. Die Mitarbeiter sind dabei nicht tageszeitlich, sondern wochentäglich an eine Kernzeit gebunden. Bestimmte Arbeitstage werden zu **Kerntagen** erklärt, an denen die Mitarbeiter anwesend sein müssen. Die Anfangs- und Endzeit und die Dauer der Arbeit sind an den Kerntagen vorgegeben. Eine Unterschreitung ist nicht möglich, zusätzliche Arbeitsstunden dagegen schon. Neben den Kerntagen gibt es individuell gestaltbare **Gleitarbeitstage**. Hier besteht die Möglichkeit, Gleitstunden und -tage auf ein Gleitzeitkonto zu übertragen oder davon abzuheben, dies allerdings nicht an den Kerntagen.

Beim **Jahresarbeitszeitmodell** wird eine wöchentliche Regelarbeitszeit vereinbart. Die tatsächliche Arbeitszeit kann der Mitarbeiter je nach Arbeitsmenge und individuellen Vorlieben von Woche zu Woche variieren. Innerhalb einer festgelegten Zeitspanne – in der Regel ein Jahr – muss das Gleitzeitkonto ausgeglichen sein. Dem Unternehmen ist es damit möglich, saisonalen Schwankungen ohne personelle Maßnahmen zu begegnen und dem Mitarbeiter ein monatlich konstantes Grundentgelt zu zahlen. Insbesondere in Verbindung mit **Teilzeitwünschen** bietet dieses Modell dem Mitarbeiter großen Spielraum, seine privaten Interessen zu verfolgen. Es wird z.B. eine Regelarbeitszeit von 30 Stunden pro Woche vereinbart. In den Wintermonaten arbeitet der Mitarbeiter durchschnittlich 40 Stunden, in den Sommermonaten 20 Stunden pro Woche. Außerdem besteht die Möglichkeit, mehrere Monate – z.B. von Juli bis September – gar nicht zu arbeiten und das Defizit in den anderen Monaten auszugleichen. Der Mitarbeiter erhält auch in den Monaten, in denen er nicht arbeitet, sein normales Grundentgelt.

Maximale Flexibilität für den Mitarbeiter bietet die **variable Arbeitszeit**, bei der keine Kernzeit mehr existiert. Der Mitarbeiter hat ein vorgegebenes, vertraglich vereinbartes Arbeitspensum zu erfüllen, bei dessen Umfang von der Normalleistung eines durchschnittlichen Arbeitnehmers ausgegangen wird. In der Gestaltung seiner Arbeitszeit ist der Mitarbeiter völlig frei, das Unternehmen beurteilt nur den Erfolg, die Anwesenheitszeit ist unbedeutend. Diese Form der Arbeitszeitflexibilisierung eignet sich nur für Stellen, die in großem Maße unabhängig von der Aufgabenerfüllung anderer sind.

Wenn das Unternehmen gänzlich auf eine Zeiterfassung und deren Auswertung verzichtet, spricht man von **Vertrauensarbeitszeit**. Die Mitarbeiter entscheiden selbst, wann und bisweilen auch wo sie ihre Aufgaben verrichten. Damit bezweckt man, dass Mitarbeiter und Vorgesetzte sich stärker an Leistung und Erfolg und nicht an der Arbeitszeit orientieren. Voraussetzung sind der Aufbau einer geeigneten Unternehmenskultur, die Bereitschaft der Mitarbeiter, Verantwortung zu übernehmen sowie die Fähigkeit, sich selbst zu motivieren, auch wenn es keine Anwesenheitspflicht und Kontrolle gibt.[195] Der Vorgesetzte muss der Selbstkontrolle des Mitarbeiters gegenüber der Fremdkontrolle den Vorzug geben. Und er muss einen kooperativen Führungsstil anwenden, bei dem Eigeninitiative und Eigenverantwortung dominieren.

---

[195] Vgl. Kallwitz, S. (2002), S. 54 f.

Zielvereinbarungen unterstützen das Arbeiten mit Vertrauensarbeitszeit. Den Mitarbeitern soll mit diesem Konzept ein Anreiz geboten werden, höhere Bedürfnisse zu befriedigen. Aufgrund der größeren Zeitsouveränität können sie private und berufliche Interessen in Einklang bringen. Für die Unternehmen ergibt sich als Vorteil eine Verringerung der Verwaltungskosten, da die Zeiterfassung und -abrechnung entfällt. Außerdem handeln die Mitarbeiter in größerem Maße eigenverantwortlich und sind sich der Bedeutung ihrer Leistung stärker bewusst. Der größere Abstimmungsbedarf wirkt sich letztlich positiv auf die Informations- und Kommunikationsprozesse im Unternehmen aus, was dem Betriebsklima zugute kommt, ohne dass darunter die Leistung leidet.

Bei der **Schichtarbeit** handelt es sich um eine der ältesten Formen der Arbeitszeitflexibilisierung. Das **traditionelle Drei-Schichten-Modell** teilt den Tag in drei gleich lange Phasen, die Früh-, Spät- und Nachtschicht. Schichtwechsel ist in der Regel um 6.00 Uhr, 14.00 Uhr und 22.00 Uhr. Die Mitarbeiter wechseln meist wöchentlich in die nächst spätere Schicht. Daneben hat sich eine Vielzahl von **Varianten** herausgebildet. Es finden sich

- Zwei-, Drei- und Vier-Schichten-Wechselmodelle mit gleichen Zeitphasen,
- unterschiedliche Längen der einzelnen Schichten (z.B. eine verkürzte Nachtschicht),
- permanente Schichtsysteme (z.B. arbeitet ein Mitarbeiter nur in der Nachtschicht oder nur in der Frühschicht),
- andere Wechselrhythmen (z.B. Früh-, Nacht-, Spätschicht),
- längere oder kürzere Wechselrhythmen (z.B. Wechsel alle zwei Wochen) und
- Schichten mit Einbezug des Wochenendes.

Schichtarbeit wird insbesondere dann angewandt, wenn teure Produktionsanlagen sich möglichst schnell amortisieren sollen oder Kapazitätsengpässe ausgeglichen werden müssen. Auch bei Bereitschafts- und Überwachungsdiensten ist Schichtarbeit nötig, Beispiele sind die Feuerwehr und die medizinische Versorgung. Manchmal erfordern technische Prozesse Schichtarbeit, etwa die Metallverhüttung. Auch aus sozialen und kulturellen Gründen gibt es Schichtarbeit, z.B. bei Restaurants und Theatern.

Schichtarbeit belastet allerdings die Gesundheit der betroffenen Mitarbeiter, da sie der Leistungsdisposition des Menschen entgegensteht (vgl. Kapitel 6.1.3). Die Anpassung des Biorhythmus an eine neue Schicht dauert ca. eine Woche. In der Regel erfolgt dann bereits der nächste Wechsel, der wiederum eine Anpassung des Biorhythmus erfordert. Die Folge sind häufig Schlafstörungen, Magen-Darm- und Herz-Kreislauf-Erkrankungen. Aus gesundheitlichen Gründen wäre deshalb ein nicht so häufiger, z.B. monatlicher Schichtwechsel, sinnvoll. Um den Kontakt zur Familie und zum Freundeskreis aufrechtzuerhalten, wird aber meist ein wöchentlicher Wechsel bevorzugt.

Schichtarbeit schränkt außerdem die Flexibilität des Mitarbeiters ein. Tauschmöglichkeiten und die Kombination mit Gleitzeit können das Problem zumindest abmildern.

6.2.3.2.4 Formen der Teilzeitarbeit

Die bedeutendsten Formen der Teilzeitarbeit sind

- klassische Teilzeitarbeit mit Variationsmöglichkeiten,
- kapazitätsorientierte variable Arbeitszeitgestaltung,

- Job Sharing und
- gleitender Übergang in den Ruhestand.

Bei Teilzeitarbeit leistet der Mitarbeiter eine regelmäßige, vertraglich vereinbarte Arbeitszeit, die kürzer ist als diejenige eines vollzeitbeschäftigten Mitarbeiters.

Zur Verlängerung der Betriebszeit kann einer Vollzeitstelle eine Teilzeitbeschäftigung vor- oder nachgelagert werden. Bei einer klassischen Vollzeitstelle mit 8 Stunden Arbeitszeit pro Tag und einer Teilzeitstelle mit 4 Stunden erhöht sich die Betriebszeit dadurch auf 12 Stunden.

Ein Mitarbeiter hat nach § 8 Abs. 1 und 4 TzBfG einen gesetzlichen Anspruch auf Teilzeitarbeit, wenn er länger als 6 Monate im Unternehmen beschäftigt ist und keine betrieblichen Gründe dagegen sprechen.

Die Zahl teilzeitbeschäftigter Arbeitnehmer an der Gesamtzahl der Erwerbstätigen ist in den letzten Jahren kontinuierlich gestiegen. Im Jahr 2003 lag die Quote in den alten Bundesländern bei 22,9 Prozent, in den neuen Ländern waren es 15,6 Prozent. Der Frauenanteil betrug jeweils rund 85 Prozent.[196] Im internationalen Vergleich gibt es in Deutschland relativ wenig Teilzeitbeschäftigte. Bereits 1999 arbeiteten in den Niederlanden 30,4 Prozent und in der Schweiz 24,8 Prozent der abhängig Beschäftigten in Teilzeit.[197]

Bei **klassischer Teilzeitarbeit** wird die verringerte wöchentliche Stundenzahl gleichmäßig auf die Arbeitswoche verteilt, z.B. 4 Stunden an jedem Arbeitstag bei einer 20-Stunden-Woche. Daneben gibt es Varianten, z.B. kann die Teilzeit als feste Arbeitszeit oder mit Gleitzeit – gleichmäßig oder flexibel – über einen Zeitraum verteilt werden. Auch eine Kombination mit Schichtarbeit ist möglich. Ein ganztägiger Arbeitseinsatz an bestimmten Tagen – z.B. im Handel freitags und samstags – ist ebenfalls üblich.

Eine weitere Variante ist, die Arbeitszeit zusammenzufassen und z.B. auf das Monatsende zu legen, wenn bestimmte Abschlussarbeiten anfallen. Den restlichen Monat hat der Mitarbeiter frei. Man spricht dann von **Blockteilzeit**.

Bei der **Jahresteilzeit** arbeitet der Mitarbeiter nur in Monaten, in denen die Nachfrage saisonal bedingt hoch ist. Seine Arbeit leistet er zu zuvor fest definierten Zeiten. Wesentlicher Vorteil für den Mitarbeiter ist die Planungssicherheit, während bei der **Abrufteilzeit** oder der **kapazitätsorientierten variablen Arbeitszeit (KAPOVAZ)** Beginn, Ende und Dauer der Arbeit mit der Arbeitsmenge im Unternehmen variieren. Sie ist insbesondere im Handel weit verbreitet. In Phasen mit hoher Nachfrage arbeitet der Mitarbeiter, wenn wenig zu tun ist, bleibt er auf Abruf zu Hause. Das Unternehmen garantiert ein Arbeitszeitkontingent in Höhe einer durchschnittlichen Wochen- oder Monatsarbeitszeit, z.B. 10 Stunden pro Woche oder 40 Stunden pro Monat. Wann, wie oft und in welchen Staffelungen die Arbeit zu leisten ist, hängt vom Arbeitsanfall ab.

Um zu verhindern, dass der Mitarbeiter ständig abrufbar ist und seine Freizeit nicht mehr planen kann, muss das Unternehmen nach § 12 TzBfG mehrere Einschränkungen beachten. So muss der Mitarbeiter mindestens 4 Arbeitstage im Voraus eine Mitteilung über seinen nächsten Arbeitseinsatz erhalten, andernfalls steht es ihm frei, ob er zur Arbeit erscheint oder sie verweigert.

---

[196] Vgl. Institut der deutschen Wirtschaft Köln (2005), S. 13 und 114.

[197] Vgl. Schäfer, H., Klös, H. (2000), S. 77.

Der Tag der Mitteilung ist nicht in diese Frist einbezogen. Oft wird vereinbart, dass der Mitarbeiter, wenn er seine Arbeit trotz Fristunterschreitung leistet, eine Zulage erhält. Die tägliche Arbeitszeit muss mindestens 3 zusammenhängende Stunden betragen. Wöchentlich müssen es mindestens 10 Stunden sein, sofern zwischen den Vertragspartnern nicht ausdrücklich anderes vereinbart wurde. Es ist üblich, das Entgelt gleichmäßig zu verteilen und nicht entsprechend der Arbeitseinsätze zu zahlen.

Dem Unternehmen bietet die KAPOVAZ die Möglichkeit, seine Mitarbeiter flexibel einzusetzen, ohne Überstundenzuschläge zahlen, Einstellungen und Entlassungen vornehmen oder auf zeitlich befristete Arbeitsverträge und Personal-Leasing zurückgreifen zu müssen. Der Mitarbeiter erhält ein gleichmäßiges Einkommen und einen in der Regel unbefristeten Arbeitsvertrag. Er ist aber trotz der gesetzlichen Regelungen in seiner Zeitsouveränität stark eingeschränkt.

Eine weitere Form der Teilzeitarbeit ist das **Job Sharing**, die Aufteilung einer oder mehrerer Vollzeitstellen auf mehrere Teilzeitmitarbeiter. Es ist aus dem Wunsch von Arbeitnehmern entstanden, trotz Teilzeitarbeit anspruchsvollen Tätigkeiten nachzugehen.

In der ursprünglichen **amerikanischen Version** werden die Job Sharing-Partner als eine organisatorische Einheit behandelt. Diese Einheit schließt mit dem Unternehmen einen einzigen Arbeitsvertrag. Beförderungen, Versetzungen, Entlassungen etc. werden nicht für einzelne Mitarbeiter, sondern für das gesamte Team vorgenommen. Aus organisatorischer Sicht handelt es sich um eine so genannte Mehrpersonenstelle und nicht um mehrere Teilzeitstellen. Das Team verpflichtet sich, alle vereinbarten Leistungen fristgemäß zu erbringen. Seitens des Unternehmens wird kein Einfluss darauf genommen, wie die Mitglieder der Mehrpersonen-Stelle die Arbeit untereinander aufteilen. Für das Unternehmen besitzt dies den Vorteil, dass die Stelle auch bei Urlaub, Krankheit, Fortbildung einzelner Mitarbeiter besetzt ist. Es sind keinerlei zusätzliche Dispositionen erforderlich.

In **Deutschland** ist Job Sharing aufgrund gesetzlicher Restriktionen in dieser Form nicht möglich. Die in Amerika gegebene gesamtschuldnerische Leistungsverpflichtung und die davon abgeleitete Vertretungspflicht sind nach deutschem Recht nur in engen Grenzen zulässig. Zwar handeln die Job Sharing-Partner die jeweiligen Arbeitszeiten untereinander aus, der Grundgedanke der Mehrpersonen-Stelle wird aber nicht verwirklicht. Eine Vertretungspflicht bis hin zur vollen Arbeitszeit ist nicht selbstverständlich, sondern muss ausdrücklich vertraglich vereinbart werden. Nach Art. 1 § 5 Abs. 1 Satz 2 BeschFG kann ein Job Sharing-Partner nur dann zur Vertretung herangezogen werden, wenn dies aus betrieblichen Gründen dringend erforderlich ist und die Vertretung dem Mitarbeiter zumutbar ist, d.h. jeder Fall muss individuell geprüft werden. Für alle anderen Vertretungsfälle müssen gesonderte Vereinbarungen vorliegen. Wenn die Vertretung dem Mitarbeiter nicht zumutbar ist, besteht keine Verpflichtung zur Leistungserbringung. Wenn einer von zwei Job Sharing-Partnern aus dem Unternehmen ausscheidet, wird der andere grundsätzlich weiter beschäftigt. Der Arbeitgeber darf ihm nicht kündigen, eine Änderungskündigung ist aber zulässig (Art 1 § 5 Abs. 2 BeschFG).[198] Da das Job Sharing in dieser Form den Unternehmen kaum Vorteile bringt, hat es bislang in der Praxis nur geringe Verbreitung gefunden.

---

[198] Vgl. Oechsler, W.A. (2000), S. 279.; Schanz, G. (2000), S. 435 f.

Job Sharing wird meist in Form des **Job Splitting** durchgeführt, bei dem die Mitarbeiter die Aufgaben aufteilen und dann ohne weitere Abstimmung erfüllen. Beim **Split Level Sharing** erfolgt diese Aufgabenteilung nach funktionalen bzw. qualitativen Aspekten. Der eine Partner übernimmt weniger anspruchsvolle Arbeiten, z.B. leistet eine Person die Vorarbeit, auf deren Grundlage die andere die Entscheidungen trifft. Beim **Job Pairing** verpflichten sich die Mitarbeiter, die Arbeit zusammen zu erledigen und die wesentlichen Entscheidungen gemeinsam zu treffen. Bei Schlechtleistung ist eine genaue Schadenszuweisung dann oft nicht möglich und die Partner haften gemeinsam.[199]

Der **gleitende Übergang in den Ruhestand** ist eine weitere Form der Teilzeitarbeit. Mit einer Reduzierung des Stundenumfangs soll der geringeren Belastbarkeit älterer Mitarbeiter Rechnung getragen werden. Außerdem ist für viele Arbeitnehmer ein abruptes Ende ihres Berufslebens schwer zu verkraften, da sie auf einen neuen Lebensabschnitt nur unzureichend vorbereitet sind. Der gleitende Übergang, z.B. durch den Abbau der auf dem Langzeitkonto angesparten Stunden, entschärft dieses Problem. Denkbar ist auch eine Kombination mit dem Job Sharing, indem der ältere Arbeitnehmer sukzessive weniger arbeitet bzw. bestimmte Aufgaben abgibt und der jüngere Mitarbeiter nach und nach alle Aufgaben übernimmt.

6.2.3.2.5 Flexibilisierung der Lebensarbeitszeit

Der Wunsch, das Ende des Berufslebens flexibel zu gestalten, führt zu **Lebensarbeitszeitvereinbarungen**. Der Mitarbeiter kann dabei Arbeitsstunden, die über die vertragliche Arbeitszeit hinausgehen, auf einem Arbeitszeitkonto ansparen, für das keine Beschränkungen hinsichtlich des Ausgleichszeitraums und des Stundenvolumens festgelegt sind. Die nicht bezahlten Arbeitsstunden stellen einen geldwerten Vorteil für den Arbeitgeber dar.

Die Zeitkontingente werden bisweilen wie bei einem Sparbuch mit einem geldmarktüblichen Zinssatz verzinst, wodurch die angesparte Stundenmenge Jahr für Jahr wächst, auch wenn keine weiteren Stunden angespart wurden. Zum Ende seines Berufslebens kann der Mitarbeiter diese Stunden dann abbauen und muss dabei trotz der geringeren Arbeitszeit, die sich bis auf Null reduzieren kann, keine Gehaltseinbuße hinnehmen.

Die Konten können statt in Arbeitsstunden auch in Geldeinheiten geführt werden. Beim Renteneintritt wird dem Mitarbeiter der angesparte und verzinste Betrag dann als Zusatzversorgung ausgezahlt.

Lückenhafte rechtliche Regelungen hinsichtlich der Guthabensicherung im Insolvenzfall und der Übertragbarkeit bei einem Unternehmenswechsel seitens des Mitarbeiters stehen einer größeren Verbreitung von Lebensarbeitszeitvereinbarungen bislang im Weg.

Sabbaticals sind eine weitere, wenig genutzte Möglichkeit der Arbeitszeitflexibilisierung. Dabei handelt es sich um einen Langzeiturlaub über den jährlichen Urlaubsanspruch hinaus bei voller, partieller oder ohne Entlohnung. Das Sabbatical ist mit einer Arbeitsplatzgarantie verbunden. Der Mitarbeiter erhält bei seiner Rückkehr seine frühere oder zumindest eine gleichwertige Stelle. Die Dauer des Sabbaticals variiert zwischen mehreren Wochen und einem Jahr.[200]

---

[199] Vgl. Hentze, J, (1995), S. 242.

[200] Vgl. Katzensteiner, T., Welp, C. (2001), S. 130 ff.; Scharbau, S. (2001), S. 81.

Der Begriff geht auf das Alte Testament zurück. Der Sabbat ist der siebte Tag, an dem man ruhen soll. In der Landwirtschaft wird unter einem Sabbatjahr jedes siebte Jahr verstanden, in dem der Boden brachliegen soll, damit er sich regenerieren kann. Eine solche Ruhephase gesteht ein Unternehmen mit dem Sabbatical auch seinen Mitarbeitern zu.

Meist kann der Mitarbeiter frei entscheiden, wofür er das Sabbatical nimmt. Häufig wird es nicht ausschließlich für Freizeit, sondern zumindest teilweise für Weiterbildungsmaßnahmen, z.B. den Abschluss eines Studiums oder die Anfertigung einer Dissertation, genutzt. Dem Mitarbeiter bietet sich damit die Möglichkeit, zeitintensive private Ziele zu verwirklichen, ohne dass er den Verlust seines Arbeitsplatzes befürchten muss.

Das Unternehmen hat den Vorteil, dass der Mitarbeiter ausgeruht und motiviert, mit neuen Ideen und oft auch mit neuen Fähigkeiten an seinen Arbeitsplatz zurückkehrt. Ein Problem kann jedoch sein, dass die Stelle in der Zwischenzeit besetzt werden muss, obwohl eine Arbeitsplatzgarantie abgeben wurde.

Die **Voraussetzungen** für ein Sabbatical können auf verschiedene Weise geschaffen werden:

- Der Mitarbeiter verzichtet über einen längeren Zeitraum bei voller Arbeitszeit auf einen Teil seines Entgelts und erhält dafür ein Sabbatical als Freizeitausgleich. Ein Mitarbeiter arbeitet z.B. 3 Jahre in Vollzeit für 75 Prozent des normalen Entgelts. Im vierten Jahr nimmt er ein Sabbatical und erhält weiterhin drei Viertel seines Gehalts. Eine solche Stückelung ist auch auf andere Weise denkbar.

- Die Mitarbeiter sparen ihre Überstunden auf einem Langzeitkonto an und erhalten zum Ausgleich ein Sabbatical. Ein Mitarbeiter spart z.B. über mehrere Jahre hinweg seine Überstunden auf dem Langzeitkonto an, dann nimmt er zusätzlich zu seinem Jahresurlaub 3 Monate Urlaub und kümmert sich in dieser Zeit um den Bau seines Hauses.

- Das Unternehmen bietet seinen Mitarbeitern in bestimmten Zeitabständen eine unbezahlte Auszeit an. Ein Mitarbeiter hat z.B. alle 7 Jahre die Möglichkeit, ein dreimonatiges Sabbatical zu nehmen. Er erhält in dieser Zeit kein Entgelt, bekommt aber eine Arbeitsplatzgarantie.

- Das Unternehmen fördert ein Sabbatical nur unter bestimmten Voraussetzungen und zahlt in dieser Zeit nur einen Teil des Entgelts. Ein Mitarbeiter wird z.B. für ein Projekt in einem Entwicklungsland, das auch für das Unternehmen von Interesse ist, freigestellt. Das Unternehmen zahlt ihm für die Dauer des Projekts die Differenz zwischen dem Entgelt, das er vom Projektträger erhält, und seinem bisherigen Gehalt.

- Das Unternehmen gewährt verdienten Mitarbeitern ein Sabbatical, ohne dass dafür Arbeitszeit angespart oder auf Entgelt verzichtet werden muss. Ein Mitarbeiter, der über 55 Jahre alt ist und seit über 15 Jahren für das Unternehmen arbeitet, erhält z.B. die einmalige Gelegenheit, bei vollem Entgelt 2 Monate zusätzlichen Urlaub zu nehmen.

Allerdings sind die sozialversicherungs- und krankenversicherungsrechtlichen Aspekte beim Sabbatical nicht immer vollständig geklärt.

6.2.3.3 Flexibilisierung des Arbeitsortes

Mit der Flexibilisierung des Arbeitsortes verabschiedet man sich von dem Postulat, dass die Arbeitsleistung immer am selben Ort erbracht werden muss. Es handelt sich aus organisatorischer Sicht um eine Dezentralisierung von Arbeitsplätzen. In der Regel erfolgt gleichzeitig eine **Kombination mit flexibler Arbeitszeitgestaltung**.

In den letzten Jahren haben sich zwei bedeutende Formen mit sehr unterschiedlicher Ausprägung herausgebildet, das Desk-Sharing-Konzept und die Telearbeit oder Telework.

In dienstleistungsorientierten Unternehmen oder Abteilungen, in denen Kommunikation eine große Rolle spielt, halten sich Mitarbeiter meist nur selten an ihrem Arbeitsplatz auf. Sie befinden sich beim Kunden, bei Kollegen, in Konferenzräumen etc. Ein Großteil der Büros und Schreibtische ist demzufolge unbesetzt, dennoch fallen Miet-, Heizungs-, Reinigungs- und Stromkosten an. Auch während der Urlaubszeit und bei Dienstreisen stehen Büros leer. **Desk-Sharing-Konzepte** oder **virtuelle Büros** schaffen hier Abhilfe. Die Mitarbeiter sitzen aufgaben- und projektbezogen zusammen und wechseln bei neuen Aufgaben ihren Arbeitsplatz.[201] Im Extremfall steht ihnen gar kein fester Platz mehr zur Verfügung, stattdessen melden sie ihren Bedarf in einer Zentrale an und erfahren beim Eintreffen im Unternehmen, wo ein Schreibtisch für sie reserviert ist.[202] Telefone, PCs und die notwendige technische Infrastruktur stehen bedarfsgerecht zur Verfügung. Just-in-time werden auch die aktuellen Arbeitsunterlagen, Schreibtischutensilien und persönlichen Dinge herbeigeschafft. Diese sind in einem Rollcontainer eingeschlossen, der in einem Lagerraum untergestellt wird, wenn der Mitarbeiter nicht im Unternehmen anwesend ist bzw. sie nicht benötigt.

Neben Kosteneinsparungen bestehen die **Vorteile** vor allem in den größeren Kommunikations- und Kontaktmöglichkeiten sowie in kürzeren und schnelleren Informationswegen. Unternehmen, die mit Desk-Sharing-Konzepten arbeiten, registrieren außerdem eine Motivationssteigerung ihrer Mitarbeiter, die sich nun häufiger sehen, gemeinsam kreativ sind und durch verbesserte Kontakte ihre sozialen Bedürfnisse befriedigen können. Anderson Consulting in Paris hat so beispielsweise die Arbeitsplätze für 1.150 Mitarbeiter auf 600 reduziert.[203]

Die Vorteile gehen allerdings mit einem **Verlust an Individualität** einher. Auf lieb gewordene Raumgestaltung mit Pflanzen und Bildern muss ebenso verzichtet werden wie auf hochwertige Büroausstattungen als Statussymbole von Führungskräften.

Desk-Sharing-Konzepte eignen sich nicht gleichermaßen für alle Stellen. Bei Mitarbeitern, die keine häufig wechselnden Aufgaben übernehmen, ihrerseits interne Ansprechpartner für andere Mitarbeiter sind, spezielle (technische) Ausstattungen benötigen und üblicherweise ihre Aufgaben an einen festgelegten Ort erfüllen, kommen die Vorteile nicht zum Tragen. Beispiele sind Logistik- und Controlling-Abteilungen, Rechenzentren und Personalabteilungen.

---

[201] Vgl. o. V. (2002 b), S. 54 f.

[202] Vgl. Kröger, M., Dürand, D., Seeger, H. (1998), S. 106 f.

[203] Vgl. Gsteiger, F. (1996), S. 71.

Einige Aufgaben können statt am Arbeitsplatz zu Hause als **Telearbeit** verrichtet werden. Geeignet sind Arbeiten, die keinen häufigen, direkten Kontakt zu anderen Stellen erfordern, z.B. Programmierarbeiten oder standardisierte Sachbearbeitungsaufgaben. Eine Befragung des Instituts der deutschen Wirtschaft im Jahr 2003 ergab, dass Telearbeitsplätze in Deutschland noch wenig verbreitet sind. Von 878 befragten Unternehmen boten lediglich 7,8 Prozent solche Arbeitsplätze an.[204]

Nach dem räumlichen **Dezentralisationsgrad** unterscheidet man zwischen

- Home Based Telework,
- Center Based Telework,
- On-site Telework und
- mobiler Telework.

Zwischen diesen idealtypischen Varianten existieren in der Praxis Mischformen.

Bei der am weitesten verbreiteten Form, der **Home Based Telework**, befindet sich der Arbeitsplatz des Mitarbeiters zu Hause. Häufig wird diese Form mit Teilzeitarbeit kombiniert. Sie wird insbesondere von Frauen geschätzt, die Familie und Beruf problemloser in Einklang bringen können, wenn sie im häuslichen Bereich arbeiten. Auch für Behinderte schafft Home Based Telework neue Integrationsmöglichkeiten.[205]

An den Mitarbeiter werden neben den fachlichen Qualifikationen weitere hohe **Anforderungen** gestellt. Als „Einzelkämpfer" muss er in der Lage sein, sich selbst zu motivieren, zu disziplinieren und zu kontrollieren. Da die Kommunikation schriftlich per Internet oder Intranet bzw. per Telefon abläuft, muss er über eine sehr präzise Ausdrucksfähigkeit sowie sprachliche Sensibilität verfügen, weil Mimik und Gestik die Kommunikation nicht unterstützen können. Zahlreiche Untersuchungen belegen, dass Mitarbeiter, die diesen Anforderungen genügen, zu Hause effektiver arbeiten.

Da der Mitarbeiter seinen Arbeitsplatz im häuslichen Umfeld eingerichtet hat, entfällt der Pendelverkehr zum Unternehmen. Er kann seine Stelle behalten, nach seinem persönlichen Leistungsrhythmus arbeiten und hat mehr Freizeit, die er flexibler gestalten kann. Allerdings benötigt er zu Hause zusätzlichen Platz und passende Arbeit- und Kommunikationsmittel. Die hierfür entstehenden Kosten trägt in der Regel der Arbeitgeber.

Home Based Telework birgt allerdings die Gefahr sozialer Isolation. Der Mitarbeiter verliert den Kontakt zu Kollegen und Geschäftspartnern. Mangelnde Identifikation mit dem Unternehmen und seinen Zielen können die Folge sein. Deshalb wird in vielen Arbeitsverträgen eine regelmäßige Anwesenheitspflicht im Unternehmen vereinbart, z.B. nimmt der Mitarbeiter immer dienstags am Jour fix der Arbeitsgruppe teil und verbringt den Arbeitstag im Unternehmen. Eine solche Kombination wird als **alternierende Telearbeit** bezeichnet. Der dafür benötigte Arbeitsplatz kann als Desk-Sharing-Platz zur Verfügung gestellt werden. Auch die regelmäßige Teilnahme an Fortbildungsveranstaltungen ist oft vertraglich geregelt.

---

[204] Vgl. Flüter-Hoffmann, C., Solbrig, J. (2003), S. 9.

[205] Vgl. Bühner, R. (2004), S. 338; Fauth-Herkner, A., Leist, A, (2002), S. 76.

Das Unternehmen spart bei Home Based Telework Miet-, Heizungs-, Reinigungs-, Instandhaltungs- und Stromkosten, da es dem Mitarbeiter vor Ort keinen oder nur zeitweise einen Arbeitsplatz zur Verfügung stellen muss. Außerdem kann es qualifizierte Mitarbeiter halten, die es eventuell verlieren würde, würde es ihnen nicht die räumliche und zeitliche Flexibilität bieten, die sie sich wünschen. BMW stellte in einem zweijährigen Pilotprojekt fest, dass die Fehlzeiten bei Telearbeitern deutlich niedriger sind als bei Mitarbeitern, die ihren Arbeitsplatz im Unternehmen haben. Teleworker legen Behörden- und Arztbesuche nicht in die Arbeitszeit und fangen nach Krankheiten früher an zu arbeiten.[206] Aus ökologischer Sicht wird die Umwelt entlastet, da keine Fahrten zum Arbeitsplatz notwendig sind.

Vorgesetzte wenden gegen Home Based Telework oft ein, dass sie keine Kontrolle über die Arbeit des Mitarbeiters haben. Dies ist jedoch nicht richtig, da nur hinsichtlich der Arbeitszeit Informationen fehlen. Auch wenn sich der Mitarbeiter ins unternehmenseigene Intranet eingeloggt hat, bedeutet das nicht zwangsläufig, dass er tatsächlich arbeitet. Klare Zielvereinbarungen und Führung gemäß Management by Objectives sind deshalb angebracht.

Bei der **Center Based Telework** werden so genannte Satellitenbüros in Form von ausgelagerten Betriebsstätten eingerichtet. Dazu fasst das Unternehmen mehrere Telearbeitsplätze zusammen und stellt Arbeitsräume zur Verfügung. Diese befinden sich in der Nähe der Wohnorte der Mitarbeiter, meist nicht in Innenstadtlagen, sondern am Stadtrand. Häufig werden sie an der Peripherie von Ballungszentren angemietet. Für viele Mitarbeiter verkürzen sich dadurch die Anfahrtswege, was zu mehr Freizeit führt. Dem Unternehmen entstehen geringere Mietkosten, da das Mietniveau niedriger ist als in der Innenstadt. Datenschutz und Datensicherheit können im Vergleich zur Home Based Telework besser gewährleistet werden. Die Ausstattung mit Hardware und Büromaschinen ist weniger aufwändig, da nicht jeder Mitarbeiter über alle Komponenten verfügen muss (z.B. gemeinsamer Kopierer). Außerdem wird die soziale Isolation reduziert. Mithilfe einer zeitweisen Anwesenheitspflicht und Zeiterfassungssystemen können die Kontrollmöglichkeiten verbessert werden.

Telearbeit am Standort eines Kunden oder Geschäftspartners bezeichnet man als **On-site Telework**. Der Mitarbeiter hat seinen Arbeitsplatz für einen längeren Zeitraum – bis ein bestimmtes Projekt abgeschlossen ist – nicht im Unternehmen, sondern beim Kunden bzw. Geschäftspartner. Durch moderne Kommunikationsmittel ist er mit seinem Unternehmen verbunden. Nach Beendigung des Projekts arbeitet er entweder bei einem anderen Kunden oder kehrt an seinen Arbeitsplatz im Unternehmen zurück.

Bei der **mobilen Telework** ist der Mitarbeiter überhaupt nicht mehr an einen festen Arbeitsplatz gebunden. Den Kontakt zum Unternehmen hält er mithilfe moderner Informations- und Kommunikationstechnik aufrecht. Beispiele für solche Stellen sind Außendienstjobs.

---

[206] Vgl. Sauermann, H. (2005), S. 38.

6.2.3.4 Soziale Kommunikation und Gruppenmitgliedschaft

Mit **sozialer Kommunikation** ist der Informationsaustausch zwischen „menschlichen Sendern" und „menschlichen Empfängern" gemeint. Hier geht es um denjenigen Teil, der unabhängig von bzw. neben der fachlichen Ebene stattfindet. Es handelt sich also nicht um den Informationsaustausch entlang formeller Wege im Unternehmen, sondern vornehmlich um eine informelle Kommunikation, die sich durch freiwillige Kontakte der Mitarbeiter ergibt. Ihr Zweck kann mit der Arbeit und dem Unternehmen zu tun haben oder rein privater Natur sein.

Die Kommunikation dient verschiedenen Bedürfnissen. Sie kann das Sicherheitsbedürfnis des Mitarbeiters befriedigen, der erfahren möchte, wie er sein Verhalten an veränderte Situationen anpassen muss. Sie befriedigt darüber hinaus das Bedürfnis nach Kontakt und hilft Anerkennungs- und Selbstverwirklichungsbedürfnisse zu erfüllen, denn der Mitarbeiter erhält durch Kommunikation Informationen über seinen individuellen Stellenwert und den Stellenwert seiner Arbeit im Unternehmen. Die Teilhabe an der Kommunikation und der Grad der Informiertheit sind außerdem ein Statussymbol.[207]

Die Anreizwirkungen der sozialen Kommunikation und der **Gruppenmitgliedschaft** resultieren aus dem Bedürfnis des Menschen nach Information und sozialer Interaktion. Menschen leben nicht als isolierte Individuen, sondern denken und handeln die meiste Zeit als Mitglieder von Gruppen, die sich gegenseitig beeinflussen.

Mitarbeiter gehören formellen Arbeitsgruppen an, die sich aus der Organisationsstruktur ergeben. Daneben sind sie gleichzeitig Mitglieder informeller Gruppen. Deren Mitgliedschaft gründet auf gemeinsamen Interessen oder Sympathie. Die Ziele dieser Gruppen müssen nicht mit denen des Unternehmens decken. Als Beispiel sei eine Fahrgemeinschaft zum Arbeitsplatz genannt. Gleiches gilt für eine Skat-Runde, die sich aufgrund privater Interessen gebildet hat und außerhalb des Unternehmens ihrem Hobby nachgeht.

Gruppenmitgliedschaften befriedigen das Bedürfnis nach Kontakt und Geborgenheit. Dem Anerkennungsbedürfnis wird oft bereits dadurch entsprochen, dass Mitarbeiter die Gruppenzugehörigkeit an sich als Auszeichnung empfinden, etwa wenn sie dem besonders geförderten High-Potential-Kreis eines Unternehmens angehören. Wenn ein Mitarbeiter in einer formellen oder informellen Gruppe eine besondere (geachtete) Position einnimmt, können dadurch Status- und Selbstverwirklichungsbedürfnisse befriedigt werden.

6.2.3.5 Personalführung

6.2.3.5.1 Begriffliche Klärung und Einordnung der Personalführung

Der Begriff Führung wird sehr unterschiedlich verwandt. In der Betriebswirtschaftslehre unterscheidet man in der Regel zwischen zwei Bereichen. Abb. 51 gibt einen Überblick.[208]

---

[207] Vgl. Hentze, J. (1995), S. 180.

[208] Vgl. Olfert, K, (2005), S. 213.

Unternehmensführung im engeren Sinn, oft auch als Management bezeichnet, umfasst die systematische zielorientierte Planung, Steuerung und Kontrolle von Betrieben. Sie hat neben dem prozessbezogenen einen strukturbezogenen Aufgabenbereich, die Organisation.

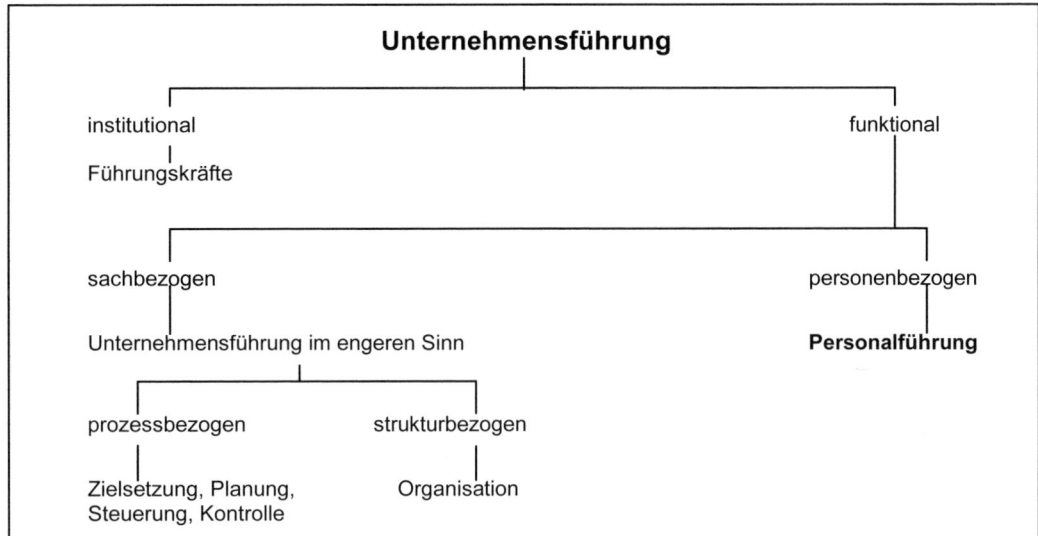

Abb. 51: Abgrenzung der Personalführung

Bisweilen wird der Begriff Unternehmensführung auch im institutionalen Sinn verwandt, in diesem Fall ist die Gruppe der **Führungskräfte** gemeint.

Personalführung ist derjenige Teilbereich der Unternehmensführung, bei dem es um die zielgerichtete Verhaltensbeeinflussung der Mitarbeiter geht, die immer erforderlich ist, wenn das Verhalten mehrerer Personen koordiniert werden muss. Sie ist Gegenstand dieses Kapitels.

Die Bedeutung der Personalführung hat in den letzten Jahren stetig zugenommen. Der Erfolg eines Unternehmens hängt oft weniger vom optimalen Einsatz des Materials und Kapitals als vielmehr vom optimalen Einsatz der Ressource Personal ab.

Personalführung ist ein kommunikativer Prozess, mit dem auf das Verhalten von Mitarbeitern Einfluss genommen wird:

- Es sind mindestens zwei Personen (Führender und Geführter) beteiligt.
- Zwischen ihnen findet eine soziale Interaktion statt.
- Die Einflussnahme geschieht zielorientiert, d.h. es sollen bestimmte Ergebnisse erreicht werden.
- Durch die Einflussnahme wird ein Verhalten ausgelöst bzw. gesteuert.

Üblicherweise handelt es sich bei Personalführung um die Einflussnahme des Vorgesetzten auf seine Mitarbeiter. Sie kann allerdings auch umgekehrt bzw. durch ein Gruppenmitglied auf andere Gruppenmitglieder erfolgen. Da es sich also nicht zwangsläufig um die Beziehung zwischen Führungskraft und Mitarbeiter handeln muss, werden im Folgenden auch die Begriffe Führender und Geführter verwendet.

Personalführung umfasst zwei Funktionen:

- Bei der **Lokomotionsfunktion** (Zielerreichungsfunktion) geht es um die Erfüllung der Sach- und Leistungsziele. Die Mitarbeiter sollen dazu veranlasst werden, durch ihr Handeln ein gemeinsames Ziel zu erreichen. Hier steht der Aufgabenbezug im Mittelpunkt der Personalführung.

- Die **Kohäsionsfunktion** (Gruppenerhaltungsfunktion) soll den inneren Zusammenhalt und den Bestand der Gruppe fördern und sichern. Dazu müssen motivierende Arbeitsbedingungen geschafft werden.

Der Vorgesetzte muss beiden Funktionen gleichermaßen gerecht werden.

Personalführung kann durch direkten Kontakt zwischen Vorgesetztem und Mitarbeitern erfolgen oder durch indirekte Verhaltensbeeinflussung über feste Normen und Strukturen.

Die **direkte, interaktive Führung** setzt eine persönliche Wechselbeziehung zwischen Vorgesetztem und Mitarbeiter über Gespräche, Diskussionen, Sitzungen, Vorträge etc. voraus. Es handelt sich um den individuellen Aspekt der Führung.

Die **indirekte, organisatorische Führung** steuert das Verhalten über verbindliche Regeln. Hierzu zählen Stellenbeschreibungen, hierarchische Einordnungen, Management-by-Prinzipien, festgelegte Entscheidungsbefugnisse, Ablaufpläne etc. Beide Formen der Führung ergänzen sich. Die organisatorische Führung legt einen Rahmen für das Mitarbeiterverhalten fest und sorgt für gleiche Handlungsbedingungen. Die direkte Führung berücksichtigt die Gegebenheiten des jeweiligen Einzelfalls.[209]

6.2.3.5.2 Macht und Autorität als Grundlagen der Führung

Führende können auf das betriebliche Geschehen und andere Personen Einfluss nehmen. Grundlagen hierfür sind Macht und Autorität.

Macht ist das Vermögen einer Person, ihren Willen und ihre Interessen gegenüber anderen – auch gegen deren Willen – durchzusetzen. In einem Unternehmen beruht sie auf diesen Grundlagen[210]:

- **Legitimationsmacht**: Über diese Machtbasis verfügt der Vorgesetzte dank seiner hierarchischen Position, die er im Unternehmen innehat. Aufgrund seiner Stellung hat er das Recht, Macht auszuüben. Voraussetzung ist, dass die der Hierarchie zugrunde liegenden Normen und Werte von den Mitarbeitern akzeptiert werden.

- **Belohnungs- und Sanktionsmacht**: Aufgrund seiner Position hat der Vorgesetzte die Möglichkeit, positives Verhalten zu belohnen, z.B. mit Entgelterhöhungen, zusätzlichen Prämien oder Fördermaßnahmen. Bei nicht angemessenem Verhalten kann der Vorgesetzte Sanktionsmaßnahmen veranlassen. Als solche kommen unter anderem die Zuweisung unangenehmer oder uninteressanter Aufgaben, eine Versetzung, Entgeltkürzungen, eine Abmahnung und im Extremfall die Entlassung in Betracht.

---

[209] Vgl. Jung, H. (2005), S. 407.

[210] Vgl. Hentze, J. (1995), S. 182 f.; Jung, H. (2005), S. 403 f.

- **Expertenmacht**: Die fachliche Kompetenz des Führenden wird von den Geführten anerkannt. Sie billigen ihm einen Qualifikationsvorsprung zu und akzeptieren seinen Willen, weil sie der Überzeugung sind, dass er aufgrund seines größeren Wissens und Könnens die richtigen Entscheidungen trifft. Expertenmacht muss nicht an Legitimationsmacht gebunden sein.

- **Identifikationsmacht**: Die Mitarbeiter identifizieren sich mit dem Vorgesetzten, indem sie seine Werte, Verhaltensweisen und Überzeugungen übernehmen und ihrem eigenen Arbeitsverhalten zugrundelegen.

- **Informationsmacht**: Hier stehen die Information und ihre Bedeutung für den Mitarbeiter im Vordergrund. Der Vorgesetzte hat aufgrund seiner Stellung oft einen Informationsvorsprung, da er wichtigere Nachrichten in größerer Zahl und schneller erhält. Er kann bestimmen, welche und wie viele Informationen er nach unten weitergibt.

- **Überzeugungs- und Manipulationsmacht**: Bei der Überzeugung legt der Vorgesetzte seine Ziele offen und erklärt, warum sie erreicht werden sollen. Bei Manipulation bleiben seine Ziele den Mitarbeitern verborgen, indem der Vorgesetzte sie zum Teil bewusst verschleiert.

- **Ökologische Macht**: Darunter versteht man die umweltgerechte Gestaltung der Arbeitsumgebung durch den Vorgesetzten, so dass bestimmte Verhaltensweisen von vornherein ausgeschlossen sind.

Vorgesetzte verfügen in der Regel über mehrere, unterschiedlich stark ausgeprägte Machtgrundlagen, die es ihnen ermöglichen, auf das Verhalten der Mitarbeiter Einfluss zu nehmen und Kontrolle auszuüben. Die Auswahl hängt von der jeweiligen Situation und den Werten und Einstellungen des Vorgesetzten ab. Ein autoritärer Vorgesetzter wird sich beispielsweise stärker auf seine Legitimations- und Sanktionsmacht berufen als sein kooperativ führender Vorgesetzter.

Die zweite Grundlage der Führung ist **Autorität**. Sie beruht auf der Bereitschaft der Mitarbeiter, sich unterzuordnen, und ist eine grundlegende Voraussetzung der Leistungserstellung im Unternehmen. Die Mitarbeiter räumen ihrem Vorgesetzten das Recht ein, ihnen Weisungen zu erteilen. Autorität entsteht also nicht dadurch, dass der Vorgesetzte vom Unternehmen mit Machtbefugnissen ausgestattet wird, sondern beruht darauf, dass die Mitarbeiter die hierarchische Struktur im Unternehmen freiwillig anerkennen und für selbstverständlich halten. Es gibt verschiedene Formen von Autorität:[211]

- **Personale oder charismatische Autorität**: Sie basiert auf der Persönlichkeit des Vorgesetzten. Die Mitarbeiter erkennen ihn aufgrund verschiedener Eigenschaften wie Integrität, Vertrauenswürdigkeit, Zuverlässigkeit oder seiner sozialen Kompetenz an. Fachliche Qualitäten sind nicht von Bedeutung.

---

[211] Vgl. Jung, H. (2005), S. 405.

- **Fachautorität**: Sie beruht auf der fachlichen Qualifikation und Erfahrung des Vorgesetzten. Die Mitarbeiter erkennen an, dass er Situationen richtig beurteilen kann und sachgerecht entscheidet, handelt und anweist.

- **Amtsautorität**: Sie gründet auf der Anerkennung der hierarchischen Struktur des Unternehmens. Die Mitarbeiter akzeptieren die Zweckmäßigkeit und Rechtmäßigkeit der betrieblichen Unterstellungsverhältnisse.

Sowohl Legitimationsmacht als auch Amtsautorität verlieren in der heutigen Zeit an Bedeutung. Vorgesetzte, die qualifizierte und selbstbewusste Mitarbeiter erfolgreich motivieren wollen, müssen verstärkt auf die anderen Grundlagen der Führung zurückgreifen. Die Art des Führens steht zudem im Zusammenhang mit dem zugrunde liegenden Menschenbild, welches das Führungsverhalten des Vorgesetzten prägt und in der Unternehmensphilosophie zum Ausdruck kommt. Hier sei auf Kapitel 6.1.1 verwiesen.

6.2.3.5.3 Führungsstile

Unter einem **Führungsstil** versteht man ein situationsunabhängiges, regelmäßig wiederkehrendes Verhaltensmuster eines Vorgesetzten gegenüber seinen Mitarbeitern. Es orientiert sich an einer einheitlichen, methodischen Grundeinstellung. Demgegenüber beschreibt **Führungsverhalten** das aktuelle Verhalten eines Vorgesetzten gegenüber seinen Mitarbeitern in einer konkreten Situation.[212] Es handelt sich also um die spezifische Interpretation des methodischen Verhaltensmusters durch einen Vorgesetzten. Sowohl in der Praxis als auch in der Theorie werden die beiden Begriffe nicht klar voneinander abgegrenzt und oft häufig synonym verwendet.

Die Wissenschaft teilt die Führungsstile in verschiedene Gruppen ein. Im Folgenden soll nach der Zahl der vorrangig betrachteten Kriterien zwischen **ein-, zwei- und mehrdimensionalen Führungsstilen** unterschieden werden.

(a) Eindimensionale Führungsstile

Hier steht der **Entscheidungsspielraum** der Beteiligten im Mittelpunkt. **Autoritärer** und **kooperativer Führungsstil** bilden die beiden Extreme. Diese Begriffe gehen auf Tannenbaum und Schmidt zurück.[213] In der Praxis ist weder der eine noch der andere Führungsstil in reiner Form anzutreffen. Tannenbaum und Schmidt stellen, wie in Abb. 52 dargestellt, neben den beiden Extremen fünf Mischformen auf.

Auf dieser Skala nimmt der Entscheidungsspielraum der Mitarbeiter von links nach rechts zu, der des Vorgesetzten entsprechend ab. Nach Tannenbaum und Schmidt ist keiner der sieben Führungsstile grundsätzlich zu bevorzugen, vielmehr hängt der beste Führungsstil von **drei Charakteristika** ab:

- **Charakteristika des Vorgesetzten**: Hierzu zählen sein Wertesystem, sein Vertrauen in die Mitarbeiter, sein Sicherheitsempfinden und seine Führungsqualitäten.

---

[212] Vgl. Bröckermann, R. (2003), S. 328.

[213] Vgl. Tannenbaum, R., Schmidt, W.H. (1958), S. 96.

- **Charakteristika der Mitarbeiter**: Darunter fallen Erfahrungen, Fach- und Entscheidungskompetenz, Engagement, Eigeninitiative und Ansprüche hinsichtlich der individuellen Entwicklungsmöglichkeiten.

- **Charakteristika der Situation**: Sie umfassen die Art der Unternehmensstruktur, die Eigenschaften der Gruppe, die Besonderheiten der Problemstellung und den zeitlichen Abstand bis zur Handlung.

Je nach Konstellation dieser drei Merkmale kann ein Führungsstil erfolgreich sein oder nicht.

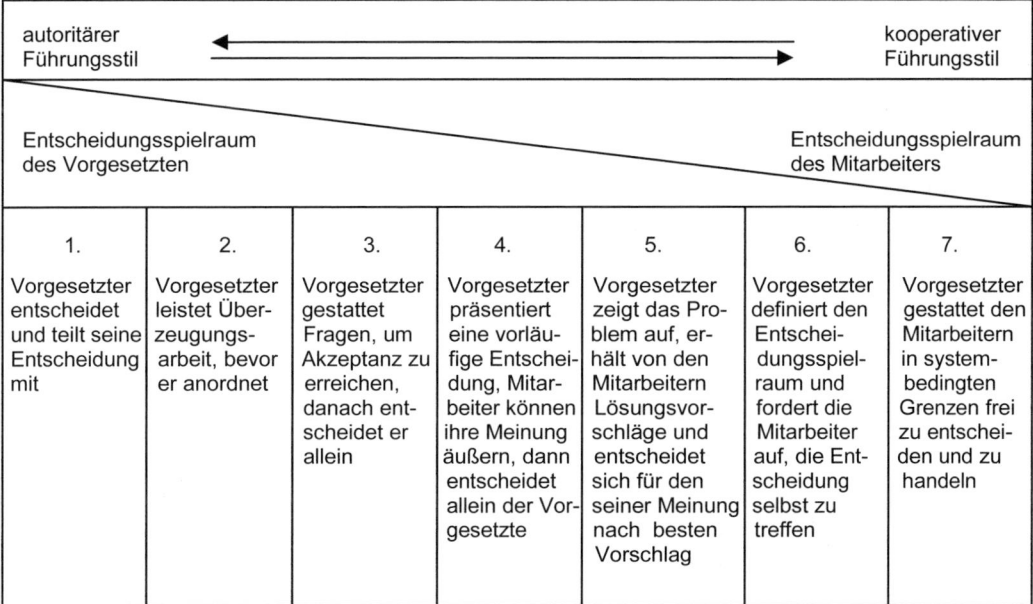

Abb. 52: Eindimensionale Führungsstile

Der Entscheidungsspielraum von Mitarbeitern und Vorgesetztem ist bei eindimensionalen Führungsstilen zwar das wichtigste Kriterium, daneben gibt es jedoch weitere Merkmale, die eindimensionale Führungsstile kennzeichnen.

Beim **autoritären Führungsstil** gehören dazu diese Eigenschaften:[214]

- Entscheidung, Ausführung und Kontrolle sind getrennt.
- Die Zielbildung erfolgt ausschließlich durch den Vorgesetzten.
- Der Vorgesetzte hat das alleinige Entscheidungs- und Weisungsrecht.
- Die Mitarbeiter haben die Weisungen widerspruchslos auszuführen.
- Die Arbeitsabläufe sind streng geregelt.
- Es findet eine sachliche Detailkontrolle in Form der Fremdkontrolle durch den Vorgesetzten statt.

---

[214] Vgl. Olfert, K. (2005), S. 272 f.; Hohlbaum, A., Olesch, G. (2004), S. 104 f.

- Ein Kontrollrecht der Mitarbeiter gegenüber ihrem Vorgesetzten besteht nicht.
- Der Vorgesetzte setzt vorrangig seine Legitimationsmacht ein.

Da die Mitarbeiter sich nur als Befehlsempfänger sehen und von ihrem Vorgesetzten auch so behandelt werden, bleiben Kreativität, Eigeninitiative und die Möglichkeit, sich weiterzuentwickeln, auf der Strecke. Das geistige Potenzial der Mitarbeiter wird nicht genutzt. Es herrscht ein eher angespanntes Betriebsklima ohne besondere Loyalität dem Vorgesetzen und dem Unternehmen gegenüber. Immaterielle Anreize sind nicht vorhanden, man setzt vor allem auf materielle Anreize wie z.B. Prämien. Aufgrund der quantitativen und qualitativen Überlastung des Vorgesetzten besteht die Gefahr von Fehlentscheidungen. Andererseits werden die hohe Entscheidungsgeschwindigkeit und die großen Entwicklungsmöglichkeiten für den Vorgesetzten als Vorteile angesehen.

Beim **kooperativen Führungsstil** sind die Mitarbeiter an der Entscheidungsfindung beteiligt. Er lässt sich durch die folgenden Merkmale beschreiben:[215]

- Die Trennung von Entscheidung, Ausführung und Kontrolle wird aufgehoben.
- Die Entscheidung wird auf diejenige betriebliche Ebene verlagert, auf der sich die größte Kompetenz befindet.
- Die Selbstkontrolle durch den Mitarbeiter dominiert. Der Vorgesetzte beschränkt sich auf eine ergebnisbezogene Endkontrolle.
- Die Mitarbeiter haben gegenüber ihrem Vorgesetzten Kontrollrechte.
- Der Vorgesetzte setzt vor allem auf Expertenmacht.

Der Vorgesetzte fungiert hier vornehmlich als Initiator und Koordinator. Die Mitarbeiter entscheiden selbst und übernehmen Verantwortung für ihr Handeln. Es herrscht eine eher entspannte Atmosphäre der Offenheit und des Vertrauens. Höhere Bedürfnisse nach Anerkennung und Selbstverwirklichung werden verstärkt angesprochen. Ein kooperativer Führungsstil erfordert Mitarbeiter mit hoher Qualifikation, die zur Übernahme von Verantwortung bereit und fähig sind, andernfalls ist die Delegation von Entscheidungen nicht möglich. Immaterielle Anreize müssen für die Mitarbeiter einen hohen Stellenwert haben. Die geringe Entscheidungsgeschwindigkeit wird oft als Nachteil genannt.

Von kooperativen Führungsstilen verspricht man sich generell eine höhere Arbeitsleistung. Feldstudien konnten jedoch nicht bestätigen, dass der kooperative Führungsstil grundsätzlich immer der erfolgreichere ist. Allerdings sind kooperative, mitarbeiterorientierte Vorgesetzte erheblich öfter in hochproduktiven Gruppen zu finden.[216] Autoritäre Führungsstile sind tendenziell erfolgreicher bei Routineaufgaben und in Grenzsituationen, bei denen eine einzige, schnelle Entscheidung notwendig ist, ohne längeres Forschen nach einer besseren Handlungsalternative.

Neben den von Tannenbaum und Schmidt klassifizierten Führungsstilen werden weitere **traditionelle Führungsstile** unterschieden. Sie gelten heute als überholt, denn sie enthalten philosophische, soziologische und politische Einstellungen, die als nicht mehr zeitgemäße angesehen

---

[215] Vgl. Hohlbaum, A., Olesch, G. (2004), S. 104 f.; Korndörfer, W. (1999), S. 230 ff.

[216] Vgl. Hentze, J. (1995), S. 190.

werden. Da sie zumindest ansatzweise in der Praxis immer noch vorkommen, soll jedoch nicht auf eine kurze Darstellung verzichtet werden.

Der **patriarchalische Führungsstil** ist eine Sonderform des autoritären Führungsstils mit allen seinen Nachteilen. Der patriarchalische Vorgesetzte legitimiert seinen Herrschaftsanspruch durch den Alters- und Reifeunterschied. Von den Mitarbeitern erwartet er Treue. Er fühlt sich ihnen väterlich verbunden und übernimmt soziale Verantwortung. Daraus leitet er das Recht ab, Wohlverhalten zu belohnen und Handeln, das er als falsch empfindet, zu sanktionieren. Die Informationen fließen von oben nach unten, der Vorgesetzte bestimmt, welcher Mitarbeiter welche Informationen in welchem Umfang erhält. Aufsicht und Kontrolle erfolgen ebenso wie die Förderung von Mitarbeitern nach Gefühl.

Der **charismatische Führungsstil** wird durch die besondere Persönlichkeit und die Ichbezogenheit des Führenden geprägt. Hiervon leitet er seinen Herrschaftsanspruch ab. Er ist überzeugt, dass ihm keine Fehler unterlaufen, und lässt dementsprechend keine Kritik zu. Von seinen Mitarbeitern fordert er Gehorsam und absolute Loyalität. Er selbst fühlt er in erster Linie seinen Ideen – und nicht seinen Mitarbeitern – verpflichtet.

Beim **bürokratischen Führungsstil** werden die Mitarbeiter als anonyme Einheit gesehen. Die Kommunikation und der Informationsfluss erfolgen überwiegend schriftlich entlang der vorgegebenen Dienstwege. Im Mittelpunkt steht die korrekte Anwendung und Durchführung von Vorschriften. Formalistisches Vorgehen wird als korrekt angesehen. Die Kontrolle wird mittels schriftlicher Überprüfungen durchgeführt.

Beim **Laissez-faire-Führungsstil** soll die Motivation der Mitarbeiter durch Freiheit erreicht werden. Streng genommen handelt es sich um ein „Nicht-Führen“. Die Informationen fließen zufällig bzw. auf ausdrückliche Nachfrage der Mitarbeiter. Diese organisieren sich selbst oder improvisieren, um zu Entscheidungen zu gelangen und Ziele zu erreichen. Für die betriebliche Praxis wird dieser Stil als nicht umsetzbar und unangemessen angesehen, da der Vorgesetzte damit seinen Pflichten nicht nachkommt.

(b) Zweidimensionale Führungsstile

Die so genannten Ohio-Studien – sie wurden in den 1950er und 1960er Jahren an der Ohio State University durchgeführt – ergaben, dass Aufgaben- und Mitarbeiterorientierung nicht Gegenpole einer einzigen Dimension sind, sondern unabhängig voneinander gesehen werden müssen. Ein Vorgesetzter kann also sowohl aufgaben- und mitarbeiterorientiert führen.

Unter **Mitarbeiterorientierung** (Consideration) versteht man ein Verhalten, das auf Vertrauen und Achtung beruht. Zugänglichkeit und Rücksichtnahme sind selbstverständlich. Die Partizipation an Entscheidungen und die Betonung zweiseitiger Kommunikation prägen die Arbeitsbeziehungen. Anweisungsbefugnisse des Vorgesetzten sind jedoch ebenso wenig aufgehoben wie seine Kontrollmacht.

Die **Aufgabenorientierung** (Initiation Structure) umfasst diejenigen Verhaltensweisen, mit denen der Vorgesetzte unmittelbar den Prozess der Leistungserstellung gestaltet. Er legt fest, was er von seinen Mitarbeitern erwartet, welche Rolle sie einzunehmen haben, welche Aufgaben erfüllt werden müssen, welche Wege zu beschreiten sind und welche Ziele erreicht werden sollen.[217]

Aufbauend auf den Ergebnissen der Ohio-Studien entwickelten und verfeinerten Blake und Mouton das **Managerial Grid (Führungsverhaltensgitter)**. Sie gehen davon aus, dass jeder Führungsstil beide Dimensionen enthält. Zur Veranschaulichung verwenden sie ein Koordinatensystem, das auf der Horizontalen neun Grade der Aufgabenorientierung und auf der Vertikalen die gleiche Zahl an Graden für die Mitarbeiterorientierung aufweist. Die 1 bezeichnet jeweils die niedrigste, die 9 die höchste Ausprägung. Aus der Kombination von Aufgaben- und Mitarbeiterorientierung ergeben sich theoretisch einundachtzig mögliche Führungsstile. Blake und Mouton gehen aber nur auf fünf näher ein. Sie sind in Abb. 53 dargestellt.

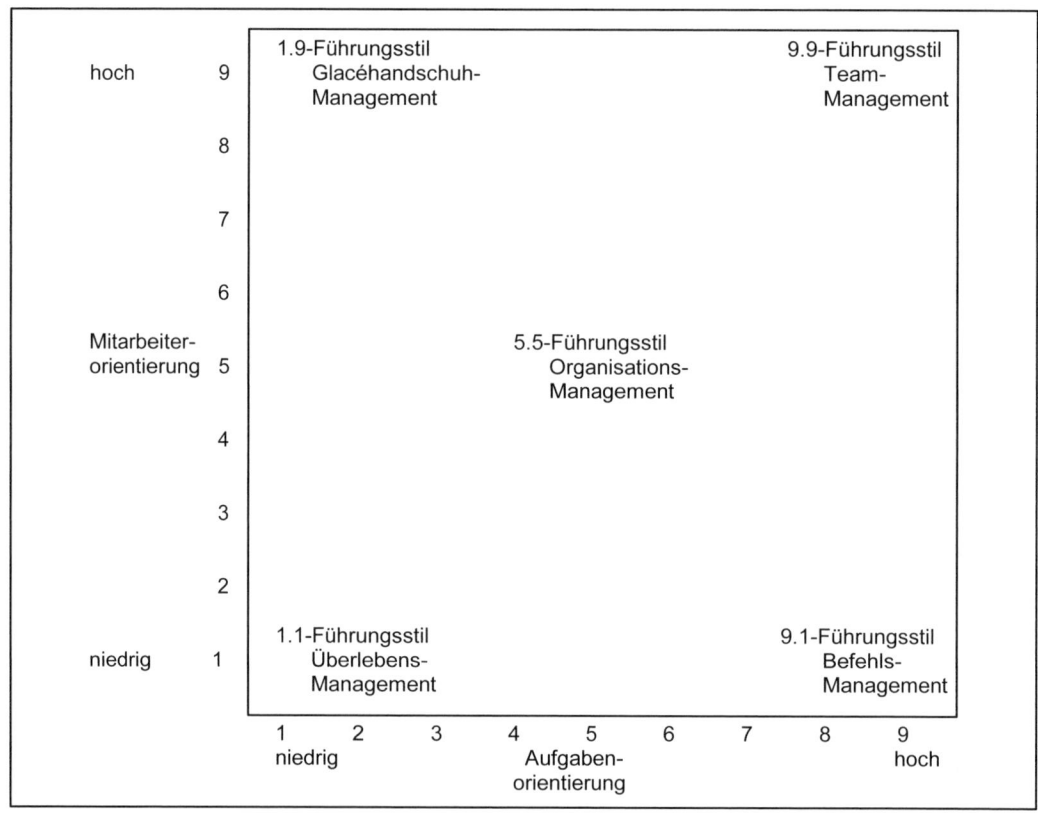

Abb. 53: Managerial Grid nach Blake und Mouton

Der **1.9-Führungsstil** ist durch niedrige Aufgabenorientierung und hohe Mitarbeiterorientierung gekennzeichnet. Zwischenmenschliche Beziehungen und die Bedürfnisse der Mitarbeiter stehen im Mittelpunkt. Der Vorgesetzte sieht seine Hauptaufgabe darin, Konflikte zu vermeiden bzw. auszugleichen. Er zeigt wenig Eigeninitiative und unterstützt lieber seine Mitarbeiter und über-

---

[217] Vgl. Berthel, J., Becker, F.G. (2003), S. 72, Jung, H. (2005), S. 417.

nimmt ihre Ideen, statt eigene Vorstellungen durchzusetzen. Es wird in gemächlichem Tempo gearbeitet, das Betriebsklima ist freundlich.

Beim **1.1-Führungsstil** handelt es sich um niedrige Aufgabenorientierung in Kombination mit niedriger Mitarbeiterorientierung. Der Vorgesetzte arbeitet gerade so viel, wie unbedingt nötig ist, um weiter im Unternehmen bleiben zu können. Er nimmt die Meinungen anderer hin, ergreift keine Partei und vermeidet es, eigene Ideen und Einstellungen zu offenbaren. Gegenüber seinen Mitarbeitern ist er gleichgültig und hält sich aus Konflikten heraus. Die Arbeitssituation ist oft durch Apathie und Resignation gekennzeichnet.

Zum **9.1-Führungsstil** gehört eine hohe Aufgabenorientierung. Auf die Befindlichkeiten der Mitarbeiter nimmt der Vorgesetzte keine Rücksicht. Die Arbeitssituation ist durch Befehl und Gehorsam geprägt. Der Vorgesetzte dringt auf hohe Leistung und setzt insbesondere seine Legitimationsmacht ein. Wie beim autoritären Führungsstil überwiegt Fremdkontrolle. Eigeninitiative und Kreativität der Mitarbeiter sind eher unerwünscht.

Der **5.5-Führungsstil** ist eine Kompromisslösung. Der Vorgesetzte ist sowohl aufgaben- als auch mitarbeiterorientiert und versucht zwischen beidem ein Gleichgewicht herzustellen. Das Ergebnis sind gute Arbeitsbedingungen, ein akzeptables Betriebsklima und insgesamt durchschnittliche Leistungen. Der Vorgesetzte versucht Konflikte zu vermeiden und Kompromisse herbeizuführen.

Der **9.9-Führungsstil** verbindet hohe Aufgaben- mit hoher Mitarbeiterorientierung. Voraussetzung ist, dass die Ziele des Betriebes und die Ziele der Mitarbeiter miteinander zu vereinbaren sind. Es herrscht ein Klima gegenseitigen Respekts und Vertrauens. Die Mitarbeiter sind engagiert und erbringen hohe Leistungen. Der Vorgesetzte ist zielorientiert und fördert gleichzeitig die Eigenverantwortung und Kreativität seiner Mitarbeiter. Lösungsalternativen werden von den Mitarbeitern und dem Vorgesetzten gleichermaßen eingebracht und gleichwertig behandelt. Im Konfliktfall versucht der Vorgesetzte, die Ursachen festzustellen und zu beseitigen. Die Mitarbeiter betrachten ihn als Vorbild. Der Vorgesetzte setzt vornehmlich auf Identifikations- und Expertenmacht. Blake und Mouton sehen den 9.9-Führungsstil als optimal an.

Welchen Stil ein Vorgesetzter vertritt, ist von seiner inneren Einstellung abhängig, die sich schon in seiner Kindheit herausbildet und durch die private und berufliche Sozialisation geprägt wird. Blake und Mouton gehen jedoch davon aus, dass sich jede Führungskraft in die 9.9-Richtung entwickeln kann.

Das Managerial Grid ist die Grundlage zahlreicher Führungsseminare. Die Bücher von Blake und Mouton zu diesem Thema wurden millionenfach verkauft. Noch immer ist jedoch nicht abschließend geklärt, ob Aufgaben- und Mitarbeiterorientierung tatsächlich voneinander unabhängige Variablen sind und ob eine Führungskraft in der Lage ist, beides gleichzeitig zu vertreten. Auch die Behauptung, der 9.9-Führungsstil sei grundsätzlich optimal, ist empirisch nicht nachgewiesen. Situationsvariablen wie hohe Arbeitsbelastung und Zeitdruck werden ebenso außer Acht gelassen wie Erwartungen und intrinsische Motiviertheit der Mitarbeiter sowie die hierarchische Stellung des Vorgesetzten und seiner Mitarbeiter.[218] Trotz aller Kritik bietet der Ansatz viele Anregungen, um Führungskräfte zu sensibilisieren. Zum Teil wird in der Literatur die Auffassung

---

[218] Vgl. Berthel, J., Becker, F.G. (2003), S. 73 f.

vertreten, dass erfolgreiche Personalführung nicht ausschließlich durch den 9.9-Führungsstil gekennzeichnet ist. Erfolgversprechend seien alle Führungsstile, die sich rechts der Diagonale zwischen dem 1.9- und dem 9.1-Führungsstil befinden.[219]

(c) Drei- und mehrdimensionale Führungsstile

Durch Berücksichtigung weiterer Dimensionen werden die Führungsansätze zwar präziser und realistischer, aber gleichzeitig auch unübersichtlicher.

Ein gut verständliches Beispiel ist das **3-D-Modell von Reddin**.[220] Es baut auf dem bereits behandelten Führungsverhaltensgitter auf. Die beiden Dimensionen **Aufgabenorientierung** (Task Orientation) und **Beziehungsorientierung** (Relationship Orientation) werden wie bei Blake und Mouton in einem Koordinatensystem abgetragen. Sie haben jedoch nur zwei Ausprägungen – hoch und niedrig –, so dass es insgesamt vier Grundtypen von Führungsstilen gibt. Diese sind in Abb. 54 dargestellt.

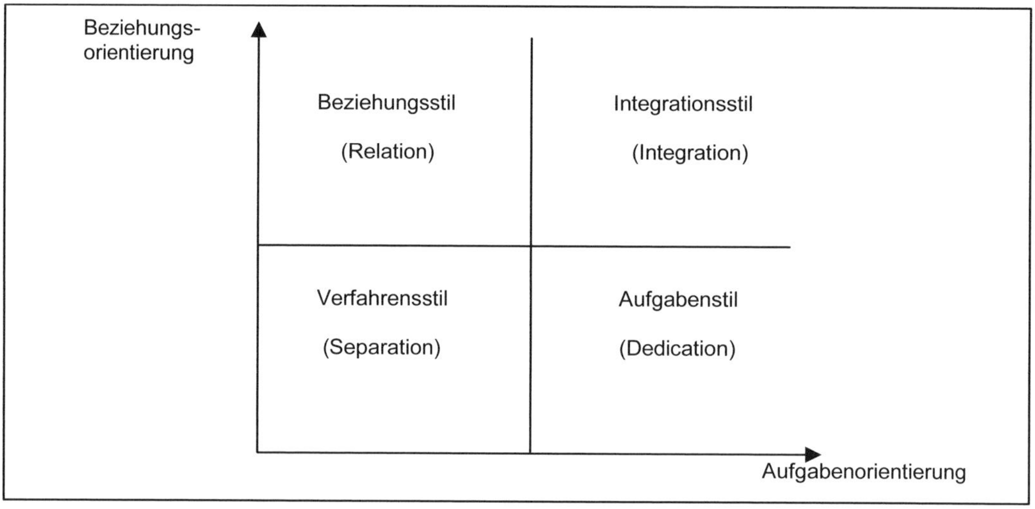

Abb. 54: Grundstile nach dem 3-D-Modell von Reddin

Der **Verfahrensstil** zeichnet sich durch geringe Aufgaben- und geringe Beziehungsorientierung aus. Beim **Beziehungsstil** sind die zwischenmenschlichen Beziehungen dominant. Umgekehrt weist der **Aufgabenstil** eine starke Aufgabenorientierung auf. Der **Integrationsstil** verbindet hohe Aufgaben- mit hoher Beziehungsorientierung. Die Stile entsprechen in etwa dem 1.1-, 1.9-, 9.1- und 9.9-Führungsstil von Blake und Mouton.

Anders als beim Managerial Grid sieht Reddin keinen dieser vier Stile als den besten an, stattdessen ist je nach Situation ein anderer Führungsstil erfolgreich. Die bedeutsamen Situationsvariablen sind:

- Organisation

---

[219] Vgl. Stopp, U. (2004), S. 154; Jung, H. (2005), S. 421.

[220] Vgl. Reddin, W.J. (1981).

- Arbeitsweise
- Vorgesetzter
- Kollegen
- Mitarbeiter

Der Vorgesetzte muss sich also situationsabhängig für einen der vier Führungsstile entscheiden. Er stellt z.B. fest, dass bei einem Mitarbeiter der Integrationsstil der richtige wäre, hinsichtlich der Organisation der Verfahrensstil und bei den Kollegen der Aufgabenstil usw. Aus der Kombination leitet er das seiner Meinung nach effektivste Verhalten ab und wählt danach den Grundstil aus, den er in der vorliegenden Situation für den besten hält. Je größer die Übereinstimmung zwischen dem situativ erforderlichen und dem tatsächlich angewandten Führungsstil ist, desto erfolgreicher ist der Vorgesetzte.[221] Zur Darstellung dieses Zusammenhangs führt Reddin als dritte Dimension die **Effektivität** ein. Wie Abb. 55 zeigt, hat jeder der vier Grundstile eine effektive und eine ineffektive Variante.

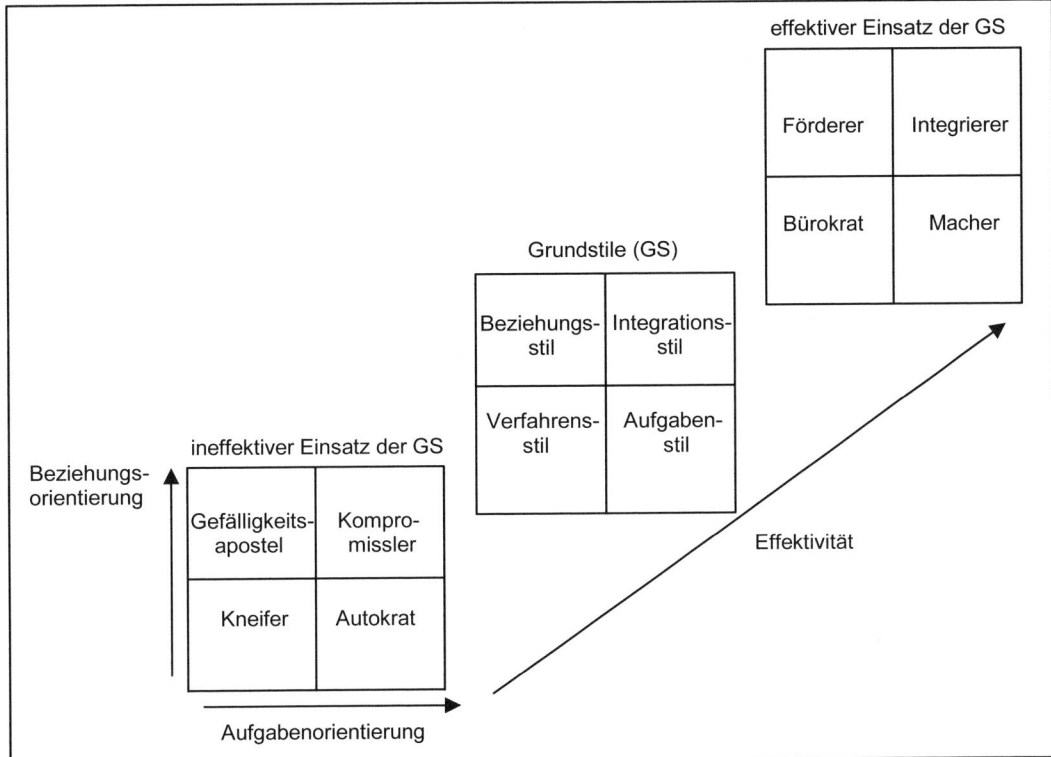

Abb. 55: Grundstile, effektive und ineffektive Führungsstile nach Reddin

Der **Verfahrensstil** ist durch die starke Beachtung von Regeln, Vorschriften und formalen Strukturen geprägt. In dynamischen Situationen sollte er nicht angewandt werden, da hier Flexibilität

---

[221] Vgl. Jung, H. (2005), S. 422.

angebracht ist. Der verfahrensstilorientierte Vorgesetzte wird in dieser Situation zum **Kneifer**. Bei Routineprozessen und statischen Umweltbedingungen ist hingegen die strikte Einhaltung von Regeln effektiv. Jetzt hilft es dem Vorgesetzten, als **Bürokrat** zu agieren. Die Regeln, die er anwendet, schafft er oft selbst.

Der **Beziehungsstil** betont zwischenmenschliche Beziehungen und berücksichtigt Mitarbeiterbedürfnisse. In ineffektiven Situationen führt eine starke Beziehungsorientierung zur Vernachlässigung der Aufgabenerfüllung. Der Vorgesetzte wird zum **Gefälligkeitsapostel**, der vergeblich auf mehr Leistung durch mehr Zufriedenheit hofft. In effektiven Situationen, wird er jedoch zum **Förderer**, der die Stärken seiner Mitarbeiter entwickelt und ihre Schwächen mindert. Mitarbeiterförderung ist für ihn kein Selbstzweck, sie dient langfristig der besseren Aufgabenerfüllung.

Beim **Aufgabenstil** legt der Vorgesetzte großen Wert auf die Aufgabenerfüllung. Er denkt zielorientiert. Als **Autokrat** beharrt er auf seiner Legitimationsmacht, überfordert seine Mitarbeiter und muss zur Zielerreichung ständig Druck ausüben. Negative Begleiterscheinungen sind Fluktuation und Absentismus. Als **Macher** betont er sein Expertenwissen und gibt seinen Mitarbeitern Ziele vor. Diese sind hoch gesteckt, aber erreichbar. Seine Mitarbeiter folgen seinem Beispiel, da sie überzeugt sind, dass er weiß, was zu tun ist.

Der **Integrationsstil** betrachtet Mensch und Aufgabe als gleichgewichtig. Wenn der Vorgesetzte Konflikte scheut und zu viele Kompromisse eingeht, wird die Aufgabe nicht mehr optimal erfüllt. Er wird zum **Kompromissler**. Wenn er zielorientiert entscheidet, kooperativ führt, seine Mitarbeiter motiviert, fördert und gleichzeitig Maßstäbe setzt, ist er hingegen in effektiven Situationen ein **Integrierer**.

Um jederzeit effektiv zu führen, muss der Vorgesetzte in der Lage sein, alle vier Führungsstile situationsgerecht einzusetzen. Mit dem Einbezug der Situation als weitere Variable kommt Reddin der unternehmerischen Realität viel näher als Blake und Mouton. Die praktische Anwendbarkeit seines 3-D-Modells muss aber stark bezweifelt werden. Von den Vorgesetzten werden nicht nur Schlüsselqualifikationen wie **Sensibilität für Situationsfaktoren, Führungsstilflexibilität und Gestaltungsfähigkeit** verlangt. Sie müssen ständig ihre Umwelt analysieren und erkennen, welcher Führungsstil im Augenblick der beste ist und müssen sie in der Lage sein, diesen Führungsstil adäquat umzusetzen. Als Alternative schlägt Reddin vor, die jeweilige Situation so umzugestalten, dass der Führungsstil, den sie beherrschen, der effektivste ist. In der Realität dürfte dies die meisten Führungskräfte überfordern.

Ein weiteres mehrdimensionales Führungsstil-Modell ist das **Reifegrad-Modell von Hersey und Blanchard**,[222] das auf dem 3-D-Modell aufbaut. Es gibt ebenfalls vier mögliche Führungsstile, die sich durch unterschiedlich starke Ausprägungen der Aufgaben- und Beziehungsorientierung auszeichnen. Der optimale Führungsstil ist wie bei Reddin situationsabhängig und wird durch den **Reifegrad des Mitarbeiters** determiniert. Dieser variiert im Laufe des Arbeitslebens und kann vier Ausprägungen (M 1 bis M 4) annehmen. Der Vorgesetzte ermittelt den Reifegrad seiner Mitarbeiter anhand tätigkeitsbezogener und psychologischer Merkmale, z.B. Leistungsorientierung, fachliche Qualifikation, Selbstvertrauen und Motivation. Jedem Reifegrad kann, wie Abb. 56 zeigt, ein optimaler Führungsstil zugeordnet werden.

---

[222] Vgl. Hersey, P., Blanchard, K.H., Dewey, E.J. (1996).

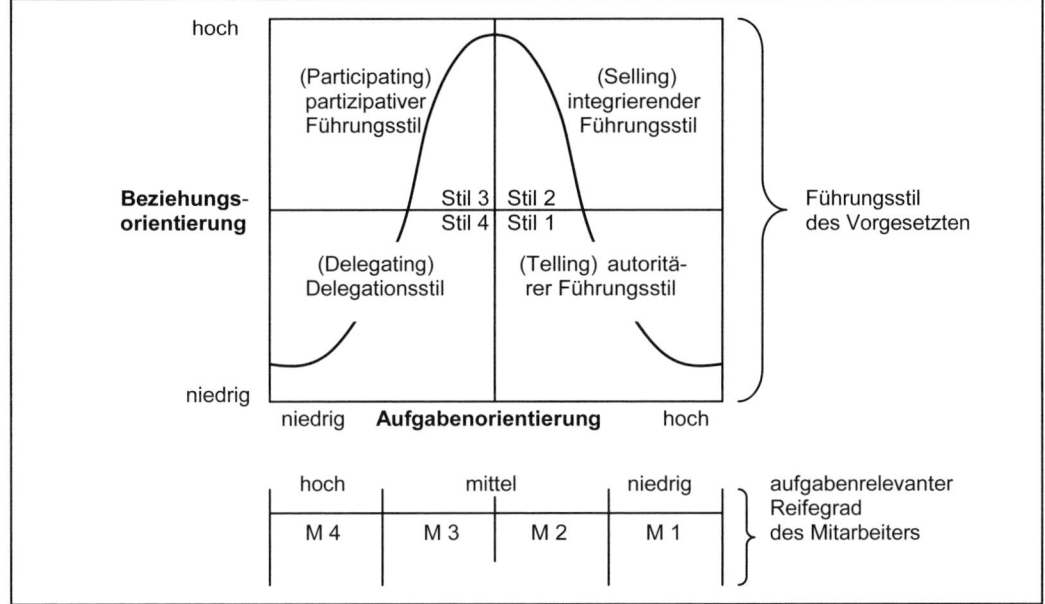

Abb. 56: Reifegrad-Modell von Hersey und Blanchard

Bei unreifen Mitarbeitern mit dem Reifegrad **M 1** ist der optimale Führungsstil der **Stil 1** (Telling), der hohe Aufgabenorientierung und geringe Mitarbeiterorientierung bedeutet. Genaue Vorgaben hinsichtlich Inhalt, Umfang und Zeitraum der Aufgabenerfüllung stehen im Vordergrund.

Mit zunehmender Reife **M 2** der Mitarbeiter sinkt die Notwendigkeit, aufgabenorientiert zu führen, und die Bedeutung der Mitarbeiterorientierung steigt. **Stil 2** (Selling) verspricht jetzt den größten Erfolg. Der Vorgesetzte versucht seine Mitarbeiter von der Richtigkeit seiner Entscheidungen zu überzeugen und seine Konzepte als sinnvolle Vorgehensweise zu verkaufen.

Mit weiter ansteigendem Reifegrad **M 3** nimmt der Mitarbeiter eine immer aktivere Rolle ein. Die Aufgabenorientierung des Vorgesetzten sinkt, die Mitarbeiterorientierung bleibt hoch, der Mitarbeiter ist an der Entscheidungsfindung beteiligt. Jetzt ist **Stil 3** (Participating) angebracht.

Bei Mitarbeitern mit dem Reifegrad **M 4** kommt laut Hersey und Blanchard **Stil 4** (Delegating), der Selbständigkeit und Eigenverantwortlichkeit in den Mittelpunkt stellt, in Betracht. Die hohe Aufgaben- oder Beziehungsorientierung des Vorgesetzten erübrigt sich bei diesen Mitarbeitern.

Hersey und Blanchard sprechen sich für die sukzessive Weiterentwicklung der Mitarbeiter in Richtung M 4 mittels Trainingsprogrammen aus. Der Idealfall ist Führungsstil 4, wenn der Vorgesetzte fast nicht mehr eingreifen muss und der Mitarbeiter selbständig seine Aufgaben erfüllt.[223]

Anders als bei Reddin muss der Vorgesetzte beim Reifegrad-Modell alle vier Führungsstile beherrschen. Er kann die Situation nicht so beeinflussen, dass der Führungsstil, der ihm am besten liegt, der optimale ist. Diese **hohen Anforderungen an die Führungsstilflexibilität** sind das

---

[223] Vgl. Scholz, C. (2000 a), S. 944.

Problem dieses Ansatzes. Der Vorgesetzte muss seine Art zu führen ständig dem Reifegrad des jeweiligen Mitarbeiters anpassen, der sich zudem laufend verändert. Ein Mitarbeiter, der in der einen Arbeitssituation einen hohen Reifegrad beweist, zeigt bei einer anderen Aufgabe möglicherweise geringere Reife, weil er über geringere fachliche Kenntnisse verfügt oder in geringerem Maße an der Aufgabe interessiert ist. In beiden Fällen ist ein jeweils anderer Führungsstil angebracht. Das **Erkennen der individuellen Reifegrade** ist ein weiterer Schwachpunkt.

Positiv hervorzuheben ist, dass die Mitarbeiter beim Reifegrad-Modell besondere Beachtung finden. Bei vielen anderen Ansätzen werden ihre Qualifikation und ihre Einstellungen überhaupt nicht oder kaum beachtet.

6.2.3.5.4 Management-by-Prinzipien

In Theorie und Praxis herrscht ein erheblicher Begriffswirrwarr, was Führungstechniken, Management-Techniken, -Modelle, -Prinzipien, -Grundsätze, -Mittel etc. anbelangt. Gemeinsam ist ihnen, dass sie ein mehr oder weniger umfassendes System von Handlungsempfehlungen für Führungskräfte umschreiben. Einige haben als so genannte Management-by-Prinzipien erhebliche praktische Bedeutung erlangt. Aufgrund zahlreicher Berührungspunkte und Überschneidungen ist eine exakte inhaltliche Abgrenzung nicht immer möglich. Die bekanntesten Management-by-Prinzipien sind:

- Management by Exception (MbE),
- Management by Delegation (MbD),
- Management by Objectives (MbO) und
- Management by Systems (MbS).

All diese Prinzipien enthalten modellhafte Soll-Vorstellungen von der methodischen Steuerung und Gestaltung des menschlichen Arbeitsverhaltens im Unternehmen. Ihr Schwerpunkt liegt in der Beeinflussung des Verhaltens über verbindliche Regeln und feste Strukturen. Sie sind unabhängig von der Persönlichkeit des Vorgesetzten und geben ihm konkrete Empfehlungen zur Gestaltung des Führungsprozesses.

Jedem Management-by-Prinzip liegt eine zur allgemeinen Maxime erhobene Idee zugrunde, deren Anwendung effektives Führen ermöglichen soll.

(a) Management by Exception (MbE)

Bei MbE geht es um Führung nach dem Ausnahmeprinzip, eingegriffen wird nur bei Abweichungen. Solange kein Ausnahmefall eintritt, handelt der Mitarbeiter innerhalb eines zuvor definierten Aufgabenbereichs vollkommen selbständig. Nur in diesem Fall informiert er seinen Vorgesetzten, der ihm weiterhilft. Was ein Ausnahmefall ist, bestimmt der Mitarbeiter zunächst selbst. Der Vorgesetzte hat aber das Recht einzugreifen, wenn er – auch ohne Mitteilung seines Mitarbeiters – eine solche Ausnahme vermutet.

Ziel des MbE ist in erster Linie die Entlastung des Vorgesetzten von Routinearbeiten. Er kann sich dann stärker seinen eigentlichen Führungsaufgaben widmen. Gleichzeitig werden Zuständigkeiten und Informationsfluss so geregelt, dass Störungen rasch behoben werden können.

Als wichtigste Voraussetzung werden zunächst **Messgrößen** bestimmt, anhand derer der Normalfall und die Ausnahmen definiert werden. Der zweite Schritt ist die **Festlegung des Bewer-**

tungsmaßstabs. Er gibt an, was man unter einer Ausnahme versteht. Als Nächstes wird eine **Sollgröße** definiert, die der Mitarbeiter realistischerweise erreichen kann. Der Mitarbeiter führt nun die **Aufgaben selbständig** und eigenverantwortlich ohne Eingriffe des Vorgesetzten aus. Hierzu muss es einen eindeutig bestimmten Entscheidungs- und Handlungsraum geben. Das Ergebnis seiner Aufgabenerfüllung wird von ihm selbst im Rahmen eines **Soll-Ist-Vergleichs** ermittelt und mit der Sollgröße verglichen. Bei Abweichungen im „normalen Rahmen" passt der Mitarbeiter seine Aufgabenerfüllung nach eigenem Ermessen an. Bei großen Abweichungen muss der Vorgesetzte informiert werden, der dann nach Sachlage entscheidet, ob er **eingreift** oder nicht.

Die Vorteile des MbE liegen in klaren Zuständigkeiten und entsprechend schneller Entscheidungsfindung. Außerdem erleichtern die Bewertungsmaßstäbe die Mitarbeiterbeurteilung. Darüber hinaus wird der Vorgesetzte von Routinearbeiten entlastet. Dem steht der Nachteil gegenüber, dass die Mitarbeiter auf Dauer eher unmotiviert sind, da die interessanten Aufgaben überwiegend zum Gebiet des Vorgesetzten gehören. Negativ wirkt sich auch die Tatsache aus, dass die Mitarbeiter vor allem bei unerfreulichen Ereignissen Kontakt zum Vorgesetzten haben. Schierenbeck spricht in diesem Zusammenhang von Management by Surprise.[224] Bei positiven Leistungen findet hingegen keine Kommunikation statt.

Das MbE existiert sowohl als eigenständiges Management-by-Prinzip als auch als Bestandteil anderer Prinzipien, insbesondere des MbO.

(b) Management by Delegation (MbD)

Der Grundgedanke des MbD besteht in der möglichst weitgehenden **Übertragung von Aufgaben, Entscheidungen und Verantwortung** auf untere Hierarchieebenen. Es findet eine vertikale Verlagerung von oben nach unten statt. Jeder Mitarbeiter erhält eindeutig abgegrenzte dauerhafte Aufgaben mit Entscheidungsbefugnissen einschließlich der daraus resultierenden Verantwortung. Eine Rückdelegation nach oben wird ausgeschlossen.

Die Vorteile sind in der positiven Wirkung auf Eigeninitiative, Leistungsbereitschaft und der Übernahme von Verantwortung zu sehen. Die Vorgesetzten werden entlastet, das Kongruenzprinzip der Organisation wird strikt eingehalten. Die Arbeitsprozesse werden beschleunigt, und die Kreativität der Mitarbeiter wird genutzt. Allerdings ist das Management by Delegation bei sich rasch ändernden Umweltbedingungen oft nicht dynamisch genug. Wegen der starren Aufgabenzuweisung führt es zu einer Verfestigung der Hierarchie, gemeinsame Aufgabenbereiche und Entscheidungen von Vorgesetzten und Mitarbeitern existieren nicht. Außerdem werden die horizontalen Beziehungen zwischen den Stellen und Abteilungen vernachlässigt.

Die bekannteste Variante des MbD ist das **Harzburger Modell**. Es will das gesamte Führungssystem umfassen und nicht nur einzelne Aspekte behandeln. Früher war es im deutschsprachigen Raum weit verbreitet. Heute wird es als zu statisch und aufgrund seines starken Formalismus als zu bürokratisch angesehen. Zudem wirft man ihm wegen der umfangreichen Kontrollmechanismen, die es enthält, eine versteckte autoritäre Haltung und eine Vernachlässigung der Mitarbeiterorientierung vor. Das Harzburger Modell gilt deshalb als nicht mehr zeitgemäß.[225] Im Jahr

---

[224] Vgl. Schierenbeck, H. (2000), S. 149.

[225] Vgl. Freise, E.B. (2006), S. 20.

2004 wurde mit der **Harzburger Führungslehre** (HFL) ein stark modifiziertes Modell von der AFW Wirtschaftsakademie Bad Harzburg vorgestellt. Erste Eindrücke lassen aber auch dieses stark formalistisch erscheinen.

(c) Management by Objectives (MbO)

Von den Unternehmen wird heute das Management by Objectives favorisiert. Der Begriff wird auf verschiedene Weise übersetzt. Während man früher darunter die Führung durch **Zielvorgabe** verstand, wird es heute in der Regel als Führung durch **Zielvereinbarung** interpretiert.

Statt Aufgaben zu verteilen, gibt das MbO Ziele vor. An die Stelle der Aufgabenorientierung tritt somit die Zielorientierung. Der Schwerpunkt der Personalführung liegt auf der (gemeinsamen) Zielformulierung und der Kontrolle der Zielerreichung. Die Methoden und Techniken zur Zielerreichung wählen die Mitarbeiter selbst. Das Management by Objectives ist nicht als einmaliger Vorgang, sondern als institutionalisierter Prozess zu verstehen, wie er in Abb. 57 dargestellt ist.

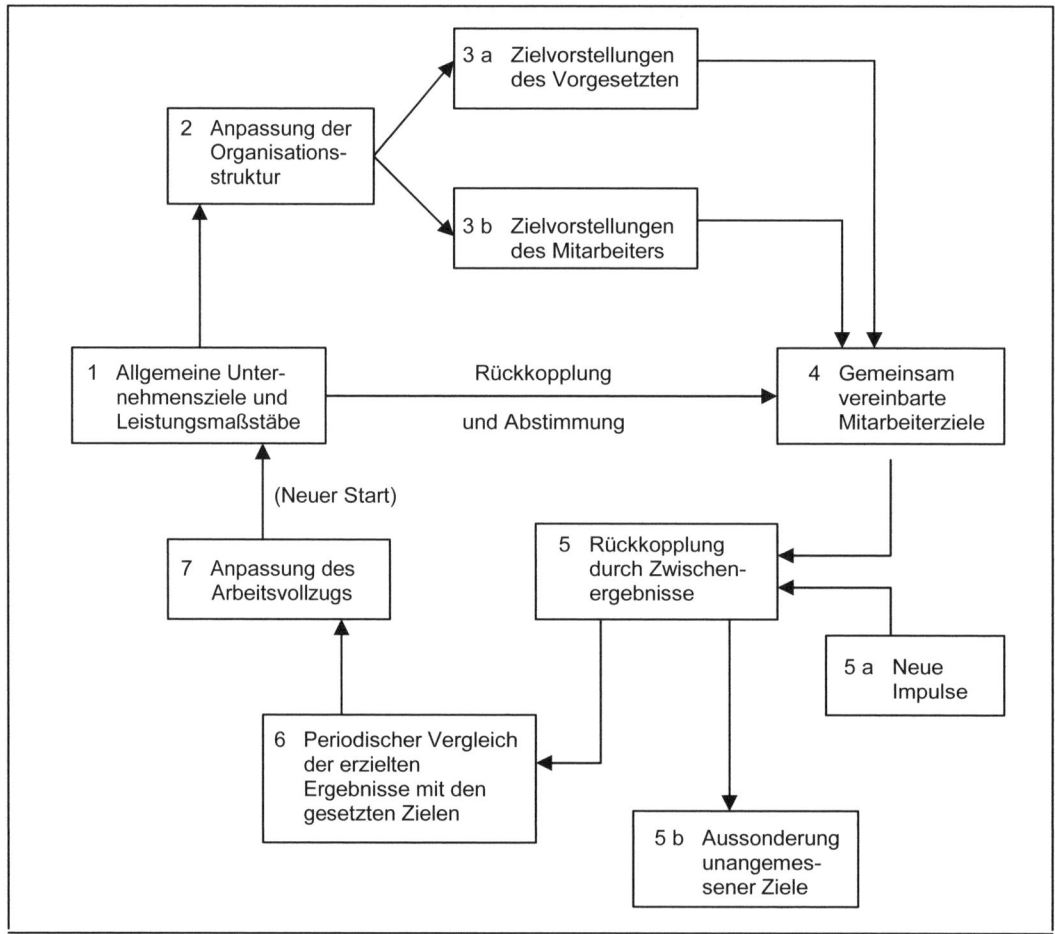

Abb. 57: Kreislaufschema des Management by Objectives

Es erfordert eine Organisationsstruktur, in der unter anderem Mitarbeitergespräche, Stellenbeschreibungen und eindeutige Zuordnungen von Unterzielen implementiert sind.

Der Kreislauf des MbO beginnt mit der Entwicklung der Unternehmensziele und Leistungsmaßstäbe. Aus diesen Oberzielen werden Bereichs-, Abteilungs- und Mitarbeiterziele abgeleitet. Dann gleichen Vorgesetzter und Mitarbeiter ihre Zielvorstellungen miteinander ab. Die gemeinsam vereinbarten und in der Regel schriftlich fixierten Ziele werden anschließend mit den Unternehmenszielen in Übereinstimmung gebracht und ggfs. noch einmal modifiziert. Damit das MbO sinnvoll umgesetzt werden kann, sind an die Ziele eine Reihe von Ansprüchen zu stellen:

- Sie müssen mit der Unternehmenspolitik und den allgemeinen Unternehmenszielen vereinbar sein.
- Der Mitarbeiter muss die Zielerreichung selbst beeinflussen können.
- Die Ziele müssen hinsichtlich Inhalt, Umfang und Zeit operationalisiert sein.
- Die Ziele sollten den Mitarbeiter weder über- noch unterfordern, sondern an seiner Qualifikation ausgerichtet sein.
- Um eine Kontrolle zu ermöglichen, muss die Zielerreichung objektiv messbar sein.

Nach der Zielvereinbarung arbeitet der Mitarbeiter selbständig auf die Zielerreichung hin. In regelmäßigen Abständen werden Zwischenergebnisse und Ziele verglichen. Diejenigen Ziele, die als unangemessen identifiziert wurden, werden ausgesondert. Neue Impulse aus dem Unternehmen oder der Unternehmensumwelt können zu Veränderungen der Ziele führen. Grundvoraussetzung des MbO ist deshalb ein funktionierendes Kontrollsystem, das Informationen zur Eigen- und Fremdkontrolle sowie zur Zielerreichung und Leistungsbeurteilung liefert. Der Mitarbeiter entscheidet selbst, ob und wann eine Anpassung des Arbeitsvollzugs erforderlich ist. Wenn der Abweichungsgrad eine zuvor definierte Grenze überschreitet, muss er allerdings seinen Vorgesetzten benachrichtigen. Dieser gewährleistet die Zielerreichung anschließend durch regelmäßige Gespräche über den Arbeitsfortschritt.

Das MbO stärkt die Motivation der Mitarbeiter, da sie an der Zielfindung partizipieren und das Bedürfnis nach mehr Eigeninitiative und Selbständigkeit befriedigt wird. Auch wenn die Ziele nicht gemeinsam vereinbart, sondern vorgegeben werden, findet ein Meinungsaustausch zwischen Vorgesetztem und Mitarbeiter statt, indem über die Ziele und deren Ausprägung gesprochen wird. Bereits allein durch die Partizipation am Zielfindungsprozess fühlt sich der Mitarbeiter stärker den vorgegebenen bzw. gemeinsam vereinbarten Zielen verpflichtet. Anders als bei der bloßen Aufgabenerfüllung arbeitet er deshalb nicht „vor sich hin", sondern hat ein konkretes Ziel vor Augen. Die Auswahl der Methoden und Techniken zur Zielerreichung und die Verfahrens- und Verlaufskontrolle bleiben dem Mitarbeiter überlassen. Die Eingriffe des Vorgesetzten sind auf ein Minimum reduziert, so dass er spürbar entlastet wird.

Um das MbO anwenden zu können, sind der Aufbau eines Zielsystems, die Anpassung der Organisationsstruktur und die Implementierung eines passenden Kontrollsystems sowie die Einführung eines Personalbeurteilungssystems erforderlich.

(d) Management by Systems (MbS)

Der Begriff Management by Systems hat zwei Bedeutungen. Zum einen wird darunter ein umfassendes und computergestütztes Informations-, Planungs- und Steuerungssystem verstanden.

Zum anderen bezeichnet es den Einsatz dieses Systems zwecks weitgehender Selbststeuerung der Unternehmensteile.

Jedes Unternehmen kann als System betrachtet werden, dessen Elemente miteinander verbunden sind. Die EDV-Einrichtungen stellen ein Element dar, das mit allen anderen Elementen, z.B. Mitarbeitern oder Aufgaben, in Verbindung steht. Ziel des Management by Systems ist die Delegation und weitgehende Selbststeuerung aufgrund exakter Systemrichtlinien. Mithilfe moderner Computertechnik sollen Routineprozesse quasi-automatisch gesteuert werden. Abteilungsübergreifende Entscheidungsfolgen sollen schneller erkannt, ihre Wechselbeziehungen erforscht und ein harmonisches Zusammenspiel des ganzen Systems erreicht werden. Dadurch wird bei allen Beteiligten das ganzheitliche Denken gefördert, da Probleme in ihrer Vielschichtigkeit erfasst werden.

Das MbS setzt voraus, dass die Notwendigkeit von Anpassungsvorgängen und Lernprozessen im Unternehmen akzeptiert wird.[226] Noch ist das MbS allerdings nicht über den Status einer „realen Utopie" hinausgekommen.[227]

6.2.3.5.5 Kritische Würdigung

Die kritische Auseinandersetzung mit den verschiedenen Führungsstilen und den Management-by-Prinzipien ist für die Praxis nicht sehr ermutigend.

Einerseits wird der Führungsforschung vorgeworfen, dass sie sich zu stark an den Erfordernissen der Praxis orientiere und versuche, umsetzbare Lösungen zu erarbeiten. Andererseits bilden diese Modelle die komplexe Unternehmensrealität trotzdem nur unzureichend ab. Brauchbare Handlungsanleitungen ergeben sich daraus ebenso wenig wie zuverlässige theoretische Erklärungskonstrukte. Es zeigt sich, dass es weder den einen optimalen Führungsstil noch die bestmögliche Führungstechnik gibt.

Dennoch benötigen Führungskräfte praktische Hilfe. Führungsstile als Beispiele für direkte, interaktive Führung und Management-by-Prinzipien als Beispiele für indirekte, organisatorische Führung stellen immerhin einen – wenn auch rudimentären – Lösungsansatz dar.

Dem Vorgesetzten ermöglichen sie, sein Führungsverhalten einzuordnen und zu reflektieren. Der gewünschte Führungsstil und das präferierte Management-by-Prinzip legitimieren sein Führungsverhalten gegenüber den Mitarbeitern und gegenüber sich selbst. Wenn Führungsstile und -prinzipien in Einklang mit den Werthaltungen der Entscheidungsträger und mit der Unternehmensphilosophie stehen, dienen sie der Stabilisierung. Die Mitarbeiter können die Verhaltensweisen ihrer Vorgesetzten besser abschätzen und nachvollziehen.[228]

6.2.4 Betriebliches Vorschlagswesen und Cafeteria-Systeme als Mischformen

Das betriebliche Vorschlagswesen und Cafeteria-Systeme enthalten sowohl materielle als auch immaterielle Anreizkomponenten.

---

[226] Vgl. Jung, H. (2005), S. 495.

[227] Vgl. Schierenbeck, H. (2000), S. 149.

[228] Vgl. Drumm, H.J. (2005), S. 564.

6.2.4.1 Betriebliches Vorschlagswesen

Beim betrieblichen Vorschlagswesen (BVW) werden von einzelnen Mitarbeitern oder einer Gruppe von Mitarbeitern freiwillige Verbesserungsvorschläge eingebracht, die geprüft und ggfs. umgesetzt werden. Damit soll die Kreativität und Innovationsfähigkeit der Arbeitnehmer genutzt werden. Sie werden angeregt, über **Verbesserungsmöglichkeiten** in ihrem Umfeld nachzudenken **und Lösungen** zu finden. Die Mitarbeiter profitieren vom Nutzen für das Unternehmen, da sie für die Vorschläge, sollten sich diese als brauchbar erweisen, mit einer Prämie belohnt werden.

Das betriebliche Vorschlagswesen richtet sich an **alle Mitarbeiter**. Die Vorschläge müssen aber über die übliche Aufgabenerfüllung hinausgehen. Sie können sich auf Arbeitsumgebung, Arbeitsprozesse, Produkte, Dienstleistungen, Arbeitssicherheit oder Kosten beziehen.

Die Frage, ob ein Vorschlag zum normalen Aufgaben- und Verantwortungsbereich eines Arbeitnehmers gehört, ist im Einzelfall schwierig zu beantworten. Bei Führungskräften und überdurchschnittlich qualifizierten Mitarbeitern werden in der Regel strengere Maßstäbe angelegt. Bisweilen wird ihnen die Prämie gekürzt, da das Unternehmen von diesem Personenkreis grundsätzlich Eigeninitiative und besonderes Engagement erwartet.

Ein betriebliches Vorschlagswesen kann nur erfolgreich umgesetzt werden, wenn die Unternehmensleitung ihre positive Haltung gegenüber diesem Anreizinstrument deutlich macht. Ihre Einstellung überträgt sich auf die unteren Führungsebenen. Den Vorgesetzten muss bewusst sein, dass Verbesserungsvorschläge nicht als Kritik zu verstehen sind. Vielmehr ist es eine wesentliche Führungsaufgabe, ein Klima der Aufgeschlossenheit zu schaffen und die Mitarbeiter zu Selbständigkeit und Eigeninitiative zu ermuntern.

Das Vertrauen der Mitarbeiter in die objektive Handhabung des betrieblichen Vorschlagswesens ist eine weitere Voraussetzung für dessen Erfolg. Deshalb sollte zunächst eine als neutral angesehene Stelle die Vorschläge aufnehmen und die Mitarbeiter über das anschließende Verfahren informieren und ggfs. beraten. Diese Stelle sollte, um die Bedeutung des betrieblichen Vorschlagswesens zu unterstreichen, in der Hierarchie möglichst hoch angesiedelt sein, womit sich eine Stabsstelle oder eine Instanz in der Personal- oder Organisationsabteilung anbietet.

Als Nächstes muss gewährleistet sein, dass die Vorgehensweisen bei der Bearbeitung, Prüfung und Prämienvergabe sowie die Beschwerde- und Einspruchsmöglichkeiten der Mitarbeiter transparent sind. Dann sollte anhand schriftlicher Bewertungsrichtlinien möglichst zügig entschieden werden, da sich ein schneller Verfahrensablauf positiv auf die Motivation auswirkt. Darüber hinaus ist eine Betriebsvereinbarung zum betrieblichen Vorschlagswesen als vertrauensbildende Maßnahme hilfreich.

Regelmäßige unternehmensinterne Hinweise erhöhen den Bekanntheitsgrad des betrieblichen Vorschlagswesens. Nach außen kann es ein positives Unternehmensimage fördern, was beispielsweise der Personalbeschaffung zugute kommt.

Führen die Verbesserungsvorschläge zu Kostenersparnissen beim Unternehmen, z.B. durch geringeren Energieverbrauch oder weniger Ausschussware, erhält der Mitarbeiter in der Regel eine **Prämie**, deren Höhe sich nach der Ersparnis im ersten Jahr richtet. Üblich sind zwischen 10 und 30 Prozent der Ersparnis.[229] Alternativ oder zusätzlich zu Geldprämien gewähren Unternehmen

---

[229] Vgl. o.V. (2005 f), S. 26.

oft Sachprämien. Sie sind auch bei Vorschlägen gebräuchlich, bei denen die Mindestprämie nicht erreicht wurde. Bei Verbesserungsvorschlägen, die nicht zu einer direkten Ersparnis für das Unternehmen führen, z.B. bei Eingaben zu Arbeitssicherheit, Lärmschutz oder Arbeitsplatzgestaltung, ist es schwierig, einen als gerecht empfundenen Bewertungsmaßstab zu finden. Diese Vorschläge sind jedoch ebenso Ausdruck unternehmerischen Denkens und dürfen deshalb nicht ignoriert oder gering geschätzt werden. Die Prämierung motiviert zu weiterem Nachdenken, das dann möglicherweise zu einer Ersparnis für das Unternehmen führt.

Mit dem betrieblichen Vorschlagswesen verbinden sich für das Unternehmen viele Vorteile:[230]

- Mitarbeiter beteiligen sich an der Lösung betrieblicher Probleme.
- Jeder einzelne Mitarbeiter wird zu unternehmerischem Denken angeregt.
- Das Potenzial der Mitarbeiter wird entdeckt und gefördert.
- Die Mitarbeiter sind Neuerungen gegenüber aufgeschlossener, da sie diese teilweise selbst initiiert haben.
- Die Möglichkeit, eigene Ideen umzusetzen, fördert die Verbundenheit der Mitarbeiter mit dem Unternehmen.
- Die Kenntnisse der Mitarbeiter von betrieblichen Vorgängen verbessern sich.
- Vorschläge zur Unfallverhütung erhöhen die Sensibilität für mögliche Gefahren und vergrößern die Arbeitssicherheit.

Auch den Mitarbeitern bringt das betriebliche Vorschlagswesen zahlreiche Vorteile:

- Sie können ihre eigenen Ideen einbringen.
- Sie erhalten für ihr Engagement eine Geld- oder Sachprämie.
- Sie fühlen sich geachtet und anerkannt.
- Die Umsetzung ihrer Ideen führt häufig zu Arbeitserleichterungen.
- Die Motivation wird gestärkt, indem Bedürfnisse wie Anerkennung und Selbstverwirklichung befriedigt werden.

Eine **Ergänzung und Verbesserung** des betrieblichen Vorschlagswesens ist **Kaizen**, bei dem nicht auf Verbesserungsvorschläge „gewartet", sondern ein ständiges Mitdenken der Mitarbeiter gefordert wird. Es ist ein institutionalisiertes System, mit dem Verschwendung vermieden wird und das der ständigen Verbesserung der Arbeitsprozesse und der Produktqualität im Rahmen eines umfassenden Qualitätsmanagements dient.

Der Begriff kommt aus dem Japanischen und umfasst kontinuierliche Verbesserungsaktivitäten auf allen Hierarchieebenen und in allen Unternehmensbereichen. Die Potenziale aller Mitarbeiter – nicht nur der Führungskräfte – sollen genutzt werden. Dabei geht es nicht um dramatische Veränderungen, sondern um viele kleine Verbesserungen, die jeder Mitarbeiter in seinem Aufgabenbereich ermitteln kann. Alle Mitarbeiter sollen sich verantwortlich fühlen und sich für die Optimierung ihrer Arbeit einsetzen. Kaizen ist somit eher eine generelle Einstellung, die zu einer Bewusstseinsänderung im Unternehmen führen soll, als nur eine Methode zur Qualitätsverbesserung.

---

[230] Vgl. Jung, H. (2005), S. 606 ff.

Durch den stetigen Veränderungsprozess, der von allen Beschäftigten getragen wird, erweitern die Mitarbeiter ständig ihre Kenntnisse. Sie lernen, sich für ihren Aufgabenbereich verantwortlich zu fühlen und „über den Tellerrand hinauszublicken", womit sie gleichzeitig ihr Sozialverhalten verbessern. Insofern kann Kaizen auch als eine **Maßnahme der Personalentwicklung** angesehen werden.

Anders als das klassische betriebliche Vorschlagswesen setzt Kaizen stärker auf die Wirkung von immateriellen Anreizen. Die Mitarbeiter sollen durch die Möglichkeit der aktiven Mitgestaltung und der größeren Verantwortung für ihr Aufgabengebiet mehr Arbeitszufriedenheit entwickeln, was sich wiederum in einer höheren Leistung bemerkbar macht. Kaizen wird durch Gruppenarbeit und Qualitätszirkel unterstützt.[231]

In Deutschland hat sich im Produktionssektor der Begriff **kontinuierlicher Verbesserungsprozess (KVP)** durchgesetzt. Der KVP wird vor allem in der Automobilindustrie eingesetzt.

6.2.4.2 Cafeteria-Systeme

Sozialleistungen werden in Deutschland oft nach dem so genannten Gießkannen- oder Schrotflintenprinzip gewährt. Jedem Mitarbeiter, der die geforderten Kriterien erfüllt, wird die gleiche Leistung zuteil. Seine individuellen Ziele und Bedürfnisse finden keinerlei Berücksichtigung.

Einen ganz anderen Weg gehen die Cafeteria-Systeme. Sie bieten die Möglichkeit, aus einem Gesamtpaket von Sozialleistungen je nach individuellen Wünschen auszuwählen. Der Mitarbeiter wird als Kunde gesehen und stellt sich wie in einer Cafeteria aus dem vorhandenen Angebot eine Auswahl zusammen, die er jedes Jahr entsprechend seiner Bedürfnisse und seiner Lebenssituation verändern kann.

Bestandteile von Cafeteria-Systemen können

- Lohn- und Gehaltszulagen,
- mitarbeiterspezifische Arbeitszeitregelungen,
- individuelle Urlaubsregelungen,
- Vergabe von Werkswohnungen,
- vergünstigte Kredite,
- Firmenwagen,
- betriebliche Altersversorgung,
- Vermögensbeteiligungen,
- Programme zur Freizeitgestaltung,
- Sprachprogramme

und viele weitere Komponenten sein. Oft enthält ein Cafeteria-System **Kernbestandteile**, die das Unternehmen allen Mitarbeitern gewährt. Die übrigen Komponenten können die Mitarbeiter frei wählen und kombinieren.

---

[231] Vgl. Hentze, J. (1995), S. 172 f.

In Deutschland sind Cafeteria-Systeme aufgrund der schwierigen (steuer-)rechtlichen Voraussetzungen wenig verbreitet und meist Führungskräften vorbehalten. Häufig anzutreffen sind sie vor allem in Norwegen, Finnland und Dänemark.[232]

Durch ein Cafeteria-System wird der **Nutzen** von freiwilligen Sozialleistungen für den einzelnen Mitarbeiter optimiert, ohne dass hierfür größere zusätzliche Kosten anfallen. Die sich mit der individuellen Lebenssituation ändernden Interessen der Mitarbeiter werden ebenfalls berücksichtigt. Das Unternehmen gewährt dem Mitarbeiter mehr Eigenverantwortung und Handlungsspielraum bei der Gestaltung seines Entgelts. Die Ziele, die ein Unternehmen mit freiwilligen Sozialleistungen verfolgt, kann es mit Cafeteria-Systemen besser erreichen als mit einem starren Leistungsangebot.

Nachteilig für die Mitarbeiter wirkt sich aus, dass sie zwar in regelmäßigen Abständen eine neue Auswahl treffen können, sich damit jedoch in manchen Fällen, z.B. bei Lebensversicherungen, für mehrere Jahre binden. Als weiterer Nachteil ist der mit jeder Individualisierung einhergehende Verwaltungsaufwand zu nennen. Die Zuordnung von Tauschrelationen für die verschiedenen Wahlmöglichkeiten ist ebenfalls ein Problem.

6.3 Kritische Würdigung und Ausblick

Wer Menschen zur Arbeitsleistung motivieren will, muss sich Gedanken über Inhalt und Prozess der Motivation und die Determinanten der menschlichen Arbeitsleistung machen. Dabei ist zu beachten, dass Anreize, die Unternehmen zur Verfügung stellen, immer auch von den Menschenbildern ihrer Entscheidungsträger abhängen.

In den letzten Jahren ist ein deutlicher **Trend zur Individualisierung der Anreizgestaltung** zu beobachten. Vor allem immaterielle Anreize wie die Arbeitszeitgestaltung stehen im Mittelpunkt des Interesses. Bei den materiellen Anreizen kann man auf allen Hierarchieebenen eine zunehmende Leistungs- und Ergebnisorientierung feststellen. Im Rahmen der Internationalisierung steigt die Bedeutung des Umgangs mit den Mitarbeitern. Passende Führungsstile sind mehr denn je nötig. Multinationale Unternehmen müssen durch eine länderspezifische Anreizgestaltung verstärkt Rücksicht auf kulturell bedingte Bedürfnisunterschiede nehmen.[233]

Wiederholungsfragen

1. Welche Menschenbilder werden in den Theorien X und Y von McGregor beschrieben?

2. Welche Systematisierung der Menschenbilder nimmt Schein vor?

3. Erklären Sie die Unterschiede zwischen extrinsischen und intrinsischen Motiven.

4. In welche Stufen teilt Maslow die menschlichen Bedürfnisse ein?

---

[232] Vgl. Weber, W., Festing. M., Dowling, P.J., Schuler, R.S. (2001), 225.

[233] Vgl. Scherm, E., Süß, S. (2003), S. 150.

5. Nehmen Sie eine kritische Würdigung der Maslowschen Bedürfnishierarchie vor.

6. Wo liegen die wesentlichen Unterschiede zwischen der ERG-Theorie von Alderfer und der Maslowschen Theorie?

7. Erläutern Sie die Unterschiede zwischen Hygienefaktoren und Motivatoren.

8. Welche betriebswirtschaftlichen Konsequenzen ergeben sich aus der Zwei-Faktoren-Theorie von Herzberg?

9. Welche Alternativen hat ein Arbeitnehmer, wenn nach seinem eigenen Empfinden sein Input-Output-Verhältnis von demjenigen seiner Kollegen abweicht?

10. Welche Determinanten bestimmen die menschliche Arbeitsleistung?

11. Welche Konsequenzen ergeben sich aus der im Tagesablauf variierenden Leistungsdisposition?

12. Geben Sie einen Überblick über die wichtigsten materiellen und immateriellen Anreize.

13. In welchen Situationen würden Sie den Akkordlohn und wann den Zeitlohn als geeignete Entgeltform auswählen?

14. Erläutern Sie die Formen der Arbeitsbewertung als Basis für eine anforderungsgerechte Entgeltfindung.

15. Worin liegen die Unterschiede zwischen Arbeits- und Leistungsbewertung?

16. Was versteht man unter einem Ecklohn?

17. Wie unterscheiden sich Zeitakkord und Geldakkord?

18. Geben Sie einen Überblick über die wichtigsten freiwilligen Sozialleistungen.

19. Welche Ziele verbinden Unternehmen mit Mitarbeiterbeteiligungen?

20. Worin unterscheiden sich Erfolgs- und Kapitalbeteiligungen?

21. Was versteht man unter Deferred Compensation?

22. Welche Wirkungen erwarten Unternehmen von einer stärkeren Generalisierung der Aufgaben?

23. Was versteht man unter Job Enlargement, Job Enrichment und Job Rotation?

24. Unterscheiden Sie teilautonome Arbeitsgruppen nach Autonomiebereichen und Autonomiegraden.

25. Nehmen Sie eine kritische Würdigung des Konzepts der teilautonomen Arbeitsgruppen vor.

26. Geben Sie einen systematischen Überblick über die wichtigsten Formen der Arbeitszeitflexibilisierung.

27. Was versteht man unter KAPOVAZ?

28. Welche Formen der Telearbeit kennen Sie?

29. Ordnen Sie die Personalführung in den Zusammenhang der Unternehmensführung ein.

30. Welche Unterschiede bestehen zwischen Macht und Autorität?

31. Worin unterscheiden sich die beiden Extremformen eindimensionaler Führungsstile?

32. Welche Führungsstile sind nach dem Managerial Grid zu unterscheiden?

33. Beschreiben Sie die Grundstile nach dem 3-D-Modell von Reddin.

34. Welche Auswirkungen hat die Situation auf die Grundstile des 3-D-Modells?

35. Welche Anforderungen stellen Hersey und Blanchard an Mitarbeiter und Vorgesetzte?

36. Was versteht man unter Management-by-Prinzipien?

37. Welche Vor- und Nachteile sind mit dem MbE verbunden?

38. Erläutern Sie das Kreislaufschema des MbO.

39. Was spricht für die Einführung eines betrieblichen Vorschlagswesens?

40. Was versteht man unter einem Cafeteria-System?

7 Personalbeurteilung

7.1 Grundlagen

Personalbeurteilung ist der Oberbegriff für alle institutionalisierten Systeme und Verfahren, die dazu dienen,

- das Leistungsergebnis,
- das Arbeits-, Führungs- und Sozialverhalten sowie
- das Potenzial

des Mitarbeiters zu beurteilen. In der Literatur und in der Praxis finden sich **weitere Bezeichnungen** wie Mitarbeiterbeurteilung, Leistungsbeurteilung, Qualifikationsbeurteilung, persönliche Beurteilung und Dienstbeurteilung. Bei einigen handelt es sich um Synonyme, andere decken nur einen Teil der Personalbeurteilung ab. Auch die im Kapitel „Personalauswahl" besprochenen Arbeitszeugnisse sind Personalbeurteilungen, die bei einer Veränderung oder der Beendigung des Arbeitsverhältnisses vorgenommen werden.

Die Personalbeurteilung gliedert sich, wie Abb. 58 zeigt, in die Leistungs- und Verhaltensbeurteilung und die Potenzialbeurteilung. In der Praxis existieren sie meist als Mischsysteme.

Die **Leistungsbeurteilung** betrachtet für einen bestimmten Zeitraum den Output des Mitarbeiters. Das Leistungsergebnis in der Vergangenheit steht im Mittelpunkt. Leistungsbeurteilungen sind ein fester Bestandteil des Management by Objectives und des Arbeitens mit Zielvereinbarungen. Sie können jedoch auch unabhängig davon durchgeführt werden. Primäres Ziel ist eine gerechte und differenzierte Entgeltfindung.

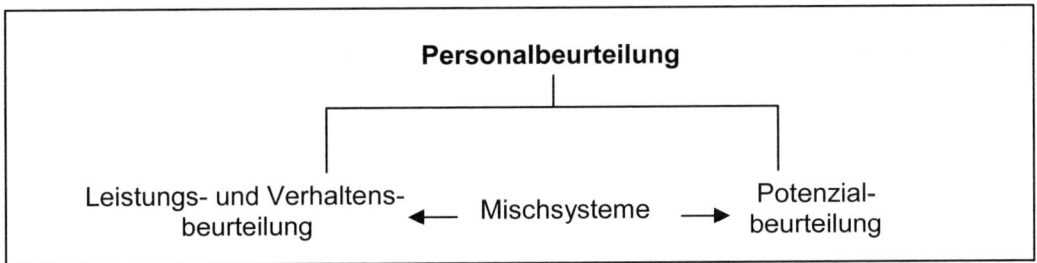

Abb. 58: Gliederung der Personalbeurteilung

Bei der **Verhaltensbeurteilung** sind das Arbeits- und das Sozialverhalten gegenüber Vorgesetzten und Kollegen relevant. Damit wird zusätzlich zum Ergebnis des Leistungsprozesses auch das Verhalten in dieser Zeit gewürdigt. Bei Führungskräften berücksichtigt man ferner das Führungsverhalten gegenüber den unterstellten Mitarbeitern.

Im Gegensatz zu vergangenheitsorientierten Leistungs- und Verhaltensbeurteilungen ist die **Potenzialbeurteilung** auf die Zukunft gerichtet. Sie dient der Feststellung der Fähigkeiten, Verhaltensweisen und Entwicklungsmöglichkeiten des Mitarbeiters hinsichtlich anderen, in der Regel anspruchsvolleren Aufgaben. Aufgrund des Potenzialprofils können gezielte Personalentwicklungs- und Bildungsmaßnahmen eingeleitet werden.

Manchmal wird außerdem eine **Persönlichkeitsbeurteilung** vorgenommen. Sie legt den Schwerpunkt auf die charakterlichen Eigenschaften des Mitarbeiters, aus denen auf das Arbeitsverhalten und die Arbeitsleistung in der Zukunft geschlossen wird. Sie ist in der Praxis jedoch wenig verbreitet.

Unternehmen können grundsätzlich frei darüber entscheiden, ob sie eine Personalbeurteilung und Beurteilungsgrundsätze einführen oder nicht. Über das „wie" können sie jedoch nicht frei bestimmen. Nach § 94 BetrVG hat der **Betriebsrat** Mitbestimmungsrechte, die insbesondere die Ziele des Beurteilungssystems, die Verfahren, die angewandt werden sollen, die Beurteilungskriterien, die Gestaltung des Beurteilungsgesprächs, die Auswertung der Beurteilung und die Prämienregelung auf Basis der Beurteilung betreffen. Deshalb sind frühzeitige und umfangreiche Bekanntmachungen und Absprachen notwendig, was auch der **Akzeptanz** durch die Mitarbeiter zugute kommt. Es empfiehlt sich, über die Einführung und Durchführung eines Personalbeurteilungssystems eine Betriebsvereinbarung abzuschließen. Sofern das Unternehmen tarifgebunden ist, sind die Regelungen des jeweiligen Tarifvertrags zu beachten.

Unter einer **systematischen Personalbeurteilung** versteht man eine Vorgehensweise, bei der die Personalbeurteilung zielorientiert in geregelter und kontrollierter Form durchgeführt wird. So sind insbesondere Ziele, Anlässe und Perioden der Personalbeurteilung festgelegt. Die Verwendung von Beurteilungsbögen, die bestimmte methodische Gütekriterien erfüllen müssen, ist obligatorisch. Die Beurteiler sind geschult und auf ihre Aufgabe vorbereitet. Das Verfahren schließt mit einem Feedback in Form eines Mitarbeitergesprächs.

7.2 Ziele, Verwendungszwecke und Anlässe der Personalbeurteilung

Mit der Personalbeurteilung werden zahlreiche **Ziele** verfolgt[234]:

- **Objektivierung der Personalarbeit**: Die Beurteilungsergebnisse sind für den Mitarbeiter und den Vorgesetzten vergleichbar. Der Mitarbeiter kann Beurteilungen aus vergangenen Perioden gegenüberstellen und Rückschlüsse auf seine Entwicklung ziehen. Der Vorgesetzte kann zusätzlich Vergleiche zwischen seinen Mitarbeitern anstellen. Anders als etwa in den USA ist es in Deutschland nicht üblich, solche Vergleiche (z.B. in Form eines Rankings) an die Arbeitnehmer weiterzugeben. In der Regel ist die Vertraulichkeit der Beurteilung gewahrt.

- **Verbesserung der Führungsqualität**: Durch Personalbeurteilungen werden Vorgesetzte gezwungen, sich regelmäßig mit den Mitarbeitern, ihrer Leistung, ihrem Verhalten und ihrem Potenzial auseinanderzusetzen. Das Beurteilungsgespräch bietet dem Vorgesetztem und dem Mitarbeiter die Möglichkeit (und die Verpflichtung), sich über die Gründe für die Beurteilung und die weitere Vorgehensweise auszutauschen.

- **Vereinheitlichung des Führungsverhaltens**: Aufgrund der Anwendung eines einheitlichen Beurteilungssystems und der darin fixierten weiteren Vorgehensweisen gleichen die Vorgesetzten ihr Führungsverhalten einander an.

- **Wirksames Führungsinstrument**: Personalbeurteilungen zeigen dem Mitarbeiter, wo er steht, wie groß die Wertschätzung für ihn ist und welche Alternativen sich für ihn ergeben. Sie steuern die Leistung, das Verhalten und die Zufriedenheit des Mitarbeiters.

- **Steigerung der Mitarbeiterleistung durch Verhaltenssteuerung**: Personalbeurteilungen dienen als Ansporn zu dauerhaft höheren Leistungen. Der Mitarbeiter kann durch regelmäßige Beurteilungen sein Verhalten und seine Leistungen besser einschätzen. Zielvorgaben oder -vereinbarungen und ein anschließender Soll-Ist-Vergleich sollen seine Motivation positiv beeinflussen.

- **Potenzialnutzung**: Neben Verhaltens- und Qualifikationsdefiziten will man mit Personalbeurteilungen insbesondere das bislang ungenutzte Potenzial des Mitarbeiters aufdecken. Schwachstellen werden durch Personalentwicklung beseitigt, das Potenzial des Mitarbeiters kann gezielt gefördert und genutzt werden.

- **Förderung der individuellen Entwicklung**: Die Bildungsbereitschaft der Mitarbeiter steigt, wenn Defizite und Potenzial aufgezeigt werden. Nach der erfolgreichen Durchführung von Qualifizierungsmaßnahmen verändert sich die Leistung des Mitarbeiters, was einen höheren Status und/oder ein höheres Entgelt nach sich ziehen kann. Personalbeurteilungen sind darüber hinaus eine Personalentwicklungsmaßnahme für die Beurteiler und Beurteilten, denn sie fördern die Beobachtungs- und Bewertungsfähigkeit, da Vorgesetzter und Mitarbeiter lernen, Wesentliches von Unwesentlichem zu trennen. Durch das abschließende Mitarbeitergespräch wird überdies die Kommunikationsfähigkeit der Beteiligten geschult.

---

[234] Vgl. Hohlbaum, A., Olesch, G. (2004), S. 137 f.; Olfert, K. (2005), S. 250 f.; Jung, H. (2005), S. 729.

- **Entgeltdifferenzierung**: Personalbeurteilungen dienen als Basis für ein gerechteres Entgeltsystem, in das nach dem Äquivalenzprinzip von Lohn und Leistung aufgaben- und leistungsbezogene Aspekte eingehen sollen. Während sich das Grundgehalt an einer personenunabhängigen Bewertung der Stellenanforderungen ausrichtet, dient die Personalbeurteilung dazu, Leistung und Verhalten des einzelnen Mitarbeiters zu bewerten. Dies ermöglicht individuelle Zulagen, die zusätzlich zum anforderungsorientierten Grundgehalt gezahlt werden.

- **Hilfe bei Personalentscheidungen**: Personalbeurteilungen sind sowohl für kurzfristige Entscheidungen wie Beförderung, Versetzung und Freisetzung als auch für strategische Entscheidungen wie die Nachwuchs-, Nachfolge- und Karriereplanung äußerst hilfreich. Aufgrund der Ermittlung der Leistung und des Potenzials der Mitarbeiter können z.B. fundierte Entscheidungen hinsichtlich einer internen oder externen Personalbeschaffung getroffen werden.

- **Förderung der Motivation**: Oft stellen regelmäßige Personalbeurteilungen für sich genommen bereits einen Ansporn dar. Die Möglichkeit, dass sich das Beurteilungsergebnis auf die Entgelthöhe auswirkt, fördert diesen Effekt. Auch die Tatsache, dass daraus Unterstützungs- und Fördermaßnahmen abgeleitet werden, wirkt sich positiv auf die Motivation aus.

- **Förderung der Kommunikation**: Durch Personalgespräche werden die Informationsbedürfnisse des Mitarbeiters befriedigt. Er kann damit zielgerichteter über die Gestaltung seiner Karriere in diesem oder einem anderen Unternehmen entscheiden. Das persönliche Gespräch mit dem Vorgesetzten dient aber nicht nur der Beurteilung, es können auch Sachverhalte besprochen werden, die damit nicht in unmittelbarem Zusammenhang stehen. So kann sich ein Vertrauensverhältnis entwickeln, das sich positiv auf die Kommunikation und Zusammenarbeit im beruflichen Alltag auswirkt.

- **Kontrolle personeller Maßnahmen**: Mit Personalbeurteilungen kann die Richtigkeit durchgeführter personeller Entscheidungen überprüft werden, um ggfs. zeitnahe Korrekturen einzuleiten.

- **Grundlage für die Erstellung von Arbeitszeugnissen**: Wenn der Vorgesetzte oder ein Mitarbeiter der Personalabteilung die Leistungen und Verhaltensweisen eines Arbeitnehmers in einem Arbeitszeugnis bewerten soll, kommt es ohne entsprechende schriftliche Unterlagen oft zu Ungenauigkeiten und Beweisproblemen. Dies kann durch das Heranziehen der letzten Personalbeurteilungen vermieden werden.

- **Schutzfunktion**: Schließlich kommt der Personalbeurteilung auch eine Schutzfunktion vor willkürlichen disziplinarischen Maßnahmen und ungerechtfertigter Entlassung zu, da sich der betroffene Mitarbeiter auf sie berufen kann.

Personalbeurteilungen sollten **in regelmäßigen Abständen** erfolgen. Üblich sind jährliche und halbjährliche Zeiträume. Daneben werden Personalbeurteilungen zu **besonderen Anlässen** wie

- Ablauf der Probezeit,
- Versetzung,
- Beförderung,

- Wechsel des unmittelbaren Vorgesetzten,
- Beendigung eines Projektes,
- Personalentwicklungsmaßnahmen und
- Beendigung des Arbeitsverhältnisses

durchgeführt.

7.3 Vor- und Nachteile der Personalbeurteilung

Unternehmen versprechen sich von einer systematischen Personalbeurteilung viele Vorteile, sie sollten sich jedoch auch der Probleme bewusst sein, die sich daraus für die Arbeitssituation ergeben können. Einen zusammenfassenden Überblick über die wichtigsten Vor- und Nachteile der Personalbeurteilung gibt Abb. 59.

Vor- und Nachteile der Personalbeurteilung	
mögliche Vorteile	mögliche Nachteile
• leistungsabhängiges Entgeltsystem • Leistungsbeurteilung als wichtiges Führungsinstrument • Druck auf die Vorgesetzten, sich regelmäßig mit ihren Mitarbeitern zu befassen • Förderung zielorientierten Handelns • Anregung zur Leistungssteigerung • Über- und Unterforderung werden sichtbar • Potenzial der Human Resources wird ermittelt • gezielter Mitarbeitereinsatz möglich • höhere Produktivität durch Mehrleistung	• höherer Zeitaufwand für Vorgesetzte • höherer Personalaufwand • Schulungskosten für die Beurteiler • Schäden durch fehlerhafte Beurteilungen • verstärktes Spannungsverhältnis zwischen Vorgesetztem und Mitarbeiter • Teamarbeit kann unter dem Konkurrenzdruck leiden

Abb. 59: Mögliche Vor- und Nachteile der Personalbeurteilung[235]

7.4 Verfahren der Personalbeurteilung

In der Literatur ist – bei gleichen Inhalten – abwechselnd von den Methoden oder den Verfahren der Personalbeurteilung die Rede. Deshalb werden die beiden Begriffe hier synonym verwandt.

---

[235] in Anlehnung an Jung, H. (2005), S. 767.

Grundsätzlich können Personalbeurteilungen – ebenso wie die in Kapitel 6.2.2.3 dargestellte Arbeitsbewertung – mittels **summarischer oder analytischer Verfahren** vorgenommen werden.

Summarische oder ganzheitliche Verfahren verzichten auf eine Differenzierung nach bestimmten Beurteilungskriterien. Üblich sind in den meisten Unternehmen analytische Methoden, die zunächst eine Beurteilung nach einzelnen Kriterien vornehmen und diese anschließend zu einer Gesamtbeurteilung zusammenfassen.

Außerdem wird zwischen **quantitativen und qualitativen Methoden** unterschieden. Quantitative Methoden arbeiten mit einem Punktesystem, wobei die Punktzahl zur Berechnung des leistungsabhängigen Entgeltteils herangezogen wird. Bei qualitativen Methoden handelt es sich um verbale Beurteilungen. Mischformen sind möglich.

Eine weitere Differenzierung erfolgt nach **freien und gebundenen Verfahren**. Im ersten Fall wählt jeder Beurteiler die Kriterien und den Grad ihrer Bedeutung selbst aus. Dies beeinträchtigt allerdings die Vergleichbarkeit der Ergebnisse. Gebundene Verfahren schreiben dem Beurteiler diejenigen Kriterien und Gewichtungen vor, die er heranziehen muss. Auch hier sind Mischformen möglich.

Eine Personalbeurteilung ist nicht zwingend an die Verwendung formaler, systematischer Beurteilungsverfahren gebunden. Wenn personalwirtschaftliche Entscheidungen wie z.B. Versetzung, Beförderung, Entgeltfindung oder Personalentwicklungsmaßnahmen allerdings leistungs-, verhaltens- und potenzialorientiert getroffen werden sollen, kann jedoch aus Gründen der Vergleichbarkeit und Beweisbarkeit nicht auf ein **standardisiertes Verfahren** – meist **mittels Beurteilungsbögen** – verzichtet werden.

Die größere Transparenz fördert auch die Akzeptanz seitens der Mitarbeiter. Die positiven Auswirkungen von Personalbeurteilungen auf die Leistungsbereitschaft und Zufriedenheit der Mitarbeiter sind an zwei Voraussetzungen gebunden, ein **glaubwürdiges, nachvollziehbares Verfahren** und eine **glaubwürdige Handhabung**.

Drei wesentliche Faktoren bestimmen die Güte eines Beurteilungsverfahrens:

- die Beurteilungskriterien
- die Gewichtung dieser Kriterien untereinander
- die Beurteilungsmaßstäbe

Anhand der **Beurteilungskriterien** bewerten die Beurteiler ihre Beobachtungen. Als Grundlage werden in der Regel die aktuellen und/oder künftigen **Stellenbeschreibungen** und **Anforderungsprofile** herangezogen. Daraus dürfen nur diejenigen Kriterien ausgewählt werden, die von den Mitarbeitern beeinflusst werden können und für die Zielerreichung von Bedeutung sind.

Exakte Übereinstimmungen mit den Anforderungen einzelner Stellen kommen in der Praxis sehr selten vor. Meist werden Kriterienkataloge für Mitarbeiter- oder Berufsgruppen festgelegt, die dann individuell vom Beurteiler ergänzt werden können. Oft erfolgt eine Differenzierung zwischen kaufmännischen und gewerblichen Mitarbeitern und Führungskräften. Falls **Zielvereinbarungen** getroffen wurden, werden die Zielerreichungsgrade als weitere Beurteilungskriterien berücksichtigt. Wenn die Personalbeurteilung zur **Potenzialermittlung** herangezogen wird, verwendet man häufig folgende Beurteilungskriterien:[236]

- Belastbarkeit
- Durchsetzungsvermögen
- Eigeninitiative
- Kooperationsfähigkeit
- Lernfähigkeit
- unternehmerisches Denken und Handeln
- Urteilsfähigkeit

Nach der Auswahl der Beurteilungskriterien werden die **Kriteriengewichtungen** vorgenommen. Durch sie kommt die unterschiedliche Bedeutung der Kriterien für die Leistungserbringung und die Zielerreichung zum Ausdruck. Wie bei der Festlegung der Kriterien differenziert man auch bei der Gewichtung nach Mitarbeiter- und Berufsgruppen. Für Facharbeiter haben manche Kriterien beispielsweise eine andere Bedeutung als für angelernte Arbeitskräfte. Durch die Gewichtung können die Mitarbeiter von Anfang an ihr Leistungsverhalten an höher gewichteten Kriterien ausrichten, ihr Verhalten wird dadurch steuerbar. Entsprechend können bei der Entgeltfindung diejenigen Mitarbeiter bevorzugt werden, die in größerem Maße zum Unternehmenserfolg beigetragen haben. Allerdings kann die Kriteriengewichtung zu Konflikten führen, wenn die Wertvorstellungen von Vorgesetztem und Mitarbeiter unterschiedlich sind.[237]

Die **Skala für die Beurteilung** ist ein weiterer wichtiger Aspekt eines Beurteilungssystems. Um die Ergebnisse der Personalbeurteilungen vergleichbar zu machen, wird ein einheitlicher **Beurteilungsmaßstab** verwandt. Zu viele Stufen wirken sich ebenso negativ auf die Qualität der Beurteilung aus wie zu wenige, meist wird deshalb eine Skala mit 5 bis 7 Stufen gewählt. Jede Skalenstufe muss exakt beschrieben sein, damit verschiedene Beurteiler nicht Unterschiedliches darunter verstehen. Umstritten ist, ob die Zahl der Stufen gerade oder ungerade sein sollte. Bei ungerader Anzahl ist oft eine Tendenz zur Mitte festzustellen. Eine gerade Anzahl kann hingegen zu Verunsicherung führen, was eine durchschnittliche Leistung ist und bei welcher Stufe die Erwartungen des Unternehmens zu 100 Prozent erfüllt sind.

Oft muss der Vorgesetzte bei der Beurteilung eine **Verteilungsvorgabe** oder Quotierung einhalten. Damit soll – ausgehend davon, dass sich bei einer großen Zahl von Beurteilungen eine so genannte Normalverteilung ergibt – eine zu geringe Streuung vermieden werden.[238] Ein Beispiel zeigt Abb. 60.

Die Quotierung dient insbesondere der Entgeltdifferenzierung, die anhand dieser Vorgaben vorgenommen wird. So kann beispielsweise ein begrenztes Budget für Leistungszulagen eingehalten werden.

---

[236] Vgl. Mentzel, W. (2005), S. 65.

[237] Vgl. Olfert, K. (2004), S. 258.; Jung, H. (2005), S. 737.

[238] Vgl. Steinmann, H., Schreyögg, G. (2005), S, 801 f.

Verteilungsvorgabe					
Beurteilungsergebnis	Prozentanteil	Mitarbeiteranteil bei einer Mitarbeiterzahl von			
		5	10	15	25
sehr gut	7,5 Prozent	0	1	1	2
Gut	25 Prozent	1	2	4	6
Befriedigend	35 Prozent	3	4	5	9
Ausreichend	25 Prozent	1	2	4	6
Unzureichend	7,5 Prozent	0	1	1	2

Abb. 60: Beispiel einer Verteilungsvorgabe[239]

Als vorteilhaft erweist sich eine Verteilungsvorgabe auch bei konfliktscheuen Vorgesetzten, die dazu neigen, ausschließlich gute Beurteilungen zu verteilen. Andererseits muss ein Vorgesetzter, der viele gute Mitarbeiter hat, diese herunterstufen, da er sich an die Quoten halten muss. In Abteilungen mit niedrigem Leistungsniveau tritt der gegenteilige Effekt ein: Mitarbeiter mit eher schwachen Leistungen werden besser beurteilt. Unter den Gesichtspunkten Gerechtigkeit der Beurteilung und Vergleichbarkeit der Leistungen ist eine Verteilungsvorgabe deshalb negativ zu bewerten.

Eine Stellungnahme des Mitarbeiters und ein Feedback-Gespräch runden die Beurteilung ab.

7.5 Fehlerquellen

Fehler bei Personalbeurteilungen haben sowohl für den betroffenen Mitarbeiter als auch für das Unternehmen weitreichende Konsequenzen. Daher ist es besonders wichtig, die möglichen Quellen und Folgen einer Fehlbeurteilung frühzeitig zu erkennen.

Fehlbeurteilungen können zu einer falschen Stellenbesetzung führen, wenn die Fähigkeiten des Mitarbeiters nicht richtig eingeschätzt wurden. Eine Überforderung ist mit unzulänglicher Leistung verbunden und beeinträchtigt eventuell den wirtschaftlichen Erfolg des Unternehmens. Unterforderte Mitarbeiter erbringen aufgrund mangelnder Motivation möglicherweise ebenfalls niedrigere Leistungen als prognostiziert. Die Folgen sind größere Fluktuation und höhere Absentismusraten. Fehlurteile bei der Anpassungsfähigkeit oder Einordnungsbereitschaft des Mitarbeiters führen zu Spannungen in der Arbeitsgruppe.

Wenn die Eignung zur Mitarbeiterführung falsch eingeschätzt wurde, kann es zu Fehlbesetzungen bei Instanzen kommen. Unzureichende Leistungen der gesamten Abteilung, negative Auswirkungen auf das Arbeitsklima und Probleme bei der Zusammenarbeit sind die möglichen Konsequenzen.

---

[239] Vgl. Olfert, K. (2005), S. 262.

Fehlerhafte Beurteilungen haben außerdem Auswirkungen auf die Motivation der Mitarbeiter. Zu schlechte Beurteilungen führen zu Enttäuschung und Verringerung der Leistungsbereitschaft. Bei zu guten Ergebnissen fehlt dem Mitarbeiter eventuell ein Anreiz, sich weiter anzustrengen und stärker einzusetzen.

Die Voraussetzung für eine möglichst fehlerfreie Beurteilung ist neben einem strukturierten Beurteilungssystem – mit Beurteilungsbögen und Mitarbeitergesprächen – die Kenntnis der Beurteiler um potenzielle Fehlerquellen. Nur wer die Ursachen von möglichen Fehlern kennt, kann sie vermeiden.

Fehlerquellen können im **Beurteilungsverfahren** und in der Person des **Beurteilenden** liegen. Entsprechend wird zwischen **Verfahrensfehlern** und **Beurteilerfehlern** unterschieden.

Verfahrensfehler entstehen, wenn die methodischen Gütekriterien (siehe Kapitel 4), denen Beurteilungsverfahren unterliegen, nicht eingehalten werden.

Zu falschen Beurteilungen kommt es außerdem, wenn die Beurteilenden trotz einwandfreier Verfahren Fehler machen. Einen Überblick über häufige Beurteilerfehler gibt Abb. 61.

Beurteilerfehler			
Wahrnehmungs-fehler	Konstanzfehler	bewusste Verfäl-schung	kognitive Probleme
• Halo-Effekt • Primacy-Effekt • Einseitigkeits-Effekt • Andorra-Effekt • Kontakt-Effekt • Nikolaus-Effekt • Kleber-Effekt • Hierarchie-Effekt • Sympathie-/Anti-pathie-Effekt • Bezugspersonen-Effekt	• Tendenz zur Mitte • Tendenz zur Milde • Tendenz zur Strenge • Tendenz zu Ex-tremwerten	• Beurteilung als Mittel zum Zweck	• Verarbeitungspro-bleme • Wahrnehmungs-probleme • Speicherungspro-bleme • Erinnerungspro-bleme • Beobachtungs-probleme

Abb. 61: Beurteilerfehler

Unter **Wahrnehmungsfehlern** versteht man unbewusste Urteilsverzerrungen, die sich in verschiedene Richtungen auswirken können. Die bekanntesten sind:

- Beim **Halo-Effekt** überstrahlt ein bestimmtes Merkmal alle anderen. Der Beurteiler überbewertet es und schließt von ihm auf andere Merkmale, z.B. vermutet er bei einem ungepflegten Äußeren eine unordentliche Arbeitsweise. Häufig untersucht wurde der Halo-Effekt am Beispiel der physischen Attraktivität. Attraktive Menschen gelten als intelligenter, besser integrierbar und gesünder.[240] Der Beurteiler konstruiert ein hypothetisches Gesamtbild, das auf einem einzelnen hervorstechenden positiven oder negativen Beurteilungskriterium beruht und die anderen Merkmale vernachlässigt.

- Der **Primacy-Effekt** oder Effekt-des-ersten-Eindrucks führt dazu, dass der Beurteiler die ersten Informationen über den zu Beurteilenden überbewertet. Der erste Eindruck – gleichgültig ob positiv oder negativ – prägt das gesamte Urteil.

- Beim **Einseitigkeits-Effekt** wird ein positives oder negatives Ereignis zur Basis für die gesamte Beurteilung und damit völlig überbewertet. Ein einzelner großer Fehler führt z.B. zu einer deutlich schlechteren Beurteilung, als dies eigentlich gerechtfertigt wäre. In seiner positiven Ausprägung nennt man den Einseitigkeits-Effekt auch **Lorbeer-Effekt**.

- Die Bezeichnung **Andorra-Effekt** ist einem Roman von Max Frisch entnommen. Der zu Beurteilende passt sich dabei mit der Zeit unbewusst der Rolle an, die der Beurteiler von ihm erwartet. Eine schlechte Meinung des Vorgesetzten führt auf Dauer zu schlechter Leistung des Mitarbeiters. Umgekehrt funktioniert der Effekt ebenfalls. Im Ergebnis fühlt sich der Vorgesetzte in seiner Meinung bestätigt.

- Oft fällt das Urteil über andere Menschen umso besser aus, je öfter Beurteiler und zu Beurteilender in Kontakt treten. Der **Kontakteffekt** lässt sich darauf zurückführen, dass Personen, die häufig kommunizieren, besser aufeinander eingehen können.

- Der **Nikolaus-Effekt** führt dazu, dass der Beurteiler Ereignisse, die erst kürzlich stattgefunden haben, eher berücksichtigt als solche, die am Anfang des Beurteilungszeitraums erfolgten. Der zu Beurteilende passt sich an dieses Phänomen an und steigert seine Leistung kurz vor dem Beurteilungszeitpunkt.

- Beim **Kleber-Effekt** werden Mitarbeiter, die längere Zeit nicht befördert wurden, unbewusst unterschätzt und schlechter bewertet.

- Mitarbeiter, die in der Hierarchie bereits aufgestiegen sind, müssen gute Leistungen erbringen, sonst wäre der Aufstieg nicht möglich gewesen. Diese Überlegung liegt dem **Hierarchie-Effekt** zugrunde. Ein höherrangiger Mitarbeiter wird deshalb tendenziell besser bewertet.

- Beim **Sympathie-/Antipathie-Effekt** nimmt der Beurteiler durch seine positive oder negative Einstellung zum Mitarbeiter dessen Leistungen nicht realistisch wahr. Mitarbeiter, die ihm sympathisch sind, bewertet er besser als gerechtfertigt, während unsympathische eine schlechtere Beurteilung erhalten.

- Wenn der Beurteiler das Verhalten von Bezugspersonen als Maßstab heranzieht, spricht man vom **Bezugspersonen-Effekt**. Die Bezugsperson kann der Beurteiler selbst oder ein anderer Mitarbeiter sein. Bei der Beurteilung werden diejenigen Aspekte berücksichtigt, die die Bezugsperson als wesentlich ansieht. Dies können andere als die tatsächlich stellen- und zielrelevanten Kriterien sein.

---

[240] Vgl. Weuster, A. (2004), S. 111 ff.

Konstanzfehler beruhen auf unbewussten Maßstabsabweichungen des Beurteilers, die auf seine Persönlichkeitsstruktur zurückzuführen sind. Die jeweilige Tendenz lässt sich als Verschiebung im Vergleich zur Normalverteilung (Abb. 62) darstellen.

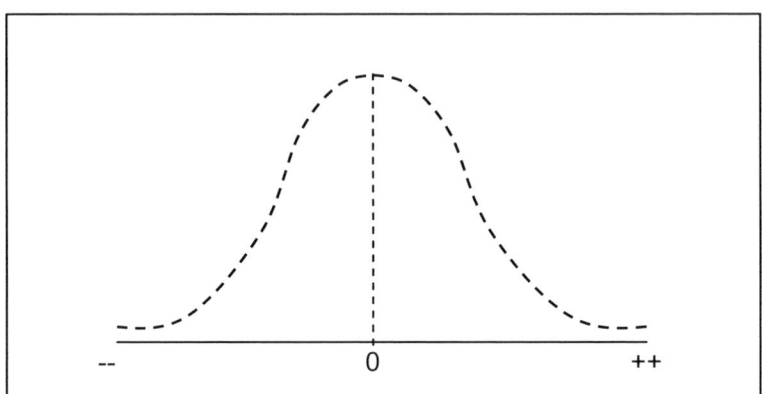

Abb. 62: Normalverteilung

- Ein Beurteiler mit **Tendenz zur Mitte** (Abb. 63) versucht extrem positive und extrem negative Urteile vermeiden und geht Unstimmigkeiten mit seinen Mitarbeitern aus dem Weg. Das Ergebnis kann seiner Meinung nach nie besonders fehlerhaft sein, da die Mitarbeiter nur ein wenig zu gut bzw. geringfügig zu schlecht beurteilt wurden. Die Kurve wird auf beiden Seiten zusammengedrückt.

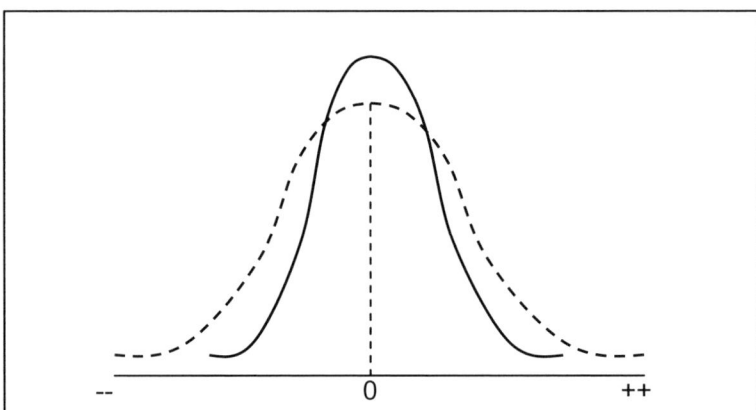

Abb. 63: Tendenz zur Mitte

- Die **Tendenz zur Milde** ist durch die besondere Großzügigkeit des Beurteilers gekennzeichnet. Er bringt es nicht über sich, Mitarbeiter schlecht zu beurteilen, und ist davon überzeugt, dass diese dann demotiviert wären. Deshalb hebt er alle Beurteilungen bewusst oder unbewusst an. Es gibt kaum Mitarbeiter, die durchschnittlich oder unterdurchschnittlich bewertet werden, der größte Teil erhält eine gute oder sehr gute Beurteilung. Seine Bewertungskurve verschiebt sich in die positive Richtung nach rechts, ihre Form gleicht weiterhin derjenigen der Normalverteilung (Abb. 64).

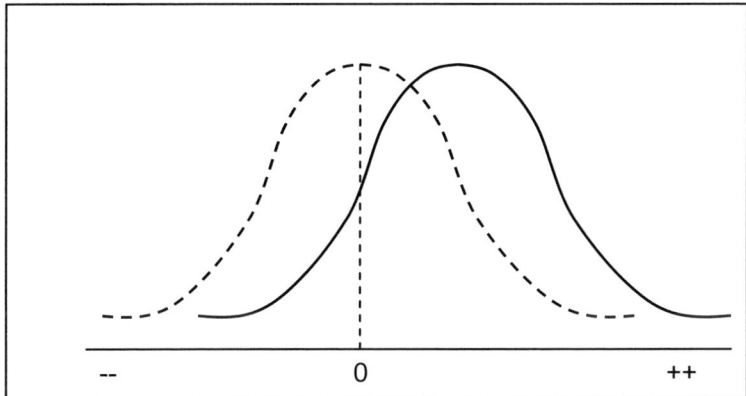

Abb. 64: Tendenz zur Milde

- Bei der **Tendenz zur Strenge** verschiebt sich die Kurve in die umgekehrte Richtung und liegt zum größten Teil im unterdurchschnittlichen Bereich (Abb. 65). Auch ihre Form entspricht derjenigen der Normalverteilung. Der strenge Beurteiler betrachtet gute Leistungen als selbstverständlich und bewertet deshalb selbst gute Mitarbeiter nur durchschnittlich. Sehr gute Mitarbeiterbewertungen gibt es in seiner Abteilung kaum, dafür aber besonders viele schlechte.

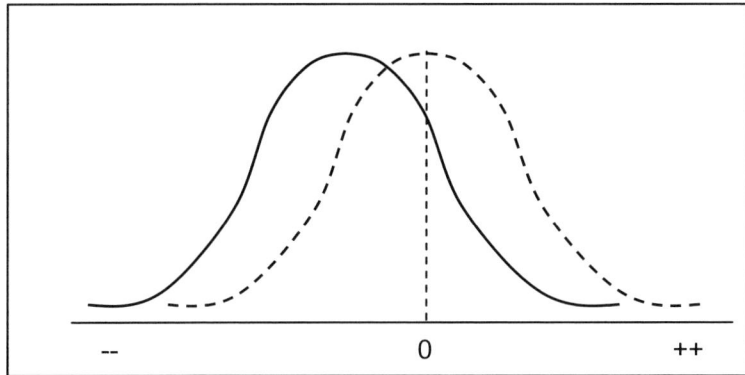

Abb. 65: Tendenz zur Strenge

- Bei der **Tendenz zu Extremwerten** sieht der Beurteiler seine Mitarbeiter entweder extrem positiv oder extrem negativ (Abb. 66), eine Mitte existiert kaum. Er neigt somit zur „Schwarz-Weiß-Malerei". Mitarbeiter, die durchschnittliche Leistungen erbringen, hat dieser Vorgesetzte seiner Meinung nach nur sehr wenige. Sie sind entweder besonders gut oder schlecht. Die Verteilungskurve dieses Vorgesetzten hat zwei Gipfel und in der Mitte eine Delle.

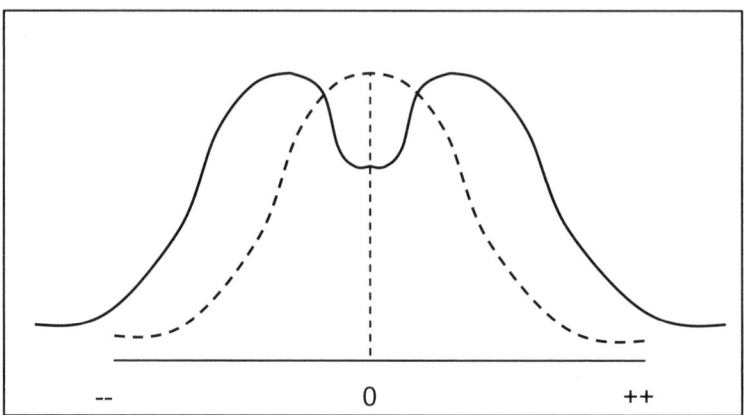

Abb. 66: Tendenz zu Extremwerten

Eine **bewusste Verfälschung** der Beurteilung liegt vor, wenn der Beurteiler die tatsächlichen Leistungen und Verhaltensweisen sowie das Potenzial des Mitarbeiters nur nachrangig berücksichtigt und seinen Mitarbeiter absichtlich nicht korrekt bewertet. Aus **Egoismus** begünstigt oder schädigt er den zu Beurteilenden. Die Gründe reichen von der Protektion befreundeter Mitarbeiter und dem Wegloben unbequemer Beschäftigter über persönliche Feindschaft bis zum Vertuschen eigener Schwächen. Ein weiterer Grund ist die Furcht, einen geschätzten Fachmann zu verlieren. Der Vorgesetzte verhindert mit seiner zu schlechten Beurteilung, dass andere auf seinen Mitarbeiter aufmerksam werden oder der Mitarbeiter selbst über einen Stellenwechsel nachdenkt. Die Beurteilung wird zum **Mittel, mit dem eigene Ziele erreicht werden sollen**.

Kognitive Probleme führen zu kaum beeinflussbaren Verzerrungen bei der Beurteilung. Untersuchungen im Rahmen der kognitiven Beurteilungspsychologie haben ergeben, dass Eignungstests in großem Maße von den Beobachtungs- und Erinnerungsmöglichkeiten der Beurteiler abhängen. Bei der Erfassung, Speicherung, Verarbeitung, Interpretation und Erinnerung von Informationen, die für eine Beurteilung relevant sind, gibt es zahlreiche Möglichkeiten der Verzerrung. Der Vorgesetzte unter- oder überschätzt z.B. verschiedene Informationen, er sieht seine Vorurteile bestätigt oder er wertet Merkmale, die in seine Beurteilung einfließen, als zu bedeutend oder zu unwichtig.[241]

Es ist kaum möglich, alle Einflussfaktoren zu erfassen, die sich auf eine Beurteilung auswirken können. Entsprechend schwierig erweist sich für den Vorgesetzten eine gerechte Beurteilung seiner Mitarbeiter. Hilfreich sind hier die **Schulung der Beurteiler** und ihre Sensibilisierung hinsichtlich möglicher Fehlerquellen.

7.6 Mögliche Beurteiler neben dem direkten Vorgesetzten

Bei den bisherigen Überlegungen wurde der klassische Fall unterstellt, dass der direkte Vorgesetzte seine Mitarbeiter beurteilt, d.h. es wurde von einer so genannten Abwärtsbeurteilung ausge-

---

[241] Vgl. Berthel, J., Becker, F.G. (2003), S. 150.

gangen. Die Aussagen sind jedoch weitgehend auf andere Formen der Personalbeurteilung übertragbar.

In den letzten Jahren finden zunehmend Konzepte der **Mehrfachbeurteilung** Anwendung, bei denen ein Mitarbeiter von über-, unter- oder gleichgestellten Personen beurteilt wird und sich auch selbst beurteilt. Abb. 67 zeigt mögliche Träger der Personalbeurteilung.

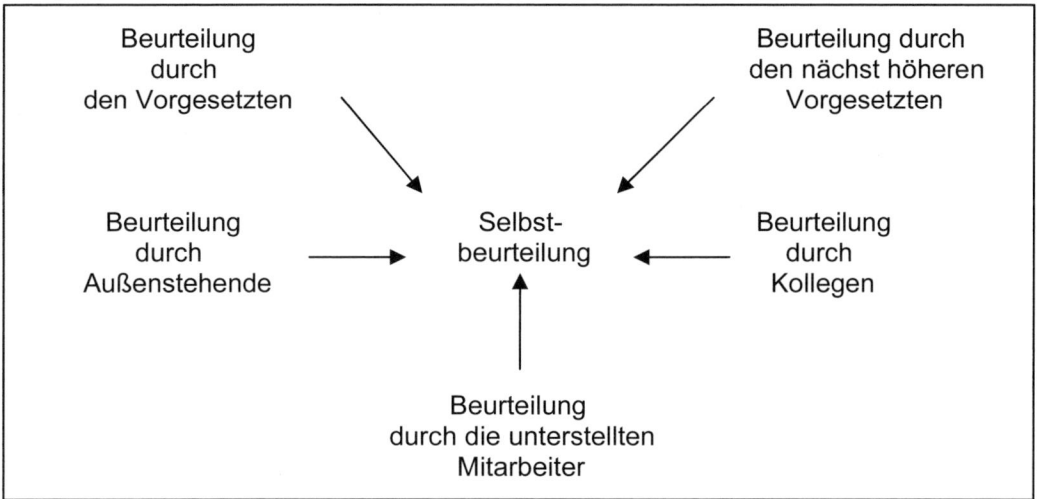

Abb. 67: Mögliche Träger der Personalbeurteilung

7.6.1 Selbstbeurteilung

In vielen Unternehmen umfasst das Mitarbeitergespräch zusätzlich zur Beurteilung durch den Vorgesetzten die **eigene Beurteilung** des Mitarbeiters, die so genannte Selbstbeurteilung oder das Selbstbild, da der Mitarbeiter seine Leistungen und sein Potenzial oft am besten einschätzen kann. Der Vorgesetzte und der Mitarbeiter sprechen über ihre unterschiedlichen Sichtweisen und überprüfen das Fremd- bzw. Selbstbild auf Übereinstimmungen und Abweichungen.

Die Selbstbeurteilung dient außerdem als Informations- und Vergleichsgrundlage, wenn weitere Beurteiler hinzugezogen werden.

7.6.2 Beurteilung durch die Mitarbeiter

Neben der Abwärtsbeurteilung gewinnt die Beurteilung des Vorgesetzten durch seine Mitarbeiter, die **Aufwärtsbeurteilung** oder **Vorgesetztenbeurteilung**, in den letzten Jahren an Bedeutung. Dabei müssen andere Kriterien als bei der Abwärtsbeurteilung herangezogen werden, da die Mitarbeiter andere Sachverhalte beurteilen sollen. Es geht im Wesentlichen um das Führungsverhalten ihres Vorgesetzen.

Im Mittelpunkt stehen seine Fähigkeiten

- Ziele und Aufgaben klar darzustellen und zu erläutern,
- Kompetenzen und Entscheidungsspielräume festzulegen und einzuhalten,
- konstruktive Rückmeldungen zu geben,

- zu delegieren und zu fördern,
- zu motivieren,
- seinen Mitarbeitern die notwendige Orientierung zu geben,
- die verschiedenen Aufgabenbereiche zu koordinieren und
- Konflikte zu lösen bzw. ihre Lösung zu forcieren.

Daneben dient die Vorgesetztenbeurteilung der Teilhabe am Führungsprozess, dessen Gestaltung nicht allein dem Vorgesetzten überlassen werden soll.[242]

Aufwärtsbeurteilungen werden häufig als unnötig betrachtet, da die Mitarbeitergespräche dem Vorgesetzten bereits genügend Rückmeldung geben würden. In der Praxis zeigt sich jedoch, dass viele Mitarbeiter ihre Vorgesetzten im Gespräch sehr zurückhaltend beurteilen.

Eine standardisierte Vorgesetztenbeurteilung gewährleistet demgegenüber größere Anonymität bzw. verringert die Möglichkeit, Rückschlüsse auf einzelne Mitarbeiter zu ziehen, da alle unmittelbaren Mitarbeiter des Vorgesetzten befragt und die Ergebnisse zusammengefasst werden. Durch Bildung des Mittelwerts werden Extremmeinungen nivelliert.

Die Beurteilung erfolgt in drei **Schritten**:

- Die Mitarbeiter erhalten einen Fragebogen zur Stellungnahme zum Verhalten ihres Vorgesetzten.
- Der Vorgesetzte erhält einen analogen Fragebogen zur Stellungnahme zum eigenen Führungsverhalten.
- Im dritten Schritt erfolgt der Abgleich von Fremd- und Selbstbild.

Der dritte Schritt ist das **Kernelement** der Vorgesetztenbeurteilung. Die Führungskraft erhält Hinweise auf notwendige oder wünschenswerte Verhaltensänderungen und kann diese mit der eigenen Einschätzung vergleichen.

Eine Variante der Aufwärtsbeurteilung ermittelt zusätzlich das durchschnittliche Selbstbild aller Vorgesetzten im Unternehmen und das durchschnittliche Fremdbild der Mitarbeiter von allen Führungskräften. Jeder Vorgesetzte kann sich so an einem durchschnittlichen Profil messen. Auch ein Sollprofil kann einbezogen werden.

Die Vorgesetztenbeurteilung sollte diese Funktionen erfüllen:[243]

- **Diagnosefunktion**: Der Vorgesetzte erhält Informationen über sich selbst und seine Wirkung auf die Mitarbeiter.

- **Entwicklungsfunktion**: Die Aufwärtsbeurteilung wird als zeitgemäßes Führungsinstrument gesehen, dass den Vorgesetzten unterstützt und Anhaltspunkte für die Weiterentwicklung seiner Führungsfähigkeit und seines Führungsverhaltens gibt.

---

[242] Vgl. Klimecki, R.G., Gmür, M. (2001), S. 265.

[243] Vgl. Steinmann, H., Schreyögg, G. (2005), S. 815; Scholz, C. (2000 a), S. 440.

- **Partizipationsfunktion**: Sie bezieht sich auf die stärkere Beteiligung der Mitarbeiter an der Gestaltung der Führungsbeziehungen.

- **Kontrollfunktion**: Aufgrund einer regelmäßigen Aufwärtsbeurteilung kann festgestellt werden, ob der Vorgesetzte sein Verhalten zum Positiven verändert hat und ob dies von den Mitarbeitern wahrgenommen wurde.

- **Motivationsfunktion**: Man erhofft sich von der Vorgesetztenbeurteilung positive Auswirkungen auf die Arbeitszufriedenheit und die Motivation der Mitarbeiter, da sie eher als Partner denn als Unterstellte behandelt werden.

In der Regel bleiben Aufwärtsbeurteilungen **ohne Folgen** für den Vorgesetzten. Die Ergebnisse werden meist nur ihm selbst und in einigen Unternehmen den unmittelbaren Mitarbeitern bekannt gegeben. Anders als bei der Abwärtsbeurteilung bleibt es dem Vorgesetzten überlassen, ob er daraus Konsequenzen zieht. Die erhoffte Motivationssteigerung bei den Mitarbeitern tritt allerdings nur ein, wenn über die Ergebnisse gemeinsam gesprochen wird, der Vorgesetzte die geplanten Änderungen erläutert und anschließend auch entsprechend handelt. Ansonsten besteht die Gefahr, dass die Mitarbeiter eine Aufwärtsbeurteilung als Farce und Scheinpartizipation betrachten.

In den meisten Unternehmen werden Vorgesetztenbeurteilungen nur auf **freiwilliger Basis** durchgeführt. Jede Führungskraft entscheidet selbst, ob sie daran teilnimmt oder nicht. In der Praxis beteiligen sich vor allem diejenigen Vorgesetzten, die ihren Mitarbeitern gegenüber aufgeschlossen und offen für konstruktive Kritik sind. Sie arbeiten ständig daran, ihr Führungsverhalten zu verbessern. Während sich Führungskräfte, bei denen eine Verhaltensänderung dringend nötig wäre, der Beurteilung durch ihre Mitarbeiter oft nicht freiwillig stellen.

Für die **Entgeltfindung** werden Vorgesetztenbeurteilungen nur in Ausnahmefällen herangezogen. Ein entsprechender Trend zeichnet sich allerdings bei großen deutschen und internationalen Anwaltskanzleien ab.

Wenn die Beurteilung durch die Mitarbeiter nicht positiv ausgefallen ist, darf der Vorgesetzte mit diesem Ergebnis nicht allein gelassen werden. Um Frustration und einer Verdrängung der Ergebnisse vorzubeugen, sollten sie grundsätzlich gemeinsam mit einem internen oder externen Berater aufgearbeitet werden.

7.6.3 Beurteilung durch den nächst höheren Vorgesetzten

Der Einbezug des nächst höheren Vorgesetzten soll in der Beurteilungssituation für größere **Objektivität und Akzeptanz** sorgen. Man erwartet, dass der direkte Vorgesetzte sorgfältiger an seine Aufgabe herangeht, wenn sein eigener Vorgesetzter in den Prozess involviert ist. Auf diese Weise werden bewusste Verfälschungen verhindert oder verringert. Vorgesetzte, die tendenziell von der Normalverteilung abweichen, überdenken ihre Beurteilung möglicherweise noch einmal.

Diejenigen Mitarbeiter, die Benachteiligungen befürchten, äußern sich ihrem Vorgesetzten gegenüber im Mitarbeitergespräch offener, wenn sie wissen, dass dessen Vorgesetzter einbezogen ist. Wenn der nächst höhere Vorgesetzte selbst auch eine Beurteilung abgibt, ist diese aufgrund der geringeren Nähe zum Mitarbeiter seines Mitarbeiters oft oberflächlicher. Die verwendeten **Beurteilungskriterien** beziehen sich weniger auf die konkrete Arbeitssituation, in die der „Vor-

Vorgesetzte" nur geringen Einblick hat, als auf den Eindruck, den der Mitarbeiter mit seiner Arbeitsweise und seiner Leistung nach außen vermittelt.

7.6.4 Beurteilung durch Kollegen

Mitarbeiter einer Arbeitsgruppe erfahren täglich, wie sich ihre Kollegen in der jeweiligen Arbeitssituation verhalten. Sie sind deshalb oft am besten in der Lage, die Leistung und das Verhalten eines Kollegen zu beurteilen. Außerdem stehen ihnen im Gegensatz zum Vorgesetzten und anderen Beurteilern zahlreiche Beobachtungsmöglichkeiten offen. Bei Gruppenarbeit und Projekten, bei denen eine enge Zusammenarbeit notwendig ist, fällt dies noch stärker ins Gewicht.

Neben dem Begriff **Kollegenbeurteilung** wird auch der Ausdruck **Gleichgestelltenbeurteilung** verwandt. Die Kriterien, die zur Beurteilung herangezogen werden, unterscheiden sich von denen der Abwärts- und der Vorgesetztenbeurteilung. Im Mittelpunkt steht das Teamverhalten. **Mögliche Kriterien** sind z.B.:

- Beteiligung an Team- und Abteilungsbesprechungen
- Eigeninitiative bei Besprechungsbedarf
- Kommunikations- und Partizipationsfähigkeiten
- Bereitschaft zur Verantwortungsübernahme bei der Aufgabenerfüllung
- soziales Verhalten gegenüber den Kollegen
- offener Informationsaustausch
- Hilfsbereitschaft in schwierigen Situationen

Wenn Kollegen zusätzlich ein Urteil über die Arbeitsleistung abgeben sollen, müssen sie fachlich kompetent sein und die Aufgaben und Arbeitsziele ihres zu beurteilenden Kollegen kennen. Sie benötigen Informationen über sein Leistungsergebnis und müssen ausreichend Gelegenheit haben, ihren Kollegen in der Arbeitssituation zu beobachten.

Die Beurteilung durch Gleichgestellte kann zu **Störungen der informalen Beziehungen** und des Betriebsklimas führen, wenn sich die Mitarbeiter ständig beobachtet fühlen. Konkurrenzdenken und fehlende Aufklärung über Beurteilerfehler können außerdem die Objektivität und die Aussagekraft der Ergebnisse verringern. Gleichgestelltenbeurteilungen sollten deshalb nur durchgeführt werden, wenn die Beteiligten sorgfältig vorbereitet wurden und alle die Beurteilung als konstruktiven Beitrag zur gemeinsamen Zielerreichung ansehen. Die Beurteilung darf nicht dazu benutzt werden, Freunde zu loben oder sich an unbeliebten Kollegen zu rächen. Die Beurteilten müssen das Feedback ihrer Kollegen akzeptieren und ihr eigenes Verhalten überdenken und ggfs. ändern.

7.6.5 Beurteilung durch Außenstehende

Außenstehende sind als **Kunden, Lieferanten, Kreditgeber, interessierte Öffentlichkeit etc.** von der Leistung und dem Verhalten des Mitarbeiters betroffen. Zu seiner Beurteilung können sowohl interne als auch externe Außenstehende herangezogen werden. Ein interner Kunde eines Mitarbeiters in der Personalabteilung ist beispielsweise ein Vorgesetzter oder ein anderer Mitarbeiter des Unternehmens, der sich mit Fragen und Problemen an ihn wendet.

Für jede Gruppe von Außenstehenden sind wie bei allen Beurteilern **gruppenspezifische Kriterien** relevant. Bei Kunden stehen z.B.

- die Berücksichtigung der Kundenwünsche,
- das Aufzeigen von Alternativen,
- die fachliche Kompetenz,
- das aktive Anbieten von Leistungen,
- die Bereitschaft zur Erklärung vom Fachbegriffen,
- das Ernstnehmen von Beschwerden und Problemen,
- die empfundene Beratungsqualität,
- die Bereitschaft, Fehler einzugestehen,
- die Fähigkeit, zuhören zu können,
- die Bereitschaft, sich in den Kunden hineinzuversetzen und
- die Freundlichkeit und Hilfsbereitschaft

im Mittelpunkt der Beurteilung.

Neben den Kollegen sind die Kunden des Mitarbeiters, denen er seine Leistung liefert, sowie die Lieferanten, die ihm ihre (Vor-)Leistung anbieten, von der Arbeitsweise des Mitarbeiters unmittelbar betroffen. Ihre Aussagen sollen zu **besserer Zusammenarbeit** führen und allgemein **Qualitätsverbesserungsprozesse** im Unternehmen einleiten und begleiten.

Um qualifizierte Aussagen machen zu können, sollten die außenstehenden Beurteiler bereits längere Zeit mit dem zu Beurteilenden zusammenarbeiten und ausreichend Gelegenheit zur Beobachtung haben. Sie müssen – wie alle Beurteiler – über Beurteilungskompetenz verfügen und nicht zuletzt Kenntnisse vom Anforderungsprofil und den Zielvorgaben des betroffenen Mitarbeiters haben.

7.6.6 360°-Feedback

Beim 360°-Feedback werden alle oben genannten möglichen Beurteiler einbezogen. Neben dem Vorgesetzten und dem „Vor-Vorgesetzten" geben Mitarbeiter, Kollegen und Außenstehende ihre Beurteilungen ab. Bis auf die Beurteilung durch den Vorgesetzten und dessen Vorgesetzten werden die Feedbacks von mehreren Personen aus jeder Gruppe abgegeben. In der Literatur werden **fünf bis sechs Feedback-Geber pro Gruppe** empfohlen. Um Vergeltungsmaßnahmen oder geschönte Beurteilungen zu vermeiden, werden die Aussagen einzelner Beteiligter nicht bekannt gegeben, sondern zu einem **Gruppenurteil** zusammengefasst.[244] Die Fremdbilder werden dem Selbstbild des Beurteilten gegenübergestellt. Diese Aufgabe übernehmen in der Regel externe Experten.

360°-Feedbacks werden auch 360°-Beurteilung, Rundumbeurteilung, Full Circle Appraisal oder Multiperspective Rating genannt. Sie dienen dazu,

- **Informationen über die bisherigen Leistungen und Verhaltensweisen** von Mitarbeitern zu erhalten. Diese bilden die Grundlage für die Entgeltfindung und für personalpolitische Planungen wie Versetzungen, Beförderungen, Entlassungen etc.

---

[244] Vgl. Gerpott, T.J. (2000), S, 357 ff.

- **individuelle Personalentwicklungsmaßnahmen** zielgerichtet durchführen zu können. Die Leistungs- und Verhaltensanalysen der Beurteiler zeigen Entwicklungs- und Verbesserungspotenziale auf.[245]

Jeder Stärken/Schwächen-Diagnose schließen sich entsprechende Maßnahmen zur Verhaltensänderung an.

In der Literatur besteht Einigkeit darüber, dass 360°-Feedbacks nicht gleichzeitig für die Entgeltfindung und die Personalentwicklung herangezogen werden sollten. Den Feedback-Gebern würde sonst sowohl die Rolle des Beurteilers als auch des Beraters und Coaches aufgenötigt.

360°-Feedbacks werden **vorrangig für Personalentwicklungsprozesse** empfohlen. Seine wesentlichen **Vorteile** sind:

- umfassender Überblick über die Leistung und das Verhalten des Mitarbeiters durch das Heranziehen mehrerer Informationsquellen
- größere Verlässlichkeit der Aussagen durch zahlreiche Rückmeldungen
- Verringerung von Fehleinschätzungen und Beurteilungsfehlern durch das Zusammenfassen der Aussagen der Feedback-Geber
- Pflege eines offenen und kooperativen Führungsstils
- Förderung einer entsprechenden Unternehmenskultur
- Verbesserung der Kundenorientierung
- Initiierung von Qualitätsverbesserungsprozessen

Trotz dieser Vorteile werden 360°-Feedbacks in Theorie und Praxis zum Teil heftig kritisiert. Einige Aspekte haben sich als **Schwachpunkte** erwiesen:

- Offenheit und vertrauensvolle Zusammenarbeit sowie direkte Kommunikation würden ein solches Instrument eigentlich überflüssig machen.
- Eine Vielzahl von subjektiven Eindrücken führt nicht automatisch zu einer größeren Objektivität der Beurteilung.
- Anonyme Beurteilungen müssen nicht objektiv sein.
- Die beurteilten Mitarbeiter sind ständiger Beobachtung ausgesetzt. Sie passen ihr Verhalten so an, dass es ihrer Meinung nach positiv auf die Beurteiler wirkt.
- Die beurteilten Führungskräfte passen sich im Extremfall nach allen Seiten an und entwickeln kein eigenständiges Profil.

Inwieweit die Vorteile realisiert und die Nachteile und Probleme vermieden werden, hängt unter anderem von der **sorgfältigen Durchführung** des Verfahrens ab. Kritische Erfolgsfaktoren sind der Rückhalt bei der Unternehmensleitung und die sorgfältige Auswahl der Beurteiler, die auf mögliche Beurteilerfehler hingewiesen werden müssen. Die gewissenhafte Erstellung der Beurteilungsbögen entsprechend den genannten methodischen Gütekriterien ist ein weiterer Punkt, auf den man achten muss.

Außerdem benötigt jede Gruppe von Feedback-Gebern unterschiedliche gruppenspezifische Kriterien, die jeweils beobachtbar und vom Beurteilten zu beeinflussen sein müssen. Anonymität

---

[245] Vgl. Nicolai, C. (2005), S. 508; Edward, M.R., Ewens, A.J. (2000), S. 68 f.

und Vertraulichkeit müssen so weit wie möglich gewahrt bleiben. Die Beurteilungen werden in der Regel von externen Experten ausgewertet und zu einem **Feedback-Report** verdichtet. Dieser wird nur dem Beurteilten und dem Coach, der die Ergebnisse mit dem Mitarbeiter bespricht, ausgehändigt.

Die Weitergabe an andere Beteiligte setzt das Einverständnis des beurteilten Mitarbeiters voraus. Wenn er sich jedoch nicht damit einverstanden erklärt, wird eines der wesentlichen Ziele des 360°-Feedbacks, nämlich die Diagnose und Durchführung der notwendigen Personalentwicklungsmaßnahmen, nicht erreicht, da die Vorgesetzten und die Personalabteilung ohne Kenntnis der Ergebnisse keine Maßnahmen einleiten können.

7.7 Mitarbeitergespräch

7.7.1 Anlässe für Mitarbeitergespräche

Der Prozess der Personalbeurteilung endet mit dem **Mitarbeitergespräch**. Es handelt sich um ein Vier-Augen-Gespräch zwischen Mitarbeiter und Vorgesetztem, bei dem auf Wunsch des Mitarbeiters ein Betriebsratsmitglied hinzugezogen werden kann. Mitarbeitergespräche gehören zu den wichtigsten Aufgaben der Führungskräfte. Im weitesten Sinne geht es dabei um die Förderung, Aufrechterhaltung bzw. Wiederherstellung der Leistungsbereitschaft und der Zufriedenheit des Mitarbeiters.[246] Wenn es gelingt, die Wirksamkeit dieses Führungsmittels zu steigern, verbessert sich auch die Gesamteffizienz der Führung. Mehr noch als andere Bereiche der Personalführung bedarf das Mitarbeitergespräch einer gründlichen Schulung des Gesprächsführenden.

Das Gespräch zur Personalbeurteilung ist nur einer der **Anlässe** für ein Mitarbeitergespräch. Weitere Anlässe sind:

- Einführung neuer Mitarbeiter
- regelmäßige Informationen, z.B. über bevorstehende Veränderungen
- Kritik bei Fehlverhalten
- Zielvereinbarungen
- weitere berufliche Entwicklung
- Versetzungen und Beförderungen
- Entgeltverhandlungen
- Rückkehr in das Unternehmen nach Krankheit
- Sicherheit am Arbeitsplatz
- persönliche Probleme eines Mitarbeiters
- Entlassungen

Je mehr Klarheit hinsichtlich des Gesprächszweckes herrscht, desto besser kann die Gesprächsführung daran ausgerichtet und desto besser kann überprüft werden, ob das Ziel tatsächlich er-

---

[246] Vgl. Jung, H. (2005), S. 471.

reicht wurde. Der Schwerpunkt der folgenden Ausführungen liegt auf dem Mitarbeitergespräch als Feedback-Gespräch im Rahmen der Personalbeurteilung.

Voraussetzung für ein erfolgreiches Personalbeurteilungsgespräch ist die sorgfältige Beobachtung des Mitarbeiters über eine ganze Periode hinweg und nicht erst am Ende des Zeitraums. Aus seinen Beobachtungen entwickelt der Vorgesetzte eine Beurteilung, die er mit konkreten Beispielen begründet. Wenn er sich regelmäßig mit seinem Mitarbeiter über dessen Leistungen austauscht, kann dieser bereits zuvor die notwendigen Anpassungen vornehmen. Die jährliche, routinemäßige Beurteilung besteht dann im Wesentlichen aus der systematischen Zusammenfassung der bisherigen Gespräche über Leistung, Verhalten und Zielerreichung, die um eine Potenzialbeurteilung ergänzt wird. Das Mitarbeitergespräch kann dann für keine Seite zu unerwarteten Ergebnissen führen.

7.7.2 Nutzen und Fehler

Mitarbeitergespräche bringen sowohl für den Vorgesetzten als auch für den Mitarbeiter eine Reihe von **Vorteilen** mit sich: [247]

- Im Gespräch werden Missverständnisse geklärt und Vorurteile beseitigt, was der allgemeinen Arbeitsatmosphäre zugute kommt.
- Der regelmäßige Austausch von Informationen führt zu mehr Verständnis für den jeweils anderen.
- Probleme können im Gespräch gemeinsam gelöst werden.
- Durch rechtzeitige Information und Erklärungen des Vorgesetzten nimmt das Verständnis für personalpolitische Maßnahmen zu.
- Da Gerüchte unterbunden werden, können sich ein Vertrauensverhältnis und ein „Wir-Gefühl" entwickeln.
- Hierarchieunterschiede werden abgemildert, da sich die Gesprächsteilnehmer in der Arbeitssituation eher als Partner sehen.

Die von Mitarbeitern geäußerte Kritik an Mitarbeitergesprächen bezieht sich laut Mentzel vor allem auf die zu kurze Dauer der Gespräche und deren geringe Häufigkeit. Weitere **Fehler**, die von ihm genannt werden, sind:[248]

- Die Gesprächstermine werden zu kurzfristig angesetzt, so dass den Mitarbeitern nicht genügend Vorbereitungszeit bleibt.
- Der Gesprächsinhalt wird nicht oder nur ungenau bekannt gegeben.
- Es fehlt an Ruhe und Ungestörtheit, da das Gespräch am falschen Ort stattfindet.
- Das Gespräch wird in einer Umgebung geführt, die dem Mitarbeiter nicht vertraut ist, weshalb er sich unsicher fühlt.
- Beim Vorgesetzten ist Zeitmangel spürbar.
- Der Vorgesetzte ist desinteressiert und erfüllt nur seine Pflicht.

---

[247] Vgl. Mentzel, W. (1996), S. 123.

[248] Vgl. ebd., S. 124.

- Das Gespräch führt zu keinem konkreten Ergebnis. Verbesserungsmaßnahmen werden nicht besprochen.
- Der Vorgesetzte betont seine übergeordnete Stellung.
- Das Gespräch besitzt nur eine Alibifunktion, wesentliche Entscheidungen sind bereits getroffen worden.

Bringt der Vorgesetzte die Bereitschaft zum offenen Dialog mit, lassen sich die meisten der genannten Fehler bei sorgfältiger Vorbereitung und Durchführung des Gesprächs vermeiden.

7.7.3 Gesprächsvorbereitung

Die Bedeutung der Gesprächsvorbereitung wird häufig unterschätzt. Oft wird zwischen zwei wichtigen Terminen kurzfristig improvisiert. Ohne sorgfältige **Vorbereitung der organisatorischen und inhaltlichen Aspekte** ist jedoch nicht gewährleistet, dass

- sich die Gesprächsdauer in einem akzeptablen zeitlichen Rahmen bewegt,
- das Gespräch nicht auf eine emotionale Schiene gerät,
- die Gesprächsziele erreicht werden und das Gespräch mit einem von beiden Seiten akzeptierten Ergebnis endet.

Zu den **organisatorischen Rahmenbedingungen** eines Mitarbeitergesprächs gehören die Festlegung des Raums, der Sitzordnung, des Termins und der Dauer. Dazu erhält der Mitarbeiter eine Einladung mit diesen Informationen, die ihm genügend Zeit lässt, sich detailliert vorzubereiten. Außerdem sollte sichergestellt sein, dass keine Störungen durch Telefonate oder Besuche erfolgen. Hilfsmittel und Unterlagen müssen bereitliegen, Erfrischungsgetränke stellen eine angenehme Atmosphäre her und erleichtern den Einstieg ins Gespräch.

Zur **inhaltlichen Vorbereitung** ist es erforderlich, dass der Vorgesetzte

- sich das Gesprächsthema und den Anlass verdeutlicht,
- sich über die Ziele des Gesprächs im Klaren ist,
- sicherstellt, dass ihm alle notwendigen Informationen gewärtig sind,
- mögliche Kritikpunkte des Mitarbeiters im Vorfeld bedenkt,
- das Gespräch sinnvoll gliedert,
- sich über den Mitarbeiter, seine Motive und Einstellungen Gedanken gemacht hat,
- überlegt, wie der Mitarbeiter sich im Gespräch verhalten wird und
- seine eigene Vorgehensweise festlegt.

Viele Unternehmen erstellen zur Gesprächsvorbereitung und -durchführung einen **Leitfaden für die Vorgesetzten**.

Bei einem fairen Mitarbeitergespräch erhält der Mitarbeiter genügend Vorbereitungszeit, um sich über sein Selbstbild, das erwartete Fremdbild und seine weiteren Ziele im Unternehmen Gedanken zu machen. Dabei kann ein Leitfaden ebenfalls hilfreich sein. Als weitere Vorbereitungshilfen kommen frühere Beurteilungen und ein unausgefüllter Beurteilungsbogen in Betracht.

7.7.4 Gesprächsdurchführung

7.7.4.1 Vorgehensweise bei Mitarbeitergesprächen

Die Empfehlungen, wie ein gutes Mitarbeitergespräch geführt werden soll, sind in Theorie und Praxis sehr vielfältig, umfangreich und teilweise widersprüchlich. Für Mitarbeitergespräche kann es kein starres Ablaufschema und keine allgemeingültigen Handlungsempfehlungen geben, da die Durchführung des Gesprächs von der jeweiligen Situation, der Einstellung des Mitarbeiters und dem Verhältnis zwischen Vorgesetztem und Mitarbeiter abhängt.[249]

In der Regel läuft das Gespräch in drei Schritten ab. Zunächst werden die Leistungen, das Verhalten, die Zielerreichung und das Potenzial des Mitarbeiters beurteilt. Die Ergebnisse werden anschließend bekannt gegeben, diskutiert und eventuell modifiziert. Danach folgt die Verwertung der Ergebnisse für künftige Perioden und ggfs. für die Entgeltfindung.

Bewährt haben sich teilstrukturierte Gespräche, bei denen ein **Gesprächsrahmen** vorgegeben ist, der sicherstellt, dass keine wichtigen Aspekte vergessen werden.

Diese Punkte werden ebenfalls immer wieder genannt:[250]

- positive Atmosphäre schaffen
- Grobgliederung des Gesprächs einhalten
- Ziele des Gesprächs im Auge behalten
- konstruktive Kritik üben und Lösungsmöglichkeiten anbieten
- eigene Fehler (des Vorgesetzten) zugeben
- Interesse zeigen und den Mitarbeiter ausreden lassen
- eigene Meinung zunächst zurückhalten und Geduld zeigen
- einen freundlichen Ton anschlagen
- Vertraulichkeit wahren
- keine falschen Versprechungen machen
- Zwischenergebnisse zusammenfassen
- wesentliche Absprachen am Gesprächsende zusammenfassen
- Missverständnisse bis zum Ende des Gesprächs ausräumen

Nach Steinmann/Schreyögg sind insbesondere bei Personalbeurteilungsgesprächen folgende Aspekte zu beachten:[251]

- **Dialog**: Der Mitarbeiter muss Gelegenheit haben, sich aktiv am Gespräch zu beteiligen. Er muss das Gefühl haben, ernst genommen zu werden und über seine Probleme, Vorstellungen und Ziele offen und ausführlich sprechen zu können.

---

[249] Vgl. Jung, H. (2005), S. 471.

[250] Vgl. Mentzel, W. (1996), S. 128 f.; Jung, H. (2005), S. 470; Hohlbaum, A., Olesch, G. (2004), S. 144.

[251] Vgl. Steinmann, H., Schreyögg, G. (2005), S. 809 ff.

- **Wertschätzung**: Die Kritik des Vorgesetzten darf nicht verletzend sein, sondern muss auf der Grundlage gegenseitiger Wertschätzung erfolgen.

- **Dosierte Kritik**: Zu viel Kritik führt zu einer Abwehrhaltung. Sie wird deshalb nicht mehr angenommen und das gesamte Feedback erweist sich möglicherweise als nutzlos.

- **Arbeitsverhalten und Arbeitsergebnis**: Die Gespräche müssen an der konkreten Arbeitssituation des Mitarbeiters ansetzen. Es darf nicht um allgemeine Sachverhalte gehen, sondern um positive und negative Vorkommnisse.

- **Entwicklungsziele**: Im Personalbeurteilungsgespräch sollten Vorgesetzter und Mitarbeiter gemeinsam Pläne entwickeln, wie und welche Verbesserungen bzw. Veränderungen erreicht werden können. Zukunftsorientierte Problemlösungen sind dabei wichtiger als rückwärts gerichtete Vorwürfe.

- **Offenheit**: Taktische Gesprächsmuster, bei denen sich positive und negative Aussagen abwechseln oder nach einer positiven Einleitung umfangreiche Kritik folgt und zum Abschluss wieder eine positive Aussage (Sandwich-Methode), werden von Mitarbeitern in der Regel wenig geschätzt.

7.7.4.2 Gesprächsarten

Bei Mitarbeitergesprächen kann es sich um ein **Beurteilungsgespräch, Zielvereinbarungsgespräch oder Beratungs- und Fördergespräch** handeln. Diese können kombiniert an einem Termin oder zu verschiedenen Zeitpunkten stattfinden.

Eine Kombination hat den großen Vorteil, dass die Inhalte übergreifend besprochen und Zielvereinbarungen einbezogen werden können. Bei Leistungsdefiziten werden Personalentwicklungsmaßnahmen vereinbart, die mit künftigen Aufgaben und Zielen abgestimmt werden. Der Zeitaufwand ist bei einer Kombination zwar größer als bei einem einzelnen Gespräch, aber geringer als die Summe der Gespräche. Außerdem treten weniger Redundanzen auf.

Das **Beurteilungsgespräch** ist ein notwendiger Bestandteil jeder Mitarbeiterbeurteilung. Es geht insbesondere darum, die Beurteilung zu besprechen und zu klären, was im Beurteilungszeitraum positiv gelaufen ist, welche Aufgaben nicht gut erfüllt wurden und welche Gründe es dafür gibt. Dazu werden die im Beurteilungsbogen festgelegten Kriterien und die individuellen Zielvereinbarungen der letzten Periode herangezogen. Der Vorgesetzte und der Mitarbeiter legen ihre jeweilige Sichtweise dar und bemühen sich um einen Konsens.

Auch für das **Beratungs- und Fördergespräch** liegt die Zuständigkeit zunächst beim Vorgesetzten. Neben dem Begriff Fördergespräch sind die Bezeichnungen Personalentwicklungsgespräch, Aufstiegsgespräch und Karriere- oder Laufbahngespräch gebräuchlich. Es ist ein unverzichtbares Element der Personalentwicklung. Zunächst besprechen Vorgesetzter und Mitarbeiter mögliche **Leistungs- und Verhaltensdefizite** im Zusammenhang mit der derzeitigen Aufgabenerfüllung. Anschließend werden die notwendigen Personalentwicklungsmaßnahmen diskutiert. Oft wird auch ein zeitlicher Rahmen festgelegt. Die Personalabteilung erstellt daraus einen individuellen Entwicklungsplan für den Mitarbeiter, der sicherstellen soll, dass dieser die Aufgaben und Ziele seiner derzeitigen Stelle besser erfüllen kann.

Anschließend werden die **künftigen betrieblichen Möglichkeiten** und Erfordernisse mit den **Zielen, Interessengebieten und Bedürfnissen des Mitarbeiters** und seinem **Potenzial** verglichen. Vorgesetzter und Mitarbeiter besprechen die beruflichen Entwicklungsmöglichkeiten im Unternehmen und die dazu notwendigen Förder- und Bildungsmaßnahmen, die wiederum von der Personalabteilung in den individuellen Entwicklungsplan des Mitarbeiters eingearbeitet werden. Das Beratungs- und Fördergespräch bietet somit die Möglichkeit, die Interessen des Unternehmens und des Mitarbeiters zu vergleichen und zu koordinieren.

Zielvereinbarungsgespräche sind Bestandteil des Management by Objectives. Mit ihnen vereinbaren der Vorgesetzte und der Mitarbeiter neue Ziele für die nächste Periode. Diese können sich auf quantifizierbare Leistungen und/oder das Arbeits- und Sozialverhalten des Mitarbeiters beziehen. Wichtig ist, dass die Ziele operational formuliert werden, der Zeitpunkt der Zielerreichung festgelegt ist und die Art der Kontrolle dokumentiert wird. Nach Ablauf der Periode werden Abweichungen festgestellt und deren Ursachen im Beurteilungsgespräch diskutiert, an das sich dann ein neues Zielvereinbarungsgespräch anschließt.

7.8 Kritische Würdigung und Ausblick

Die zunehmende Dynamik der betrieblichen Umwelt erhöht die Anforderungen an die Mitarbeiter und erfordert zunehmend Flexibilität. Umso wichtiger ist es für Unternehmen, rechtzeitig Leistungs- und Verhaltensmerkmale, Verhaltensdefizite und das Potenzial ihrer Mitarbeiter zu ermitteln. Entsprechend wird die Bedeutung der Personalbeurteilung künftig stark zunehmen. Leistungszulagen als Instrument der Anreizgestaltung sind aus der betrieblichen Praxis nicht mehr wegzudenken. Eine objektivierte Grundlage hierfür bietet die Personalbeurteilung.

In der Praxis zeichnet sich in den letzten Jahren ein Trend zu Mehrfachbeurteilungen ab. Neben dem Vorgesetzen werden verstärkt Kollegen und Mitarbeiter in das Beurteilungssystem einbezogen. Im Hinblick auf Qualitätsverbesserungen und stärkere Kundenorientierung führen größere Unternehmen auch 360°-Feedbacks durch. Ob sich diese als dauerhaftes Element der Personalbeurteilung etablieren werden, ist noch nicht abzusehen.

Wiederholungsfragen

1. Was versteht man unter einer systematischen Personalbeurteilung?

2. Welche Ziele verbinden Unternehmen und Mitarbeiter mit der Personalbeurteilung?

3. Wie erfolgt die Kriterienauswahl bei der Personalbeurteilung?

4. Was versteht man unter einer Quotierung und weshalb verwendet man sie?

5. Geben Sie einen systematischen Überblick über Fehlerquellen bei Beurteilungen.

6. Beschreiben Sie mögliche Konstanzfehler.

7. Geben Sie einen Überblick über die Träger der Personalbeurteilung.

8. Anhand welcher Kriterien wird eine Vorgesetztenbeurteilung durchgeführt?

9. Welche Probleme bringt die Abwärtsbeurteilung mit sich?

10. Weshalb gewinnt die Beurteilung durch Außenstehende an Bedeutung?

11. Was versteht man unter einem 360°-Feedback?

12. Erläutern Sie mögliche Vorteile und Kritikpunkte des 360°-Feedback.

13. Zu welchen Anlässen werden Mitarbeitergespräche geführt?

14. Erläutern Sie die Voraussetzungen für ein erfolgreiches Personalbeurteilungsgespräch.

15. Welche Fehler und Problemfelder nennen Mitarbeiter im Zusammenhang mit Mitarbeitergesprächen?

16. Beschreiben Sie, welche organisatorischen Voraussetzungen und inhaltlichen Vorbereitungen für ein Mitarbeitergespräch erforderlich sind.

17. Welche Elemente enthält ein Personalbeurteilungsgespräch?

18. Weshalb ist es sinnvoll, Beurteilungs- und Zielvereinbarungsgespräch zu kombinieren?

19. Erläutern Sie den Zusammenhang zwischen Beurteilungs-, Förder- und Zielvereinbarungsgespräch.

20. Beziehen Sie Stellung zur Bedeutung der Personalbeurteilung als personalpolitisches Instrument.

8 Personalentwicklung

Die einmal erworbene Qualifikation reicht heutzutage nicht mehr für das ganze Berufsleben aus. Gleichzeitig können sich Unternehmen nicht darauf verlassen, dass sie ihren künftigen Personalbedarf immer ausreichend auf dem externen Arbeitsmarkt decken können. Vielmehr müssen sie das Potenzial ihrer Mitarbeiter mit den derzeitigen und künftigen Anforderungen in Übereinstimmung bringen. Dies ist die Aufgabe der Personalentwicklung.

Die Personalentwicklung stellt eine immaterielle Investition in Humankapital dar. Aufwendungen im Zusammenhang mit der Personalentwicklung dienen der Erzielung künftiger Erträge oder der Vermeidung künftiger Aufwendungen.

8.1 Grundlagen

8.1.1 Begriffliche und inhaltliche Abgrenzungen

Unter Personalentwicklung versteht man ein **systematisches, zukunftsorientiertes Konzept der Qualifikation** für Mitarbeiter aller Hierarchieebenen zur Bewältigung gegenwärtiger und künftiger Anforderungen. Sie verbessert das Leistungspotenzial der Mitarbeiter im Hinblick auf derzeitige und künftige Unternehmensziele und berücksichtigt zusätzlich deren persönliche Interessen. Dabei ist sie auf Informationen aus anderen personalwirtschaftlichen Funktionsbereichen angewiesen.

Die Personalentwicklung

- erstreckt sich auf die Erweiterung und Vertiefung bestehender Qualifikationen und/oder die Vermittlung neuer Qualifikationen für derzeitige und künftige Aufgabenstellungen,
- stellt fest, welche Mitarbeiter förderungswürdig und förderungsfähig sind,
- bezieht die individuellen Mitarbeiterbedürfnisse ein,
- legt die notwendigen Qualifikationsmaßnahmen fest und
- ist für die systematische Planung, Durchführung und Kontrolle aller Maßnahmen zuständig.

Es werden **drei Bereiche** unterschieden:[252]

- berufsvorbereitende Personalentwicklung
- berufsbegleitende Personalentwicklung
- berufsverändernde Personalentwicklung

Die **berufsvorbereitende Personalentwicklung** umfasst zunächst die Berufsausbildung mit der Grund- und der Fachausbildung. Sie unterliegt den Vorschriften des Berufsbildungsgesetzes (BBiG). In Deutschland erfolgt die **Berufsausbildung** normalerweise im dualen System, das eine Teilung zwischen staatlicher und unternehmerischer Berufsqualifizierung vorsieht. Die staatliche Ausbildungsinstitution Berufsschule vermittelt grundlegende theoretische Inhalte. Der praktische Teil der Ausbildung erfolgt im Unternehmen. Er wird oft durch theoretische, betriebsinterne Schulungen unterstützt. Art, Umfang, Dauer und Mindestanforderungen der Berufsausbildung sind ebenso gesetzlich geregelt wie die Durchführung der Abschlussprüfung. Sie muss vor einem Prüfungsausschuss der Industrie- und Handelskammer bzw. der Handwerkskammer erfolgen.

Neben der Berufsausbildung zählt die **Einarbeitung von Anzulernenden** zur berufsvorbereitenden Personalentwicklung. Zu ihr gehören alle Maßnahmen, die dazu führen, dass ein Mitarbeiter innerhalb kurzer Zeit die für seine Stelle notwendige Qualifikation erhält. Meist handelt es sich dabei um anspruchslosere Aufgaben.

Auch die **Einführung von Praktikanten und Volontären** ist Teil der berufsvorbereitenden Personalentwicklung. Sie dient der Vermittlung erster Praxiskenntnisse und der Vorbereitung auf den späteren beruflichen Einstieg.

Als weiterer Form der berufsvorbereitenden Personalentwicklung wird der **Einführung von Hochschulabsolventen** in vielen Unternehmen große Bedeutung beigemessen. Spezielle Programme wie Job Rotation oder Trainee-Programme erstrecken sich zum Teil über mehrere Jahre. Sie werden sorgfältig geplant und aufmerksam begleitet, da aus dieser Gruppe vor allem künftige Führungskräfte rekrutiert werden.

Die **berufsbegleitende Personalentwicklung** gliedert sich in Anpassungs- und Aufstiegsqualifikation, man spricht auch von Anpassungs- und Aufstiegsfortbildung. Eine **Anpassungsqualifikation** liegt vor, wenn die Bildungsmaßnahmen auf das derzeitige Berufs- bzw. Aufgabenfeld

---

[252] Vgl. Mentzel, W. (2005), S. 6 ff.

des Mitarbeiters ausgerichtet sind. Dazu zählen auch die Einführung und Einarbeitung neuer Mitarbeiter und die Reaktivierung von Mitarbeitern, die zeitweise aus dem Erwerbsleben ausgeschieden sind. Im Mittelpunkt steht jeweils die Aktualisierung und Erweiterung der bereits erworbenen Qualifikation. Bei der **Aufstiegsqualifikation** geht es um die Befähigung zur Übernahme anspruchsvollerer Aufgaben. Sie muss nicht zwangsläufig mit einer hierarchisch höheren Stellung verbunden sein, sondern kann z.B. für einen Wechsel zwischen Fach- und Führungslaufbahn qualifizieren. Das Potenzial der Mitarbeiter soll dazu passend entwickelt werden. Alle Maßnahmen der Nachwuchsförderung und Führungskräfteentwicklung sowie die entsprechende Arbeitsstrukturierung gehören zu diesem Bereich.

In der Praxis und in der Literatur wird der Begriff **Weiterbildung** zunehmend von dem Ausdruck **Fortbildung** verdrängt. Weiterbildung als umfassenderer Begriff beinhaltet neben den unternehmensinternen und -externen Fortbildungsmaßnahmen auch die Qualifizierungsangebote der Erwachsenenbildungsträger. Dazu gehören z.B. Volkshochschulkurse, Veranstaltungen der IHK, der Bildungsträger der Wirtschaft und der Gewerkschaften sowie von Akademien und Schulen.[253] Eine scharfe Trennung ist nicht möglich und wird auch kaum noch vorgenommen, weshalb die beiden Begriffe hier synonym verwandt werden.

Die **berufsverändernde Personalentwicklung** soll den Mitarbeiter befähigen, Aufgaben in einem neuen Beruf oder eine anders qualifizierte Tätigkeit aufzunehmen. Der Mitarbeiter erwirbt eine berufliche Qualifikation, die sich im Gegensatz zur Weiterbildung auf ein neues Tätigkeitsfeld bezieht. Solche **Umschulungen** sind aus persönlichen oder technisch-wirtschaftlichen Gründen notwendig. Berufsstrukturelle Änderungen, altersbedingte Umorientierungen, krankheits- oder unfallbedingte Veränderungen oder fehlender Bedarf im bisher ausgeübten Beruf sind häufige Ursachen. Oft wechseln diese Mitarbeiter in verwandte Berufe, so dass einige Kenntnisse und Fertigkeiten übernommen werden können.

Generell geht es bei der Personalentwicklung um die Vermittlung und den Erwerb von **Qualifikation**. Dieser Begriff wird hier sehr weit gefasst und umfasst alle Komponenten, die einen Mitarbeiter befähigen, bestimmte Aufgaben zu erfüllen. Dazu gehören Wissen, Können und Verhalten. Einen Überblick gibt Abb. 68.

Unter **Wissen** versteht man alle theoretischen und praktischen Kenntnisse, die notwendig sind, um eine derzeitige oder künftige Tätigkeit ausüben zu können.[254] Es umfasst **tätigkeitsspezifisches und tätigkeitsungebundenes Wissen**. Ersteres befähigt den Mitarbeiter, die spezifischen Anforderungen einer Stelle zu meistern, so muss beispielsweise ein Controller mit dem Begriff ROI (Return on Investment) vertraut sein. Es wird durch das tätigkeitsungebundene Wissen ergänzt, das man zur Aufgabenerfüllung zusätzlich benötigt. Bei einem Controller handelt es sich etwa um Grundkenntnisse der doppelten Buchführung. Auch Kenntnisse über das Unternehmen und sein Umfeld gehören dazu, angefangen von Sicherheitsvorschriften über den hierarchischen Aufbau und die Einordnung der eigenen Abteilung bis zu Kenntnissen über Großkunden.

Zur erfolgreichen Aufgabenerfüllung reicht Wissen allein nicht aus. Es muss zu anwendbarem **Können** weiterentwickelt werden. Unter Können versteht man die Fähigkeit, das erworbene

---

[253] Vgl. Oechsler, W.A. (2000), S. 564; Hentze, J., Kammel, A. (2001), S. 368.

[254] Vgl. Mentzel, W. (2005), S. 177.

Wissen in die Praxis umzusetzen und anzuwenden. Es entsteht durch Übung und Erfahrung. **Manuelles Können** bedeutet, mit allen notwendigen technischen Hilfsmitteln sachgerecht umgehen zu können. **Geistiges Können** heißt, dass der Mitarbeiter sein Wissen bei geistigen Tätigkeiten sinnvoll einzusetzen weiß.

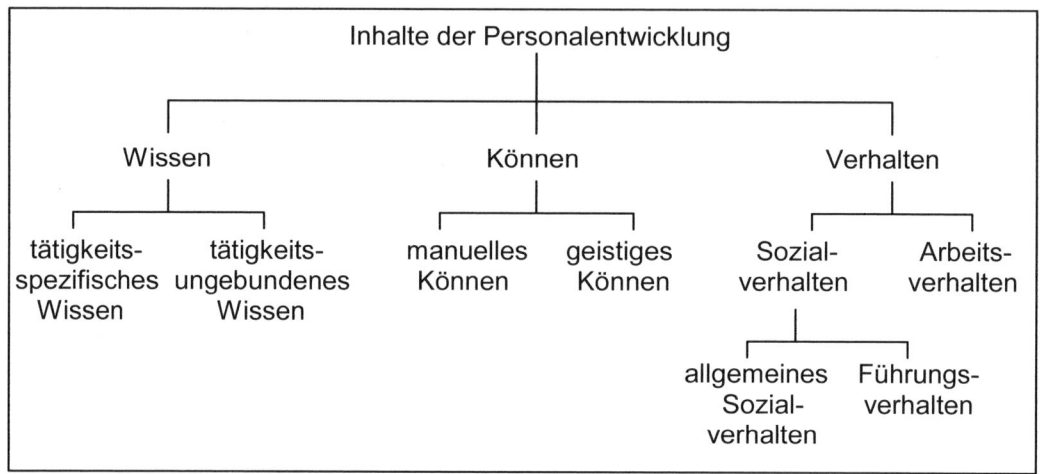

Abb. 68: Inhalte der Personalentwicklung

Das **Verhalten** eines Mitarbeiters gegenüber Personen und Sachen wird durch seine Motive und die Umweltsituation geprägt. Die Personalentwicklung kann Fehlverhalten ausgleichen und verhindern sowie korrekte Verhaltensweisen vermitteln. Neben dem Arbeitsverhalten ist das Verhalten gegenüber Personen, das **Sozialverhalten**, von großer Bedeutung. Dieses gliedert sich in das **allgemeine Sozialverhalten** und das **Führungsverhalten**, also das Verhalten gegenüber Unterstellten. Personalentwicklungsmaßnahmen können z.B. das Kooperationsbereitschaft, das Verantwortungsbewusstsein, die Informationsbereitschaft und zeitgemäße Führungsstile fördern. In diesem Zusammenhang gewinnen **interkulturelle Verhaltensaspekte** zunehmend an Bedeutung. Eine Veränderung des **Arbeitsverhaltens** könnte z.B. auf eine schonendere Behandlung der technischen Hilfsmittel, die Stärkung der Kreativität oder die Steigerung der Innovationsbereitschaft abzielen.[255]

In der Praxis sind die drei Komponenten der Qualifikation eng miteinander verknüpft. Viele Personalentwicklungsmaßnahmen wirken sich gleichzeitig auf das Wissen, Können und Verhalten der Mitarbeiter aus. Ein Beispiel sind Maßnahmen zur Förderung der **Schlüsselqualifikationen**. Dabei handelt es sich um berufs-, fach- und funktionsübergreifende Qualifikationen, die langfristig gültig sind und kaum durch veränderte Arbeitsbedingungen entwertet werden.[256] Angesichts des raschen technologischen und wirtschaftlichen Wandels sind sie unverzichtbar. Beispiele sind:

- Lernbereitschaft und -fähigkeit
- Kommunikationsvermögen

[255] Vgl. Mentzel, W. (2005), S. 179.

[256] Vgl. Mudra, P. (2004), S. 33.

- Teamfähigkeit
- Organisationsfähigkeit
- Entscheidungsfähigkeit
- Konfliktlösungsfähigkeit
- Problemlösungsfähigkeit
- Flexibilität
- Umsetzungsfähigkeit

Vor allem der Umsetzungsfähigkeit kommt in der heutigen schnelllebigen Zeit immer größere Bedeutung zu.

Eine andere Gliederung der Inhalte der Personalentwicklung ist die Unterscheidung in fachliche, soziale und Methodenkompetenz.[257] Unter **fachlicher Kompetenz** wird das Wissen und Können eines Mitarbeiters verstanden, das er zur Bewältigung seiner beruflichen Aufgaben benötigt. **Soziale Kompetenz** befähigt einen Menschen, sich in Gruppen mit unterschiedlicher sozialer Struktur zu integrieren und zum Erkennen und Lösen von sach- und personenbezogenen Konflikten beizutragen. Wesentliche Bestandteile sind Kommunikationsfähigkeit und Kooperationsbereitschaft. **Methodenkompetenz** schließlich bezieht sich auf die Fähigkeit eines Mitarbeiters, seine Potenziale auszuschöpfen und sich selbst zu organisieren. Er ist in der Lage, zu analysieren, Konzepte zu entwickeln, Entscheidungen zu treffen und dabei strukturiert vorzugehen.

Eine Differenzierung zwischen **Kompetenz** und **Qualifikation** erfolgt in der Praxis in der Regel nicht. Gleiches gilt für die Begriffe **Eignung** und **Fähigkeit**. Auch in der personalwirtschaftlichen Literatur werden die vier Begriffe oft synonym verwendet.

8.1.2 Ziele, Adressaten und Bedeutung der Personalentwicklung

8.1.2.1 Ziele der verschiedenen Interessengruppen

Unternehmen und **Mitarbeiter** verbinden mit der Personalentwicklung unterschiedliche Ziele. Auch die **Gesellschaft** hat eigene Erwartungen.

Der Versuch, die Ziele des Unternehmens mit den persönlichen Erwartungen des Mitarbeiters zu verknüpfen, gelingt nicht immer, obwohl im Personalentwicklungsgespräch oft ein Konsens hergestellt werden kann. Dabei kann es allerdings vorkommen, dass der Vorgesetzte als Vertreter des Unternehmens und der betroffene Mitarbeiter die gleichen Maßnahmen befürworten, damit aber widersprüchliche Ziele verfolgen. So kann dem Vorgesetzten an einer besseren Erfüllung der derzeitigen Aufgabe gelegen sein, während sich der Mitarbeiter größere Chancen auf dem externen Arbeitsmarkt verspricht.

Empirische Untersuchungen haben gezeigt, dass Unternehmen die beiden Ziele nicht als gleichwertig erachten, sondern dass die betrieblichen Interessen eindeutig dominieren.[258] Mitarbeiterziele werden überwiegend als (bedeutende) Nebenbedingung für Personalentwicklungsentscheidungen gesehen; jedoch nicht als gleichgewichtige Entscheidungsgrundlage.

---

[257] Vgl. Berthel, J., Becker, F.G. (2003), S. 265 f.; Jung, H. (2005), S. 248 f.

[258] Vgl. Mudra, P. (2004), S. 134 f.

Die **unternehmensbezogenen Ziele der Personalentwicklung** leiten sich aus dem Zielsystem des Unternehmens ab. Die Personalentwicklung soll dazu beitragen, die Zielerreichung langfristig zu sichern. Dabei ergeben sich allgemeine Personalentwicklungsziele:[259]

- Erhöhung der Wettbewerbsfähigkeit
- Erhöhung der Flexibilität
- Erhöhung der Motivation und Integration
- Sicherung und Anpassung der fachlichen Qualifikation
- Erhöhung der Fähigkeit, Änderungen zu verstehen und selbst herbeizuführen
- Verbesserung des Arbeits- und Sozialverhaltens
- größere Unabhängigkeit vom externen Arbeitsmarkt
- Imageverbesserung auf dem externen und internen Arbeitsmarkt
- Förderung des internen Weiterkommens von Mitarbeitern durch die Erschließung von Aufstiegsmöglichkeiten
- Berücksichtigung individueller Fähigkeiten und Erwartungen der Mitarbeiter

Aus diesen Zielen werden für Mitarbeitergruppen und einzelne Mitarbeiter Gruppen- bzw. Individualziele abgeleitet. Gruppenziele können beispielsweise die Erhöhung der interkulturellen Kompetenz der mittleren Führungskräfte oder die Förderung der englischen Sprachkenntnisse der Sekretariatsmitarbeiter sein. Je nach individuellem Bedarf leiten sich daraus für den einzelnen Mitarbeiter konkrete Bildungsmaßnahmen ab.

Seitens der **Mitarbeiter** dient die Personalentwicklung dazu, die Erwartungen hinsichtlich der persönlichen Entfaltung und des Weiterkommens im Beruf zu befriedigen.[260] Aus diesem Globalziel entwickelt jeder Mitarbeiter persönliche Einzelziele. Beispiele sind:

- Anpassung der persönlichen Qualifikation an die Stellenanforderungen
- Aufstiegsmöglichkeiten und größere Mobilität am externen Arbeitsmarkt
- Sicherung der beruflichen und gesellschaftlichen Stellung
- abwechslungsreichere und interessantere Aufgaben
- Verbesserung des Einkommens
- größere Arbeitsplatzsicherheit
- Erschließung bisher nicht genutzter Fähigkeiten
- Befriedigung individueller Bildungsbedürfnisse

Aus **gesellschaftlicher Sicht** sollen Unternehmen die Lebensbedingungen der Menschen verbessern. Mit der Personalentwicklung werden daher folgende Ziele angestrebt:

- Erhaltung und Förderung des gesellschaftlichen Humankapitals
- Verringerung der Arbeitslosigkeit
- freie Persönlichkeitsentfaltung
- Humanisierung des Arbeitslebens

---

[259] Vgl. Mentzel, W. (2005), S. 10 f.; Mudra, P. (2004), S. 132 f.; Jung, H. (2005), S. 246.

[260] Vgl. Mentzel, W. (2005), S. 11.

8.1.2.2   Adressaten der Personalentwicklung

Adressaten der Personalentwicklung sind grundsätzlich alle Mitarbeiter, obwohl der Entwicklung der Führungs- und Führungsnachwuchskräfte in der Praxis besondere Bedeutung zukommt.

Empirische Untersuchungen belegen, dass zu externen Weiterbildungsmaßnahmen vornehmlich solche Mitarbeiter entsandt werden, deren Aufgaben **geistige Beweglichkeit** erfordern. Während diejenigen, die bei ihrer Arbeit geistig nicht so stark gefordert werden, meist kaum gefördert werden. Je größer die formale berufliche Qualifikation des Mitarbeiters und je höher seine Stellung in der Unternehmenshierarchie ist, desto häufiger sind die Personalentwicklungsmaßnahmen.[261]

Unterschiede lassen sich auch bei den Berufsgruppen Arbeiter, Angestellte und Beamte feststellen. Arbeiter weisen den geringsten Anteil an Personalentwicklungsmaßnahmen auf.[262] Die niedrige Beteiligung angelernter Mitarbeiter und teilweise auch von Facharbeitern wird auf ihre geringere Weiterbildungsbereitschaft und die geringere Bedeutung ihrer Arbeit für das Unternehmen zurückgeführt. Da jedoch technische Weiterentwicklungen und andere Änderungen umgesetzt werden müssen, werden auch hier laufend Anpassungen – meist per Training-on-the-job – vorgenommen. Es ist zu vermuten, dass ein großer Teil dieser Maßnahmen nur nicht als Personalentwicklung eingestuft und deshalb auch nicht statistisch erfasst wird.

Frauen sind an Bildungsmaßnahmen seltener beteiligt als Männer, da sie ihre beruflichen Pläne oft immer noch zugunsten familiärer Aufgaben zurückstellen. Manchmal werden Männer auch deshalb bevorzugt, weil man Frauen von vornherein ein solches Verhalten unterstellt.

Ein weiteres Problem ist die **statusbetonte Zielgruppenbildung**. Hier wird die Teilnahme an Bildungsmaßnahmen als Belohnung für gute Leistungen gewährt. Dies kann sich zwar positiv auf die weitere Leistung auswirken, der Erfolg der Bildungsmaßnahme ist allerdings fraglich – sei es, weil sie gar nicht notwendig ist, sei es, weil der Mitarbeiter gar nicht an einer persönlichen Weiterentwicklung interessiert ist, ihm also die Lernmotivation fehlt. Es handelt sich dann lediglich um eine teure Form von Incentives.

Die Forderung, alle Mitarbeiter in die Personalentwicklung einzubeziehen, bedeutet jedoch nicht, dass **Häufigkeit, Umfang und Intensität** nicht je nach Gruppe variieren können. So kommt der Förderung der Führungs- und Führungsnachwuchskräfte besonders große Bedeutung zu, da sie für das Erreichen der Unternehmensziele sehr wichtig ist. Deshalb findet man heute in fast allen großen Unternehmen so genannte Management-Development-Programme.

In der Praxis ist zudem eine Differenzierung nach **Stamm- und Randbelegschaft** zu beobachten. Vor allem für Mitarbeiter, die unbefristet beschäftigt und mit Kernfunktionen betraut sind, werden Personalentwicklungsmaßnahmen durchgeführt, da sie für die Existenzsicherung des Unternehmens von Bedeutung sind. Zur Randbelegschaft gehören Aushilfskräfte und Mitarbeiter mit Zeitverträgen sowie zum Teil auch Teilzeitkräfte und Teleworker. Sie kommen kaum in den Genuss unternehmensfinanzierter Qualifizierungsmaßnahmen.[263]

---

[261] Vgl. Klimecki, R.G., Gmür, M. (2001), S. 220 ff.

[262] Vgl. Mudra, P. (2004), S. 236.

[263] Vgl. ebd.; Flüter-Hoffmann, C. (2005), S. 6.

8.1.2.3 Bedeutung der Personalentwicklung

Hentze/Kammel nennen **zehn Gründe**, weshalb die Personalentwicklung unverzichtbar ist und an Bedeutung weiter zunimmt:[264]

1. Die Veränderungen im Unternehmen und in seiner Umgebung beeinflussen die Anforderungen, die die Mitarbeiter erfüllen müssen. Sie erfordern eine permanente Überprüfung und Anpassung der Qualifikation.

2. Die Nachwuchsplanung führt zur (günstigeren) Personalbeschaffung auf dem internen Arbeitsmarkt. Damit dieser Mitarbeiterpool die gewünschten Qualifikationen erlangt, bedarf es der Personalentwicklung.

3. Personalentwicklung dient der Sicherung und Steigerung der Konkurrenzfähigkeit.

4. Personalentwicklungssysteme haben eine Werbewirkung, da viele potenzielle Mitarbeiter die Möglichkeit der beruflichen Entwicklung schätzen. Auf diese Weise entstehen Wettbewerbsvorteile gegenüber anderen Unternehmen.

5. Das Unternehmen kann auch Mitarbeiter einstellen, welche die notwendige Qualifikation noch nicht besitzen, jedoch über entsprechendes Entwicklungspotenzial verfügen. Die Bildungsmaßnahmen werden dann im eigenen Haus vorgenommen. Diese Mitarbeiter erhalten in der Regel ein niedrigeres Entgelt als diejenigen, die bereits bei der Einstellung über die notwendige Qualifikation verfügen.

6. Personalentwicklung ist ein zusätzlicher Leistungsanreiz.

7. Personalentwicklung ist eine immaterielle Investition, die dazu dient, künftige Einnahmen zu erzielen und künftig die Ausgaben zu senken.

8. Mithilfe der Personalentwicklung können die Mitarbeiter ihren sozialen Status erhalten oder auch erhöhen.

9. Die externe Beschaffung von Führungskräften und Fachpersonal ist oft schwierig. Durch die Entwicklung des eigenen Nachwuchses lässt sich dieses Problem verringern.

10. Unternehmen haben auch gesellschaftliche Aufgaben. Mit der Personalentwicklung kommen sie ihrem Bildungsauftrag nach.

Obwohl die Bedeutung der Personalentwicklung auch von kleinen und mittleren Unternehmen erkannt wird, implementieren sie ein systematisches Konzept nur zögerlich. Stattdessen findet man hier oft unkoordinierte, spontane Bildungsmaßnahmen. Zudem begehen viele Unternehmen den Fehler, Bildungsmaßnahmen in konjunkturschwachen Zeiten aus Kostengründen zurückzufahren. Personalentwicklung wird nicht als Investition, sondern als Betriebsausgaben gesehen, die es zu reduzieren gilt. Damit wird die Bedeutung der Personalentwicklung für die langfristige Unternehmenssicherung unterschätzt.[265] Stattdessen sollte eine **Unternehmenskultur** entwickelt werden, die eine systematische Personalentwicklung als etwas Notwendiges und Selbstverständliches begreift.

---

[264] Vgl. Hentze, J., Kammel, A. (2001), S. 345 f.

[265] Vgl. Berthel, J., Becker, F.G. (2003), S. 273 f.

8.1.3 Zusammenhang zwischen Personal- und Organisationsentwicklung

Organisations- und Personalentwicklung überlappen sich. Wie groß die Überschneidung ist, hängt auch davon ab, wie die Begriffe definiert werden.

Hier wird unter Organisationsentwicklung ein geplanter organisatorischer Wandel verstanden. Dabei handelt es sich um einen langfristig angelegten, systematischen Problemlösungs-, Entwicklungs- und Veränderungsprozess „von innen" heraus, der zu mehr Flexibilität und zu größerer Innovationsbereitschaft führt und damit die Leistungsfähigkeit des Unternehmens erhöht. Die strukturellen Veränderungen ziehen notwendigerweise Personalentwicklungsmaßnahmen nach sich, womit die Personalentwicklung der Organisationsentwicklung nachgelagert ist.

Mitunter werden in der Literatur neben den strukturellen Veränderungsprozessen auch sozial- und verhaltenswissenschaftliche Aspekte in die Organisationsentwicklung integriert.[266] Danach ist die Personalentwicklung ein Teilbereich der Organisationsentwicklung.

Umgekehrt wird Personalentwicklung oft als erster Entwicklungsschritt gesehen. Der verbesserten Qualifikation der Mitarbeiter muss dann durch eine veränderte Arbeitssituation Rechnung getragen werden, etwa durch Projektmanagement oder teilautonome Arbeitsgruppen. Hier folgt die Organisationsentwicklung der Personalentwicklung und baut auf ihr auf.

In der Praxis findet zwischen Unternehmen, Mitarbeitern und Umwelt ein ständiger Informationsaustausch statt, weshalb eine Vernetzung von Organisations- und Personalentwicklung angebracht ist.

Isolierte Personalentwicklungsmaßnahmen ohne Berücksichtigung der strukturellen Gegebenheiten wären ebenso wirkungslos wie organisatorische Entwicklungen, die die Betroffenen nicht einbinden und auf die neue Situation ausrichten.[267] Die Personalentwicklung muss die unternehmensinternen und -externen Entwicklungen beobachten und analysieren und sich den geänderten Rahmenbedingungen anpassen. Darauf aufbauend müssen Maßnahmen angeboten werden, die dem Unternehmen und den Mitarbeitern von Nutzen sind. Gleichzeitig muss die Organisationsentwicklung unterstützt und mitgestaltet werden.

8.1.4 Träger der Personalentwicklung und deren Aufgaben

An der Personalentwicklung sind verschiedene Organisationseinheiten beteiligt. Die Träger der Personalentwicklung sind:

- Unternehmensleitung
- Personalabteilung
- Vorgesetzte
- Interessenvertretung der Arbeitnehmer
- Mitarbeiter
- Referenten

---

[266] Vgl. Oechsler, W.A. (2000), S. 534; Hentze, J., Kammel, A. (2001), S. 341 ff.

[267] Vgl. Mentzel, W. (2005), S. 5.

Um Überschneidungen zu vermeiden, müssen die Zuständigkeiten der Träger klar geregelt sein.
Eine mögliche Aufgabenverteilung zeigt Abb. 69.

Träger und Aufgabenverteilung der Personalentwicklung (PE)	
Träger	**Aufgaben**
Unternehmensleitung	• Grundsatzentscheidung für PE • Festlegung genereller Ziele und der Zuständigkeiten • Festlegung des Budgetrahmens
Personalabteilung	• Beratung der Unternehmensleitung • Beratung der Vorgesetzten und der Mitarbeiter • Ermittlung und Analyse des PE-Bedarfs • Betreuung der PE-Datei • Entwicklung von Aufstiegskonzepten • Mitwirkung bei Beratungs- und Fördergesprächen • Planung und Durchführung von Bildungsmaßnahmen • Auswahl und Beurteilung externer Bildungsangebote • Erfolgskontrolle • Budgeterstellung und Kostenkontrolle • Koordination mit anderen Bereichen
Vorgesetzte	• Zusammenarbeit mit der Personalabteilung • Erkennen von Potenzialen • Erkennen von Qualifikationsdefiziten • Mitarbeiterbeurteilung und Zielvereinbarungen • Beratungs- und Fördergespräch • Empfehlung von Förder- und Bildungsmaßnahmen • Training-on-the-job • Erfolgskontrolle am Arbeitsplatz
Interessenvertretung der Arbeitnehmer	• Mitwirkung gemäß der gesetzlichen und vertraglichen Rechte
Referenten	• Durchführung konkreter Bildungsmaßnahmen
Mitarbeiter	• Auskunft über den eigenen PE-Bedarf geben • Auskunft über die eigenen PE-Wünsche geben • Nutzen der angebotenen Bildungsmaßnahmen • Eigeninitiative

Abb. 69: Träger und Aufgabenverteilung der Personalentwicklung[268]

Die **Unternehmensleitung** muss entscheiden, ob und welchen Mitarbeitergruppen eine Personalentwicklung angeboten werden soll. Diese Grundsatzentscheidung ist Bestandteil der Unter-

---

[268] in Anlehnung an Mentzel, W. (2005), S. 14; vgl. auch Foidl-Dreißer, S., Breme, A., Grobosch, P.
(2004), S. 252 ff.

nehmenspolitik. Auch die Festlegung, welche Ziele vorrangig zu verfolgen sind, ist Aufgabe der Unternehmensleitung. Außerdem muss sie den zur Verfügung stehenden finanziellen Rahmen festsetzen und bestimmen, wer für welche Teilaufgabe zuständig ist. Personalentwicklung kann im Übrigen nur dann erfolgreich sein, wenn die Unternehmensleitung deutlich macht, dass sie sich klar mit ihr identifiziert.

Der **Personalabteilung** kommen im Zusammenhang mit der Personalentwicklung vielfältige Aufgaben zu. Im Wesentlichen handelt es sich um Beratungs-, Informations- und Unterstützungsaufgaben sowie administrative Arbeiten. Je nach Unternehmensgröße werden die Aufgaben auf unterschiedliche Weise wahrgenommen. In kleineren Unternehmen befinden sich alle personalwirtschaftlichen Aufgaben einschließlich der Personalentwicklung in einer Hand oder werden von wenigen Mitarbeitern erfüllt. Größere Unternehmen beschäftigen oft Spezialisten als Personalentwicklungsbeauftragte oder verfügen sogar über eine eigene Bildungsabteilung. Je nachdem, welche Bedeutung der Personalentwicklung beigemessen wird, ist sie entweder dem Personalleiter unterstellt oder rangiert als hierarchisch gleichgeordnete Abteilung.

Mancher Vorgesetzte ist der Auffassung, die Personalentwicklung obliege allein der Personalabteilung. Tatsächlich kommt dem **Vorgesetzten** jedoch eine Schlüsselrolle zu, da er in allen Phasen der Personalentwicklung beteiligt ist. Entsprechend wichtig ist die Zusammenarbeit mit der Personalabteilung. Durch regelmäßige Mitarbeitergespräche kann der Vorgesetzte die Stärken und Schwächen sowie das Potenzial und die Bedürfnisse seiner Mitarbeiter erkennen und dabei feststellen, ob eine Diskrepanz zwischen der Qualifikation und den Arbeitsanforderungen besteht. Demgegenüber kann die Personalabteilung deren Förderwürdigkeit bzw. eine Fördernotwendigkeit nicht beurteilen, da ihr der direkte Bezug zur Arbeitssituation fehlt.

Der Vorgesetzte ist für die Erstellung der aktuellen und künftigen Anforderungsprofile zuständig, außerdem ist er an der Ermittlung des Personalentwicklungsbedarfs beteiligt. Das Gleiche gilt für die Wahl der Entwicklungsmaßnahmen und die Terminplanung. Zum Teil führt er die Bildungsmaßnahmen sogar selbst per Training-on-the-job durch. Auch die Kontrolle, ob der Mitarbeiter die neu erworbene Qualifikation nutzbringend einsetzt, obliegt dem Vorgesetzten. Mentzel fordert deshalb, die Personalentwicklung in das Anforderungsprofil jedes Vorgesetzten aufzunehmen. Bei der jährlichen Beurteilung sollte ein Vorgesetzter auch dahingehend eingeschätzt werden, ob er seiner Verantwortung für die Entwicklung seiner Mitarbeiter nachgekommen ist.[269] Um ihren Aufgaben gerecht zu werden, müssen die Vorgesetzten allerdings ausreichend über die Entwicklungen und Ziele des Unternehmens informiert werden.

Der Betriebs- bzw. Personalrat ist als **Interessenvertretung der Arbeitnehmer** an der Personalentwicklung zu beteiligen. Nach dem BetrVG haben Betriebsrat und Arbeitgeber die Pflicht, die berufliche Bildung zu fördern. Dazu hat der Betriebsrat umfangreiche Informations-, Beratungs- und Vorschlagsrechte, die durch tarifvertragliche Regelungen und Betriebsvereinbarungen ergänzt werden. Außerdem fördert der Betriebsrat durch seine Unterstützung die Akzeptanz des Personalentwicklungssystems bei den Mitarbeitern.

Unternehmensinterne und -externe **Referenten** setzen die Personalentwicklungspläne um, indem sie konkrete Bildungsmaßnahmen durchführen. Sie vermitteln Wissen und bewirken Verhaltensänderungen.

---

[269] Vgl. Mentzel, W. (2005), S. 16.

Der wichtigste Träger der Personalentwicklung ist der **Mitarbeiter** selbst. Er muss sich bewusst sein, wie bedeutsam es ist, den Anforderungen derzeitiger und künftiger Aufgaben gewachsen zu sein. Seine Kooperationsbereitschaft zur Ermittlung des Qualifikationsbedarfs und des Entwicklungspotenzials ist deshalb unverzichtbar. Er muss mit seinem Vorgesetzen über individuelle Wünsche und Bedürfnisse sprechen und ggfs. von sich aus die Initiative ergreifen und sich an die Personalabteilung wenden. Dem Mitarbeiter kommt also nicht nur eine passive Rolle zu, vielmehr muss er die gebotenen Möglichkeiten aktiv nutzen und die Personalentwicklung einfordern. Seine Lernbereitschaft entscheidet maßgeblich über den Erfolg oder Misserfolg der Personalentwicklung.

8.2 Konzept der Personalentwicklung

8.2.1 Überblick

Bei der Erfüllung ihrer Aufgaben nutzt die Personalentwicklung auch die Erkenntnisse anderer personalwirtschaftlicher Funktionsbereiche. Darüber hinaus müssen Informationen aus der strategischen Unternehmensplanung und Prognosen über zukünftige Innovationen sowie technische und organisatorische Änderungen berücksichtigt werden. Da viele Instrumente und Informationen also bereits vorhanden sind, lässt sich ein Personalentwicklungskonzept oft mit geringem zusätzlichen Aufwand umsetzten. Abb. 70 gibt einen Überblick.

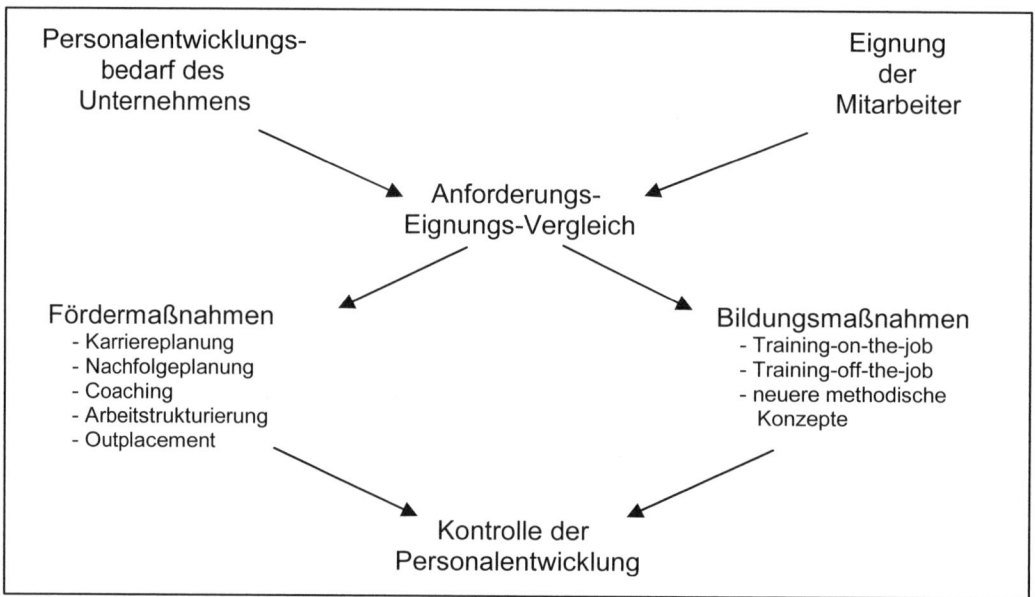

Abb. 70: Konzept der Personalentwicklung

Ausgangspunkt ist der aktuelle und künftige quantitative und qualitative Personalbedarf, der die Anforderungen an die Stelleninhaber bestimmt. Die Personalentwicklung verwendet dazu die Ergebnisse der **Personalbedarfsermittlung** (s. Kapitel 2), die auch Grundlage für weitere personalwirtschaftliche Aufgaben wie Personalbeschaffung, -auswahl und -freisetzung sind.

Die **Eignung der Mitarbeiter** hängt von ihrer derzeitigen Qualifikation und ihrem Potenzial ab. Die wichtigste Informationsbasis hierfür ist die **Mitarbeiterbeurteilung** mit den Zielvereinbarungen und dem **Mitarbeitergespräch**. Aber auch Daten aus einem Auswahlverfahren, etwa einem Assessment Center, können herangezogen werden.

Beim **Anforderungs-Eignungs-Vergleich** werden Stellenanforderungen und Eignung des Mitarbeiters gegenübergestellt. Zusätzlich werden seine individuellen Entwicklungsbedürfnisse berücksichtigt. Im Beratungs- und Fördergespräch spricht der Vorgesetzte die weiteren Förder- und Bildungsmaßnahmen mit dem Mitarbeiter ab.

Als **Fördermaßnahmen** kommen grundsätzlich alle im Unternehmen grundsätzlich vorhandenen Möglichkeiten in Betracht, das Potenzial des Mitarbeiters optimal zu entwickeln. So werden seine weiteren Schritte im Unternehmen im Rahmen der Karriereplanung über mehrere Jahre hinweg gemeinsam geplant. Für diese Karriereschritte benötigt er zusätzliches Wissen, Können und entsprechende Verhaltensweisen. Diese individuelle Qualifikation wird ihm durch **Qualifizierungs- oder Bildungsmaßnahmen** vermittelt, die am Arbeitsplatz oder außerhalb des Arbeitsplatzes erfolgen können.

Die **Kontrolle der Personalentwicklung** vervollständigt das Konzept. Sie bezieht sich sowohl auf den Lernerfolg als auch auf die Umsetzung des Gelernten in der Arbeitssituation. Auch die pädagogische und die ökonomische Erfolgskontrolle fallen in diesen Bereich.

Die Speicherung der Informationen in einem **Personalinformationssystem** erleichtert nicht nur den Personalentwicklungsprozess, sondern verbessert auch den Ablauf aller anderen personalwirtschaftlichen Prozesse.

8.2.2 Personalentwicklungsbedarf und Eignungspotenzial der Mitarbeiter

Die internen und externen Einflussfaktoren auf den Personalbedarf, die in Kapitel 2.4 beschrieben wurden, wirken sich auch den Personalentwicklungsbedarf, einen Teilbereich des Personalbedarfs, aus.

Die **Instrumente zur Ermittlung des Personalentwicklungsbedarfs** wurden bereits in den Kapiteln 2.5 und 2.6 vorgestellt. Es handelt sich um

- die Typologisierung der Berufs- und Qualifikationsgruppen,
- die Organisations- und Stellenpläne,
- die Stellenbeschreibungen und
- die Anforderungsprofile,

die sowohl zur Ermittlung des aktuellen Personalbedarfs als auch des Personalentwicklungsbedarfs herangezogen werden.

Daneben werden **Statistiken** ausgewertet. Aus Qualitätsstatistiken lassen sich Rückschlüsse auf Qualifikationsmängel ziehen, und aus Altersstrukturstatistiken wird auf den künftigen Bedarf, der durch die Pensionierung der Mitarbeiter entsteht, geschlossen.

Auch die Vorgehensweise bei der **Ermittlung des Eignungspotenzials der Mitarbeiter** wurde bereits beschrieben. Die benötigten Informationen erhält man aus

- Personalakten und Personaldateien,
- Mitarbeiterbeurteilungen,
- Mitarbeitergesprächen,
- Zielvereinbarungen,
- Befragungen von Vorgesetzen und Mitarbeitern,
- Bewerbungen auf innerbetriebliche Stellenausschreibungen sowie
- Assessment Centern und anderen Testverfahren.

Erste Informationen zum Eignungspotenzial des Mitarbeiters kann man bereits bei dessen Einstellung gewinnen. Diese werden zusammen mit den im Laufe der Betriebszugehörigkeit erfassten Daten in den **Personalakten** festgehalten und in **Personalentwicklungsdateien** übertragen.

Die **Mitarbeiterbeurteilungen** als formalisiertes und standardisiertes Element der Personalbeurteilung sind bereits in Kapitel 7 behandelt worden. Für die Personalentwicklung sind neben dem akuten Qualifikationsbedarf auch die Erkenntnisse zum Potenzial und den Entwicklungsmöglichkeiten des Mitarbeiters relevant. Auch seine persönlichen Entwicklungsbedürfnisse sind von Belang.

Entsprechende Fragen können an den Mitarbeiter oder den Vorgesetzten gerichtet sein und schriftlich oder mündlich vorgenommen werden. Die **Mitarbeiterbefragung** kann auch Bestandteil oder Grundlage des Beratungs- und Fördergesprächs sein. Neben dieser eher individuellen Variante gibt es allgemeine oder **kollektive** Mitarbeiterbefragungen. Sie sollen ein Bild von der Zufriedenheit aller Mitarbeiter, von Problemen und Schwachstellen sowie von mehrheitlichen Einstellungen, Erwartungen und Bedürfnissen vermitteln. Darüber hinaus geben sie Auskunft, wie die Entwicklungsperspektiven im Unternehmen wahrgenommen werden, ob Karriere- und Nachfolgeentscheidungen für die Mitarbeiter nachvollziehbar sind und ob das Personalentwicklungsangebot in der vorhandenen Form akzeptiert und für gut befunden wird. Diese Informationen fließen in die Personalentwicklungsentscheidungen ein.[270] Werden die Befragungen in regelmäßigen Abständen, d.h. alle zwei bis fünf Jahre, durchgeführt, lassen sich meist deutliche Trends und Veränderungen erkennen.

Einige Unternehmen führen in regelmäßigen Abständen **Vorgesetztenbefragungen** durch. Dabei wird der Vorgesetzte um Auskunft gebeten, welche Funktionen und Aufgaben seine Mitarbeiter – unabhängig von ihrer aktuellen Arbeitssituation – künftig einnehmen bzw. ausführen könnten und welche Bildungsmaßnahmen dazu erforderlich sind. Auf diese Weise werden diejenigen Mitarbeiter identifiziert, welche die Vorgesetzen für besonders leistungs- und entwicklungsfähig halten.[271] In vielen Unternehmen werden diese Befragungen nicht bei allen Mitarbeitergruppen vorgenommen, stattdessen finden sie nur zur Entwicklung der Führungsnachwuchs- und Führungskräfte statt.

---

[270] Vgl. Mudra, P. (2004), S. 194.

[271] Vgl. Mentzel, W. (2005), S. 96.

Innerbetriebliche **Stellenausschreibungen** haben primär das Ziel, die vorhandenen Arbeitskräftereserven zu ermitteln und die interne Mobilität zu fördern. Zusätzlich erhält die Personalabteilung Informationen über Mitarbeiter, die Eigeninitiative zeigen und Karriere machen wollen. Mitarbeiter, deren Entwicklungspotenzial noch nicht bekannt ist, machen die Personalabteilung durch ihre Bewerbung auf sich aufmerksam.[272]

Das **Assessment Center** und andere Testverfahren wurden bereits im Zusammenhang mit der Personalauswahl beschrieben. Im Rahmen der Personalentwicklung dienen sie zunächst dazu, die **Entwicklungsrichtung** und den **Entwicklungshorizont** der Probanden festzustellen. Die Stärken und Schwächen des Mitarbeiters in Bezug auf anspruchsvollere Sachaufgaben, Führungsaufgaben und sein allgemeines Sozialverhalten werden ermittelt. Um eine gezielte Nachfolge- oder Karriereplanung durchführen zu können, ist außerdem die Feststellung eines absoluten Leistungsniveaus erforderlich.

Assessment Center können auch dann eingesetzt werden, wenn ermittelt werden soll, ob und welche Personalentwicklungsmaßnahmen notwendig sind. Dabei stehen individuelle, für den einzelnen Mitarbeiter notwendige Fördermaßnahmen im Mittelpunkt.

Auch um den **Lern- und Transfererfolg** bereits erfolgter Qualifizierungsmaßnahmen zu ermitteln, werden Assessment Center herangezogen. Die Ergebnisse liefern gleichzeitig Informationen zur Effizienz der Personalentwicklung.

Daneben ist das Assessment Center eine **eigenständige Bildungsmaßnahme**, mit deren Hilfe beispielsweise eigene Stärken und Schwächen erkannt werden können. Auch die Beobachter entwickeln sich weiter. Sie verbessern ihr Beobachtungs- und Beurteilungsverhalten, steigern ihre Teamfähigkeit, verändern ihr Konfliktverhalten und überprüfen die eigenen Maßstäbe.

Ein weiteres, vor allem in Großunternehmen verbreitetes Instrument sind **Management Audits** oder **Management Appraisals**. Dabei handelt es sich um zielgerichtete, systematische Interviews, anhand derer Personalentwicklungsmaßnahmen für Führungskräfte festgelegt werden. Management Audits werden z.B. angewendet, um bei einzelnen Vorgesetzten oder auch ganzen Teams die Fähigkeit zu testen, Probleme zu lösen und künftige Herausforderungen zu bewältigen. Management Audits ermitteln also das Potenzial der Leistungträger, ihre Managementkompetenzen und den eventuell notwendigen Entwicklungsbedarf. Sie werden in der Regel von externen Beratern durchgeführt und gliedern sich in mehrere **Phasen**.

Zunächst gilt es, die Unternehmensziele zu präzisieren und davon die kritischen Managementfähigkeiten abzuleiten. Anschließend folgt die Planungsphase, in der das Projektteam zusammengestellt wird. Dessen wesentliche Aufgaben sind die exakte Bestimmung der Bewertungskriterien und die Vorbereitung von Interviews mit den Führungskräften. In Phase drei werden die Interviews durchgeführt und ausgewertet. Das Ergebnis ist eine Übersicht über die im Unternehmen vorhandenen Managementfähigkeiten. In der vierten Phase werden diese Erkenntnisse zu individuellen Stärken-Schwächen-Profilen verdichtet und mit den Teilnehmern besprochen. Für jede Führungskraft wird ein Leistungsblatt erstellt, aus dem hervorgeht, welche strategische Bedeutung sie für das Unternehmen hat. In einer fünften Phase wird der individuelle Entwicklungsbedarf festgestellt, um anschließend konkrete Maßnahmen festzulegen. Außer in der Personalent-

---

[272] Vgl. ebd., S. 102.

wicklung verwendet man Management Audits auch nach Unternehmenszusammenschlüssen und bei Umstrukturierungen, falls die Zahl der Führungskräfte reduziert oder eine ganze Hierarchieebene abgebaut werden soll.[273]

Die **Eignungsprofile** und ihre Bedeutung für das Unternehmen werden häufig in einem **Personal-Portfolio** oder einem **Human-Resources-Portfolio** optisch aufbereitet. Dazu wird eine Vier-Felder-Matrix erstellt, in die die Mitarbeiter je nach Leistung und Potenzial eingeordnet werden. Auf der Vertikalen wird das gegenwärtige Leistungsverhalten oder die Performance, auf der Horizontalen das Eignungspotenzial der Mitarbeiter abgetragen. Ein Beispiel mit zwei Mitarbeitern zeigt Abb. 71.

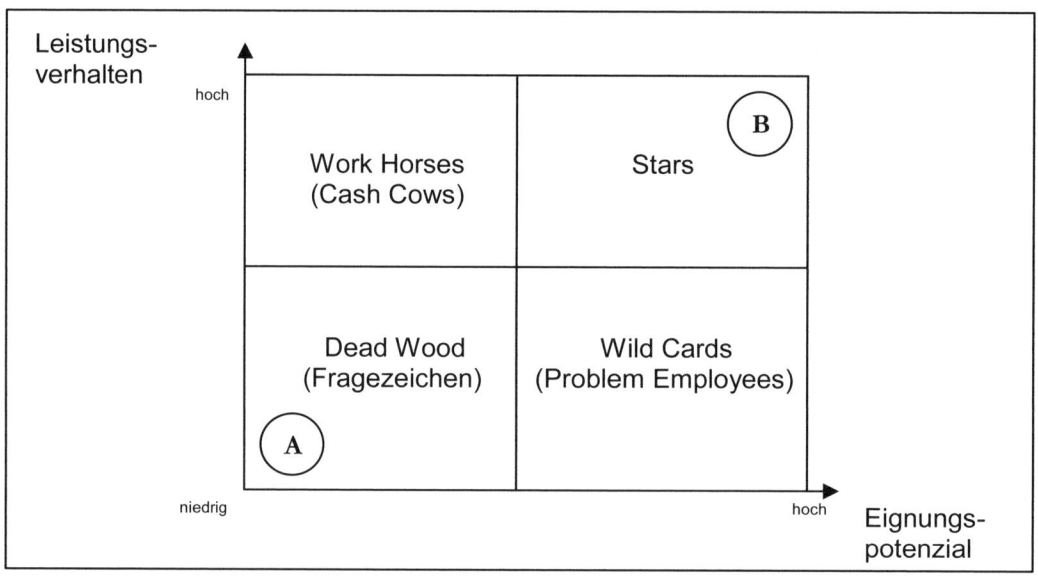

Abb. 71: Personal-Portfolio[274]

Unter **Dead Wood** – in der Abbildung Mitarbeiter A – versteht man Arbeitnehmer mit geringem Leistungspotenzial, die zudem niedriges Leistungsverhalten aufweisen. Es handelt sich um die Problemfälle im Unternehmen, denen es an Fähigkeiten und Willen mangelt. Man geht außerdem davon aus, dass sich beides nicht mehr verändern lässt. Sollte es nicht möglich sein, sich von diesen Mitarbeitern zu trennen, werden sie nur noch mit anspruchslosen Aufgaben betreut. Manchmal werden diesem Feld auch die so genannten Fragezeichen zugeordnet. Dabei handelt es sich ebenfalls um Mitarbeiter mit niedrigem Potenzial, allerdings erscheint hier eine Verbesserung des Leistungsverhaltens vorstellbar. Anders als beim Dead Wood versucht man die Fragezeichen in die Personalentwicklung einzubeziehen.

Die **Work Horses** sind die Leistungsträger des Unternehmens. Sie haben zwar eine hohe Performance, weisen aber nur geringes Entwicklungspotenzial auf. Man geht davon aus, dass sie sich

---

[273] Vgl. Bühner, R. (2005), S. 108 ff.; Klimecki, R.G., Gmür, M. (2001), S. 208 f.

[274] in Anlehnung an Bröckermann, R. (2003), S. 423 und Jung, H. (2005), S. 942.

nicht mehr weiterentwickeln können und dass ihre jetzige Position optimal ihren Fähigkeiten entspricht. Durch die Personalentwicklung werden sie in die Lage versetzt, den derzeitigen und künftigen Aufgaben, die mit dieser Stelle verbunden sind, auch weiterhin gerecht zu werden.

Die **Stars** – in der Abbildung Mitarbeiter B – sind Arbeitnehmer mit herausragenden Leistungen und einem ebenso großen Potenzial. Sie garantieren den künftigen Unternehmenserfolg und gelten als in höchstem Maße förderungswürdig. Großunternehmen richten für sie in der Regel systematische Management-Development-Programme ein.

Die **Wild Cards** sind problematische Mitarbeiter. Sie weisen zwar ein hohes Potenzial auf, zeigen jedoch niedrige Leistungen. Durch passende Motivation und Eingehen auf ihre Bedürfnisse, verbunden mit den entsprechenden Bildungsmaßnahmen, ist es möglich, dass sich auch diese Arbeitnehmer zu Stars entwickeln. Der Fokus liegt dabei auf der Förderung ihrer Leistungsbereitschaft. Bisweilen werden auch die Nachwuchskräfte und High Potentials in dieses Portfoliofeld eingeordnet, da bei ihnen grundsätzlich davon ausgegangen wird, dass sie über ein entsprechendes Potenzial vorfügen, ihre Performance aufgrund der noch unvollständigen Qualifizierung derzeit jedoch gering ist. Mithilfe geeigneter Bildungsmaßnahmen sollen sie sich zu Stars entwickeln.

8.2.3 Anforderungs-Eignungs-Vergleich

Aus dem Vergleich von Anforderungen und Eignungen ergibt sich der Entwicklungsbedarf. Dazu wird eine **Personalentwicklungsdatei** erstellt, die den Entwicklungsbedarf der Qualifikation und dem Potenzial der Mitarbeiter gegenüberstellt. Sie enthält alle Informationen über den derzeitigen und künftigen Personalentwicklungsbedarf sowie zur Entwicklungsfähigkeit der Mitarbeiter und zu den bislang durchgeführten und geplanten Förder- und Bildungsmaßnahmen. Alle Daten müssen regelmäßig erfasst, ergänzt und aktualisiert werden. Die Personalentwicklungsdatei ist die Entscheidungsgrundlage für alle Maßnahmen und deren Kontrolle.

Das Ergebnis des Anforderungs-Eignungs-Vergleichs führt zu verschiedenen Handlungsalternativen (Abb. 72).

Konkrete Förder- und Bildungsmaßnahmen sind jedoch nur wirkungsvoll, wenn seitens des Mitarbeiters eine entsprechende **Bereitschaft** besteht. Ein Teil der Mitarbeiter steht Entwicklungsangeboten gleichgültig oder gar ablehnend gegenüber. Diese **Entwicklungsunwilligkeit** ist häufig dann anzutreffen, wenn Mitarbeitern bereits in jungen Jahren der Eindruck vermittelt wurde, vom Arbeitsleben sei nicht viel zu erwarten. Diese Einstellung kann sich intensiv auf die Persönlichkeits- und damit auch auf die individuelle Bedürfnisstruktur auswirken.[275]

Als weitere Ursache der Entwicklungsunwilligkeit kommen **Enttäuschungen während der beruflichen Tätigkeit** in Betracht. Sie können entstehen, wenn Mitarbeiter mit der Hoffnung auf Karriere- und Entwicklungsmöglichkeiten ins Unternehmen eintreten und dann feststellen müssen, dass diese (z.B. aufgrund eines engen Stellenkegels) sehr begrenzt sind.

Häufig werden Personalentwicklungsdateien nur für **Führungskräfte** oder – dann in Form einer **Nachwuchsdatei** – nur für besonders vielversprechende High Potentials erstellt. Bei den anderen Mitarbeitern vollzieht sich die Personalentwicklung dann meist unsystematisch und nicht zukunftsorientiert, also eher zufällig und am kurzfristigen Bedarf ausgerichtet.

---

[275] Vgl. Jung, H. (2005), S. 304.

Handlungsalternativen der Personalentwicklung	
Ergebnisse des Anforderungs-Eignungs-Vergleichs	Aufgaben der Personalentwicklung
Anforderung und Eignung entsprechen sich	Kein unmittelbarer Personalentwicklungsbedarf, lediglich Maßnahmen der Leistungserhaltung notwendig
Mitarbeiter erfüllt die gegenwärtigen Anforderungen seiner Stelle unzureichend	Vermittlung zusätzlicher Qualifikation und/oder Maßnahmen zur Änderung des Leistungsverhaltens
Derzeitige Aufgaben werden sich durch technisch-organisatorischen Wandel ändern	Anpassung der Qualifikation an die neuen Anforderungen
Horizontale Versetzung, d.h. Übernahme neuer Aufgaben mit geänderten Anforderungen auf der gleichen Hierarchieebene	Vermittlung neuer Qualifikationen entsprechend der geänderten Anforderungen
Vertikale Versetzung, d.h. Aufstieg in eine anspruchsvollere Position mit gestiegenen Anforderungen	Festlegen der Aufstiegswege, die den **individuellen** Fähigkeiten entsprechen, und Vermittlung neuer, anspruchsvollerer Qualifikationen

Abb. 72: Handlungsalternativen der Personalentwicklung[276]

8.2.4 Ausgewählte Instrumente der Personalförderung

Aufgrund des Anforderungs-Eignungs-Vergleichs wird entschieden, welche Instrumente der Personalförderung eingesetzt werden sollen. Anschließend werden **Karriere- und Nachfolgeplanung** gestaltet. Außerdem wird über die Förderung der Mitarbeiter durch **Coaching, Mentoring und verwandte Instrumente** entschieden sowie ggfs. eine Änderung der bisherigen **Arbeitsstrukturierung** veranlasst. Auch die Trennung von Mitarbeitern, sofern damit eine **Outplacement**-Beratung verbunden ist, fällt in den Bereich der Personalförderung.

8.2.4.1 Karriere- und Nachfolgeplanung

8.2.4.1.1 Begriffliche Abgrenzung und Zielsetzung

Karriere- und Nachfolgeplanung verfolgen ähnliche Ziele. Beide legen einzelne Schritte des beruflichen Werdegangs eines Mitarbeiters fest. Der wesentliche Unterschied besteht im Ausgangspunkt der planerischen Überlegungen. Während die Nachfolgeplanung an der Bedarfssituation des Unternehmens ansetzt, geht die Karriereplanung von den Fähigkeiten und Bedürfnissen der Mitarbeiter aus. Die Nachfolgeplanung wirkt immer auf die **optimale Besetzung der betrachte-**

---

[276] in Anlehnung an Mentzel, W. (2005), S. 23.

ten **Stelle** hin, während sich die Karriereplanung auf den **optimalen Einsatz des betreffenden Mitarbeiters** konzentriert.

Mit der **Nachfolgeplanung** werden der oder die möglichen geeigneten Nachfolger des jetzigen Stelleninhabers sowie deren bisherige Qualifikation und Defizite ermittelt. Darauf aufbauend werden zielgerichtete und stellenbezogene Bildungsmaßnahmen durchgeführt.

Die **Karriereplanung** legt fest, welche Stellen ein Mitarbeiter im Laufe seiner beruflichen Entwicklung einnehmen sollte und könnte, will man seine Qualifikation und sein Potenzial optimal nutzen, und welche individuellen, qualifizierenden Maßnahmen dazu erforderlich sind. Dabei wird der einzelne Mitarbeiter mit seinen Fähigkeiten, seinem Potenzial und seinen Bedürfnissen betrachtet. Häufig wird dafür auch der Begriff **Laufbahnplanung** verwandt. Diese Bezeichnung ist allerdings missverständlich, da Laufbahn oft mit dem normierten Werdegang der Beamten im öffentlichen Dienst gleichgesetzt wird. Bei der Karriereplanung handelt es sich jedoch um einen individuellen Plan für einen Mitarbeiter, der die möglichen, aufeinander folgenden Positionen für einen vorgegebenen Zeitraum aufzeigt.

Das wichtigste Ziel der Nachfolgeplanung ist, frühzeitig mögliche Nachfolger für konkrete Stellen zu identifizieren und insbesondere rechtzeitig zu qualifizieren. Bei der Karriereplanung steht dagegen der einzelne förderungswürdige Mitarbeiter im Vordergrund.

Karriere- und Nachfolgeplanung sorgen zusammen dafür, dass ein qualifiziertes Personalreservoir entsteht, damit im Bedarfsfall kurzfristig Stellenbesetzung aus den eigenen Reihen vorgenommen werden können. Weiterhin ermöglichen sie einen Überblick über das vorhandene Mitarbeiterpotenzial, zudem legen sie die Aufstiegswege und -hindernisse sowie die Aufstiegskriterien offen. Diese Transparenz ist ein wichtiger Faktor bei der Leistungsmotivation, da sich die Mitarbeiter dann eher mit den betrieblichen Zielen identifizieren.

Karriere- und Nachfolgeplanung sollten an der Unternehmens- und der Mitarbeitersituation ausgerichtet werden, damit Enttäuschungen und Frustrationen vermieden werden. Dennoch ergeben sich **Probleme**, wenn

- der Mitarbeiter ein niedrigeres Potenzial aufweist, als zu Anfang prognostiziert wurde.
- nach einer innerbetrieblichen Stellenausschreibung andere Mitarbeiter für die vorgesehenen Aufgaben besser geeignet erscheinen.
- sich die Bedürfnisse des Mitarbeiters ändern.
- organisatorische Umstrukturierungen zu inhaltlichen Änderungen oder zum Wegfall der angestrebten Stelle führen.
- konjunkturelle Veränderungen in den Planungen berücksichtigt werden müssen.

Deshalb sollte der **Planungshorizont** maximal drei bis fünf Jahre und maximal zwei bis drei Versetzungsschritte umfassen. Mittels regelmäßiger Gespräche kann festgestellt werden, ob die Pläne angepasst oder konkretisiert werden müssen.

8.2.4.1.2 Karriereplanung

Meist verbindet sich mit der Karriereplanung die Hoffnung auf einen (schnellen) hierarchischen Aufstieg. Wegen des pyramidalen Unternehmensaufbaus verringert sich diese Möglichkeit zwangsläufig nach oben hin. Außerdem haben neue organisatorische Strukturen aufgrund des **Lean Management** zu einer Reduzierung der Führungskräftezahl geführt und damit die vertikalen Aufstiegsmöglichkeiten stark eingeschränkt. Gleichzeitig fielen in den letzten Jahren in vielen Unternehmen ganze Hierarchieebenen weg, was den regelmäßigen, stufenweisen Aufstieg weiter erschwert, da der Stellenkegel immer enger wird.

Demzufolge muss eine Karriereplanung heute neben der **vertikalen Entwicklungsrichtung** auch **horizontale Karrierebewegungen** zwischen den verschiedenen Abteilungen der gleichen Hierarchieebene einbeziehen. Als **zentripetale Karriereschritte** bezeichnet man Versetzungen zu einer oder weg von einer Schaltstelle in den verschiedenen Hierarchieebenen, z.B. von einer Filiale in die Zentrale oder vom Mutterunternehmen zu einer Tochtergesellschaft. Auch vorübergehende hierarchische Abstiege und damit die Reduzierung positionsspezifischer Rechte, Befugnisse und Verantwortung werden – bei Zunahme nützlicher Erfahrungen – gelegentlich eingeplant.[277]

In der Praxis lassen sich drei **Arten von Laufbahnen** oder Karrierewegen unterscheiden, die miteinander kombiniert werden können.

Als **Führungslaufbahn** bezeichnet man die Besetzung von Stellen mit direkter Personalverantwortung. Die Abfolge der Versetzungen innerhalb der Hierarchieebenen kann vertikaler oder horizontaler Art sein. Vertikale Versetzungen sind in der Regel mit einem hierarchischen Aufstieg verbunden. Falls ein Abstieg eingeplant ist, vollzieht er sich nicht in der bisherigen Abteilung, sondern ist mit einem gleichzeitigen Ressortwechsel verbunden. Bei horizontalen Versetzungen handelt es sich um Stellenwechsel auf der gleichen Hierarchieebene, z.B. vom Leiter der Buchhaltung zum Leiter des Internen Rechnungswesens. Hier steht die Entwicklung zum Generalisten im Vordergrund.

Führungspositionen sind in Unternehmen nur in begrenztem Umfang vorhanden. Außerdem sind nicht alle Mitarbeiter geeignet, Führungsaufgaben zu übernehmen. Gleichzeitig benötigt man verstärkt hochqualifizierte Fachkräfte, die keine direkte Personalverantwortung haben. Für diese Mitarbeiter werden so genannte **Fachlaufbahnen** geschaffen. Sie bieten die Möglichkeit, mit zunehmender fachlicher Qualifikation in einer **Parallelhierarchie** aufzusteigen. Diese trifft man vor allem im Forschungs- und Entwicklungssektor, im Vertrieb und im EDV-Bereich an.[278] Die einzelnen Positionen sind mit einem Titel und anderen Statussymbolen, die denjenigen einer Führungslaufbahn entsprechen, sowie einem vergleichbaren Entgelt versehen. Fachlaufbahnen stellen jedoch nur dann eine echte Alternative dar, wenn sie in- und außerhalb des Unternehmens als gleichwertig angesehen werden. Deshalb werden die Distanz zwischen den Karriereschritten und die Schwierigkeit, die nächste Ebene zu erreichen, bei beiden Laufbahnarten ähnlich gestaltet. Nachteilig an Fachlaufbahnen ist ihre einseitige Spezialisierung, die den inner- und zwischenbetrieblichen Wechsel erschwert.[279]

Mit flacheren Hierarchien steigt die Notwendigkeit der Projektarbeit. Projekte sind eine zeitlich befristete Arbeitsform, die neben der Primärorganisation im Unternehmen besteht. Die Mitarbeiter erfüllen – zusätzlich zu ihrer Hauptaufgabe oder von dieser freigestellt – komplexe, nicht routinemäßige Aufgaben. Durch Projektarbeit nehmen die Entwicklungsmöglichkeiten der Mitarbei-

---

[277] Vgl. Schanz, G. (2000), S. 508 f.

[278] Vgl. Berthel, J., Becker, F.G. (2003), S. 335.

[279] Vgl. Olesch, G. (2003 a), S. 72 f.; Schmitt, K. (2002), S. 80 f.

ter zu, da sich damit Fach- und Führungsaufgaben verknüpfen oder auch austauschen lassen. **Projektlaufbahnen** bieten die Möglichkeit, als Fachkraft zeitlich befristet Führungsaufgaben zu übernehmen und umgekehrt als Führungskraft die Vorzüge der Spezialisierung kennen zu lernen und das Fachwissen zu vertiefen. Hinzu kommt eine wichtige soziale Komponente, da durch die vorherrschende Teamarbeit die Kommunikations-, Kooperations- und Konfliktlösungsfähigkeiten der Projektteilnehmer gestärkt werden.[280]

In der Karriereplanung für einen Mitarbeiter sind oft Wechsel zwischen den verschiedenen Laufbahnarten enthalten.

8.2.4.1.3 Nachfolgeplanung

Die Nachfolgeplanung sorgt dafür, dass beim Ausscheiden des gegenwärtigen Stelleninhabers jederzeit mindestens ein qualifizierter Nachfolger zur Verfügung steht. Sie stellt theoretisch sicher, dass jede Stelle aus den eigenen Reihen besetzt werden kann. In der Praxis sind im Unternehmen jedoch nicht für jede Stelle geeignete Mitarbeiter vorhanden, außerdem ist die Nachfolgeplanung viel zu aufwändig, um auf allen Ebenen und bei allen Stellen eingesetzt werden zu können. Eine das ganze Unternehmen umfassende Nachfolgeplanung würde zudem verhindern, dass neue Ideen und Impulse von außen in das Unternehmen gelangen. Deshalb bezieht sich die Nachfolgeplanung immer nur auf ausgewählte Stellen der drei genannten Laufbahnarten und erfüllt die folgenden Aufgaben:

- Identifizierung von Schlüsselpositionen im Unternehmen
- Ermittlung möglicher Nachfolgekandidaten
- gezielte Vermittlung von passenden Qualifikationen an diese Mitarbeiter
- rechtzeitige Einleitung externer Personalbeschaffungsmaßnahmen, falls kein geeigneter Nachfolger aus den eigenen Reihen zur Verfügung steht

Die ausgewählten Nachfolger werden Schritt für Schritt für ihre künftigen Aufgaben qualifiziert. Dazu wird für jede einbezogene Stelle ein **Nachfolgeplan** erstellt. Er enthält stellenspezifische Informationen sowie die Namen des Stelleninhabers und seiner Nachfolgekandidaten. Es ist üblich, zwei bis drei alternative Nachfolgekandidaten zu benennen. Für jeden dieser Mitarbeiter werden der individuelle Entwicklungsbedarf und die notwendigen Maßnahmen aufgeführt.

Eine alternative und weniger aufwändige Vorgehensweise ist das Erstellen von **Nachfolgelisten**, welche die einbezogenen Stellen zunächst abteilungsweise auflisten. Für diese Stellen werden die Namen des derzeitigen Stelleninhabers und möglicher Nachfolgekandidaten genannt. Daneben ist als Information zu jedem Kandidaten seine aktuelle Position und der Zeitpunkt vermerkt, zu dem er die Stelle übernehmen könnte.

In der Praxis werden auch **erweiterte Organigramme** verwandt. Neben dem Namen des aktuellen Stelleninhabers sind die seiner möglichen Nachfolger eingetragen. Zusätzliche Buchstaben, die in einer Legende erläutert werden, kennzeichnen z.B. den aktuellen Qualifikationsstand, die Aufstiegseignung und die Leistung in der derzeitigen Position.[281]

---

[280] Vgl. Modi, J., Tschabrun, H. (2004), S. 38 ff.

[281] Vgl. Mentzel, W. (2005), S. 151 ff.

Die Nachfolgeplanung sieht zwar für jede Stelle mehrere Nachfolger vor, die es zu qualifizieren gilt, jede Stelle kann jedoch nur von einem Kandidaten besetzt werden. Um Motivationsverlusten vorzubeugen, ist es sinnvoll, bei allen Kandidaten Bildungsmaßnahmen durchzuführen, damit sie ggfs. auf anderen Stellen eingesetzt werden können. Damit erhöhen sich die Chancen auf eine höherwertige Stelle, und die Leistungsbereitschaft der Kandidaten bleibt erhalten.

Die **zeitliche Reichweite** von Nachfolgeplanungen entspricht mit maximal drei bis fünf Jahren derjenigen der Karriereplanung.

8.2.4.2 Coaching

8.2.4.2.1 Begriffliche Abgrenzung

Ein **Coach** ist eine feste Größe im Sport. Er ist nicht nur als Trainer für die fachliche Betreuung zuständig, etwa die Verbesserung der Fitness und des taktischen Verhaltens, sondern übernimmt auch die psychologische Betreuung des Sportlers. Auch viele Führungskräfte wünschen sich einen Ansprechpartner, mit dem sie sich nicht nur über Fachliches, sondern auch über andere berufliche Dinge und möglicherweise sogar über private Probleme austauschen können, sei es das berufliche Weiterkommen, Krisensituationen, mangelndes Selbstvertrauen oder aktuelle Führungsprobleme.

Hier setzt das **Coaching** an, das mittlerweile von den oberen in die mittleren Hierarchieebenen vorgedrungen ist. Auch bei wichtigen Spezialisten wird es manchmal angewandt, während es bei einfachen Mitarbeitern kaum zum Einsatz kommt. Eine Befragung von 196 deutschen Großunternehmen durch Pietschmann und Leufen zeigte, dass 79 Prozent Coaching einsetzen und 17 Prozent eine Nutzung erwägen. Nur vier Prozent standen dem Coaching ablehnend gegenüber.[282]

Beim Coaching handelt es sich um ein systematisches Beratungs- und Handlungskonzept, mit dem Hilfe zur Selbsthilfe angeboten wird. Dem Mitarbeiter (**Coachee**) wird ein externer oder interner Berater (**Coach**) zur Seite gestellt, der ihn – vor allem psychologisch – bei der Erfüllung seiner Führungsaufgaben sowie bei der Persönlichkeitsentwicklung, dem Abbau von Schwächen und dem Aufbau von Stärken unterstützt. Dabei geht es weniger um die Frage, ob der Coachee richtig oder falsch gehandelt hat, sondern weshalb er sich so verhalten hat. Gemeinsam wird nach Erklärungen und Alternativen gesucht, der Coachee lernt, sein Verhalten zielorientiert zu ändern und Probleme kreativ zu lösen. Die Beratung erstreckt sich in der Regel über einen Zeitraum von drei bis zwölf Monaten und besteht aus regelmäßigen Gesprächen.

Coaching wird zunehmend nicht nur zur Lösung aktueller Probleme eingesetzt, sondern übernimmt immer mehr Aufgabe eines Führungs- und Persönlichkeitstrainings, das individuell auf die Führungskraft zugeschnitten wird.[283]

Neben dem **Einzel-Coaching** für einen einzelnen Coachee werden **Gruppen-Coachings** durchgeführt, bei denen eine ganze Mitarbeitergruppe von einem oder mehreren Coaches betreut wird.

---

[282] Vgl. Pietschmann, B.P., Leufen, D. (2003), S. 39.

[283] Vgl. Hörmann, B. (2005), S. 68.

Die Merkmale des Coaching sind:

- Es handelt sich um eine Beratungs- und Betreuungsaufgabe, die oft vom direkten Vorgesetzten, teilweise aber auch von internen oder externen Beratern übernommen wird.
- Der Coach ist eine anerkannte Persönlichkeit.
- Coaching soll Impulse zur Selbsthilfe geben.
- Es ist auf kleine Zielgruppen ausgerichtet.
- Es fördert Spitzenleistungen.
- Der Schwerpunkt des Coaching liegt auf der Vermittlung von Schlüssel- und Managementqualifikationen.
- Es wird individuell angepasst und läuft eher partnerschaftlich ab.
- Coaching dient vornehmlich der Krisenbewältigung und Persönlichkeitsentwicklung.

Mit dem Coaching verwandte Instrumente der Personalförderung sind Mentoring und Supervision.

Mentoring ist die langfristige Begleitung einer Nachwuchskraft (**Mentee**) durch eine erfahrene, meist ältere Führungskraft, den **Mentor**. Grundvoraussetzung ist die gegenseitige Achtung und Wertschätzung der beiden Beteiligten. Der Mentor fungiert als Ratgeber, Freund und Vorbild. Mentoring ist von vornherein auf einen längeren Zeitraum als das Coaching ausgerichtet und dauert zwischen zwei und fünf Jahre. Im Mittelpunkt steht der Sozialisationsprozess des Mentee. Dieser soll schneller und sicherer in neue Aufgaben hineinwachsen und die Werte und Handlungsmuster im Unternehmen verinnerlichen. Regelmäßige Kommunikation und Feedbacks zwischen Mentor und Mentee sollen den Erfolg der Maßnahme sicherstellen.

Bei der **Supervision** geht es um Fragen der Orientierung und der Zielerreichung im Arbeitsalltag.[284] Die eigene Art der Aufgabenerfüllung wird kritisch beleuchtet und in den sozialen Zusammenhang des Unternehmens eingeordnet. So soll der Mitarbeiter ein besseres Verständnis für die Probleme und Bedürfnisse von Kollegen, Mitarbeitern, Kunden und Lieferanten erhalten. Supervision dient insbesondere der Verbesserung von Kommunikations- und Arbeitsprozessen.

Da das Coaching in der betrieblichen Praxis größere Verbreitung gefunden hat, konzentrieren sich die Ausführungen auf dieses Instrument der Personalförderung.

8.2.4.2.2 Anlässe und Inhalte von Coaching-Prozessen

Die Gründe für den stark wachsenden Bedarf an Coaching sind vielfältig. In einer immer komplexeren Umwelt reichen die Fähigkeiten einer Führungskraft oft nicht mehr aus, um alle Situationen erfolgreich zu bewältigen. Gleichzeitig setzt sich immer mehr die Erkenntnis durch, dass der langfristige Unternehmenserfolg nicht nur an die fachliche, sondern auch an die persönliche Entwicklung der Mitarbeiter geknüpft ist. Folgende Faktoren begünstigen die Verbreitung des Coaching:

- Führungsaufgaben werden immer komplexer.
- Mitarbeiter stellen höhere Ansprüche an ihre Vorgesetzten als früher.
- Das Führungspotenzial soll generell gefördert werden.

---

[284] Vgl. Mudra, P. (2004), S. 325.

- Psychische und soziale Betreuung sind gesellschaftlich akzeptierter als früher.
- Es gibt in zunehmendem Maße professionelle Coaching-Angebote.

Coaching-Beratungen sind ebenso vielfältig wie die Probleme, die Mitarbeiter bei der Aufgabenerfüllung und im privaten Bereich haben. Abb. 73 gibt einen Überblick über die wichtigsten Inhalte.

Inhalte von Coaching-Prozessen	
Situation	Beispiele
Vorbereitung zur Übernahme neuer beruflicher Aufgaben	• Entsendung ins Ausland • Erstmalige Übernahme eine Führungsposition • Übernahme anspruchsvollerer Aufgaben • Änderungen durch interne Umstrukturierungen • Änderungen durch Unternehmenszusammenschlüsse
Vertraut machen mit neuen Werten der Unternehmenskultur	• Einführung von Teamarbeit • Änderung des Führungsstils • Änderung der Personalpolitik
Beseitigung individueller Defizite	• Verbesserung der Kommunikationsfähigkeit • Verringerung der Stressanfälligkeit • Verbesserung der Konfliktlösungsfähigkeit • Stärkung der Delegationsbereitschaft • Sicherheit bei repräsentativen Aufgaben
Lebensanalyse und -gestaltung	• Karriereberatung • Zeitmanagement • Definition neuer Ziele und Werte • private Krisen, z.B. Trennungsprobleme • Outplacement-Beratung • Burnout
Konflikte mit Kollegen	• Ablehnung als Teampartner • Mobbing
Implementierung neuer Managementkonzepte	• Einführung von Qualitätsmanagement • Einführung von Zielvereinbarungen • Einführung von Management-by-Konzepten • Änderung der Organisationsstruktur

Abb. 73: Inhalte von Coaching-Prozessen[285]

---

[285] Vgl. Mentzel, W. (2005), S. 164; Olfert, K. (2005), S. 421; Gorges, H. (2005), S. 66 f.

8.2.4.2.3 Formen und Phasen des Coaching

In der Literatur werden die Formen des Coaching nach der Zahl der beteiligten Coachees in **Einzel- und Gruppencoaching** unterschieden. Hier werden aufgrund der größeren praktischen Bedeutung nur die Formen und Phasen des Einzel-Coaching näher betrachtet.

Außerdem differenziert man je nach der Herkunft des Coachs zwischen unternehmensexternen und -internen Beratern. Beim **Coaching durch unternehmensexterne Berater** handelt es sich meist um Beratungen für höhere Führungskräfte, die aus unterschiedlichen Gründen nicht auf einen internen Coach zurückgreifen möchten. Zur zweiten Gruppe gehören Angestellte des Unternehmens, die dieser Aufgabe hauptberuflich nachgehen, sowie Vorgesetzte, die ihre Mitarbeiter coachen.

Führungskräfte der oberen Hierarchieebenen erhalten intern kaum Feedback zu ihrem Verhalten. Ihre Mitarbeiter haben oft Bedenken, Kritik zu äußern, da sie negative Reaktionen fürchten. Gleichgestellte Kollegen sprechen Probleme ebenfalls nicht offen an, da sie einander als Konkurrenten betrachten, die es zu übertrumpfen gilt. Ein interner Berater steht in der Regel auf einer niedrigeren Hierarchieebene und wird deshalb nicht akzeptiert. Der direkte Vorgesetzte scheidet ebenfalls als Coach aus, da man fürchtet, er könnte Probleme als Unfähigkeit deuten. Vor allem hochrangige Führungskräfte können anstehende Veränderungen und berufliche oder private Probleme deshalb leichter mit einem externen Berater besprechen.

Bei einem unternehmensexternen Coach erwarten Führungskräfte zudem oft größere Professionalität und Erfahrung als bei einem internen Berater, da er bereits viele Branchen und Unternehmen kennengelernt und Lösungen erarbeitet hat, die über den Horizont eines einzelnen Unternehmens hinausgehen. Häufig unterstellt man einem externen Coach auch eine größere Bereitschaft, sich weiterzubilden und, was aktuelle Methoden und Techniken anbelangt, auf dem Laufenden zu bleiben, da der Konkurrenzdruck bei selbständigen Coaches größer ist.

Ein **unternehmensinterner Coach** ist meist Angestellter auf mittlerer Managementebene. Die Gründe für ein internes Coaching sind dieselben wie bei der Inanspruchnahme eines externen Coachs. Oft kennen sich Coachee und Coach bereits aus gemeinsamen Veranstaltungen. Der interne Coach ist mit der Arbeitssituation, der Organisation, der formalen und informalen Unternehmensstruktur und dem betrieblichen Umfeld vertraut, was in der Regel zu mehr Verständnis für die Probleme des Coachee führt. Gleichzeitig unterstellt dieser aber oft, dass seine Informationen nicht vertraulich behandelt werden.

Wird der Coach abseits der Personalabteilung in die Organisationsstruktur eingeordnet, verringern sich diese Bedenken meistens. Eine Möglichkeit wäre beispielsweise, eine Stabsstelle einzurichten, die an den Vorstand oder die Geschäftsführung angehängt wird. Außerdem sollte der Coach den Eindruck von Professionalität und absoluter Diskretion vermitteln, um so seine Akzeptanz zu erhöhen.[286] Es bleibt jedoch das Problem, dass Führungskräfte höherer Hierarchieebenen im Coaching-Prozess gleichgestellte Partner bevorzugen. Für alle anderen Ebenen ist das unternehmensinterne Coaching ein effizientes und kostengünstiges Instrument der Personalförderung.

---

[286] Vgl. Gorges, H. (2005), S. 66 f.; Jung, H. (2005). S., 547.

Coaching durch den Vorgesetzten umfasst alle Maßnahmen, die ein Vorgesetzter ergreift, um seine Mitarbeiter zu fördern und zu motivieren. Voraussetzung für das Gelingen dieser Coaching-Form ist das ehrliche Interesse des Vorgesetzten am Coaching und am Coachee. Er muss sich seiner Verantwortung für den Mitarbeiter bewusst sein und sich genügend Zeit für die Gespräche nehmen. Dazu gehört, dass er seine eigenen Interessen zurückstellt und sich ganz auf den Coachee konzentriert. Dennoch sind viele Mitarbeiter gehemmt, wenn sie mit ihrem Vorgesetzten berufliche und möglicherweise private Probleme ausführlich erörtern sollen.[287] Oft belasten auch Abhängigkeiten, Vorurteile und Konkurrenzdenken die Coaching-Beziehung und erschweren das notwendige gegenseitige Vertrauen.

Der **Coaching-Prozess** läuft stets in mehreren Phasen ab.[288] In der **Kontaktphase** überprüfen die Beteiligten, ob die gegenseitige Akzeptanz und das Vertrauen des Coachee in seinen Berater groß genug sind, um eine längerfristige Zusammenarbeit zu gewährleisten. In der sich anschließenden **Orientierungsphase** analysieren die Beteiligten die Situation, wählen die relevanten Themen aus und definieren die zu behandelnden Probleme. Die **Phase der Lösungssuche** ist der Kernbereich des Coaching-Prozesses. Es geht zunächst darum, welche Verhaltensweisen beibehalten, aufgegeben oder verändert werden sollen. Anschließend sucht man gemeinsam nach Lösungen, wie der Coachee weiter vorgehen soll. Nach einem zuvor festgelegten Zeitraum schließt sich ein Feedback-Gespräch an, bei dem geklärt wird, ob und wie der Coachee seine Aufgaben erfüllt hat. Auf dieser Grundlage vereinbaren die Beteiligten weitere Strategien und Verhaltensweisen. In der **Umsetzungsphase** wird das veränderte Verhalten angewandt bzw. erprobt. Bis zum Ende des Coaching-Prozesses werden die Phasen Lösungssuche und Umsetzung mehrfach durchlaufen. Der Prozess schließt mit einer **Evaluierungsphase**, in der die Beteiligten ein Resümee ziehen, welche Verhaltensweisen sich bewährt haben, und entscheiden, ob das Coaching mit einem weiteren Problemfeld fortgesetzt werden soll.

Da Coaching immer eine **Beratung auf Zeit** ist, ist es wichtig, dass der Coach nach dem Ende des Beratungsprozesses eine Trennung herbeiführt. Es kann sonst leicht geschehen, dass er regelmäßig zur Problembewältigung herangezogen wird, worunter die Selbständigkeit des Coachee leidet.

Da es bislang keine allgemeingültige Theorie des Coaching gibt, hängt die Qualität des Coaching-Prozesses entscheidend von der Qualität des Coachs ab. Seine individuellen Fähigkeiten, seine Professionalität und Diskretion sowie die von ihm eingesetzten Methoden entscheiden über den Erfolg der Maßnahme.

8.2.4.3 Exkurs: Outplacement und Arbeitsstrukturierung

Outplacement wird in der Literatur häufig als Personalförderungsmaßnahme bezeichnet, obwohl es sich um ein Instrument der Personalfreisetzung handelt, dessen Ziel es ist, sich von einem Mitarbeiter auf sozialverträgliche Art zu trennen.

Das Unternehmen bietet mit dem Outplacement eine Trennung an, bei der der Mitarbeiter für Bewerbungssituationen fit gemacht wird und Hilfestellung bei der Übernahme neuer Aufgaben und bei der Integration in ein anderes Unternehmen erhält. Der Schwerpunkt liegt auf der Wei-

---

[287] Vgl. Jung, H. (2005), S. 547.

[288] Vgl. Klimecki, R.G., Gmür, M. (2001), S. 210 f.; Mentzel, W. (2005), S. 165

terentwicklung der tätigkeitsunabhängigen Kenntnisse des Mitarbeiters sowie auf der Steigerung seiner sozialen Kompetenz und seiner Methodenkompetenz. Insofern handelt es sich beim Outplacement um eine Maßnahme der Personalförderung, deren Ergebnisse zwar dem (Noch-) Mitarbeiter, nicht aber dem fördernden Unternehmen zugute kommen. Eine ausführliche Darstellung zum Outplacement folgt in Kapitel 9.

Neue Formen der **Arbeitsstrukturierung** wie Job Enlargement, Job Enrichment, Job Rotation und teilautonome Arbeitsgruppen dienen in erster Linie dem Erreichen unternehmerischer Ziele. Man verspricht sich von ihnen vor allem Produktivitätssteigerungen, Kostensenkungen, Qualitätsverbesserungen und größere Flexibilität.

Gleichzeitig sollen sie sich auf der Mitarbeiterseite positiv auf die Identifizierung mit den Aufgaben und die Steigerung der Arbeitszufriedenheit auswirken. Daneben können diese Maßnahmen auch unter dem Blickwinkel der Personalentwicklung betrachtet werden. Die Umstrukturierung und die neue Definition des Aufgabenfeldes vergrößern den Handlungsspielraum des einzelnen Mitarbeiters und bieten ihm die Möglichkeit, sein Wissen und Können zu erweitern und sein Verhalten zielorientiert anzupassen. Die Qualifikation und das Potenzial des Mitarbeiters werden besser genutzt. Eine ausführliche Darstellung der Arbeitsstrukturierung findet sich in Kapitel 6 unter „Ausgewählte immaterielle Anreize".

8.2.5 Maßnahmen der Qualifikationsvermittlung

8.2.5.1 Inhalte und Systematisierung der Maßnahmen

Der Erfolg der Personalentwicklung hängt wesentlich von der Auswahl der richtigen Maßnahmen der Qualifikationsvermittlung ab. Zur Klassifizierung der zahllosen Möglichkeiten findet man in der Literatur diese Kriterien:

- Je nach Umfang, in dem sich der Lernende selbst beteiligen muss, wird zwischen aktiven und passiven Methoden unterschieden.
- Entsprechend der Teilnehmerzahl differenziert man zwischen Einzel- und Gruppenmaßnahmen.
- Je nach Träger handelt es sich um eine externe oder interne Maßnahme.
- Die gängigste Gliederung orientiert sich daran, ob die Qualifizierung außerhalb des Arbeitsplatzes (Training-off-the-job) oder am Arbeitsplatz (Training-on-the-job) vorgenommen wird.

Daneben wird – in der Praxis allerdings selten – zwischen Training-near-the-job, Training-out-of-the-job und Training-into-the-job unterschieden. Im ersten Fall handelt es sich um Bildungsmaßnahmen, die zwar nicht direkt am Arbeitsplatz, jedoch in räumlicher und inhaltlicher Nähe dazu durchgeführt werden. Sie werden hier dem Training-on-the-job zugerechnet.

Training-out-of-the-job dient der Vorbereitung eines Mitarbeiters auf einen internen oder externen Stellenwechsel oder auf den Ruhestand. Maßnahmen Into-the-job sollen den Einstieg in eine neue Stelle erleichtern und die erforderliche Qualifikation vermitteln. Beide können am Arbeitsplatz oder außerhalb durchgeführt werden, weshalb sie hier je nach Maßnahme dem Training-on- bzw. -off-the-job zugeordnet werden.

Einen Überblick über die in der Praxis am häufigsten eingesetzten Maßnahmen gibt Abb. 74.

Maßnahmen der Qualifikationsvermittlung	
Training-on-the-job	Training-off-the-job
• Gelenkte Erfahrungsvermittlung • Planmäßige Arbeitsunterweisung • Job Rotation und Trainee-Programme • Übertragung begrenzter Verantwortung • Übertragung von Sonderaufgaben • Auslandseinsatz • Teilnahme an Projekten • Multiples Management	• Programmierte Unterweisung • Vorlesungen • Konferenzmethode • Fallstudien und Planspiele • Rollenspiele • Gruppendynamische Trainings • Fernunterricht • Qualitätszirkel • Förderkreise und Erfahrungs-austauschgruppen

Abb. 74: Maßnahmen der Qualifikationsvermittlung

Einen Überblick über die wichtigsten Gründe, die zur Wahl einer Trainingsmaßnahme führen, gibt Abb. 75.

Auswahl einer Trainingsmaßnahme	
Training-on-the-job	Training-off-the-job
• ist realitätsnaher • entspricht eher den Bedürfnissen von Mitarbeiter und Unternehmen • ist für den Mitarbeiter leichter umsetzbar • ist kostengünstiger • kann kurzfristig initiiert werden • bedarf nur geringer organisatorischer Vorbereitung • ermöglicht eine leichtere Erfolgskontrolle	• bietet konzentrierte Vermittlung von Qualifikation ohne Ablenkung durch die Arbeitssituation • vermittelt Know-how, das intern nicht vorhanden ist • ermöglicht überbetrieblichen Erfahrungsaustausch • bietet neueste Erkenntnisse • kann pädagogische Konzepte anwenden

Abb.75: Auswahl einer Trainingsmaßnahme

Der größere **Realitätsbezug** des Training-on-the-job ist aus Sicht vieler Arbeitnehmer ein wesentlicher Vorteil. Dabei handelt sich meist um Mitarbeiter, denen die Lernsituation in einer fremden Umgebung ungewohnt ist. Sie können sich nur schwer auf den neuen Lernstoff konzentrieren, wenn der konkrete Bezug zu ihrem Arbeitsplatz fehlt, und behalten entsprechend wenig davon in Erinnerung.

Viele Mitarbeiter sind auch nicht in der Lage, aus den allgemein gehaltenen Informationen eines Training-off-the-job das für ihre Tätigkeit Wesentliche herauszufiltern.

Dennoch hat das Training-off-the-job in den letzten Jahren erheblich an Bedeutung gewonnen. Die Ursache liegt darin, dass das Wissen immer schneller veraltet und das Know-how zur Qualifikationsvermittlung oft nicht im Unternehmen vorhanden ist, womit nichts anderes übrig bleibt, als auf externe Maßnahmen zurückzugreifen.

8.2.5.2 Training-on-the-job

Training-on-the-job zeichnet sich dadurch aus, dass Lernfeld und Funktionsfeld des Mitarbeiters weitgehend übereinstimmen. Es handelt sich meist um Maßnahmen, die der Vermittlung von Wissen, Können oder Verhaltensweisen zur Lösung aktueller Probleme am Arbeitsplatz dienen. Deshalb vollzieht sich ein großer Teil des Training-on-the-job bei der täglichen Arbeit und wird nicht immer als Bildungsmaßnahme wahrgenommen. Die wichtigsten Methoden sind:

- **Gelenkte Erfahrungsvermittlung**: Nicht jede Anleitung oder Beratung durch den Vorgesetzten oder einen Kollegen ist eine Bildungsmaßnahme. Der Lernprozess muss vielmehr geplant, kontrolliert und auf ein Lernziel ausgerichtet werden. Ein auf den Mitarbeiter zugeschnittener Ausbildungsplan muss zumindest in Umrissen vorhanden sein. Er enthält die Ziele, Schritte und den zu erreichenden Entwicklungsstand, außerdem sind die Dauer und der Unterweisende aufgeführt. Meist führt der Vorgesetzte die gelenkte Erfahrungsvermittlung durch. Zudem kann ein besser qualifizierter Kollege herangezogen werden. Die Kosten für diese Bildungsmaßnahme sind relativ gering. Der Erfolg steht und fällt allerdings mit dem pädagogischen Geschick desjenigen, der die Erfahrungen vermittelt. Oft werden Anleitung und Beratung durch den Zeitdruck am Arbeitsplatz behindert.

- **Planmäßige Arbeitsunterweisung**: Er handelt sich um Vorbereitung, Einführung, Anpassung und Vertrautmachen des Mitarbeiters mit seiner neuen Arbeitssituation. Planmäßige Arbeitsunterweisungen nehmen in der Praxis eine bedeutsame Rolle ein. Dazu werden vier oder sieben Unterweisungsschritte vorgeschlagen. Daneben wird seit einigen Jahren die so genannte Leittext-Methode angewandt, die das selbständige Lernen fördert. Die Mitarbeiter erhalten schriftliche Anweisungen in Form von Leittexten, mit deren Hilfe sie sich allein ein Aufgabengebiet erarbeiten. Der Vorgesetzte fungiert als Berater und hilft bei ungelösten Problemen.[289] Neben fachlichen Aspekten verbessert diese Methode die Selbständigkeit und Kooperationsfähigkeit. Besonders positiv wirken sich die Anschaulichkeit und Realitätsnähe sowie die Berücksichtigung des individuellen Lerntempos auf den Erfolg der Maßnahme aus.

- **Job Rotation und Trainee-Programme**: Job Rotation ist sowohl eine Form der Arbeitsstrukturierung als auch eine Bildungsmaßnahme. Es handelt sich um einen systematischen Arbeitsplatzwechsel, mit dem eine geplante Erweiterung des Wissens und Könnens verbunden ist. Die Notwendigkeit, immer wieder mit anderen Mitarbeitern zusammenarbeiten zu müssen, verbessert außerdem das Sozialverhalten und steigert die Flexibilität. Obwohl Job Rotation auf allen Hierarchieebenen eingesetzt werden kann,

---

[289] Vgl. Hentze, J., Kammel, A. (2001), S. 380 f.

überwiegt die Anwendung bei Führungsnachwuchskräften in Form von **Trainee-Programmen**. Als systematische Einarbeitungsprogramme bieten sie die Möglichkeit, verschiedene Unternehmensbereiche in relativ kurzer Zeit kennen zu lernen. Der Trainee soll sich während dieser Zeit vor allem im Unternehmen orientieren und übernimmt deshalb in der Regel keine Verantwortung für die ihm zugewiesenen Aufgaben.

- **Übertragung begrenzter Verantwortung**: Dem Mitarbeiter werden anspruchsvollere Tätigkeiten – meist aus der Führungsebene – übertragen, für die er nicht oder nicht in vollem Umfang die Verantwortung tragen muss. Er hat die Möglichkeit, unter der Kontrolle seines Vorgesetzten in eine neue Aufgabe hineinzuwachsen, den er gleichzeitig entlastet. Bei der Übertragung begrenzter Verantwortung unterscheidet man drei Positionen: Assistent, Nachfolger und Stellvertreter.

  Assistenten nehmen ihre Aufgabe nur vorübergehend im Rahmen ihrer beruflichen Entwicklung wahr. Sie lernen alle Tätigkeiten ihres Vorgesetzten kennen und übernehmen wechselnde Aufgaben aus seinem Bereich teilweise oder vollständig. Dies gibt ihnen Gelegenheit, sich in neue Gebiete einzuarbeiten und ihre Qualifikation zu erweitern, die Entscheidungsbefugnis bleibt jedoch beim Vorgesetzten. Eine Assistententätigkeit bietet insbesondere Hochschulabsolventen, die gerade ihr Studium beendet haben und über keine oder nur geringe Berufserfahrung verfügen, die Möglichkeit, vielfältige Einblicke zu gewinnen. Assistenten sind in der Regel nicht als Nachfolger vorgesehen, sondern übernehmen nach ca. zwei bis drei Jahren erste Führungsaufgaben auf einer unteren Hierarchieebene.

  Nachfolger arbeiten sich schrittweise in ein Aufgabengebiet ein, welches sie dann nach dem Ausscheiden oder der Versetzung des derzeitigen Stelleninhabers vollständig übernehmen.

  Stellvertreter ersetzen den Stelleninhaber bei einer vorübergehenden Abwesenheit. Sie erfüllen dessen Aufgaben zusätzlich zu ihren eigenen. Je nach Umfang der Stellvertretung unterscheidet man zwischen geteilter, begrenzter und echter Stellvertretung. Während Letztere den gesamten Aufgabenbereich des zu Vertretenden mit allen Rechten und Pflichten umfasst, werden die Aufgaben bei der geteilten Stellvertretung auf mehrere Stellvertreter übertragen. Bei der begrenzten Stellvertretung hat der Stellvertreter nur einen eingeschränkten Entscheidungsspielraum.

- **Übertragung von Sonderaufgaben**: Dabei geht es um die Bewährung in neuen, nicht routinemäßigen Tätigkeiten. Sie wird vor allem zur Entwicklung von Führungsnachwuchskräften eingesetzt. Die Mitarbeiter sollen sich in ungewohnte Aufgaben einarbeiten und kreative Lösungen entwickeln. Die Übertragung von Sonderaufgaben bietet sich sowohl für einzelne Mitarbeiter als auch für Gruppen an. In zunehmendem Maße werden Sonderaufgaben mit **Auslandseinsätzen** kombiniert. Diese dienen sowohl der fachlichen Qualifikation als auch der Verbesserung interkultureller Kompetenzen.

- **Teilnahme an Projekten**: Hier kommt es zu einer Überschneidung mit Sonderaufgaben. Der Fokus liegt allerdings stärker auf der Entwicklung sozialer Kompetenzen als auf zusätzlicher fachlicher Qualifizierung. Die Mitglieder einer Projektgruppe kommen aus unterschiedlichen Hierarchieebenen und Abteilungen und bringen sich ergänzende Qualifikationen ein. Je nach Bedeutung der Projektaufgaben und ihrer Dringlichkeit werden die Mitglieder von ihren normalen Aufgaben freigestellt, oder die Projektaufgaben werden zusätzlich erfüllt. Projekte werden im Rahmen der Qualifikationsvermittlung eingesetzt, um Teamfähigkeit, Kooperationsbereitschaft sowie Kommunikations- und Konfliktlösungsfähigkeit zu fördern. Gleichzeitig sollen das strategische und unternehmerische Denken sowie die Eigenverantwortung gestärkt werden.

- **Multiples Management**: Gebräuchlich ist auch der Ausdruck mehrgleisige Unternehmensführung. Aus den unteren und mittleren Führungsebenen wird ein so genannter Junior-Vorstand gebildet, der Entscheidungsprobleme der echten Unternehmensleitung bearbeitet und Lösungen vorschlägt. Dabei stehen ihm dieselben Informationen zur Verfügung. Die endgültige Entscheidung obliegt allein der richtigen Unternehmensleitung, die mit dem **Junior-Vorstand** die Entscheidungsgründe diskutiert.

Multiples Management soll High Potentials zu strategischem Denken und zur Übernahme von Verantwortung bei Grundsatzentscheidungen bewegen. Auch die Mitglieder der Unternehmensleitung profitieren von dieser Maßnahme. Sie müssen kreative Vorschläge und neue, eventuell ungewöhnliche Vorgehensweisen beurteilen, Entscheidungen nachvollziehbar begründen und erweitern damit sowohl ihren fachlichen Hintergrund als auch ihre Sozialkompetenzen.

Eine besondere Form des multiplen Managements ist die **Juniorfirma**, die bei der Qualifizierung von Auszubildenden eingesetzt wird. Dabei wird beispielsweise im Einzelhandel einer Gruppe kaufmännischer Azubis die Leitung einer Filiale oder einer Abteilung übertragen. Der echte Leiter greift nur ein, wenn die Gruppe die vorgegebenen Ziele aus den Augen verliert. Die Jugendlichen lernen komplexe Zusammenhänge kennen und wenden theoretische Kenntnisse auf reale Situationen an. Selbständiges Entscheiden und die Bereitschaft, Verantwortung zu übernehmen, werden gefördert.

8.2.5.3 Training-off-the-job

Beim Training-off-the-job findet die Qualifikationsvermittlung außerhalb des Arbeitsplatzes in unternehmenseigenen Bildungszentren oder in außerbetrieblichen Bildungsinstitutionen statt. Dort muss sie nicht den Zwängen der Arbeitssituation untergeordnet werden.

Der Schwerpunkt liegt auf der Vermittlung von theoretischem Wissen und dem Einüben von geänderten Verhaltensweisen. Anschließend muss der Mitarbeiter seine neuen Kenntnisse vom Lern- ins Funktionsfeld übertragen. Diese Training-off-the-job-Maßnahmen findet man am häufigsten:

- **Programmierte Unterweisung**: Bei dieser aktiven Lernmethode handelt es sich um ein Selbststudium, das der Mitarbeiter meist mithilfe eines Computerprogramms (**CBT Computer Based Training**) durchführt. Der Lernprozess ist nach dem Prinzip eines Regelkreises strukturiert. Zunächst wird dem Mitarbeiter neues Wissen vermittelt, das anschließend in Form von Fragen und Übungen überprüft und vertieft wird. Richtige Antworten und Lösungen ermöglichen ein Fortschreiten im Programm. Bei Fehlern wird der Anwender automatisch zurückgeführt und muss den betreffenden Lernstoff erneut durcharbeiten, wobei er zum besseren Verständnis manchmal zusätzliche Informationen und Erklärungen erhält. Es folgt wiederum die Bearbeitung der Fragen und Übungen und die anschließende Kontrolle. Programmierte Unterweisungen sind vergleichsweise kostengünstige Bildungsmethoden, da sie mehrfach verwendbar sind. Sie passen sich automatisch an die individuelle Lerngeschwindigkeit des Mitarbeiters an, der seinen Lernfortschritt selbst kontrollieren kann und somit unabhängig vom Feedback eines Trainers ist. Nicht alle Qualifikationsinhalte sind zur programmierten Unterweisung geeignet. Sie kann insbesondere für die Vermittlung von fachspezifischem Wissen und Können verwandt werden.

- **Vorlesung**: Mit ihr wird Wissen systematisch während eines begrenzten Zeitraums vermittelt. Der Lehrende kann einer beliebig großen Anzahl von Teilnehmern in konzentrierter Form Informationen weitergeben. Vorlesungen – auch Lehrvorträge genannt – können beispielsweise bei der Einführung in ein neues Sachgebiet, der umfassenden Darstellung eines Problems oder der Zusammenfassung von Ergebnissen eingesetzt werden. Diese passive Lehrmethode setzt bei den Teilnehmern annähernd gleiche Vorkenntnisse voraus, damit alle den Ausführungen des Lehrenden folgen können. Die Zuhörer haben keine Möglichkeit, aktiv mitzuwirken, was dazu führen kann, dass sie nach kurzer Zeit abschalten und der Vorlesung nicht mehr folgen. Ein adäquater Medien-Einsatz verringert dieses Problem. Den Transferverlusten kann auch dadurch begegnet werden, dass der Lehrende Zwischenfragen akzeptiert und sich auf (kleinere) Diskussionen einlässt.

- **Konferenzmethode**: An die Stelle des Vortrags tritt hier die Diskussion zwischen Trainer und Teilnehmern. Die Gruppe strebt ein bestimmtes Lernziel an, das sie entweder selbst festlegt oder das vom Trainer, der die Diskussion steuert, vorgegeben wird. Man unterscheidet drei Arten von Konferenzmethoden. Die **Lehrkonferenz** ist auf die fachliche Qualifikation ausgerichtet. Die **Problemlösungskonferenz** dient der kreativen Erarbeitung von Lösungsalternativen. Und die **Ideenkonferenz** soll durch eine Art Brainstorming dabei helfen, bislang unbekannte und ungewöhnliche Wege zu finden, um ein Problem anzugehen.

- **Fallstudien und Planspiele**: Fallstudien oder **Case Studies** simulieren die Wirklichkeit anhand von Beispielen. Die Teilnehmer bringen dabei ihre Erfahrungen ein und lernen anhand von Problemstellungen aus ihrem beruflichen Umfeld. Anhand der zur Verfügung gestellten Informationen erarbeiten sie in einem vorgegebenen Zeitraum gemeinsam einen Lösungsvorschlag, den sie anschließend einem Gremium präsentieren.

Planspiele simulieren unternehmerisches Geschehen über mehrere Perioden hinweg. Die Teilnehmer müssen anhand der vorgegebenen Informationen komplexe Situationen analysieren und Lösungen für ausgewählte Unternehmensbereiche unter Beachtung der jeweiligen Marktsituation erarbeiten. Diese Ergebnisse werden in das Planspiel einbezogen und dienen als Grundlage für die nächsten Perioden. Gleichzeitig erhalten die Teilnehmer neue Informationen über geänderte Rahmenbedingungen. Aufgrund des erheblichen Umfangs werden Planspiele in der Regel computergestützt durchgeführt.

Fallstudien und Planspiele dienen der Erweiterung fachlicher Qualifikation und verbessern gleichzeitig die analytischen Fähigkeiten, die Entscheidungsfähigkeit und die Kooperations- und Kommunikationsfähigkeit. Außerdem wird das Denken in komplexen Zusammenhängen gefördert.

- **Rollenspiele**: Dabei handelt es sich um Simulationsmethoden, die vornehmlich zum Training der Verhandlungsführung eingesetzt werden. Besonders verbreitet sind sie bei Führungsschulungen und im Vertrieb. Im Mittelpunkt steht die Schulung der Empathie, d.h. der Fähigkeit, sich in das Denken und Handeln eines anderen zu versetzen und dessen Reaktionen und Verhaltensmuster zu verstehen.[290] Außerdem werden eigene, eventuell unbewusste Verhaltenstendenzen aufgezeigt und Möglichkeiten zur Veränderung erarbeitet. Dazu spielen die Teilnehmer diverse Konflikt- und Entscheidungssituationen nach. Jeder übernimmt verschiedene, auch unbeliebte Rollen, um Verständnis für andere Standpunkte zu gewinnen. Rollenspiele sind sehr zeitaufwändig und benötigen eine störungsfreie Umgebung. Um die gewünschten Lerneffekte zu erzielen, müssen die Rollenbeschreibungen sorgfältig ausgearbeitet und die Spielsituationen anschließend mittels eines ausführlichen Feedbacks besprochen werden. Häufig werden dazu Videoaufnahmen herangezogen.

- **Gruppendynamische Trainings**: Sie dienen vornehmlich der Selbsterfahrung und der Sensibilisierung der sozialen Wahrnehmung.[291] Die Teilnehmer sollen sich der Wirkung ihres Verhaltens auf andere bewusst werden. Außerdem wird die Teamfähigkeit verbessert. Die Teilnehmer erhalten keine strukturierte Aufgabe, der Trainer übernimmt keine Führungsrolle und es gibt auch keine vorgegebenen Verhaltensregeln. Die dadurch entstehenden Unsicherheiten und Diskussionen sollen dem einzelnen Teilnehmer bewusst machen, welche Wirkung er auf andere ausübt und wie er mit Kritik umgeht.[292]

- **Fernunterricht**: Fernlehrinstitute versuchen häufig per Zeitungsanzeige oder über andere Medien, Privatpersonen als Kunden anzuwerben. Zum Teil sprechen sie auch Unternehmen direkt an. Den Teilnehmern werden schriftliche Unterrichtsmaterialien zur Verfügung gestellt, die sie selbständig durcharbeiten müssen. In regelmäßigen Abständen erfolgt eine schriftliche Überprüfung der Lernfortschritte. Zur Sicherstellung der Qualität sollte man bei der Auswahl der Lehrgänge darauf achten, dass es sich um Kurse handelt, die vom Bundesinstitut für Berufsbildungsforschung als geeignet bewertet und mit einem Gütezeichen versehen wurden. Entsprechende Verzeichnisse erhält man bei den Arbeitsagenturen.

  In den letzten Jahren hat das **E-Learning** zunehmend an Bedeutung gewonnen. Die Teilnehmer laden sich dabei aus dem Internet die benötigten Lernmaterialien herunter und verschicken ihre Unterlagen ebenfalls auf diese Weise. Außerdem besteht die Möglichkeit, Diskussionsforen für die Teilnehmer einzurichten.

- **Qualitätszirkel**: Die Mitarbeiter sollen aufgrund ihrer Kenntnisse über die Arbeitsprozesse und Arbeitsbedingungen an der Lösung von Qualitätsproblemen beteiligt werden. Dazu treffen sie sich auf freiwilliger Basis in regelmäßigen, moderierten Qualitätszirkeln, in denen sie Probleme ihres Aufgabenbereichs besprechen und gemeinsam nach Lösungen suchen. Das Konzept richtet sich vor allem an ausführende Arbeitnehmer. Durch

---

[290] Vgl. Jung, H. (2005), S. 288.

[291] Vgl. Hentze, J., Kammel, A. (2001), S. 397.

[292] Vgl. Jung, H. (2005), S. 290.

Verbesserungen des Arbeitsablaufs und der Arbeitsplatzgestaltung sollen Qualitätssteigerungen erreicht werden. Daneben erhöht es die Kooperationsbereitschaft und fördert die Teamfähigkeit der Teilnehmer. Auch die Fähigkeit, Probleme zu erkennen, zu analysieren und zu lösen, wird verbessert.

Lernstatt und **Werkstattzirkel** sind zwei eng verwandte Konzepte. Bei der Lernstatt geht es vornehmlich um die Arbeit und deren gemeinsame Erfüllung, weniger um die Qualitätssicherung. Von einem Werkstattzirkel spricht man vor allem im Produktionsbereich, wenn Mitarbeiter verschiedener Hierarchiestufen zusammenkommen.[293] Die drei Begriffe werden oft synonym verwendet.

- **Förderkreise und Erfahrungsaustauschgruppen**: Die Teilnehmer, die oft aus verschiedenen Unternehmensbereichen oder Betrieben kommen, haben bei diesen regelmäßigen oder sporadischen Zusammenkünften Gelegenheit, ihre Erfahrungen und Meinungen zu bestimmten Themen auszutauschen. Meist bilden Referate, Vorträge und Fallbeispiele die Grundlage für eine anschließende Diskussion.

8.2.5.4 Neuere methodische Konzepte

Neben den oben dargestellten, eher konventionellen Bildungsmaßnahmen haben sich verschiedene neuere Konzepte herausgebildet, die bisher noch wenig verbreitet sind, aber zunehmende Aufmerksamkeit finden:

- **Corporate University**: Größere Unternehmen fassen zunehmend ihre Personalentwicklungsprogramme in so genannten Firmenakademien oder Corporate Universities zusammen. Sie integrieren Lernprozesse in den Strategieprozess des Unternehmens.[294] Mitunter arbeiten sie dazu mit traditionellen Bildungsinstituten, etwa Fachhochschulen, zusammen. Netzwerke zwischen verschiedenen Unternehmen derselben Branche findet man ebenfalls. Zielgruppen sind in erster Linie Führungs- und Führungsnachwuchskräfte. Ihnen werden umfangreiche Möglichkeiten der Weiterbildung geboten, ohne dass sie dazu das Unternehmen verlassen müssen. Die Art der Qualifizierung richtet sich nach den unternehmensspezifischen Erfordernissen. Es erfolgt eine stärkere Verzahnung von Organisations- und Personalentwicklung, als dies bei den anderen Maßnahmen der Fall ist.

- **Distance Learning**: Eine Sonderform des E-Learning ist das **virtuelle Klassenzimmer** oder Distance Learning. Mehrere Teilnehmer und ein Trainer arbeiten dabei virtuell über das Internet zusammen. Sie vereinbaren feste Termine, zu denen sie sich im Internet „treffen", wobei die Kommunikation oft über Bild und Ton erfolgt. Vorteilhaft an dieser Form des E-Learning ist insbesondere die Möglichkeit des interaktiven Lernens.

- **Workshops**: Sie werden auch als Arbeitstagungen bezeichnet und dienen sowohl der Steigerung der Leistungsfähigkeit als auch der Humanisierung des Arbeitslebens. Workshops fördern die offene Kommunikation und das Engagement der Mitarbeiter,[295] die

---

[293] Vgl. Mentzel, W. (2005), S. 213 f.

[294] Vgl. Mudra, P. (2004), S. 417.

[295] Vgl. Jung, H. (2005), S. 295.

von ihren Vorgesetzten in die Lösung komplexer Probleme einbezogen werden. Dadurch erhöht sich die Akzeptanz der zu treffenden Maßnahmen. Die Inhalte der Workshops sind vielfältig, sie können sich auf die Festlegung gemeinsamer Ziele, die Erfüllung von Sachaufgaben, die Diagnose von Schwachstellen oder das Erkennen von Verbesserungsmöglichkeiten beziehen. Wesentlich ist, dass Mitarbeiter und Vorgesetzte die Probleme gemeinsam systematisch durchdenken. Oft wird ein Moderator hinzugezogen.

- **Outward-Bound-Training**: Bei dieser – auch **Outdoor-Training** genannten – Methode handelt es sich um eine Art Erlebnistherapie, mit der die Persönlichkeit entwickelt werden soll. Die Teilnehmer sollen sich durch extreme körperliche und/oder psychische Belastungen in der Gruppe selbst erfahren, ihre sozialen Kompetenzen verbessern und ihre Entschlusskraft steigern.[296] Neben den bekannten, in der freien Natur ablaufenden Veranstaltungen findet das Training auch immer häufiger in sozialen Einrichtungen statt. Die Teilnehmer arbeiten dann beispielsweise in einem Krankenhaus oder Obdachlosenheim.

8.2.6 Kontrolle der Personalentwicklung

8.2.6.1 Ziele, Arten und Probleme der Kontrolle

Die Kontrolle ist der am wenigsten erforschte und fundierte Bereich der Personalentwicklung. Sowohl brauchbare theoretische Konzepte als auch praktische Umsetzungsmöglichkeiten sind rar. Dabei sind Erfolge das beste Argument, wenn es darum geht, Maßnahmen der Personalentwicklung gegenüber anderen Unternehmensbereichen zu begründen.[297]

Neben dieser **Legitimationsfunktion** haben Evaluierungen in der Personalentwicklung eine **Optimierungsfunktion**, indem sie zur Verbesserung der angebotenen und eingesetzten Maßnahmen beitragen. Außerdem besitzen sie auch eine **Entscheidungsfunktion**, da ihre Ergebnisse als Basis für Veränderungen des Personalentwicklungssystems herangezogen werden.

Die Personalentwicklungskontrolle hat das **Ziel**, mithilfe von Soll-Ist-Vergleichen und Abweichungsanalysen festzustellen,

- ob die durchgeführten Maßnahmen erfolgreich waren und den Zielen von Unternehmen und Teilnehmern entsprechen.
- welche Fehler bei der Vermittlung aufgetreten sind und ob und wie diese korrigiert und künftig vermieden werden können.
- ob der Transfer vom Lern- ins Funktionsfeld gelungen ist.
- welche Transferhemmnisse auftreten und wie deren Beseitigung möglich ist.

Man unterscheidet drei **Arten der Kontrolle**:

- **Kostenkontrolle**: Sie gibt Auskunft über Art und Umfang der im Zusammenhang mit der Personalentwicklung entstandenen Kosten, zeigt die verursachenden Kostenstellen

---

[296] Vgl. Hentze, J., Kammel, A. (2001), S. 397.

[297] Vgl. Mentzel, W. (2005), S. 261.

auf und bildet die Basis für die Kostenvergleichsrechnung, bei der verschiedene Bildungsmaßnahmen unter Kostengesichtspunkten gegenübergestellt werden.

- **Rentabilitätskontrolle**: Sie analysiert die Relation zwischen Kosten und Nutzen der Bildungsmaßnahmen und betrachtet die Personalentwicklung somit unter Investitionsgesichtspunkten.

- **Erfolgskontrolle**: Sie stellt fest, ob der Mitarbeiter seine Qualifikation tatsächlich erweitert bzw. verändert hat und bestimmt den Lernzielerreichungsgrad. Außerdem ermittelt sie, ob der Transfer vom Lern- ins Funktionsfeld gelungen ist und der Mitarbeiter in der Lage ist, das Gelernte anzuwenden.

  Der Erfolg von Personalentwicklungsmaßnahmen lässt sich nur sehr schwer evaluieren. Besondere **Probleme** bereitet es, einen realistischen Kosten-Nutzen-Vergleich durchzuführen, denn nicht alle Nutzenkomponenten sind quantifizierbar und können in Geldeinheiten ausgedrückt werden. Auch eine Abweichungsanalyse ist mit erheblichen Problemen verbunden, da es zahlreiche mögliche Störvariablen gibt. Eine nicht gelungene Bildungsmaßnahme könnte beispielsweise auf das Verhalten des Trainers, die methodischen und/oder inhaltlichen Mängel der Maßnahme, mangelnde Bildungsfähigkeit oder fehlenden Bildungswillen des Teilnehmers, geringe Akzeptanz auf Seiten des Vorgesetzten etc. zurückzuführen sein.

Letztlich müsste nicht nur eine Kontrolle bezüglich Zielerreichung und Qualität der Bildungsmaßnahmen vorgenommen werden. Das gesamte Personalentwicklungssystem müsste einer systematischen Kontrolle unterzogen werden, angefangen von der Bedarfsermittlung über den Anforderungs-Eignungs-Vergleich bis zur Kontrolle der Evaluation. Meist beschränken Unternehmen ihre Überprüfung aber auf die Umsetzung und die Rahmenbedingungen der Qualifikationsmaßnahme.

8.2.6.2 Kostenkontrolle

Wie für jeden betrieblichen Funktionsbereich gilt auch für die Personalentwicklung das Gebot des wirtschaftlichen Handelns. Obwohl Entscheidungen über Personalentwicklung nicht ausschließlich unter Kostenaspekten getroffen werden können, sollten die Entwicklungsziele doch mit möglichst geringen Kosten erreicht werden. Systematische Kostenkontrollen geben einen Überblick über Art und Umfang der Personalentwicklungskosten und ermöglichen die Planung künftiger Personalentwicklungsbudgets. Auf ihrer Grundlage werden

- Wirtschaftlichkeitskontrollen in Form von Soll-Ist-Vergleichen durchgeführt,
- Kostenvergleichsrechnungen für alternative Bildungsmaßnahmen erarbeitet und
- Rentabilitätsberechnungen aufgestellt.

Einen Überblick über die Kostenarten gibt Abb. 76.

Zunächst wird zwischen den Kosten externer und interner Maßnahmen unterschieden. Letztere werden weiter in Kosten für Training-off-the-job und -on-the-job unterteilt. Nicht immer kann die Höhe exakt bestimmt werden, was vor allem für die Opportunitätskosten gilt. Diese entstehen durch dem Unternehmen entgangenen Nutzen, da der Mitarbeiter während der Bildungsmaßnahme nicht zugleich seine (volle) Leistung erbringt. Besonders bei On-the-job-Maßnahmen ist die Quantifizierung des entgangenen Nutzens schwierig, da der Mitarbeiter während des Lernvorgangs zwar in geringerem Ausmaß weiterarbeitet, aber möglicherweise nicht die gewünschte Qualität erbringt. Falls der Vorgesetzte oder ein anderer Mitarbeiter die Bildungsmaßnahme durchführt, sind für ihn ebenfalls Opportunitätskosten anzusetzen, die in ihrer Höhe gleichfalls nicht präzise angegeben werden können. Auch bei anderen Kostenarten wird mit Schätzwerten gearbeitet, z.B. bei der Ermittlung der anteiligen Verwaltungskosten der Personalabteilung oder der anteiligen Raumkosten, wenn es sich um unternehmenseigene Räumlichkeiten handelt.

Kostenarten bei Bildungsmaßnahmen		
Kosten externer Qualifizierungsmaßnahmen	**Kosten interner Qualifizierungsmaßnahmen außerhalb des Arbeitsplatzes**	**Kosten interner Qualifizierungsmaßnahmen am Arbeitsplatz**
• Seminargebühren • Reisekosten • Aufenthaltskosten • Kosten für die ausgefallene Arbeitszeit des Teilnehmers • Kosten für Minderleistungen (Opportunitätskosten, entgangener Nutzen) • anteilige Verwaltungskosten der Personalabteilung	• Honorare externer Referenten • Reisespesen externer Referenten • anteilige Gehälter interner Referenten • Raum- und Lehrmittelkosten • Kosten für die ausgefallene Arbeitszeit des Teilnehmers • Kosten für Minderleistungen (Opportunitätskosten, entgangener Nutzen) • anteilige Verwaltungskosten der Personalabteilung	• Kosten für die Unterweisung am Arbeitsplatz durch den Vorgesetzten oder einen Mitarbeiter • Kosten für die ausgefallene Arbeitszeit des Teilnehmers • Kosten für die ausgefallene Arbeitszeit des Unterweisenden • Kosten für Minderleistungen (Opportunitätskosten, entgangener Nutzen) des Teilnehmers • Kosten für Minderleistungen (Opportunitätskosten, entgangener Nutzen) des Unterweisenden • anteilige Verwaltungskosten der Personalabteilung

Abb. 76: Kostenarten bei Bildungsmaßnahmen[298]

Eine möglichst sorgfältige Erfassung der Kosten für Bildungsmaßnahmen ist die Voraussetzung für deren verursachergerechte Verteilung auf die Kostenstellen im Rahmen der Innerbetrieblichen Leistungsverrechnung.

---

[298] in Anlehnung an Hentze, J., Kammel, A. (2001), S. 404.

Kostenvergleichsrechnungen bilden die Grundlage für die Auswahl von Bildungsalternativen. Sie sollten nicht als alleinige Evaluationsmaßnahme herangezogen werden, da der unterschiedliche Nutzen dann nicht berücksichtigt würde.

In Kostenvergleichsrechnungen werden nur die Kosten der Bildungsmaßnahme an sich berücksichtigt. Die Tatsache, dass die verschiedenen Träger der Personalentwicklung, angefangen von der Unternehmensleitung bis zur Personalabteilung, bereits im Vorfeld intensiv tätig waren, etwa bei der Ermittlung des Personalentwicklungsbedarfs, der Erstellung von Laufbahn- und Nachfolgeplanungen und der Auswahl geeigneter Maßnahmen, bleibt meist unbeachtet. Die Kostenermittlung ist insofern unvollständig. Auch die Kosten, die beim Transfer des Lernerfolgs anfallen, sowie die Kosten der Kontrolle der Personalentwicklung werden in der Praxis meist nicht erhoben. Mentzel erinnert in diesem Zusammenhang daran, dass die Personalentwicklung eng mit den anderen Aufgaben des Personalmanagements verknüpft sei, weshalb eine eindeutige Abgrenzung und kostenmäßige Erfassung nicht möglich ist.[299]

8.2.6.3 Rentabilitätskontrolle

Die Rentabilitätsrechnung ermittelt die Verzinsung des eingesetzten Kapitals und schließt daraus auf die Vorteilhaftigkeit einer Bildungsmaßnahme. Sie berechnet die Höhe der genannten Kostenarten und versucht darüber hinaus den Erfolg der Bildungsmaßnahme wertmäßig zu erfassen.

Die Rendite errechnet sich anhand dieser Formel:

$$\text{Rendite einer Bildungsmaßnahme} = \frac{\text{Wert in Euro} - \text{entstandene Kosten} * 100}{\text{entstandene Kosten}}$$

Als das bei Rentabilitätsrechnungen eigentlich zu berücksichtigende eingesetzte Kapital werden die entstandenen Kosten angesetzt. Wie dargelegt sind diese jedoch unvollständig.

Die Ermittlung des Nutzens, d.h. des Wertes der Bildungsmaßnahme für das Unternehmen, ist ebenfalls problematisch, da es nicht möglich ist, eine eindeutige Kausalbeziehung zwischen einer Bildungsmaßnahme und einer veränderten ökonomischen Größe herzustellen, z.B. zwischen einem Seminar zur Gesprächsführung für Vertriebsmitarbeiter und erhöhten Umsätzen. Die Umsatzsteigerung könnte auch auf Ursachen, die mit der Bildungsmaßnahme nichts zu tun haben, zurückzuführen sein, beispielsweise auf einen Nachfrageanstieg aufgrund vermehrter Werbemaßnahmen.

Ein weiteres Problem besteht darin, dass die Rentabilitätsrechnung nur für ein Jahr aufgestellt wird, obwohl der Nutzen einer Bildungsmaßnahme mehrere Jahre andauern kann.

8.2.6.4 Erfolgskontrolle

Bei der Erfolgskontrolle wird eine Bildungsmaßnahme von zwei Seiten beurteilt. Zunächst stellt man den Lernerfolg fest. Anschließend geht es in der Anwendungserfolgskontrolle darum, ob der Mitarbeiter das Gelernte am Arbeitsplatz umsetzen kann. Die Kontrolle wird dadurch erschwert, dass der Erfolg von Bildungsmaßnahmen nicht anhand eines einzelnen Indikators festzustellen ist.

---

[299] Vgl. Mentzel, W. (2005), S. 293.

Die **Lernerfolgskontrolle** findet meist gegen Ende der Bildungsmaßnahme statt. Als Maßstab werden die Lernziele herangezogen. **Befragungen, schriftliche Tests, praktische Übungen, Referate, Präsentationen** etc. eignen sich zur Überprüfung des Lernerfolgs. Bei längerfristigen Maßnahmen empfiehlt es sich, bereits während des Lernprozesses das Erreichen von Zwischenzielen zu überprüfen. Bei Abweichungen können dann frühzeitig Verbesserungen eingeleitet werden, z.B. am Programminhalt, dem Trainerverhalten oder der Lernumgebung.

Die Ziele der Personalentwicklung sind erst erreicht, wenn der Arbeitnehmer seine neu erworbenen Qualifikationen am Arbeitsplatz einsetzen kann, d.h. man muss nicht nur den Lernerfolg kontrollieren, sondern auch prüfen, ob dem Mitarbeiter der Transfer vom Lern- ins Funktionsfeld gelungen ist. Dazu ist eine **Anwendungserfolgskontrolle** nötig. Neben **Befragungen, Beobachtungen** und **Mitarbeiterbeurteilungen** bieten sich im Produktionsbereich **Lernkurvenvergleiche** an. Auch anhand der **betrieblichen Gesamtentwicklung** können Rückschlüsse auf einen erfolgreichen Transfer gezogen werden.

Eine **Lernkurve** zeigt die Entwicklung der Mengenleistung im Produktionsbereich in Abhängigkeit von der Bildungsdauer. Bei Lernkurvenvergleichen wird die individuelle Lernkurve des Mitarbeiters mit einer idealen Vorgabekurve verglichen. Je näher die Kurven beisammen liegen, desto größer ist der Bildungserfolg.[300]

Als indirekte Indikatoren für den Erfolg einer Bildungsmaßnahme werden oft **Faktoren der betrieblichen Gesamtentwicklung** wie Ausbringungsmenge, Umsatz, Fluktuationsrate und Krankenstand herangezogen. Der Zusammenhang zwischen positiven Entwicklungen und Bildungsmaßnahmen kann jedoch nur vermutet und nicht einwandfrei nachgewiesen werden. Ein monokausaler Zusammenhang liegt nicht vor. Berthel und Becker bezeichnen derartige Vorgehensweisen deshalb als **„Pseudo-Kontrollen"**.[301]

Die Übertragung der neuen Qualifikation auf die Arbeitssituation wird durch mehrere Faktoren beeinflusst. Wichtige Gründe für einen nicht oder nur teilweise gelungenen Transfer vom Lern- in das Funktionsfeld sind:

- Die Lerninhalte entsprechen nicht den Lernzielen oder den Erfordernissen der Arbeitssituation.
- Die Vermittlung der Lernziele war zu theoretisch. Dem Mitarbeiter gelingt es nicht, sie in konkrete Handlungen umsetzen.
- Der Mitarbeiter hat keinen Anreiz zur Umsetzung, z.B. leichtere Aufgabenerfüllung, Gehaltserhöhung oder Aufstiegsmöglichkeiten.
- Vorgesetzte, Kollegen oder unterstellte Mitarbeiter stehen der neuen Qualifikation ablehnend gegenüber.
- Die organisatorischen Rahmenbedingungen erschweren die Anwendung im Funktionsfeld. Der Mitarbeiter erhält z.B. nicht die benötigten Informationen oder Entscheidungsbefugnisse, oder der Transfer wird durch unflexible Arbeitsprozesse behindert.

---

[300] Vgl. Hentze, J., Kammel, A. (2001), S. 408.

[301] Vgl. Berthel, J., Becker, F.G. (2003), S. 375.

Soweit die Probleme in den Bildungsmaßnahmen selbst oder beim Teilnehmer liegen, empfiehlt die Literatur lediglich eine sorgfältige Auswahl sowie umfangreiche Experimentier- und Übungsphasen. Sind organisatorische Aspekte oder Widerstand in der betreffenden Abteilung die Ursache, trägt nach Mentzel der Vorgesetzte die volle Verantwortung für den schlechten Transfer,[302] da er es versäumt hat, die entscheidenden Voraussetzungen zu schaffen.

Mit der Erfolgskontrolle soll nicht nur festgestellt werden, ob der Mitarbeiter die Ziele erreicht hat, sie ist zudem die **Grundlage für weitere Planungen**. Vor allem bei Maßnahmen, die externe Veranstalter durchführen, entscheiden der Lern- und Anwendungserfolg sowie das Urteil der Teilnehmer darüber, ob auch künftig Mitarbeiter des Unternehmens zu dieser Bildungseinrichtung entsandt werden. Auch bei internen Trainings führen ungenügende Resultate und Kritik der Teilnehmer zu Korrekturen.

8.3 Auslandsentsendung und Personalentwicklung

8.3.1 Ziele und Arten eines internationalen Personaleinsatzes

Die Auslandsentsendung zählt in internationalen Unternehmen zu den üblichen Wegen der internen Personalbeschaffung. Es geht jedoch nicht ausschließlich darum, eine personelle Unterdeckung zu beseitigen, häufig werden Entsendungen systematisch unter dem Gesichtspunkt der Personalentwicklung vorgenommen.

Viele Unternehmen verlangen von ihren Führungs- und Führungsnachwuchskräften Auslandserfahrung. Sie sind oft ein integrativer Bestandteil der Karriere- und Nachfolgeplanungen. Auch hinsichtlich der Organisationsentwicklung und Unternehmenskultur ist die Entsendung von Mitarbeitern ins Ausland ein wichtiger Aspekt. Interkulturelle Begegnungen in der Arbeitssituation, d.h. mit Kunden, Lieferanten, Mitarbeitern, Kollegen und Vorgesetzten anderer Nationalität, gewinnen für den Unternehmenserfolg immer mehr an Bedeutung.

Abb. 77 gibt einen Überblick über die **Ziele**, die Unternehmen und Mitarbeiter mit der Auslandsentsendung verbinden.

Nach der Dauer des Auslandsaufenthaltes unterscheidet man mehrere **Arten der Entsendung**. Die **Hospitanz** geht über einen Zeitraum von zwei bis fünf Wochen kaum hinaus. Sie wird häufig im Rahmen eines Integrationsprogramms für neue Mitarbeiter und bei der Erstausbildung eingesetzt.

Auslands-Trainees verbringen im Rahmen ihres Trainee-Programms für Führungsnachwuchskräfte und Hochschulabsolventen zwei bis vier Monate im Ausland. Bisweilen sind auch mehrere Auslandseinsätze vorgesehen.

So genannte **internationale Einsätze als unterstützende Tätigkeit** haben vor allem die Aufgabe, einen akuten Bedarf vor Ort zu decken. Es handelt sich demnach um eine Art Trouble Shooting. Diese Einsätze kommen auf allen Hierarchieebenen in Betracht.

---

[302] Vgl. Mentzel, W. (2005), S. 284.

Internationale Job Rotations werden über einen Zeitraum von sechs Monaten bis anderthalb Jahren durchgeführt. Der Mitarbeiter durchläuft in dieser Zeit mehrere Positionen in unterschiedlichen Ländern.

Längerfristig angelegt sind **internationale Führungsaufgaben auf Zeit**, bei denen eine Führungskraft für mehrere Jahre eine Aufgabe im Ausland übernimmt.

Ebenso wie bei der **Entsendung auf unbestimmte Dauer** handelt es sich dabei weniger um eine Maßnahme der Personalentwicklung als vielmehr um eine Personalbeschaffungsmaßnahme. Die Dauer der Entsendung wird individuell bestimmt. Sie hängt von der Aufgabe, dem Fachgebiet, der hierarchischen Stellung, aber auch vom Alter und häufig vom Familienstand ab.

Ziele der Auslandsentsendung	
aus Unternehmenssicht	**aus Mitarbeitersicht**
• Transfer von fachlicher Qualifikation • Transfer von Management-Know-how • Mangel an qualifizierten Führungskräften vor Ort • Sicherung der Unternehmensinteressen vor Ort • Ausbildung von einheimischen Führungskräften • Entwicklung internationaler und interkultureller Managementfähigkeiten • Verbesserung der Zusammenarbeit von multikulturellen Gruppen • Entwicklung eines globalen Bewusstseins • Langfristige Bindung von Mitarbeitern, die an Auslandseinsätzen interessiert sind	• Verbesserung von Aufstiegsmöglichkeiten im Unternehmen • Verbesserung der beruflichen Chancen auf dem externen Arbeitsmarkt • Persönlichkeitsentwicklung • Qualifikationsverbesserung • Verwirklichung einer Mobilitätsneigung und persönlicher Interessen • Annehmen einer Herausforderung • Höherer Status eines Stammlandmitarbeiters im Ausland • Finanzielle Anreize

Abb. 77: Ziele der Auslandsentsendung[303]

Nicht alle Mitarbeiter stehen einer mittel- bis längerfristigen Entsendung ins Ausland positiv gegenüber. Kurzzeitige Auslandsaufenthalte werden in der Regel eher akzeptiert. Viele Mitarbeiter fürchten, dass ein längerer Auslandsaufenthalt ihre Karrierechancen im Stammland einschränkt. Sie sind der Auffassung, dass sie in dieser Zeit bei Nachfolgeplanungen nicht oder nicht ange-

---

[303] Vgl. Pawlik, T. (2000), S. 11; Müller-Camen, M., Krüger, G. (2004), S. 58ff.; Scholz, C. (2000 a), S. 600 f.

messen berücksichtigt werden und im Ausland kaum die Möglichkeit haben, etwas dagegen zu unternehmen, zumal ihnen wichtige Informationen fehlen. In einer Untersuchung von Wirth gaben die befragten Unternehmen als häufigsten Ablehnungsgrund allerdings die negative Haltung der Ehepartner ihrer Mitarbeiter an. Auch Nachteile für die Kinder wurden oft als Grund genannt. Die Trennung vom sozialen Umfeld und der gewohnten Lebensweise spielt ebenfalls eine wichtige Rolle.[304]

8.3.2 Besetzungsstrategien in multinationalen Unternehmen

Bei der Stellenbesetzungspolitik stehen multinational operierenden Unternehmen vier Strategien zur Verfügung. Sie unterscheiden sich hinsichtlich der Werthaltung des Managements des Stammunternehmens und bei der Auswahl der Fach- und Führungskräfte für das Stammland und für die ausländischen Tochtergesellschaften.[305]

Der **ethnozentrische Ansatz** ergibt sich aus einer Unternehmenspolitik, die stark durch das Stammland geprägt ist. Damit die Identität des Unternehmens bzw. der Muttergesellschaft nicht durch ausländische Einflüsse verändert wird, besetzt man die Schlüsselpositionen im In- und Ausland ausschließlich mit Führungskräften aus dem Stammland. Beispielsweise wird bei einem Unternehmen mit deutscher Muttergesellschaft die Geschäftsführerposition der spanischen Tochtergesellschaft mit einem deutschen Manager aus dem Stammhaus besetzt.

Diese Strategie wird häufig in einem frühen Stadium der Internationalisierung angewandt. Sie empfiehlt sich außerdem, wenn eine neue Technologie oder ein neues Produkt im Ausland eingeführt werden soll und dazu umfangreiche Erfahrungen vorhanden sein müssen. Auch bei anderen Qualifikationsdefiziten in den ausländischen Gesellschaften werden zum Ausgleich Mitarbeiter aus dem Stammland entsandt.

Da qualifizierte einheimische Arbeitnehmer kaum Chancen haben, in der Hierarchie aufzusteigen, muss mit Motivationsverlusten und zunehmender Fluktuation bei dieser Mitarbeitergruppe gerechnet werden. Das kann zu sinkender Produktivität führen.

Bei einer **polyzentrischen Vorgehensweise** werden die Führungspositionen im Ausland ausschließlich mit Einheimischen besetzt. In der spanischen Tochtergesellschaft würden dann mehrheitlich spanische Führungskräfte eingesetzt. Diese Strategie dient der Entwicklung der inländischen Manager. Sie beseitigt Sprachbarrieren, sichert das Verständnis für die Kultur des Landes und führt in der Regel zu deutlich geringeren Personalkosten. Allerdings besteht die Gefahr, dass nationale bzw. regionale Interessen über die Unternehmensziele gestellt werden.

Im Extremfall ist ein solches Unternehmen eine Art Föderation von weitgehend unabhängigen nationalen Unternehmensteilen, aber kein einheitliches Konstrukt mit einheitlichen Zielen. Strategische Veränderungen können von der Stammgesellschaft nur schwer durchgesetzt werden. Auch eine internationale Aufgabenteilung zwischen den verschiedenen Ländergesellschaften ist problematisch.

---

[304] Vgl. Wirt, E. (1992), S. 133.

[305] Vgl. dazu ausführlich Weber, W., Festing. M., Dowling, P.J., Schuler, R.S. (2001), S. 112 ff.

Die Führungskräfte der Tochtergesellschaften können zudem kaum internationale Erfahrung im eigenen Unternehmen sammeln, Aufstiegsmöglichkeiten über das eigene Land hinaus sind nicht möglich. Die Mitarbeiter im Stammland müssen strategische Entscheidungen auf internationaler Ebene treffen, ohne über Auslandserfahrung zu verfügen.[306]

Eine **regiozentrische Besetzungsstrategie** liegt vor, wenn Kenntnisse einer Region ausschlaggebend für die Besetzung von Schlüsselpositionen sind. Der Geschäftsführer der spanischen Tochtergesellschaft stammt beispielsweise aus Portugal. Diese Vorgehensweise ist vorteilhaft, wenn die kulturellen Kenntnisse einer Region von erheblicher Bedeutung sind oder Güter und Dienstleistungen den regionalen Erfordernissen und Kundenwünschen angepasst werden müssen.

Wenn die Stellenbesetzung im Stammland und in den Tochtergesellschaften unabhängig von der nationalen oder regionalen Zugehörigkeit der Führungskräfte erfolgt und sich allein an den Anforderungen und Qualifikationen ausrichtet, spricht man von einem **geozentrischen Ansatz**. Beispielsweise wird die Position des Leiters Strategisches Marketing im Stammunternehmen mit einem Manager aus einer ausländischen Tochtergesellschaft besetzt, da er aufgrund seiner Qualifikation am besten geeignet ist. Der Geschäftsführer der spanischen Tochtergesellschaft stammt z.B. aus Spanien, nicht wegen seiner Nationalität, sondern weil sein Qualifikationsprofil den Stellenanforderungen entspricht.

Der geozentrische Ansatz gewährleistet eine bestmögliche Verwendung der personellen Ressourcen. Eine starke nationale Verbundenheit wird zugunsten der Identifikation mit dem Gesamtunternehmen aufgegeben. Probleme bei der Umsetzung dieser Strategie bereiten in vielen Ländern die Einwanderungsgesetze. Außerdem muss sich die Entgeltpolitik an internationalen Standards ausrichten, und in manchen Fällen sind umfangreiche Trainingsmaßnahmen vor der Auslandsentsendung notwendig.

In der Praxis existieren häufig **Mischformen** der vier Strategien, je nach Stelle wird ein anderer Ansatz ausgewählt. Befragungen zeigen, dass der ethnozentrische Ansatz an Bedeutung verliert und geozentrische Besetzungsstrategien zunehmen.[307]

8.3.3 Phasen der Auslandsentsendung

Bei den folgenden Ausführungen werden Auslandsentsendungen aus der Sicht der Stammgesellschaft betrachtet, die Mitarbeiter in ihre ausländischen Tochterunternehmen entsendet.

Der Prozess der Auslandsentsendung lässt sich in vier Phasen einteilen (Abb. 78). Zunächst sollte eine sorgfältige Auswahl der betreffenden Mitarbeiter getroffen werden. Danach folgt eine systematische Vorbereitung auf den Auslandsaufenthalt. Auch während der Entsendung ist zwecks besserer Integration im Gastland und in der Tochtergesellschaft eine Betreuung angebracht.

---

[306] Vgl. ebd., S. 113.

[307] Vgl. ebd., S. 115.

Phasen der Auslandsentsendung	
1. Phase Auswahl des Mitarbeiters	2. Phase Vorbereitung auf die Entsendung
3. Phase Einsatz im Ausland	4. Phase Wiedereingliederung

Abb. 78: Phasen der Auslandsentsendung[308]

Schließlich muss nach der Rückkehr des Mitarbeiters die berufliche und private Reintegration sichergestellt werden. Wenn der Mitarbeiter einen Partner oder eine Familie hat, werden diese in alle Phasen einbezogen.

Mitarbeiter, die in ausländische Tochtergesellschaften entsandt werden, bezeichnet man als **Expatriates**. Jene, die aus dem Ausland ins Stammunternehmen zurückkehren, werden **Repatriates** genannt.

8.3.3.1 Auswahl

Wie bei allen personellen Auswahlprozessen wird bei der Auslandsentsendung zunächst ein Vergleich zwischen Anforderungs- und Eignungsprofil durchgeführt. Wichtig ist, dass die Anforderungen für den Aufenthalt im Gastland exakt bestimmt werden und genaue Informationen über die vorhandenen Qualifikationen des zu Entsendenden vorliegen. Die in Kapitel 4 beschriebenen Auswahlverfahren wie Auswahlgespräche, Assessment Center etc. sind uneingeschränkt anwendbar, sofern sie anforderungsorientiert und auf den Auslandsaufenthalt bezogen durchgeführt werden. Hinzu kommt die Auswertung von Informationen aus der Personalakte, aus Beurteilungen und Mitarbeitergesprächen.

Die meisten Expatriates sind männlich, der Frauenanteil beträgt knapp zehn Prozent. Dies ergab eine Studie, an der sich 270 führende europäische Unternehmen beteiligten.[309] Dabei ist weniger die Immobilität von Frauen das Problem, da sie kaum höher als bei männlichen Kandidaten ist. Nachteile für ihre schulpflichtigen Kinder befürchten entsendungswillige Frauen weniger als ihre männlichen Kollegen, sie haben sogar ein größeres Interesse an Auslandsaufgaben, fürchten weniger um ihre spätere Karriere und stehen den Entsendungsländern positiver gegenüber. Auch die oft angeführte geringere Akzeptanz von Frauen bei den Kunden, Lieferanten und Mitarbeitern im Gastland ist empirisch nicht belegt. Weibliche Expatriates und insbesondere Führungskräfte werden dort oft einfach nur als ausländische Menschen und weniger unter dem Gender-Aspekt betrachtet. Die Frauenrolle, die einheimische Frauen zugewiesen bekommen, wird nicht auf weibliche Expatriates übertragen. Scholz vermutet, dass der geringe Entsendungsanteil weni-

---

[308] Vgl. Sobanski, H. (2001), S. 117.

[309] Vgl. Buschermöhle, U. (2000), S. 30.

ger auf die Frauen selbst als vielmehr auf Wahrnehmungsprobleme bei den (meist männlichen) Entscheidungsträgern zurückzuführen ist. [310]

Neben den **fachlichen Kompetenzen** und den **sprachlichen Voraussetzungen** muss der Mitarbeiter weiteren Anforderungen gerecht werden. Insbesondere **sozialen Kompetenzen** wie

- Einfühlungsvermögen,
- Ausgeschlossenheit,
- Wertschätzung für andere Menschen,
- Kontaktfähigkeit,
- Kommunikationsfähigkeit,
- Teamfähigkeit,
- Konfliktlösungsfähigkeit,
- Fairness und
- Zuverlässigkeit

kommt bei der Auslandsentsendung eine besonders große Bedeutung zu. Außerdem muss der zu Entsendende über **interkulturelle Kompetenz** verfügen. Hierzu zählen vor allem

- Toleranz gegenüber fremdem Verhalten,
- Achtung vor kulturellen Besonderheiten,
- Solidarität,
- Sensibilität für ungewohnte Verhaltensweisen und
- die Bereitschaft, neue Erfahrungen in anderen Kulturkreisen als Bereicherung und nicht als Belastung anzusehen.

Weitere wichtige Faktoren sind eine grundsätzliche Mobilitätsbereitschaft sowie die Fähigkeit der Stressbewältigung und der Entwicklung von dauerhaften Kontakten über zeitliche und räumliche Grenzen hinweg. Die Fähigkeit, mit Entfremdung und Isolation umzugehen, ist ebenfalls von großer Bedeutung. [311] Der entsandte Mitarbeiter muss sich zunächst in eine neue, für ihn fremde Umgebung eingewöhnen. Er muss auf den regelmäßigen Kontakt zu seinem Freundeskreis und/oder seiner Familie verzichten, die Beziehungen zu diesen Menschen werden auf die Probe gestellt. Um im Gastland neue Kontakte über die Arbeitssituation hinaus knüpfen zu können, muss er sein Verhalten an die neue Umgebung anpassen und geltende soziale Normen verstehen und verinnerlichen.

Die **gesundheitliche Konstitution** spielt bei der Entsendung in einige Gastländer ebenfalls eine Rolle. Der Expatriate muss sich eventuell an andere klimatische und hygienische Bedingungen anpassen, er muss sich impfen lassen und eine Gesundheitsprophylaxe durchführen.

Wenn der zu entsendende Mitarbeiter **Familie** hat oder in einer festen Beziehung lebt, können weitere Probleme auftreten. Die Bedürfnisse von Partnern und Kindern sind für viele Unternehmen immer noch sekundär, dabei sind familiäre Probleme die häufigste Ursache für das Scheitern

---

[310] Vgl. Scholz, C. (2000 a), S. 664 f.

[311] Einen Überblick über empirische Untersuchungen zu diesem Thema geben Weber, W., Festing, M., Dowling, P.J., Schuler, R.S. (2001), S. 120 ff.

von Auslandsentsendungen. Bereits die Vorbereitung auf den Auslandsaufenthalt und die Einarbeitung im Gastland sind sehr zeitaufwändig. Die Familie muss diese geringere gemeinsame Freizeit ebenso akzeptieren wie eventuell die Trennungsphase.

Die schulische Ausbildung der Kinder im Gastland und die Arbeitsmöglichkeiten für den Partner stellen die nächsten Probleme dar. Mitreisende Partner, die weiterhin berufstätig sein wollen, finden im Gastland oft keine adäquate Stelle und stoßen auf Akzeptanzprobleme. Einige Großunternehmen bieten als Lösung so genannte Tandem-Modelle an,[312] die beiden Partnern einen Arbeitsplatz im Gastland garantieren. Je spezieller die Qualifikation des Partners, desto schwieriger ist es jedoch, ihm eine angemessene Stelle zu vermitteln. Problematisch ist auch, dass der Partner, sofern er nicht im selben Unternehmen arbeitet, seine bisherige Stelle kündigen muss und nicht sicher kann, dass er nach der Rückkehr eine gleichwertige Position findet.

8.3.3.2 Vorbereitung

An die Auswahl des Mitarbeiters schließt sich die Vorbereitung des Auslandsaufenthaltes an. Sie gliedert sich in die Phasen informationsorientierte und kulturorientierte Vorbereitung sowie praktische Ausreisevorbereitung.[313]

Fehlt die **fachliche Qualifikation** teilweise oder reichen die **Sprachkenntnisse** nicht aus, fällt die Beseitigung dieser Defizite zusätzlich in die Vorbereitungsphase. Viele Unternehmen gehen davon aus, dass Englisch als internationale Business-Sprache ausreicht und die Landessprache vernachlässigbar ist. Die Integration im Gastland wird jedoch durch Kenntnisse der Landessprache erheblich erleichtert. Mitreisende **Familienangehörige** sollten ebenfalls Sprachtrainings absolvieren und in die Vorbereitung miteinbezogen werden.

In der ersten Phase, der **informationsorientierten Vorbereitung**, lernt der Mitarbeiter die **länderspezifische Situation** durch gezielte Informationssammlung und -aufarbeitung kennen. Dazu gehören Informationen über die politischen, wirtschaftlichen und sozialen Verhältnisse des Gastlandes sowie ausführliche **Angaben zur ausländischen Tochtergesellschaft**. Die Personalabteilung ist maßgeblich daran beteiligt, alle Daten zu erheben, die für den künftigen Expatriate wichtig sein könnten. Viele große Unternehmen halten für diese Zwecke spezielle Sammelmappen und Videos bereit, die bei Bedarf ergänzt werden, z.B. um internationale Schulen in der Nähe des Aufenthaltsortes.

Ausführliche **Gespräche mit Repatriates** über deren Erfahrungen und Erkenntnisse gehören ebenfalls zu dieser Phase. Mitunter sind solche Gespräche in unternehmensspezifische Vorbereitungsseminare integriert.

Wenn der Mitarbeiter seinen neuen Arbeitsplatz noch nicht kennengelernt hat, sollte die Personalabteilung einen so genannten **Look-and-see-Trip** organisieren. Er dient dem Kennenlernen der neuen Arbeitsumgebung und der neuen Vorgesetzten, Kollegen und Mitarbeiter. Auch aktuelle betriebliche Probleme können dabei angesprochen werden. Außerdem besteht die Möglich-

---

[312] Vgl. Oechsler, W.A. (2000), S. 612.

[313] Vgl. Pawlik, T. (2000), S. 43 ff.

keit, sich über Lebensbedingungen, Arbeitschancen für den Partner, Schulen für die Kinder, kulturelle Angebote etc. zu informieren.[314]

Der Mitarbeiter sollte in dieser Phase von seinem Partner und eventuell den Kindern begleitet werden, auch wenn diese während der Entsendungsphase zu Hause bleiben. Durch die gemeinsamen Erfahrungen können die Berichte und Verhaltensweisen des anderen später besser eingeordnet werden. Die übliche Dauer eines Look-and-see-Trips liegt bei zwei bis sechs Wochen. Sie hängt davon ab, wie ungewohnt die neue Umgebung für den Expatriate ist.

Der informationsorientierten folgt die **kulturorientierte Vorbereitung**. Sie dient der Sensibilisierung und Anpassung an die Kultur des Gastlandes. Auch hier sollten die Familienmitglieder einbezogen werden.

Spezielle kognitive und affektive Trainings zeigen, wie die jeweilige Kultur das Verhalten, die Wahrnehmung und die Werte eines Menschen beeinflusst. Kognitive Trainings dienen vor allem der Wissensvermittlung. Der Mitarbeiter soll positive und negative Sanktionen für bestimmte Verhaltensweisen und Traditionen erkennen und interpretieren können.[315] Affektive Methoden beeinflussen die Einstellungen gegenüber Menschen aus anderen Kulturen. Sie helfen, eine positive Beziehung zur Kultur des Gastlandes aufzubauen. Dazu verwendet man unter anderem Rollenspiele und Fallstudien. Verhaltensorientierte Trainingsmethoden arbeiten vor allem mit Simulationsübungen und unterstützen die Verinnerlichung angemessener Verhaltensweisen.

Der Umfang der kulturorientierten Vorbereitung hängt davon ab, wie „geübt" der Mitarbeiter im Umgang mit fremden Kulturen ist, wie selbstverständlich das Zusammenarbeiten mit Mitarbeitern anderer Nationalität bislang für ihn war und wie oft er bereits an interkulturellen Trainings teilgenommen hat und wie ungewohnt die Kultur des Gastlandes ist.

Planung und Organisation der Umsiedlung schließen die Vorbereitungsphase ab. Zu den **praktischen Ausreisevorbereitungen** gehören die mit Visum, Arbeits- und Aufenthaltserlaubnis verbundenen Genehmigungsprozeduren. Die Personalabteilung hat die Aufgabe, sich über die aktuellen Bestimmungen des Gastlandes zu informieren und den Mitarbeiter bei seinen Anträgen zu beraten und zu unterstützen.

Ferner sollte eine **Checkliste** mit zeitlichen Eckpunkten erstellt werden, die dem Expatriate und seiner Familie hilft, alle notwendigen Vorbereitungen fristgerecht abzuschließen. Dazu gehören: Reisepässe rechtzeitig beantragen oder verlängern, Daueraufträge überprüfen, Mietwohnung kündigen, Wohneigentum vermieten, Nachsendeanträge bei der Post stellen, Auto ab- oder ummelden, sich über Schulen/Kindergärten informieren, Schutzimpfungen rechtzeitig durchführen, Möbel einlagern etc. Ein Teil der Vorbereitungen wird von der Personalabteilung übernommen: neuen Wohnraum im Gastland suchen, Flüge buchen, Umzug managen und einen anfänglichen Hotelaufenthalt organisieren. Die praktische und tatkräftige Unterstützung bei den Ausreisevorbereitungen erhöht die Akzeptanz der Auslandsentsendung.

Der Umfang dieser Unterstützung hat in den letzten Jahren stark zugenommen. Heute gehören steuerliche und sozialversicherungsrechtliche Beratungen wie selbstverständlich dazu. Aufgaben

---

[314] Vgl. Kals, U. (2002), S. 262.

[315] Vgl. Oechsler, W.A. (2000), S. 616.

wie diese werden in der Regel an externe Spezialisten vergeben. Außerdem zeigt sich die Tendenz, die Vorbereitungsphase grundsätzlich von Externen durchführen zu lassen. Eine Befragung von PricewaterhouseCoopers unter 270 europäischen Unternehmen ergab, dass 70 Prozent der Firmen zumindest einen Teil der Vorbereitung auslagern.[316]

8.3.3.3 Betreuung während der Endsendungszeit

Während der Entsendungszeit ist eine intensive Betreuung sowohl durch das Stammunternehmen als auch durch die Tochtergesellschaft erforderlich. Der Einsatz von **Paten** oder **Mentoren** hat sich dabei als vorteilhaft erwiesen.

Der **Pate im Gastland** steht dem Expatriate vor Ort zur Seite. Er hilft bei der Integration in das Unternehmen und in die neue Stelle und macht den Expatriate mit den formellen und informellen Strukturen vertraut. Darüber hinaus unterstützt er den Mitarbeiter auch außerhalb der Arbeitssituation und ist Ansprechpartner bei allen Fragen, die das Gastland betreffen. Idealerweise hilft er auch bei der privaten Integration, indem er dem Expatriate Kontakte vermittelt, ihn in internationale Clubs einführt oder auf interessante Veranstaltungen aufmerksam macht. Des Weiteren ist er oder ein weiterer Pate häufig für die Betreuung des Partners und der Familie zuständig, er hilft bei der Arbeitssuche und der Suche nach Freizeiteinrichtungen für die Kinder und stellt den Kontakt zu anderen ausländischen Familien her.

Der **Pate in der Stammgesellschaft** sorgt dafür, dass der entsandte Mitarbeiter laufend über aktuelle Entwicklungen informiert wird. Er hält den Kontakt zwischen dem Entsendeten und der Stammgesellschaft aufrecht und vertritt dessen Interessen, z.B. bei Beförderungen, Versetzungen und Umstrukturierungen. Er informiert auch über die aktuelle politische und wirtschaftliche Lage und besondere Ereignisse im Stammland. Außerdem ist dieser Pate bei der späteren Reintegration behilflich. Durch seine Unterstützung wird der Kontakt zum Stammunternehmen aufrechterhalten und der Mitarbeiter muss nicht befürchten, dass er von Informationen abgeschnitten ist und seine Interessen nicht wahrnehmen kann.

Entsendung und Rückkehr ins Stammland verlaufen in fünf Phasen.[317]

- **Erwartungsphase**: Sie ist durch eine positive Erwartungshaltung gegenüber dem Land und der neuen Aufgabe gekennzeichnet. Der Mitarbeiter ist gerade angekommen und sieht das Gastland noch mit den Augen eines Touristen. Er muss zahlreiche neue Eindrücke verarbeiten, so dass kaum Zeit für negative Gedanken bleibt.

- **Kulturschockphase**: Es kommt zu einer Anpassungskrise, da nach der anfänglichen Euphorie nun auch negative Aspekte wahrgenommen werden. Die neue Umgebung wird nicht mehr nur positiv gesehen. Es kann zu einer Abwehrhaltung gegenüber dem Gastland kommen. Das Gefühl der Unsicherheit und des „Allein-auf-sich-gestellt-Seins" verstärkt sich, die Zufriedenheit sinkt.

- **Anpassungsphase**: Hier sind die Paten besonders gefragt. Sie helfen dem Expatriate bei der Integration und vermitteln ihm, dass die Entscheidung für den Auslandsaufent-

---

[316] Vgl. Buschermöhle, U. (2000), S. 30 ff.

[317] Vgl. Jung, H. (2005), S. 619 f.

halt richtig war. Der entsandte Mitarbeiter gewöhnt sich allmählich an die neue Umgebung und kann das Gastland und die Arbeitssituation aufgrund seiner bisherigen Erfahrungen besser und realistischer einschätzen. Mit zunehmender Integration nimmt auch die Zufriedenheit wieder zu.

- **Kontra-Kulturschock-Phase**: Sie bildet den Auftakt der Reintegration im Stammland, bei der die oben dargestellten Phasen erneut ablaufen. Die Kontra-Kulturschock-Phase ist durch den Verlust der im Gastland genossenen Privilegien geprägt. Gleichzeitig sieht man nun die Nachteile des Stammlandes, das man während der Entsendungszeit verklärt hatte.

- **Wiederanpassungsphase**: Die Anpassung an die Gegebenheiten des Stammlandes ist erfolgt, der Mitarbeiter ist wieder vollständig integriert.

8.3.3.4 Wiedereingliederung

Die meisten Unternehmen vernachlässigen die Wiedereingliederung ihrer Mitarbeiter. Fehler bzw. Unterlassungen können jedoch den Erfolg der Entsendung beeinträchtigen. Sie können beispielsweise dazu führen, dass sich die Motivation des Betroffenen verringert und dass andere Mitarbeiter vor einer Auslandsentsendung zurückschrecken.

Die Reintegration bringt vielerlei Schwierigkeiten mit sich. Sie reichen von Problemen bei der Wohnungssuche über die berufliche Wiedereingliederung des Partners bis zu Problemen mit der neuen Arbeitssituation im Stammunternehmen.

Oft sind die Erwartungen von Kollegen und Vorgesetzten an den Repatriate sehr hoch. Häufig findet sich keine adäquate Aufgabe für ihn, zum Teil war auch der Erfolg der Personalentwicklungsmaßnahme nicht so hoch wie beabsichtigt. Studien haben ergeben, dass ein großer Teil der entsendenden Unternehmen ihren Repatriates keine adäquate Stelle anbieten kann,[318] vor allem weil man die Rückkehr des Mitarbeiters nicht frühzeitig in die Nachfolgeplanungen einbezogen hat. Auch das veränderte soziale Umfeld führt zu Anpassungsschwierigkeiten. Da der Mitarbeiter während der Entsendungszeit seine informellen Beziehungen im Unternehmen nicht in gewohntem Maße pflegen und entwickeln konnte, muss er nun neue Kontakte aufbauen und frühere intensivieren.

Eine so genannte **Reentry-Planung**, bei der die Reintegration im Stammunternehmen sorgfältig geplant und durchgeführt wird, ist also von großer Bedeutung. Andernfalls werden Auslandsentsendungen die Ziele, die mit ihrer systematischen Integration in die Personalentwicklung verbunden sind, nicht erfüllen.

8.3.4 Probleme der Erfolgskontrolle des Auslandseinsatzes

Wie alle Bildungsmaßnahmen werden Auslandsentsendungen durchgeführt, um bestimmte zuvor festgelegte Ziele zu erreichen. Der Zielerreichungsgrad wird allerdings in den seltensten Fällen tatsächlich ermittelt, Soll-Ist-Vergleiche finden kaum statt. Zum einem, weil sich der Erfolg nicht eindeutig der Auslandsgesellschaft oder dem Stammunternehmen zuschreiben lässt. Zum ande-

---

[318] Vgl. Nagel, Y. (2003), S. 59.

ren ist der Erfolg nicht in allen Punkten quantifizierbar. Wie soll man beispielsweise den Nutzen einer größeren Aufgeschlossenheit gegenüber anderen Kulturen messen?

Schwierigkeiten bei der Leistungsbeurteilung resultieren außerdem daraus, dass Leistung von Kultur zu Kultur unterschiedlich definiert wird. Der Mitarbeiter wurde möglicherweise vom Vorgesetzten im Gastland anders beurteilt als vom Vorgesetzten des Stammunternehmens. Je exakter die Ziele der Entsendung formuliert und je genauer die erfolgskritischen Aufgaben festgelegt wurden, desto besser kann der Vorgesetzte im Gastland die Leistungsbeurteilung an den Vorstellungen des Stammunternehmens ausrichten. Leistungshemmende Rahmenbedingungen im Gastland müssen beiden Beurteilern bekannt sein, um deren Auswirkungen auf den Erfolg der Auslandsentsendung einschätzen zu können.

Rückkehrgespräche mit dem Repatriate, spezielle Kennziffern – beispielsweise der Anteil vorzeitig zurückgekehrter Mitarbeiter – und eine sorgfältige Ursachenanalyse geben Aufschlüsse über Verbesserungspotenziale.

8.4 Kritische Würdigung und Ausblick

Seit langen erkennt die Praxis die zunehmende Bedeutung der Personalentwicklung. Sie wird als wichtiger Faktor für die Sicherung der Unternehmensexistenz gesehen. Dennoch verfolgen viele Betriebe kein systematisches Personalentwicklungskonzept, sondern setzen mehr oder weniger unkoordiniert Bildungsmaßnahmen ein, die am kurzfristigen Bedarf orientiert und nicht aufeinander oder mit anderen betrieblichen Maßnahmen abgestimmt sind. Eine Maßnahme zur Förderung der Kooperations- und Teamfähigkeit bedarf beispielsweise einer entsprechenden Arbeitsstrukturierung bzw. einer Änderung der bisherigen Organisation, andernfalls bringt sie kaum Vorteile für das Unternehmen. Lediglich in großen Unternehmen ist die Verknüpfung von Personalentwicklung und strategischen Unternehmenszielen eine Selbstverständlichkeit.

Auf inhaltlicher Ebene zeigt sich in den letzten Jahren ein Trend zur Entwicklung von Schlüsselqualifikationen und von interkultureller Kompetenz. Ihre Bedeutung nimmt für alle Hierarchieebenen zu, außerdem gehen fachliche und persönliche Qualifikationsmerkmale immer mehr ineinander über.

Empirische Untersuchungen zeigen, dass Training-on-the-job gegenüber Maßnahmen außerhalb des Arbeitsplatzes an Popularität gewinnt, da es praxisnäher ist und geringere Kosten verursacht. Gleichzeitig wird Training-off-the-job immer wichtiger, da das benötigte Know-how oft nicht im Unternehmen vorhanden ist. Daneben steht Eigeninitiative beim Lernen, oft verbunden mit der Nutzung von Computern und dem Internet, hoch im Kurs. E-Learning-Konzepte werden immer beliebter. In international operierenden Unternehmen gewinnt die Auslandsentsendung immer mehr an Bedeutung.

Der Vorgesetzte als Trainer und als diejenige Person, die den Personalentwicklungsprozess steuert, übernimmt stärker als bisher die Rolle des Coachs. Sowohl internes als auch externes Coaching haben erheblich an Bedeutung gewonnen. In vielen Unternehmen sind sie mittlerweile fester Bestandteil der Personalentwicklung, wobei man sich nicht mehr nur auf die höheren Hierarchieebenen beschränkt.

Wiederholungsfragen

1. Wie beurteilen Sie die Bedeutung der Personalentwicklung in der heutigen Zeit?

2. Welche Inhalte vermittelt die Personalentwicklung?

3. Erläutern Sie kurz die verschiedenen Bereiche der Personalentwicklung.

4. Welche Ziele verbinden die verschiedenen Interessengruppen mit der Personalentwicklung?

5. Was versteht man unter den Trägern der Personalentwicklung und welche Aufgaben haben sie?

6. Erläutern Sie den Zusammenhang zwischen Organisations- und Personalentwicklung.

7. Geben Sie einen Überblick über das Konzept der Personalentwicklung.

8. Grenzen Sie Förder- und Bildungsmaßnahmen voneinander ab.

9. Wie ermitteln Sie den Personalentwicklungsbedarf und das Eignungspotenzial der Mitarbeiter?

10. Was versteht man unter einem Management Audit?

11. Beschreiben Sie die vier Felder des Human-Resources-Portfolios im Rahmen der Personalentwicklung.

12. Welche Aufgaben haben Assessment Center bei der Personalentwicklung?

13. Welche Rolle spielen die Entwicklungsbedürfnisse der Mitarbeiter?

14. Zu welchen Handlungsalternativen führt der Anforderungs-Eignungs-Vergleich?

15. Worin unterscheiden sich Nachfolge- und Karriereplanung?

16. Erläutern Sie, was man unter Führungs-, Fach- und Projektlaufbahn versteht.

17. Wodurch zeichnet sich Coaching aus?

18. Grenzen Sie Coaching von Mentoring und Supervision ab.

19. Welche Inhalte können Coaching-Prozesse haben?

20. Welche Formen des Coaching kennen Sie?

21. Welche Vorteile bietet der Einsatz eines unternehmensexternen Coachs?

22. Welcher Zusammenhang besteht zwischen Outplacement und Personalentwicklung?

23. Inwiefern nutzt die Arbeitsstrukturierung der Personalentwicklung?

24. Systematisieren Sie die Maßnahmen der Qualifikationsvermittlung.

25. Welche Vorteile bietet Training-on-the-job gegenüber externen Bildungsmaßnahmen?

26. Inwiefern nutzt die Teilnahme an Projekten der Personalentwicklung?

27. Was versteht man unter gelenkter Erfahrungsvermittlung?

28. Beschreiben Sie die Vorgehensweise bei multiplem Management.

29. Unter welchen Voraussetzungen ist der Einsatz von Vorlesungen sinnvoll?

30. Welche Ziele werden mit dem Einsatz von Fallstudien und Planspielen verbunden?

31. Was versteht man unter einer Corporate University?

32. Welche Vorteile bieten Outdoor-Trainings?

33. Welche Probleme sind mit der Kontrolle der Personalentwicklung verbunden?

34. Welche Kostenarten sind im Rahmen der Kostenkontrolle der Personalentwicklung zu berücksichtigen?

35. Was versteht man unter der ökonomischen Erfolgskontrolle der Personalentwicklung?

36. Wie ermittelt man die Rentabilität einer Bildungsmaßnahme?

37. Welche Ziele verbinden Unternehmen mit der Auslandsentsendung?

38. Nehmen Sie eine kritische Würdigung alternativer Besetzungsstrategien in multinationalen Unternehmen vor.

39. Beschreiben Sie, wie bei der Vorbereitung eines Auslandsaufenthaltes vorzugehen ist.

40. Welche Probleme treten bei der Wiedereingliederung der Repatriates auf?

9 Personalfreisetzung

9.1 Begriff und Einflussfaktoren

Unter Personalfreisetzung versteht man alle Maßnahmen zum Abbau einer **personellen Überdeckung** in quantitativer, qualitativer, zeitlicher und örtlicher Hinsicht. Da der Soll-Personalbestand kleiner als der Ist-Personalbestand ist, hat sich der Netto-Personalbedarf im Vergleich zur Vorperiode verringert (vgl. die Ausführungen in Kapitel 2). Es geht also um den Abbau von zu viel oder nicht in dieser Form benötigten Arbeitsleistung. Neben der Bezeichnung Personalfreisetzung sind auch die Begriffe Personalfreistellung, -anpassung, -einsparung, -abbau und -einschränkung üblich, meist werden sie synonym verwandt.

Ebenso wie es bei der Beseitigung einer Unterdeckung viele Alternativen zum Abschluss neuer Arbeitsverträge gibt, ist auch die Beseitigung einer Überdeckung nicht zwangsläufig mit der Kündigung von Arbeitsverträgen gleichzusetzen.

Die Alternativen sind umso zahlreicher, je früher man die Überdeckung bemerkt und je sorgfältiger man sich mit ihren Ursachen auseinandersetzt. Diese wurden bereits in Zusammenhang mit der Ermittlung des Personalbedarfs als **interne und externe Einflussfaktoren auf den Personalbedarf** genauer beschrieben (Kapitel 2.4). Hinzu kommen Managementfehler, etwa falsche Reaktionen auf veränderte Umweltbedingungen. Außerdem führen Liquiditätsengpässe und Insolvenz sowie die Beendigung oder Einschränkung der unternehmerischen Tätigkeit zu Personalfreisetzungsmaßnahmen.[319]

Neben den unternehmensbedingten Gründen können Personalfreisetzungsmaßnahmen **mitarbeiterbezogene Ursachen** haben, die im Verhalten, der Person oder den Fähigkeiten des Mitarbeiters liegen.

9.2 Maßnahmen der Personalfreisetzung

9.2.1 Überblick

Die **natürliche Fluktuation**, etwa in Form von Kündigungen oder das Erreichen des Rentenalters, reicht in der Regel nicht aus, um eine Personalüberdeckung auszugleichen.

Das Gleichgewicht zwischen benötigter und vorhandener Arbeitsleistung kann zum einen dadurch hergestellt werden, dass die benötigte Arbeitsleistung durch arbeitserhaltende und arbeitsbeschaffende Maßnahmen erhöht wird. Die Differenz zwischen dem Soll- und dem Ist-Personalbestand wird somit durch die **Anhebung des Soll-Personalbestands** ausgeglichen.

Die zweite Ausgleichmöglichkeit besteht in der **Senkung des Ist-Personalbestands**, indem die vorhandene Arbeitsleistung nach unten angepasst wird. Dies geschieht entweder auf indirektem Wege oder durch direkte quantitative und qualitative Maßnahmen. Diese gehen teilweise ineinander über und ergänzen sich. Einen Überblick gibt Abb. 79.

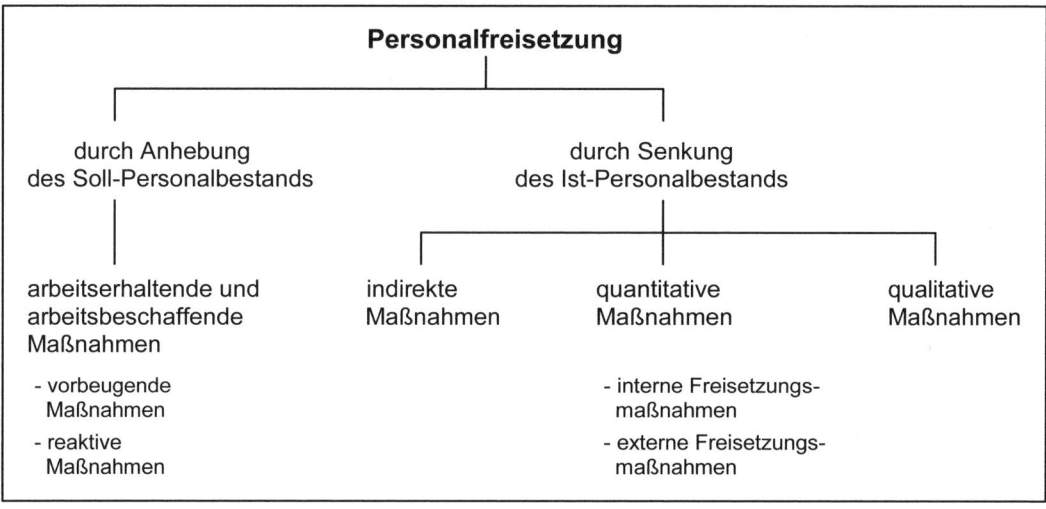

Abb. 79: Maßnahmen zur Personalfreisetzung

Bei der **Auswahl** sind die kurz- und langfristigen Konsequenzen für die Leistungserstellung und dem Erreichen der Unternehmensziele sowie die entstehenden Kosten, die sozialen Auswirkun-

---

[319] Vgl. Drumm, H.J. (2005), S. 297.

gen und die arbeitsrechtlichen Regelungen zu beachten, die bestimmte Mitarbeitergruppen wie ältere Arbeitnehmer, Auszubildende, Schwerbehinderte und Schwangere unter einen besonderen Schutz stellen.

9.2.2 Arbeitserhaltende und arbeitsbeschaffende Maßnahmen

Wenn ein Unternehmen an der Erhaltung seines Personalbestands interessiert ist, kann es eine Reihe von Maßnahmen ergreifen, die eine Verringerung des Ist-Personalbestands verhindern oder geringer ausfallen lassen. Dabei handelt es sich sowohl um vorbeugende als auch um reaktive Maßnahmen.

Bei den **vorbeugenden Maßnahmen** unterscheidet man:

- Flexibilisierung des Produktionsprogramms
- Flexibilisierung des Arbeitseinsatzes
- ständige personelle Unterdeckung der Stammbelegschaft
- Schaffung von potenziellen Abbaureserven

Mit vorbeugenden Maßnahmen soll die Reduzierung des Stammpersonals vermieden werden. Das **Produktionsprogramm** wird z.B. so flexibel gestaltet, dass konjunkturelle, saisonelle oder technische Produktionsprobleme abgefangen werden können.

Flexibilisierungen des Arbeitseinsatzes durch Job Enlargement und Job Enrichment und andere neue Formen der Arbeitsstrukturierung führen bei Rationalisierungen und Umstrukturierungen dazu, dass die Mitarbeiter aufgrund ihrer höheren Qualifikation und größeren Flexibilität leichter und schneller neue Aufgaben übernehmen können.

Viele Unternehmen begegnen der wechselhaften Konjunktur inzwischen dadurch, dass sie Mitarbeiter nur befristet oder in Teilzeit einstellen oder zusätzliche Arbeitsleistung mithilfe von Personal-Leasing beziehen. Damit wird bewusst eine **ständige personelle Unterdeckung bei der Stammbelegschaft** herbeigeführt, um hier Personalfreisetzungsmaßnahmen zu vermeiden.[320] Gleichzeitig werden **Abbaureserven** geschaffen, die die Stammbelegschaft, deren Arbeitsleistung nach wie vor in vollem Umfang benötigt wird, nicht betreffen.

Zu den **reaktiven Maßnahmen** gehören:

- erweiterte Lagerhaltung
- Rücknahme von Fremdaufträgen
- Insourcing
- Vorziehen von Reparatur- und Wartungsarbeiten
- Produktdiversifikation
- Intensivierung der Marketing-Aktivitäten

Unter reaktiven arbeitserhaltenden und arbeitsbeschaffenden Maßnahmen versteht man alle Vorgehensweisen im Rahmen der Produktions- und Absatzplanung, mit denen der Rückgang des

---

[320] Vgl. Jung, H. (2005), S. 312.

Personalbedarfs hinausgezögert, verlangsamt oder ausgeglichen wird. Die Gesamtzahl der Mitarbeiter und ihre Arbeitszeit bleiben unverändert.

Kurzfristige Absatzrückgänge können z.B. durch **erweiterte Lagerhaltung** ausgeglichen werden. Dabei wird jedoch zusätzliches Kapital gebunden. Bei Gütern, die leicht verderblich sind oder deren Wert schnell sinkt, kann diese Maßnahme nur bei sehr kurzen Absatzschwankungen angewandt werden.

Wenn das technische Know-how und die erforderliche maschinelle Ausstattung vorhanden sind, können **Fremdaufträge zurückgenommen** werden. Vorher müssen allerdings die rechtlichen und finanziellen Konsequenzen geprüft werden. Ist die Rücknahme von Dauer, spricht man von **Insourcing**. Das Problem der Personalüberdeckung wird für das eigene Unternehmen gelöst und auf andere Betriebe verlagert.

Reparatur- und Wartungsarbeiten, die in absehbarer Zeit anfallen, können zur Beseitigung einer Personalüberdeckung vorgezogen werden. Diese Maßnahme bietet sich nur bei kurzzeitiger Überdeckung an. Nach Beendigung der Arbeiten tritt das Problem erneut auf und muss auf anderem Wege gelöst werden.

Produktdiversifikationen sind möglich, wenn ein Unternehmen aufgrund seiner Produktionsanlagen in der Lage ist, kurzfristig für andere Unternehmen Zulieferarbeiten zu übernehmen und Fremdaufträge zu erledigen.

Die **Intensivierung von Marketing-Aktivitäten** und der daraus resultierende höhere Absatz sind eine weitere Möglichkeit, den Personalbedarf zu steigern und eine Überdeckung auszugleichen.

9.2.3 Indirekte Maßnahmen der Personalfreisetzung

Bei den indirekten Maßnahmen der Personalfreisetzung wird das Unternehmen hinsichtlich der Zahl der (Stamm-)Mitarbeiter nicht selbst aktiv. Dieses Vorgehen bietet sich an, wenn die Überdeckung relativ gering ist und erst in absehbarer Zeit eintritt, so dass keine schnellen und umfangreichen Veränderungen erforderlich sind. Dazu gehören:

- Verzicht auf Neueinstellungen
- Verzicht auf Aushilfen, Praktikanten und Werkstudenten
- Verzicht auf Verlängerung von Zeitarbeitsverträgen
- Verzicht auf Personal-Leasing
- Verzicht auf Übernahme von Auszubildenden

Der **Verzicht auf Neueinstellungen** führt dazu, dass natürliche Abgänge, etwa durch Pensionierung, Kündigungen durch Mitarbeiter oder Vertragsablauf, nicht durch externe Bewerber, sondern durch interne Mitarbeiter ausgeglichen werden.

Oft wird gleichzeitig ein **genereller Einstellungsstopp** verfügt, d.h. weder Ersatz- noch Neubedarf werden extern befriedigt. Erhebliche Personalentwicklungskosten und eine falsche Zusammensetzung der Personalstruktur können die Folge sein.

Eine gemäßigte Form ist der **Einstellungsstopp auf Neubedarf**. Der Ersatzbedarf kann dabei durch die Einstellung externer Bewerber gedeckt werden.

Ein **qualifizierter Einstellungsstopp** beschränkt das Verbot auf bestimmte Betriebsteile, Positionen oder Mitarbeitergruppen bzw. nimmt solche explizit vom Einstellungsstopp aus. Damit verringert sich die Gefahr einer suboptimalen Zusammensetzung des Personals.

Beim **modifizierten Einstellungsstopp** werden Ersatz- und Neueinstellungen auf ihre betriebliche Notwendigkeit überprüft und müssen ausführlich begründet werden.

Beim **Verzicht auf Aushilfen, Praktikanten und Werkstudenten** stellt das Unternehmen keine Arbeitnehmer für die Erfüllung von besonderen Aufgaben ein, diese werden von den vorhandenen Mitarbeitern zusätzlich erfüllt. Dabei muss jedoch sichergestellt sein, dass die fachlichen Voraussetzungen vorhanden sind.

Der **Verzicht auf Verlängerung von Zeitarbeitsverträgen** betrifft befristet eingestellte Mitarbeiter. Mit dem Auslaufen des Vertrags fällt die Arbeitsleistung dieser Arbeitnehmer weg, der Personalbestand verringert sich automatisch. Für das Unternehmen bedeuten befristete Arbeitsverträge erheblich mehr Flexibilisierungsspielraum, allerdings muss das anfallende Arbeitsvolumen zuvor genau bekannt sein.

Unternehmen greifen meist dann auf **Personal-Leasing** zurück, wenn Produktionsspitzen oder urlaubsbedingte Unterdeckungen abgefangen werden müssen. Bei Überdeckung verzichtet man darauf und sorgt für einen internen Ausgleich.

Der **Verzicht auf die Übernahme von Azubis**, die ihre Ausbildung beendet haben, kann für das Unternehmen negative Konsequenzen haben. Junge, gut qualifizierte und flexible Mitarbeiter verlassen das Unternehmen, das in ihre Ausbildung investiert hat. Diesen Ausgaben folgen nun keine Einnahmen. Bei steigendem Personalbedarf stehen die ehemaligen Azubis nicht mehr zur Verfügung. Die Mitarbeiter, die dann eingestellt werden, müssen erst mit dem Unternehmen und ihrer Arbeit vertraut gemacht und integriert werden.

9.2.4 Quantitative Maßnahmen der Personalfreisetzung

9.2.4.1 Interne Freisetzungsmaßnahmen

Mit internen Freisetzungsmaßnahmen wird eine Verringerung der Mitarbeiterzahl vermieden. Der Ist-Personalbestand wird **durch örtliche oder zeitliche Anpassungsmaßnahmen** gesenkt.

Bei den **örtlichen Maßnahmen** der internen Personalfreisetzung handelt es sich um **Versetzungen**. Bei einer horizontalen Versetzung erhält der Mitarbeiter eine neue Stelle auf derselben Hierarchiestufe. Eine vertikale Versetzung kann mit einem Auf- oder Abstieg verbunden sein. Voraussetzung ist, dass es in einem anderen Bereich einen Neu- oder Ersatzbedarf gibt.[321] Außerdem müssen die Möglichkeiten und Kosten von Personalentwicklungsmaßnahmen berücksichtigt werden, weil oft Qualifikationsdefizite der versetzten Mitarbeiter ausgeglichen werden müssen.

Ein anderes häufiges Problem ist eine geringere Leistungsbereitschaft, wenn sich die soziale Stellung des Mitarbeiters verschlechtert hat. Auch fehlende Erfahrung, eine ungewohnte Aufgabe,

---

[321] Vgl. Berthel, J., Becker, F.G. (2003), S. 249 f.

ein neues soziales Umfeld oder Lohneinbußen können zur Minderung der Arbeitszufriedenheit und der Leistungsbereitschaft führen.

Änderungskündigungen sind in diesem Zusammenhang als Sonderfall der Versetzung anzusehen. Der Arbeitgeber bietet dabei dem Arbeitnehmer den Fortbestand des Arbeitsverhältnisses unter geänderten Bedingungen an. Akzeptiert der Mitarbeiter sie nicht, wird das Arbeitsverhältnis beendet. Änderungskündigungen unterliegen dem Kündigungsschutzgesetz.

Zeitliche Maßnahmen der internen Personalfreisetzung begegnen dem geringeren Bedarf an Arbeitsleistung mit Veränderungen der Arbeitszeit. Zunächst ist der **Zeitraum für den Änderungsbedarf** zu klären. Für **kurzzeitige** Verkürzungen bieten sich

- Abbau von Mehrarbeit und Überstunden,
- Urlaubsverschiebungen und Betriebsferien sowie
- Kurzarbeit an.

Die wichtigsten **langfristigen** Maßnahmen sind

- Förderung von Teilzeitarbeit und
- Kürzung der regulären Arbeitszeit.

Mit dem **Abbau von Überstunden und Mehrarbeit** kann die Überdeckung schnell und unmittelbar reduziert werden. Die reguläre Arbeitszeit kann danach problemlos wieder eingeführt werden. Der Betriebsrat hat hier ein Informations- und Beratungsrecht nach § 92 BetrVG. Die Verrechnung erfolgt über das in Kapitel 6 angesprochene Arbeitszeitkonto.

Die Gestaltung der **Lage und Dauer des Urlaubs** ist eine weitere Möglichkeit, auf Personalüberdeckungen zu reagieren. Durch sie können kurzzeitige, meist saisonale Schwankungen ausgeglichen werden. Das Spektrum reicht von festen Betriebsferienzeiten, wie sie in der Automobilindustrie üblich sind, über die Verschiebung von Urlaubsansprüchen einzelner Mitarbeiter in beschäftigungsschwache Zeiten bis zur Gewährung von Sabbaticals.

Unter **Kurzarbeit** versteht man die Herabsetzung der betriebsüblichen regelmäßigen Arbeitszeit im gesamten Unternehmen oder einzelnen Betriebsteilen. Die betroffenen Arbeitnehmer erhalten ein geringeres Entgelt. Das niedrigere Arbeitsvolumen kann gleichmäßig verteilt oder ungleichmäßig strukturiert werden, so dass an einzelnen Arbeitstagen oder wochenweise weniger oder gar keine Arbeitsstunden anfallen. Die Einführung von Kurzarbeit ist nur möglich, wenn das Unternehmen eine Berechtigungsgrundlage, meist in Form einer tarifvertraglichen Regelung oder einer Betriebsvereinbarung, vorweisen kann. Mit der Einführung der Kurzarbeit zahlt die Bundesagentur für Arbeit aus den Mitteln der Arbeitslosenversicherung ein so genanntes **Kurzarbeitergeld**, wenn bestimmte Voraussetzungen gem. §§ 63 ff. Arbeitsförderungsgesetz (AFG) erfüllt sind.

Bei länger andauernden Beschäftigungsproblemen in geringem Umfang kann die **Förderung von Teilzeitarbeit** Abhilfe schaffen. Ausgewählten Mitarbeitern oder Mitarbeitergruppen wird dauerhaft oder zeitlich begrenzt ein Vertrag angeboten, dessen Arbeitszeit unter der betriebsüblichen Vollzeit liegt. Bisweilen sind damit finanzielle Anreize verbunden, indem das Entgelt nicht im gleichen Maße wie die Arbeitszeit verringert wird. Die Reduzierung kann sich auf die tägliche, wöchentliche, monatliche oder jährliche Arbeitszeit beziehen. Die Umwandlung eines Vollzeit- in einen Teilzeitvertrag bedarf der Zustimmung des betroffenen Mitarbeiters. Wenn betriebliche

Gründe vorliegen und es keine weniger belastenden Alternativen gibt, kann das Unternehmen eine Änderungskündigung vornehmen.[322]

Die **Kürzung der regulären Arbeitszeit** pro Tag, Woche, Monat oder Jahr beruht – anders als bei Teilzeitverträgen – in der Regel nicht auf einzelvertraglichen, sondern kollektiven Regelungen wie gesetzlichen oder tarifvertraglichen Änderungen und geänderten Betriebsvereinbarungen. Sie betrifft alle Mitarbeiter, die in Vollzeit arbeiten. Sowohl unter Arbeitgebern als auch unter Arbeitnehmern wird die Kürzung der regulären Arbeitszeit kontrovers diskutiert.

9.2.4.2 Externe Freisetzungsmaßnahmen

Unternehmen, die mit **externen Freisetzungsmaßnahmen** ihren Personalbestand reduzieren wollen, müssen den damit einhergehenden Wissensverlust in Rechnung stellen. Auch rechtliche Hürden, z.B. Kündigungsschutzregelungen, sind zu beachten. Außerdem kann ein solches Verhalten dem Image schaden und eine spätere Personalbeschaffung erschweren. Zu den externen Personalfreisetzungsmaßnahmen zählen:

- Förderung freiwilligen Ausscheidens
- Aufhebungsverträge
- vorzeitige Pensionierung
- Kündigung

Auch das **Outplacement** zählt zu diesen Maßnahmen, aufgrund seiner wachsenden Bedeutung wird es jedoch gesondert unter 9.2.4.3 betrachtet.

Bei der **Förderung freiwilligen Ausscheidens** spricht das Unternehmen (vorerst) keine Kündigungen aus. Der Mitarbeiter kündigt auf eigenen Wunsch, was bei der Suche nach einer neuen Stelle vorteilhaft ist. Als Anreiz für das freiwillige Ausscheiden wird eine **Abfindungszahlung** gewährt. Möglich sind auch eine Unterstützung bei der Stellensuche bei befreundeten Partnerunternehmen oder eine großzügige Freizeitregelung während der Zeit der Bewerbung. Allerdings besteht die Gefahr, dass gerade diejenigen Mitarbeiter das Angebot annehmen, die sich aufgrund ihrer guten Qualifikation und großen Flexibilität auf dem externen Arbeitsmarkt gute Chancen ausrechnen. Die Personalstruktur verändert sich entsprechend ungünstig.

Der **Aufhebungsvertrag** bietet den Vertragspartnern die Möglichkeit, ein Arbeitsverhältnis einvernehmlich aufzulösen. Die Kompensationsleistungen des Unternehmens werden individuell vereinbart. Unternehmen können Aufhebungsverträge gezielt einsetzen, um die Alters- und Qualifikationsstruktur der Mitarbeiter zu steuern, indem sie festlegen, welchen Mitarbeitern oder Mitarbeitergruppen ein Aufhebungsvertrag angeboten wird.[323]

Bei der **vorzeitigen Pensionierung** handelt es sich um eine spezielle Form der Personalfreisetzung. Für den Mitarbeiter ist sie nur dann interessant, wenn sie mit Ausgleichszahlungen des Unternehmens einhergeht und nicht mit wesentlichen Einbußen des gesetzlichen Rentenanspruchs und der betrieblichen Altersversorgung verbunden ist.

---

[322] Vgl. Olfert, K. (2005), S. 433.

[323] Vgl. Jung, H. (2005), S. 320.

Die **Kündigung** seitens des Arbeitgebers ist eine der schwerwiegendsten Maßnahmen externer Personalfreisetzung, die für den betroffenen Mitarbeiter mit verschiedenen Folgen verbunden sein kann:

- Langzeitarbeitslosigkeit
- Existenzbedrohung
- psychische Probleme
- Verlust von sozialen Kontakten
- sozialer Abstieg
- fehlende Identifikationsmöglichkeiten

Neben den allgemeinen arbeitsrechtlichen Vorschriften sind besondere Einschränkungen bei bestimmten Arbeitnehmergruppen wie Schwangere, Ältere, Behinderte, Betriebsratsmitglieder etc. zu beachten. Außerdem schränken individuelle und kollektive vertragliche Vereinbarungen die Kündigungsmöglichkeiten ein.

Die extremste Form der Personalfreisetzung sind Massenkündigungen oder **Massenentlassungen**, für die wiederum spezielle gesetzliche Vorschriften gelten.

9.2.4.3 Exkurs: Outplacement als externe Freisetzungsmaßnahme

Neben den arbeitsrechtlichen und finanziellen Konsequenzen einer externen Freisetzungsmaßnahme rücken in letzter Zeit die beruflichen, persönlichen und sozialen Folgen für den betreffenden Mitarbeiter ins Blickfeld. Unternehmen bemerken außerdem weitere negative Folgen wie Motivationsverluste bei den verbliebenen Mitarbeitern sowie Imageverlust und Wettbewerbsnachteile bei Neueinstellungen. In diesem Zusammenhang gewinnt das **Outplacement** als personalpolitisches Instrument zunehmend an Bedeutung. Man versteht darunter eine strukturierte Form der Trennung von einem Mitarbeiter, die den Interessen beider Beteiligter gerecht werden soll. Die entstehenden Kosten trägt das Unternehmen. Die Begriffe Replacement und Newplacement werden synonym verwendet.

Erste Ansätze, ohne dass der Ausdruck damals bereits verwandt wurde, gab es nach dem Zweiten Weltkrieg in der US-amerikanischen Armee.[324] Ende der 1960er, Anfang der 1970er Jahre gingen einzelne privatwirtschaftliche Betriebe in den USA dazu über, diese Idee zu nutzen. Während der letzten Jahre hat das Outplacement auch im deutschsprachigen Raum zunehmend Verbreitung gefunden.

Es ist von **drei wesentlichen Elementen** geprägt:[325]

- einem Aufhebungsvertrag zwischen Unternehmen und Mitarbeiter
- der Beratung des Unternehmens hinsichtlich der optimalen Durchführung der Trennung vom Mitarbeiter durch einen Outplacement-Berater

---

[324] Vgl. Schanz, G. (2000), S. 452.

[325] Vgl. Nicolai, C. (2004 b), S. 462.

- der vom freisetzenden Unternehmen finanzierten Beratung und Unterstützung des Mitarbeiters bei seiner Suche nach einer adäquaten neuen Beschäftigung und der Bewältigung des Trennungsprozesses

Das Zusammenwirken der am Outplacement-Prozess Beteiligten ist in Abb. 80 dargestellt.

Outplacement wird meist von spezialisierten, **externen Personalberatern** auf der Grundlage eines Beratervertrages durchgeführt. Sie nehmen in der Regel nur Einfluss auf den Trennungsprozess. In der Praxis steht die Trennungsentscheidung in den meisten Fällen bereits fest, bevor ein Berater hinzugezogen wird. Outplacement kann zu einer **psychischen Entlastung** der für die Freisetzung verantwortlichen Vorgesetzten führen, wodurch möglicherweise die Hemmschwelle bei Entlassungen herabgesetzt wird.

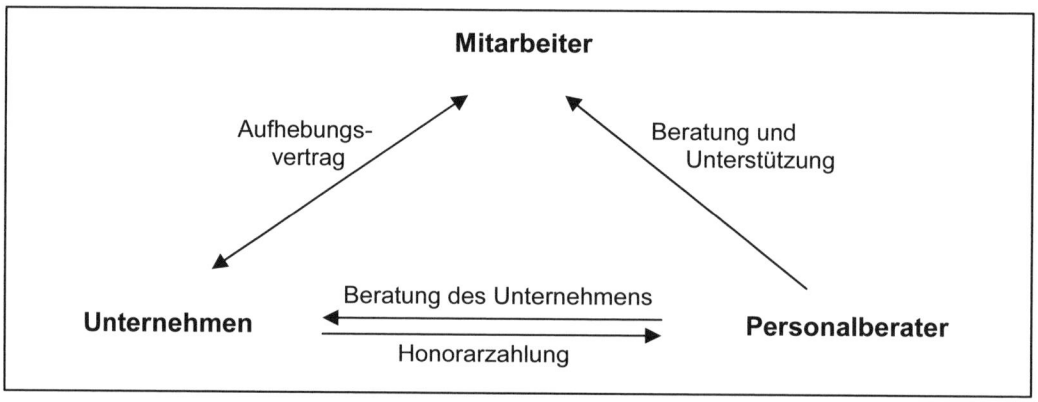

Abb. 80: Zusammenhang zwischen den am Outplacement-Prozess Beteiligten

Zur Zielgruppe gehören derzeit insbesondere **Führungskräfte** der oberen Hierarchieebenen mit mehreren Jahren Betriebszugehörigkeit. Es zeigt sich jedoch ein deutlicher Trend, Outplacements auch bei der mittleren Managementebene und bei hochqualifizierten Fachkräften durchzuführen. Der typische Outplacement-Kandidat ist etwa Mitte 40, männlich, war ungefähr acht Jahre bei seinem Arbeitgeber beschäftigt und verdiente ca. 90.000 Euro jährlich.[326]

Für das **Unternehmen** bzw. die Vorgesetzten ergeben sich verschiedene **Vorteile**:

- Der Trennungsprozess wird verkürzt.
- Arbeitsrechtliche Auseinandersetzungen werden vermieden.
- Die Motivation der im Unternehmen verbleibenden Mitarbeiter bleibt erhalten.
- Die Verantwortlichen werden psychisch entlastet.
- Die unternehmerische Fürsorgepflicht wird wahrgenommen.
- Fehlbesetzungen lassen sich leichter korrigieren.
- Die Trennungskosten verringern sich.

Während Outplacement zunächst unter sozialen Aspekten diskutiert wurde, stehen in letzter Zeit zunehmend die ökonomischen Vorteile für das Unternehmen im Mittelpunkt.

---

[326] Vgl. Salaws, A. (2005), S. A 25.

Die wesentlichen **Vorteile auf Mitarbeiterseite** sind:

- Suche nach einer neuen Aufgabe aus (zumindest zunächst) ungekündigter Stellung
- Vermeidung bzw. Verkürzung der Arbeitslosigkeit
- Hilfestellung bei der Bewältigung sozialer und psychischer Probleme
- Erarbeitung eines Stärken-/Schwächenprofils
- Beratung hinsichtlich der beruflichen Perspektiven
- Hilfestellung bei der Auswahl und dem Aufbau von Kontakten sowie bei der Bewerbungsstrategie
- professionelle Begleitung durch einen spezialisierten Berater während eines vorher festgelegten Zeitraums, idealerweise bis zum Eintritt in ein neues Unternehmen

Während früher auf Arbeitnehmerseite der Analyse und Auseinandersetzung mit der alten und neuen Situation große Bedeutung beigemessen wurde, steht heute der Wunsch des Mitarbeiters nach einer möglichst schnellen Aufnahme einer neuen Beschäftigung im Vordergrund. Aufgabe des Outplacement-Beraters ist es jedoch nicht, Arbeitsvermittlung zu betreiben, sondern eine „Hilfe zur Selbsthilfe" zu geben.

Die **Dauer der Beratung und Unterstützung** wird individuell vereinbart. Sie kann unbefristet, d.h. bis zur Aufnahme einer neuen Tätigkeit sein. Bei zeitlicher Befristung endet sie unabhängig davon, ob eine neue Stelle gefunden wurde, mit Zeitablauf. Das branchenübliche Honorar beträgt ca. 20 Prozent des gesamten Jahreseinkommens des betroffenen Mitarbeiters[327].

Neben dem individuellen **Einzel-Outplacement** bei Führungskräften rückt die Beratung tariflicher Arbeitnehmer in den letzten Jahren immer stärker ins Blickfeld. Sie wird in der Regel als **Gruppen-Outplacement** angeboten und kommt dann zum Zuge, wenn feststeht, dass in einem Unternehmensbereich eine größere Zahl von Mitarbeitern entlassen werden muss. Dabei handelt es sich um eine Art intensives Bewerbungstraining, das mit psychologischer Betreuung verbunden ist. Über einen Zeitraum von etwa sechs Monaten finden mehrere Gruppentermine statt, die auch mit Einzelgesprächen kombiniert werden können.

Ob Outplacement-Beratungen bald zur Normalität werden oder ob das Beschäftigungsrisiko in zunehmendem Maße der persönlichen Risikosphäre der Arbeitnehmer zugeordnet wird, ist derzeit nicht abzusehen.

9.2.5 Qualitative Maßnahmen der Personalfreisetzung

Qualitative Maßnahmen der Personalfreisetzung sollen die unternehmerische Flexibilität erhöhen und es ermöglichen, dass Mitarbeiter alternativ auf mehreren Positionen einsetzbar sind. Zwei Gruppen sind zu unterscheiden:

- Durchführung von Bildungsmaßnahmen im Unternehmen
- Gründung von Beschäftigungs- und Qualifizierungsgesellschaften

---

[327] Vgl. Mühlenhoff, H. (2002), S. 17.

Bildungsmaßnahmen senken den Bestand an nicht benötigter Arbeitsleistung in einem bestimmten Bereich, da sie das Leistungsangebot, dass die betreffenden Mitarbeiter zur Verfügung stellen, verändern und es zu einer benötigten Arbeitsleistung machen.

Finden die Bildungsmaßnahmen bereits **vorbeugend** oder **prozessbegleitend** statt, verringert sich gleichzeitig das quantitative Angebot an Arbeitsleistung, da die Mitarbeiter zeitweise nicht in vollem Umfang zur Verfügung stehen. Außerdem wird die Innovationsfähigkeit und die Flexibilität der Mitarbeiter erhöht. Die Maßnahmen dienen somit zusätzlich und eigentlich vorrangig der Zukunftssicherung des Unternehmens. Dennoch sparen viele Unternehmen – gerade auch in wirtschaftlich schlechten Zeiten – an Bildungsmaßnahmen. Diese sollten jedoch als antizyklische Vorgehensweise gesehen werden, die es ermöglicht, die (Stamm-)Belegschaft rechtzeitig für derzeitige und künftige Aufgaben zu qualifizieren. Die Bundesagentur für Arbeit fördert Bildungsmaßnahmen unter bestimmten Voraussetzungen finanziell (§§ 77 ff. SGB III), wodurch die Unternehmen entlastet werden.

Beschäftigungs- und Qualifizierungsgesellschaften, auch Auffanggesellschaften genannt, haben das Ziel, eine Übergangslösung für solche Mitarbeiter zu schaffen, deren Arbeitsleistung nicht mehr benötigt wird. Sie bereiten die Betroffenen auf einen neuen Einsatz innerhalb oder außerhalb des Unternehmens vor und führen zu einer zeitlichen Überbrückung.[328] Damit lassen sich vorerst Entlassungen in großem Umfang verhindern. Anstatt die Mitarbeiter in die Arbeitslosigkeit zu entlassen, können sie sich weiterqualifizieren, was ihnen bessere Chancen auf dem internen und externen Arbeitsmarkt verschafft. Meistens wird eine rechtlich selbstständige Gesellschaft gegründet, in der die überzähligen Mitarbeiter zusammengefasst werden. Neben eigenen finanziellen Mitteln stehen öffentliche Mittel der Bundesagentur für Arbeit, des Bundes, der Länder und Kommunen sowie von EU-Fonds zur Verfügung.

9.3 Abwicklung und Kontrolle der Personalfreisetzung

Für Unternehmen ist es von großer Bedeutung, stets einen genauen Überblick über die Personalbewegungen zu haben. Abgangsgründe, Trends und deren Änderungen können damit rechtzeitig erfasst und bei den Planungen berücksichtigt werden. Die notwendigen Informationen erhält man durch

- einen Fragebogen, den die ausscheidenden Mitarbeiter ausfüllen und
- ein zusätzliches Abgangsinterview.

Beide werden nicht nur bei vom Unternehmen veranlassten Freisetzungsmaßnahmen angewandt. Diese Informationen werden auch bei Mitarbeitern eingeholt, die das Unternehmen von sich aus verlassen, da effektive Maßnahmen zur Minderung der freiwilligen Fluktuation und der damit verbundenen Fluktuationskosten nur möglich sind, wenn die Kündigungsmotive erkannt werden.

Zunächst erhält der Mitarbeiter einen **Fragebogen**, in dem nach den überbetrieblichen, persönlichen und betrieblichen Ursachen der Fluktuation gefragt wird. Meist sind mehrere Ursachen ausschlaggebend.

---

[328] Vgl. Horsch, J. (2000), S. 168.

Zu den **überbetrieblichen Ursachen**, die weder vom Unternehmen noch vom Mitarbeiter beeinflusst werden können, zählen z.B. die Anziehungskraft bestimmter Städte oder Branchen sowie die Infrastruktur einer Region.

Persönliche Ursachen für eine Kündigung können insbesondere Berufswechsel, Fortbildung, Wohnungswechsel und familiäre Änderungen sein. Sie können vom Mitarbeiter und zum Teil auch vom Unternehmen beeinflusst werden.

Demgegenüber liegen **betriebliche Ursachen** vollkommen im Einflussbereich des Unternehmens. Dabei handelt es sich um Faktoren wie unbefriedigende Arbeit, Arbeitszeit, Urlaubsregelung, Entgeltaspekte, die Zusammenarbeit zwischen Kollegen und Vorgesetztem, berufliche Entwicklungsmöglichkeiten, Führungsstil und Unternehmensstruktur. Auch bessere Bedingungen in einem anderen Betrieb gehören dazu. Das Unternehmen kann durch eine Verbesserung der Schwachstellen Einfluss auf die Fluktuationsrate nehmen.[329]

Der Fragebogen dient gleichzeitig als Grundlage für das **Abgangs- oder Austrittsinterview**, das eine Sonderform des Mitarbeitergesprächs nach Beendigung des Arbeitsverhältnisses darstellt. Es dient

- der Ermittlung der Austrittsursache,
- der Beseitigung betrieblicher Schwachstellen, die zu Austritten führen,
- dem Abbau von Aversionen gegenüber dem Unternehmen und
- der Verabschiedung des Mitarbeiters und der Danksagung verbunden mit guten Wünschen für die Zukunft.

Die Art, wie die Trennung gehandhabt wird, hat – unabhängig davon, wodurch sie verursacht wurde – erheblichen Einfluss auf das externe und interne Image des Unternehmens und kann zu entsprechenden Wettbewerbsvorteilen oder -nachteilen bei der künftigen Personalbeschaffung führen. Deshalb muss sie sorgfältig durchgeführt werden. Der ausscheidende Arbeitnehmer sollte von möglichst neutralen Gesprächspartnern interviewt werden. Das Interview kann nur dann vom direkten Vorgesetzten geführt werden, wenn dieser keinen Anlass zum Austritt gegeben hat, da sonst zu befürchten ist, dass der Mitarbeiter nicht ehrlich antwortet und Scheingründe für sein Ausscheiden nennt.

9.4 Kritische Würdigung und Ausblick

Maßnahmen der Personalfreisetzung sind in den letzten Jahren verstärkt ins Blickfeld der personalpolitischen Arbeit gerückt. Die Vielfalt der möglichen Alternativen, die jeweils auf die spezielle Unternehmenssituation abgestimmt werden müssen, ist enorm. Der **Trend zu möglichst sozial verträglichen Vorgehensweisen** hält an. Outplacement-Beratungen gewinnen sowohl für einzelne Mitarbeiter als auch gruppenbezogen zunehmend an Bedeutung.

---

[329] Vgl. Stopp, U. (2004), S. 303 ff.

Gleichzeitig gehen immer mehr Unternehmen dazu über, Fluktuationsstatistiken zu erstellen und die Ursachen der freiwilligen Fluktuation zu ermitteln. Damit können gezielte Maßnahmen ergriffen werden, um ungewollte Personalabgänge zu verhindern.

Das Abgangsinterview am Ende des Arbeitsverhältnisses wird immer selbstverständlicher. Es dient der Information, wie der Mitarbeiter seine Arbeitssituation empfunden hat und welche Verbesserungen durchgeführt werden sollten. Außerdem steigert es das Image auf dem internen und externen Arbeitsmarkt.

Wiederholungsfragen

1. Welche internen und externen Faktoren wirken sich auf den Personalfreisetzungsbedarf aus?

2. Geben Sie einen Überblick über die Maßnahmen der Personalfreisetzung.

3. Welcher Zusammenhang besteht zwischen Personal-Istbestand bzw. Personal-Sollbestand und der Personalfreisetzung?

4. Was versteht man unter arbeitserhaltenden und arbeitsbeschaffenden Maßnahmen im Zusammenhang mit der Personalfreisetzung?

5. Welche indirekten Maßnahmen der Personalfreisetzung kennen Sie?

6. Was versteht man unter Outplacement und warum wird es oft als soziale Form der Trennung bezeichnet?

7. Beschreiben Sie das Zusammenwirken der am Outplacement Beteiligten.

8. Welche Vorteile bietet das Outplacement für Unternehmen und Mitarbeiter?

9. Warum zählt die Personalentwicklung zu den qualitativen Maßnahmen der Personalfreisetzung?

10. Welche Ziele hat das Austrittsinterview?

10 Personalmanagement im 21. Jahrhundert – Trends und Entwicklungen

Das Personalmanagement wird künftig noch stärker zur betrieblichen Wertschöpfung beitragen und sich durch die Schaffung dauerhafter personeller Wettbewerbsvorteile vermehrt an der langfristigen Sicherung der Unternehmensziele beteiligen müssen. Jung geht davon aus, dass es sich zum bedeutendsten Bereich des Managements entwickeln wird.[330]

---

[330] Vgl. Jung, H. (2005), S. 821.

Rasante technologische Veränderungen, turbulente Entwicklungen auf den Märkten, die Globalisierung und nicht zuletzt die veränderten Werte der Gesellschaft sowie die demografische Entwicklung bilden die **Rahmenbedingungen**, die zu neuen bedeutenden Trends im Personalmanagement führen. Die Zusammenhänge sind in Abb. 81 dargestellt.

Die **wachsende Komplexität** und die **Dynamik der technischen Innovationen** greifen auf alle Lebensbereiche über. Selbst in rohstoffarmen Ländern verbessert der Einsatz neuester Technologien die Wettbewerbsfähigkeit. Um mit dieser Entwicklung Schritt halten zu können, sind ständig zusätzliche Qualifizierungsmaßnahmen erforderlich. Lebenslanges Lernen gepaart mit Flexibilität, Kooperationsbereitschaft und Kreativität nehmen an Bedeutung zu. Das Qualifikationsniveau der eingestellten Arbeitnehmer hat sich in den letzten Jahren stark erhöht. Ungelernte Arbeitskräfte haben heute nur noch geringe Chancen am Arbeitsmarkt. Dieser Trend wird sich weiter verstärken, da einfache, mechanische Arbeitschritte immer mehr von Maschinen übernommen werden. Gleichzeitig nehmen die Programmierungs-, Einrichtungs-, Wartungs-, Überwachungs- und Kontrollaufgaben zu.

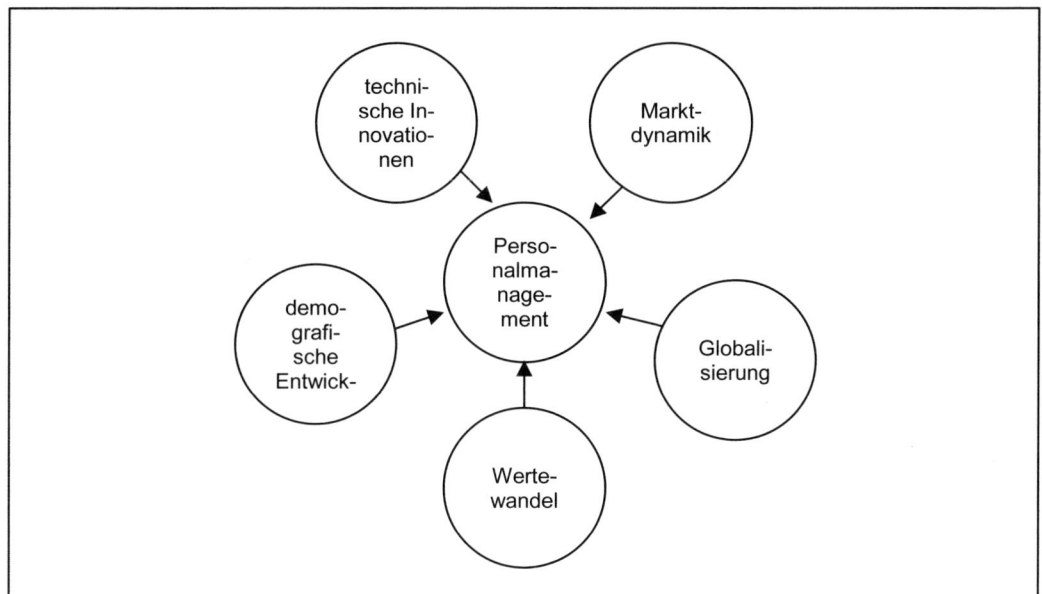

Abb. 81: Rahmenbedingungen des Personalmanagements

Die gezielte, systematische Personalentwicklung bleibt auch in Zukunft ein Thema. Außerdem müssen entsprechend der neuen Aufgaben und Anforderungen neue Vergütungssysteme entwickelt werden. Die Voraussetzungen für den Akkordlohn fallen weitgehend weg. Stattdessen gilt es, die Leistungs- und Qualifikationsorientierung der Mitarbeiter durch passende Anreize zu fördern. In vielen Bereichen wird der technische Fortschritt auch weiterhin dazu führen, dass weniger Arbeitskräfte benötigt werden. Um Personalfreisetzungen zu vermeiden oder zu verringern, sind vorbeugende und prozessbegleitende Maßnahmen wie verstärkte interne Stellenbesetzungen, organisatorische Umstrukturierungen und Qualifizierungsmaßnahmen notwendig.

Die **Globalisierung** und die damit verbundene, **zunehmende Marktdynamik** führen dazu, dass bestehende Wettbewerbsvorteile heute schnell von anderen Unternehmen aufgeholt werden, dass sich das Innovationstempo erhöht und die Produktzyklen entsprechend kürzer werden. Gleichzeitig erfolgte ein Wechsel von der Industrie- zur Dienstleistungsgesellschaft. Indem die räumliche Entfernung immer unbedeutender wird, fällt es den Unternehmen immer leichter, in neue Märkte einzudringen. Der Trend zu Joint Ventures, strategischen Allianzen und anderen Formen von Unternehmenskooperationen wird sich verstärken. Auslandsbeziehungen werden ausgebaut. Angesichts des steigenden Kostendrucks und häufig gesättigter Märkte wird das Wettbewerbsklima eher aggressiver werden. Deshalb wird sich Personalmanagement zunehmend mit der Kostenstruktur, der Vergütungsproblematik und der zeitlichen Dimension bei der Personalbeschaffung, -entwicklung und -freisetzung auseinandersetzen. Gleichzeitig muss der internationalen Ausrichtung des Personalmanagements größere Bedeutung geschenkt werden. Außerdem muss es die Entwicklung einer entsprechenden Unternehmenskultur unterstützen.

Der **Wertewandel** gilt bereits seit den 1980er Jahren als wichtiger Faktor bei der betrieblichen Personalarbeit. Werte dienen als Orientierung beim menschlichen Handeln. Viele Untersuchungen zu diesem Thema zeigen die Veränderungen auf, die hier mittlerweile stattgefunden haben. So werden bürgerliche Arbeitstugenden immer unwichtiger. Statt das Leben als Aufgabe anzusehen und große Ziele erreichen zu wollen, zeigt sich ein starker Trend zur Freizeitorientierung. Viele Menschen engagieren sich lieber im privaten Bereich und nehmen im Arbeitsleben eher eine Schonhaltung ein, d.h. sie sind weniger karriereorientiert als früher. Traditionelle Werte wie Disziplin, Treue, Gehorsam, Fleiß, Bescheidenheit oder Anpassungsbereitschaft verlieren gegenüber Ungebundenheit und Eigenständigkeit an Bedeutung. Gleichzeitig gewinnen neben materiellen Werten wie Versorgung und Sicherheit zunehmend postmaterielle Werte wie Status, Selbstverwirklichung und auch Solidarität an Bedeutung.[331]

Es gibt viele Hypothesen, was den Wertewandel ausgelöst haben könnte. Sie reichen von höherem Bildungsstand, Veränderung der Altersstruktur über Sozialisation und staatliche Wohlfahrt bis zu wahrgenommenen Defiziten und der Prägung durch Multiplikatoren. Wie sich wirtschaftliche und politische Entwicklungen, steigende Sozialabgaben und zunehmende Arbeitslosigkeit künftig auswirken werden, bleibt abzuwarten. Es zeigt sich jedoch bereits ein Trend, wonach die Selbstentfaltung und Freizeitorientierung gegenüber der Existenzsicherung in den Hintergrund rückt. Für Jung zeichnet sich das Bild eines leistungsbereiten Mitarbeiters ab, vorausgesetzt, die Arbeit macht ihm Spaß und bringt die erhoffte Abwechslung mit sich. Leistung wird mit sinnvollen Arbeitsinhalten, Selbständigkeit und Erfolgserlebnissen verknüpft.[332] Neue Lebens- und Arbeitsstrukturen werden entstehen. Immaterielle Anreize wie Arbeitszeitflexibilität, Arbeitsstrukturierung und der Führungsstil gewinnen erheblich an Bedeutung. Angesichts der Arbeitsmarktsituation werden unzufriedene Arbeitnehmer eher innerlich kündigen, statt das Unternehmen zu verlassen.

Betrachtet man die **demografische Entwicklung** auf dem deutschen Arbeitsmarkt, fällt vor allem die Zunahme der Erwerbsbeteiligung der Frauen auf. Außerdem wandern ausländische Erwerbspersonen zu. Nach einer Prognose wird diese Entwicklung noch bis etwa 2010 anhalten.[333] Die nachrückenden, geburtenschwachen Jahrgänge werden gleichzeitig zu einer Verringerung der

---

[331]Vgl. Scholz, C. (2000 a), S. 18 f.

[332] Vgl. Jung, H. (2005), S. 830.

[333] Vgl. Opaschowski, H.W. (2004), S. 73.

Erwerbspersonen führen. Die Zahl der Jugendlichen, die dem Arbeitsmarkt zur Verfügung stehen, nimmt bereits jetzt ab. In relativ kurzer Zeit wird es zu einem Mangel von Lehrstellensuchenden kommen. Andere Untersuchungen kommen allerdings zu dem Schluss, dass sich das Erwerbspotenzial trotz dieser Entwicklungen nicht verringern wird. Im Rahmen der EU-Erweiterung wird mit einem noch stärkeren Zustrom an Arbeitnehmern aus dem Ausland gerechnet. Die Bereitschaft von Frauen, am Erwerbsleben teilzunehmen, soll ebenfalls weiter zunehmen. Gleichzeitig werden sich das Renteneintrittsalter erhöhen und die Lebensarbeitszeit verlängern. Die steigende Akademisierung in allen Wirtschaftsbereichen führt wahrscheinlich zu einem etwas späteren Eintritt ins Erwerbsleben, wodurch diese Effekte abgemildert werden.

Angesichts des Strukturwandels der Wirtschaft und der widersprüchlichen Prognosen zur demografischen Entwicklung sind personalwirtschaftliche Konsequenzen schwer vorherzusagen. Mitarbeiter mit einer soliden Erstausbildung, die die Fähigkeit aufweisen, schnell und flexibel zu reagieren, und bereit sind, sich schnell neues Wissen anzueignen, und die zudem über umfangreiche Schlüsselqualifikationen verfügen, werden besonders gefragt sein. Das künftige Personalmanagement muss verstärkt auf langfristige Perspektive achten, statt nur kurzfristig zu reagieren.

Diese Rahmenbedingungen sind das Umfeld, in dem sich die **Trends des Personalmanagements** herausbilden und verstärken. Die wesentlichen Entwicklungen sind:

- **Dezentralisierung**: Bereits seit längerer Zeit sorgen Personalreferentensysteme in Großunternehmen für eine Dezentralisierung der Personalarbeit. Als Spezialisten vor Ort vermitteln Personalreferenten Führungskräften personalpolitische Instrumente und achten darauf, dass diese effizient eingesetzt werden. Sie nehmen außerdem Moderatorenaufgaben wahr und unterstützen die Vorgesetzten bei der Bedarfsplanung, Mitarbeiterauswahl und Personalentwicklung. Gleichzeitig übernehmen Führungskräfte mehr und mehr Aufgaben des Personalmanagements. Zielvereinbarungen, Personalgespräche, Mitarbeiterführung und Coaching bilden Schwerpunkte ihrer Arbeit. Die Personalabteilung ist für Strategieentwicklung zuständig, erfüllt Steuerungs- und Controlling-Aufgaben und gestaltet damit den Führungsprozess mit. Sie entwickelt die Systeme und Instrumente der Mitarbeiterführung wie Beurteilungs-, Vergütungs- und Karrieresysteme. Des Weiteren ist sie für arbeitsrechtliche Fragen und für Servicefunktionen wie Aktenführung, Gehaltsberechnung, Personalbeschaffung etc. zuständig, sofern diese nicht outgesourct wurden.

- **Professionalisierung, Kunden- und Qualitätsorientierung**: Eng verbunden mit der Dezentralisierung ist die Professionalisierung. Zur Erfüllung personalwirtschaftlicher Aufgaben bedarf es einer speziellen Qualifikation, die sich aus fachlichen, methodischen und sozialen Komponenten zusammensetzt. Dies gilt sowohl für die Mitarbeiter der Personalabteilung als auch für die Führungskräfte aller Abteilungen. Dazu sind eine gezielte Personalauswahl und entsprechende Personalentwicklungsprozesse notwendig. Die Personalabteilung muss sich als internes Dienstleistungszentrum verstehen, dessen Aufgabe die Lieferung qualitativ hochwertiger Leistungen ist, die auf den Bedarf der internen Kunden zugeschnitten sind. Zu diesen zählen neben den Führungskräften alle derzeitigen und zukünftigen Mitarbeiter. Die Kunden bestimmen grundsätzlich, was unter Qualität zu verstehen ist. Bezogen auf die Personalarbeit hat Qualität zwei Facetten. Sie betrifft zum einen die Erfüllung der Aufgaben innerhalb der Personalabteilung. Weiterhin liefert die Personalabteilung einen Beitrag dazu, dass in allen Unternehmensbereichen hochwertige Leistungen erbracht werden können, was voraussetzt, dass sie auch hohe Maßstäbe an ihre eigene Aufgabenerfüllung anlegt. Als Beispiel seien wieder die Personalauswahl und -entwicklung genannt, die dazu beitragen, dass in allen Abteilungen stets die benötigte Zahl von Mitarbeitern mit optimaler Qualifikation vorhanden ist.

- **Flexibilisierung**: Das Personalmanagement ist von zentraler Bedeutung, wenn es um die Anpassungsfähigkeit des Unternehmens an veränderte Umstände geht. Die Flexibilität bezieht sich auf verschiedene Tatbestände. So wird der Personalbestand an Mitarbeitern mit dauerhaftem Arbeitsverhältnis künftig eher abnehmen. Diese Mitarbeiter decken nur den Grundbedarf. Demgegenüber gewinnen andere Formen der Beschaffung von Arbeitsleistung und deren flexible Handhabung an Bedeutung, seien es befristete Arbeitsverträge, Personal-Leasing, Langzeitarbeitskonten oder der Einsatz von Praktikanten. Die individuellen Fähigkeiten und Interessen der Mitarbeiter, die Schnelllebigkeit der Technologie und der Produktzyklen führen zu neuen Formen der Arbeitsstrukturierung. Das Personalmanagement wird sich verstärkt um flexible Arbeitszeitmodelle sowie weitere materielle und immaterielle Anreizsysteme kümmern müssen. Die zunehmende Bedeutung der Personalentwicklung und deren bedarfsorientierte Ausgestaltung wurden bereits mehrfach erwähnt. Bei der Personalfreisetzung kann man sich nicht nur auf Entlassungen konzentrieren, stattdessen wird man innovative Wege suchen müssen, Überdeckungen zu beseitigen.

- **Individualisierung**: Die Flexibilisierung führt auch zu einer Individualisierung des Personalmanagements. Durch den gesellschaftlichen Wertewandel sind generell gültige Regeln im Personalmanagement nur noch bedingt sinnvoll. Standardisierte Vorgehensweisen werden zunehmend durch Anreize, die auf den einzelnen Mitarbeiter und dessen persönliche Belange abzielen, ersetzt. Die Individualisierung dient dazu, potenzielle Mitarbeiter für das Unternehmen zu interessieren, aktuelle Mitarbeiter zu höherer Leistung anzuregen und das Unternehmensimage positiv zu beeinflussen. Dazu gehört z.B. eine leitungs- und erfolgsorientierte Entgeltpolitik, bei der individuelle Regelungen, etwa in Form von Cafeteria-Systemen, an Bedeutung gewinnen. Gleichzeitig fordern die Mitarbeiter Aufgabenstellungen, die mehr Eigeninitiative und größere Entscheidungs- und Verantwortungsspielräume mit sich bringen. Passend dazu müssen sich die Unternehmen vermehrt um Karriereplanung und Personalentwicklung kümmern. Dazu sind geeignete Führungsstile erforderlich, die nicht nur die aktuelle Situation berücksichtigen, sondern den Mitarbeiter auch als Individuum mit unterschiedlichem Reifegrad sehen.

- **Ökonomisierung**: Da das Personalmanagement zur Steigerung der Wertschöpfung beitragen soll, rücken vor allem die Kosten ins Blickfeld. Damit stellt sich auch die Frage, ob alle personalwirtschaftlichen Aufgaben weiterhin unternehmensintern erfüllt werden müssen oder ob Outsourcing günstiger ist. Wird die Personalabteilung als Wertschöpfungs-Center betrachtet, lassen sich die personalwirtschaftlichen Aufgaben in drei Bereiche gliedern und jeweils entweder einem Cost-, Service- oder Profit-Center zuordnen. Das Cost-Center umfasst insbesondere alle Aufgaben, die aus rechtlichen Gründen nicht ausgelagert werden dürfen oder zu den personalwirtschaftlichen Kernkompetenzen gehören. Im Profit-Center findet man personalwirtschaftliche Funktionen, die die Personalabteilung aufgrund ihrer hohen Kompetenz nicht nur intern, sondern auch anderen Unternehmen anbieten kann. Damit trägt sie zur Deckungsbeitragsmaximierung des Unternehmens bei. Der größte Teil der personalwirtschaftlichen Aufgaben ist dem Service-Center zuzuordnen, da es sich um interne Dienstleistungen für die anderen Unternehmensbereiche handelt. Es sind vor allem diese Tätigkeiten, die auf dem Prüfstand stehen. Sollten sie von der Personalabteilung nicht in der gewünschten Qualität zu akzeptablen Kosten erbracht werden, wird die Make-or-buy-Entscheidung zugunsten des Outsourcings ausfallen.

- **Internationalisierung**: Durch die internationale Ausrichtung vieler Unternehmen und die zunehmenden länderübergreifenden Kooperationen steigt die Notwendigkeit, das Personalmanagement an internationalen Gegebenheiten auszurichten. Mitarbeiter werden nicht mehr nur auf dem regionalen Arbeitsmarkt rekrutiert. Neue Medien und Formen der Personalbeschaffung müssen gefunden werden. Die Anforderungsprofile und die Auswahlmethoden sind an die geänderten Dimensionen anzupassen. Integrationskonzepte, internationale Personalentwicklung und neue Beurteilungs- und Vergütungssysteme müssen den wechselnden Einsatzorten und Aufgabenbereichen sowie der Multinationalität der Mitarbeiter gerecht werden.

- **Strategieorientierung**: Das Personalmanagement darf sich nicht auf die operative Umsetzung der Unternehmensstrategien beschränken. Es muss proaktiv angelegt sein und nicht zeitlich nachgelagert, sondern parallel zu sowie zusammen mit den strategischen Planungen der Geschäftsbereiche ablaufen. Dies erfordert ein ganzheitliches, konzeptionelles Denken und Handeln sowie umfangreiche Fach- und Methodenkompetenz bei den Mitarbeitern der Personalabteilung und allen Personalverantwortlichen. Damit werden Change Management und die Begleitung langfristiger Veränderungsprozesse immer wichtiger.

- **Prägung der Unternehmenskultur**: Das Personalmanagement wird die Unternehmenskultur stärker als bisher aktiv beeinflussen und mitformen. Globalisierung und Unternehmenszusammenschlüsse führen dazu, dass unterschiedliche Unternehmenskulturen aufeinander treffen. Hier muss das Personalmanagement für Harmonisierung sorgen und die neue Unternehmensphilosophie sowie Leitbilder und Visionen mitentwickeln und zu deren Umsetzung beitragen.

Im Unternehmen der Zukunft kommt der Ressource Personal eine **Schlüsselrolle** zu. Da sich Unternehmen in ständigen, qualitativ orientierten Veränderungs- und Entwicklungsprozessen befinden, werden qualifizierte und leistungsorientierte Mitarbeiter zum existenziellen Faktor für den Erfolg. Diese Prozesse muss das Personalmanagement aktiv und proaktiv begleiten sowie zum Teil selbst initiieren. Damit wird das Personalmanagement in zunehmendem Maße von **Vielfalt, Dynamik, aber auch von Diskontinuität** geprägt sein.

Literaturverzeichnis

Achenbach, W. (2003): Personalmanagement für Führungs- und Fachkräfte, Wiesbaden 2003.

Anderson, K. (2005): Von der Talentsuche zur Talentschmiede, in: Personal, Heft 04/2005, S. 38-40.

Andrzejewski, L. (2002): Die Angst des Vorgesetzten vor dem Trennungsgespräch, in: Personalführung, Heft 06/2002, S. 76-84.

Antoni, C.H. (1994): Gruppenarbeit - mehr als ein Konzept: Darstellung und Vergleich unterschiedlicher Formen der Gruppenarbeit, in: Antoni, C.H. (Hrsg.): Gruppenarbeit in Unternehmen: Konzepte Erfahrungen, Perspektiven, Weinheim 1994, S. 19-48.

Antoni, C.H. (Hrsg.) (1994): Gruppenarbeit in Unternehmen: Konzepte Erfahrungen, Perspektiven, Weinheim 1994.

Astheimer, S. (2005): Faire Trennung will gelernt sein. in: Frankfurter Allgemeine Zeitung vom 05.11.2005, S. 61.

Backhaus, C., Brauckhage, M. (2004): Evaluation eines Management-Entwicklungsprogramms, in: Personalführung, Heft 03/2004, S. 24-31.

Balduan, G., Debus, I. (2002): Outplacement als Chance, Frankfurt am Main 2002.

Bartscher, T. (2005): Chefs helfen bei Wut und Trauer, in: Personal Magazin, Heft 07/2005, S. 64-66.

Beck, C. (2004): Die Zukunft des E-Recruiting, in: Personal Magazin, Heft 05/2004, S. 24-26.

Becker, F.G. (2003): Grundlagen betrieblicher Leistungserstellung, 4. Aufl., Stuttgart 2003.

Becker, F.G. (2005): Leistung- und erfolgsabhängige Vergütungen, in: WISU - Das Wirtschaftsstudium, Heft 08-09/2005, S. 1038-1043.

Becker, F.G., Kramarsch, M. (2005): Leistungs- und erfolgsorientierte Vergütungssysteme, Göttingen 2005.

Becker, M. (2002): Personalentwicklung: Bildung, Förderung und Organisationsentwicklung in Theorie und Praxis, 3. Aufl., Stuttgart 2002.

Becker, M. (2005): Systematische Personalentwicklung - Planung, Steuerung und Kontrolle im Funktionszyklus, Stuttgart 2005.

Bednarczuk, P., Bismark, W.-B.v., Aleweld, T. (2003): Attraktive Arbeitgeber haben engagierte Mitarbeiter, in: Personalwirtschaft, Heft 03/2003, S. 54-58.

Bensel, N. (2002): Auf dem Weg in die Dienstleistungsgesellschaft: Neue Chancen für Frauen und Männer in der Arbeitswelt, in: Peters, S., Bensel, N. (Hrsg.): Frauen und Männer im Management: Diversity in Diskurs und Praxis, 2. Aufl., 2002, S. 49-68.

Berg-Perr, J. (2003): Outplacement in der Praxis - Trennungsprozesse sozialverträglich gestalten, Wiesbaden 2003.

Berner, W. (2003): Vor Goldfischteichen wird gewarnt, in: Personal Magazin, Heft 04/2003, S. 66-68.

Berthel, J., Becker, F.G. (2003): Personalmanagement: Grundzüge für Konzeptionen betrieblicher Personalarbeit, 7. Aufl., Stuttgart 2003.

Betz, G. (2003): Personalentwicklung bei Personalabbau, in: Personal Magazin, Heft 08/2003, S. 60-62.

Biren, J.-M., Papmehl, A. (2002): Exzellente Mitarbeiter, in: Personalwirtschaft, Heft 06/2002, S. 18-21.

Birker, K. (2002): Personalmarktforschung, in: Bröckermann, R., Peppels, W. (Hrsg.): Personalmarketing: Akquisition - Bindung - Freistellung, Stuttgart 2002, S. 16-30.

Bischof, J., Speckbacher, G. (2001): Führung mit der Balanced Scorecard, in: Personalführung, Heft 04/2001, S. 48-54.

Böger, T. (2002): Flexibel entlohnen liegt im Trend, in: Personalwirtschaft, Heft 09/2002, S. 14-21.

Bohlen, F.N. (2004): Zielwirksam beurteilen und fördern: Von der Beurteilung zur Zielvereinbarung, 2. Aufl., Renningen 2004.

Bolten J. (2000): Internationales Personalmanagement als internationales Prozeßmanagement: Perspektiven für die Personalentwicklung internationaler Unternehmen, in: Clermont, A., Schmeisser, W., Krimphove, D. (Hrsg.): Personalführung und Organisation, München 2000, S. 841-856.

Borchert, M., Alwart, S. (2003): Kritik an der betrieblichen Weiterbildung, in: Personalwirtschaft, Heft 02/2003, S. 32-35.

Bortz, J., Döring, N. (2002): Forschungsmethoden und Evaluation für Human- und Sozialwissenschaftler, 3. Aufl., Berlin, Heidelberg, New York 2002.

Breisig, T. (2001): Personalbeurteilung, Mitarbeitergespräch, Zielvereinbarung - Grundlagen, Gestaltungsmöglichkeiten und Umsetzung in Betriebs- und Dienstvereinbarungen, 2. Aufl., Frankfurt am Main 2001.

Brisach, S., Müller-Vorbrüggen, M. (2005): Vom Einzelfeedback zum Gruppenbericht, in: Personal Magazin, Heft 05/2005, S. 70-72.

Bröckermann, R. (2003): Personalwirtschaft. Lehr- und Übungsbuch für Human Resource Management, 3. Aufl., Stuttgart 2004.

Bröckermann, R., Peppels, W. (Hrsg.) (2002): Personalmarketing: Akquisition - Bindung - Freistellung, Stuttgart 2002.

Bronner, R. (2000): Entscheidungsorientierte Organisationslehre, in: Clermont, A., Schmeisser, W., Krimphove, D. (Hrsg.): Personalführung und Organisation, München 2000, S. 209-218.

Buchner, D. (2002): Der Mensch im Merger - erfolgreich fusionieren durch Zielorientierung, Integration, Outplacement, Wiesbaden 2002.

Budras, C. (2005): Bewerbungen in Zeiten der Antidiskriminierung, in: Frankfurter Allgemeine Zeitung vom 04.06.2005, S. 57.

Buerke, G., Watzka, K. (2004): Motivation ohne Zusatzkosten, in: Personal, Heft 12/2004, S. 6-10.

Bühler, J. (2003): Top-Praktikanten finden und binden, in: Personal, Heft 07/2003, S. 34-37.

Bühner, R. (2004): Betriebswirtschaftliche Organisationslehre, 10. Aufl., München 2004.

Bühner, R. (2005): Personalmanagement, 3. Aufl., München 2005.

Buschermöhle, U. (2000): Ein neuer Expatriate-Typus entsteht, in: Personalwirtschaft, Heft 05/2000, S. 30-34.

Büser, T., Gülpen, B. (2003): Aufbauarbeit trotz Wirtschaftsflaute, in: Personal Magazin, Heft 03/2003, S. 60-62.

Ceylanoglu, S. (2002): Zielvereinbarungen - Instrumente erfolgreichen Personalmanagements, in: Die Neue Verwaltung, Heft 01/2002, S. 14-16.

Claßen, M., Ahrens, S. (2000): Die Einführung intelligenter Personalcontrollingsysteme, in: Personalführung, Heft 11/2000, S. 32-36.

Clermont, A., Schmeisser, W., Krimphove, D. (Hrsg.) (2000): Personalführung und Organisation, München 2000.

Comelli, G., Rosenstiel, L.v. (2003): Führung durch Motivation - Mitarbeiter für Organisationsziele gewinnen, 3. Aufl., München 2003.

Crostack, H.-A., Schneider, F., Fischer, A. (2003): Effektivität von Motivationsmaßnahmen bewerten, in: Personalwirtschaft, Heft 04/2003, S. 28-33.

Dahlinger, I. (1995): Die Personalauswahl bei Stellenbesetzungsprozessen in mittelständischen Unternehmen. Unveröffentlichte Diplomarbeit des Studiengangs Technische Betriebswirtschaft der Fachhochschule Offenburg.

Dammer, H. (2005): Das Räderwerk der Führungslaufbahn, in: Personal Magazin, Heft 04/2005, S. 28-30.

Dick, R.V. (2003): Commitment und Identifikation mit Organisationen, Göttingen 2003.

Dold, C., Schnabel, U. (2002): Immaterielle Anreize - Status quo, in: Personal, Heft 02/2005, S. 48-50.

Drumm, H.J. (2005): Personalwirtschaft, 5. Aufl., Berlin, Heidelberg, New York 2005.

Dubbert, M., Linde, R. (2000): Führungs- oder Fachlaufbahn: Karriere als Frage der Kultur, in: Personalführung, Heft 10/2000, S. 34-41.

Eckardstein, D.v. (2001): Handbuch variabler Vergütung für Führungskräfte, München 2001.

Edwards, M.R., Ewen, A.J. (2000): 360°-Beurteilung - Klares Feedback, höhere Motivation und mehr Erfolg für alle Mitarbeiter, München 2000.

Engel, P. (2003): Bewerbersuche in der Krise, in: Personal, Heft 10/2003, S. 36 f.

Engeser, M. (2001): Nicht mit der Gießkanne, in: Wirtschaftswoche, Heft 47/2002, S. 122-125.

Fauth-Herkner, A., Leist, A. (2002): Flexibilität kann Bindung schaffen, in: Personal Magazin, Heft 06/2002, S. 76.

Feige, W. (2002): Balanced Scorecard im Bildungswesen, in: Personalwirtschaft, Heft 07/2002, S. 30-33.

Fiedler-Winter, R. (2005): Millionen verschenkt, in: Personal Heft 10/05, S. 26 ff.

Fischer, U., Schröder, W, (2002): Neue Wege der Entgeltgestaltung, Frankfurt am Main 2002.

Fischermann, T. (2003); Das härteste Jobinterview der Welt, in: Die Zeit, Nr. 49 vom 27.11.2003, S. 29.

Fitz-enz, J. (2003): Renditefaktor Personal - So erhöhen Sie den ROI ihrer Mitarbeiter, Frankfurt am Main 2003.

Flüter-Hoffmann, C. (2005): Flexible Arbeitszeiten und Weiterbildung, in: Personal, Heft 03/2005, S. 6-9.

Flüter-Hoffmann, C., Solbrig, J. (2003): Wie flexibel ist die deutsche Wirtschaft, in: IW-Trends Heft 04/2003, S. 1-18.

Foidl-Dreißer, S., Breme, A., Grobosch, P. (2004): Personalwirtschaft: Lehr- und Arbeitsbuch für die Aus- und Weiterbildung, Berlin 2004.

Frank, G.P. (2000): Personalentwicklung - Organisationsentwicklung: Rolle des Managements, in: Clermont, A., Schmeisser, W., Krimphove, D. (Hrsg.): Personalführung und Organisation, München 2000, S. 235-246.

Frank. S. (2003): Mitarbeiter bewerten und Kompetenzen entwickeln, in: Personal, Heft 12/2003, S. 14-18.

Freise, E.B. (2006): Das Harzburger Modell - 50 Jahre Manager-Schulung, in: : Frankfurter Allgemeine Zeitung vom 26.06.2006, S. 145.

Frintrup, A., Schuler, H. (2005): Management Audit auf multimodale Art, in: Personal Magazin, Heft 04/2005, S. 20-22.

Furkel, D. (2000): Stellenausschreibungen: Weg von den Allgemeinplätzen - hin zu den Besonderheiten, in: Personal Magazin, Heft 02/2000, S. 38-41.

Furkel, D. (2002): E-Recruiting in der Praxis, in: Personal Magazin, Heft 07/2002, S. 46 f.

Gaugler, E., Oechsler, W.A., Weber, W. (Hrsg.) (2004): Handwörterbuch des Personalwesens, 3. Aufl., Stuttgart 2004.

Gehrmann, W. (2003): Freiheit für die Mitarbeiter, Profit für das Unternehmen, in: Die Zeit, Nr. 16 vom 10.04.2003, S. 30.

Gerpott, T.J. (2000): 360°-Feedback-Verfahren, in: Personal, Heft 07/2000, S. 354-359.

Gertz, W. (2004): Outsourcing: Nicht alle Wege führen zum Ziel, in: Personal Magazin, Heft 04/2004, S. 18 f.

Gertz, W. (2005 a): Schlampige Inserate, schlechte Bewerber, in: Personal Magazin, Heft 01/2005, S. 58.

Gertz, W. (2005 b): Ausgezeichnet: Die besten Inserate, in: Personal Magazin, Heft 01/2005, S. 59 f.

Gerwert, T. (2004): Wie Personalcontroller mit Zahlen richtig steuern, in: Personal Magazin, Heft 12/2004, S. 18 f.

Gestmann, M. (2004): 360°-Feedback, in: Personal Magazin Heft 03/2003, S. 70-72.

Giersberg, G. (2005): Hausfrauenschicht bringt richtig Geld, In: Frankfurter Allgemeine Zeitung vom 11.06.2005, S. 20.

Glasl, M. (2005): Auf der Suche nach jungen Talenten, in: Personal Magazin, Heft 07/2005, S. 14 f.

Gmür, M., Klimecki, R. (2001): Personalbindung und Flexibilisierung, in: Zeitschrift Führung + Organisation, Heft 01/2001, S. 28-34.

Göbel, E. (2000): Neue Institutionenökonomik, Stuttgart 2002.

Gödel, C. (2004): Trends und Bedarfe in der Qualitätssicherung von Führungskräften, München und Mering 2004.

Gorges, H. (2005): Fünf Spielregeln für den Coachingeinsatz, in: Personal Magazin, Heft 01/2005, S. 66 f.

Graf, H.G. (2002): Global Scenarios: Megatrends in Worldwide Dynamics, Chur, Zürich 2002.

Graf, O. (1960): Arbeitspsychologie, Wiesbaden 1960.

Grüner, H. (2000): Bildungsmanagement in mittelständischen Unternehmen, Herne, Berlin 2000.

Grunwald, C. (2000): Personalerhaltung im oberen Management: Strategien und Maßnahmen zur Vermeidung ungewollter Fluktuation, Wiesbaden 2000.

Günter, J. (2000): Mobilität in der Hierarchie, in: Clermont, A., Schmeisser, W., Krimphove, D. (Hrsg.): Personalführung und Organisation, München 2000, S. 53-60.

Guski, H.G., Schneider, H.J. (1983): Betriebliche Vermögensbeteiligung in der Bundesrepublik, Teil II, Köln 1983.

Haaser, H. (2002): Der schwierige Weg eines neuen Chefs, in: Personal Magazin, Heft 11/2002, S. 72 f.

Hantke, B. (2002): Personalentwicklung, in: Bröckermann, R., Peppels, W. (Hrsg.): Personalmarketing: Akquisition - Bindung - Freistellung, Stuttgart 2002, S. 144-179.

Haunschild, A (2000): Personalbeschaffung über das Internet aus informationsökonomischer Perspektive, in: WiSt: Das Wirtschaftswissenschaftliche Studium, 2000, S. 314-318.

Heizmann, S. (2003): Outplacement. Die Praxis der integrierten Beratung, Bern 2003.

Hemmer, E. (2005): Personal- und Zusatzkosten in der deutschen Wirtschaft, in: Das Personalbüro in Recht und Praxis (DP), Gruppe 24, S. 45-73, Heft 03/2005, Losebl., Freiburg i.Br. Stand 12/2005.

Hentze, J. (1995), Personalwirtschaftslehre 2: Personalerhaltung und Leistungsstimulation, Personalfreistellung und Personalinformationswirtschaft, 6. Aufl., Bern, Stuttgart, Wien 1995.

Hentze, J., Kammel, A. (2001): Personalwirtschaftslehre 1: Grundlagen, Personalbedarfsermittlung, -beschaffung, -entwicklung und -einsatz, 7. Aufl. Bern, Stuttgart, Wien 2001.

Hentze, J., Kammel, A., Lindert K. (1997): Personalführungslehre, 3. Aufl., Bern, Stuttgart, Wien 1997.

Hersey, P., Blanchard, K.H., Dewey, E.J. (1996): Management of Organizational Behaviour, 6. Aufl., Englewood Cliffs 1996.

Hesse, J., Schrader, H.C. (2002): Die perfekte Bewerbungsmappe für Führungskräfte, aktualisierte Ausgabe, Frankfurt am Main 2002.

Hesse, J., Schrader, H.C. (2003 a): Die perfekte Bewerbungsmappe für Hochschulabsolventen, aktualisierte Ausgabe, Frankfurt am Main 2003.

Hesse, J., Schrader, H.C. (2003 b): Neue Bewerbungsstrategien für Führungskräfte, aktualisierte Ausgabe, Frankfurt am Main 2003.

Heuser, A. (2004): Die Entsendung deutscher Mitarbeiter ins Ausland, Bielefeld 2004.

Heuser, A., Heidenreich, J., Förster, H. (2003): Auslandsentsendung und Beschäftigung ausländischer Arbeitnehmer: Rechtliche Aspekte beim internationalen Mitarbeitereinsatz, 2. Aufl., München 2003.

Heusgen, H., Medicus, K. (2003): Führungs- und Teamperformance messen und steigern, in: Personal, Heft 10/2003, S. 46-49.

Hilb, M. (2002): Integriertes Personalmanagement: Ziele, Strategien, Instrumente, 10. Aufl., Neuwied 2002.

Hildebrandt-Woeckel, S. (2000): Coaching: Eigene Rolle beachten, in: Wirtschaftswoche, Heft 30/2000, S. 149-153.

Hofbauer, H., Winkler, B. (2004): Das Mitarbeitergespräch als Führungsinstrument, 3. Aufl., München, Wien 2004.

Hofmann, K.W., Nowak, H., Rohrbach, T. (2002): Auslandsentsendung: Vorteile, Vorschriften und Gestaltungsmöglichkeiten im Arbeitsrecht, Steuerrecht und Sozialversicherungsrecht, Freiburg i. Br. 2002.

Hohlbaum, A., Olesch, G. (2004): Human Resources - Modernes Personalwesen, Rinteln 2004.

Hören, M.v. (2004): Chancen ausschöpfen, in: Personal, Heft 12/2004, S. 16-18.

Hörmann, B. (2005): Beistand bei neuen Herausforderungen, in: Personal Magazin, Heft 01/2005, S. 68.

Horsch, J. (2000): Personalplanung: Grundlagen, Gestaltungsempfehlungen, Praxisbeispiele, Herne, Berlin 2000.

Huf, S. (2004): Berufseinstieg mit Karrieregarantie?, in: Personalführung, Heft 08/2004, S. 64-70.

Huf, S. (2006): Strategisches Personalmanagement, in: WISU - Das Wirtschaftsstudium, Heft 07/2006, S. 912-917.

Hunecke, D. (2005): Der Verlag vertraut mir, dass ich meine Arbeit nicht liegen lasse, in: Frankfurter Allgemeine Zeitung vom 17.12.2005, S. 58.

IG Metall (2003): IG Metall, Daten, Fakten, Informationen, Frankfurt am Main 2003.

Ilenberger, B. (2000): Neue Mitarbeiter betreuen, in: Personal Magazin, Heft 02/2000, S. 54 f.

Institut der deutschen Wirtschaft Köln (Hrsg.) (2005): Deutschland in Zahlen 2005, Köln 2005.

iwd vom 11.08.2005: Anlage zur Pressemitteilung Nr. 32/2005.

iwd vom 25.05.2006, Nr. 21/2006.

Jensen, S. (2004): Determinanten der Mitarbeiterbindung, in: WiSt: Das Wirtschaftswissenschaftliche Studium, Heft 04/2004, S. 233-236.

Jerusel, S. (2005): Die Verwendung von Beurteilungsergebnissen zur Personalauswahl: Zielkonflikte und Handlungsansätze, in: DGP-Informationen, Heft 58/2005, S. 61-69.

Jeserich, W. (1981): Mitarbeiter auswählen und fördern: Assessment-Center-Verfahren, München, Wien 1981.

Jetter, W. (2003): Effiziente Personalauswahl, 2. Aufl., Stuttgart 2003.

Jonas, R. (1998): Erfolg durch praxisnahe Personalarbeit: Grundlagen und Anwendungen für Mitarbeiter im Personalwesen, Renningen-Malmsheim 1998.

Jung, H. (2005): Personalwirtschaft, 6. Aufl., München 2005.

Kallwitz, S. (2002): Zeitmanagement ohne Regelwerk, in: Personal Magazin, Heft 08/2002, S. 54 f.

Kals, U. (2002): Schnuppertage minimieren das Rückkehrrisiko, in: Frankfurter Allgemeine Zeitung vom 11.11.2002, S. 262.

Kanning, U.P., Holling, H. (2002): Handbuch personaldiagnostischer Instrumente, Göttingen 2002.

Kasper, H., Mayrhofer, W. (2002): Personalmanagement: Führung - Organisation, 3. Aufl., Wien 2002.

Katzensteiner, T., Welp, C. (2001): Sabbatical, in: Wirtschaftswoche, Heft 50/2001, S. 124-130.

Katzensteiner, Z. (2002): Bewerben im Ausland: Gut verkaufen, in: Wirtschaftswoche, Heft 27/2002, S. 98-100.

Kaup, C., Hehl, G. (2003): Human Resource Management Audit, in: Personal, Heft 12/2003, S. 46-51.

Kempkes, H.P., Bindhardt, R. (2003): Personalführung mit Wertschätzung, in: Personalwirtschaft, Heft 07/2003, S. 39-43.

Kiefer, B.-U., Knebel, H. (2004): Taschenbuch Personalbeurteilung - Feedback in Organisationen, 11. Aufl., Heidelberg 2004.

Klein-Moddeenborg, V. (2005): Führungsfeedback in einer Bundesbehörde, in: DGP-Informationen, Heft 58/2005, S. 81.

Kleinschmidt, C. (2002): Was ist Fairness im Trennungsgespräch?, in: Personalführung, Heft 06/2002, S. 92.95.

Klimecki, R.G., Gmür, M. (2001): Personalmanagement: Strategien - Erfolgsbeiträge - Entwicklungsperspektiven, 2. Aufl., Stuttgart 2001.

Klümper, B., Möllers, H., Zimmermann, E. (2004): Verwaltungsorganisation und Personalwirtschaft, 11. Aufl., Wuppertal 2004.

Knebel, H. (2003): Der Engpassfaktor „Mensch", in: Personal, Heft 09/2003, S. 12-15.

Knebel, H. (2004): Das Vorstellungsgespräch, 17. Aufl., Heidelberg 2004.

Knobbe, K., Leis, M., Umnuß, K. (2004): Arbeitszeugnisse für Führungskräfte qualifiziert gestalten und bewerten, 2. Aufl., Freiburg i.Br. 2004.

Knoblauch, R. (2002): Personalakquisition in: Bröckermann, R., Peppels, W. (Hrsg.): Personalmarketing: Akquisition - Bindung - Freistellung, Stuttgart 2002, S. 56-70.

Knoll, L., Dotzel, J. (1996): Personalauswahl in deutschen Unternehmen, in: Personal, Heft 07/1996, S. 348-348.

Knopp, C. (2000): Der Herr Vize-Analyst belieben vor der Massage gratis zu speisen, in: Frankfurter Allgemeine Zeitung vom 06.05.2000, S. 65.

Knörzer, M. (2002): Flexible Arbeitszeiten und alternative Beschäftigungsformen in der Personalplanung: Optimierungsmodelle aus Unternehmenssicht und Kompromissmodelle zur Berücksichtigung betrieblicher Mitbestimmung, München und Mehring 2002.

Kompa, Ain (2004): Assessment Center, 7. Aufl., München 2004.

Korndörfer, W. (1999): Unternehmensführungslehre: Einführung, Entscheidungslogik, soziale Komponenten, 9. Aufl., Wiesbaden 1999.

Kosel, M. (2003): Startbasis für den Wandel von untern, in: Personal Magazin, Heft 07/2003, S. 68-70.

Kosiol, E. (1962): Leistungsgerechte Entlohnung, 2. Aufl., Wiesbaden 1962.

Krell, G. (2002): Diversity Management: Optionen für /mehr) Frauen in Führungspositionen, in: Peters, S., Bensel, N. (Hrsg.): Frauen und Männer im Management: Diversity in Diskurs und Praxis, 2. Aufl., 2002, S. 105-120.

Kricsfalussy, A., Reiners, J. (2004): Personal-Agenda 2004: Dringend Professionalisieren, in: Personal, Heft 01/2004, S. 18-21.

Kröger, M., Dürand, D., Seeger, H. (1998): Wie Ihr wollt: Die klassische Unternehmenszentrale bekommt Konkurrenz. Netzwerke machen´s möglich, in: Wirtschaftswoche, 12/1998, S. 106-112.

Kuppe, G., Körner, K. (2002): Gender Mainstreaming: Ein Beitrag zum Change Management in Politik und Verwaltung, in: Peters, S., Bensel, N. (Hrsg.): Frauen und Männer im Management: Diversity in Diskurs und Praxis, 2. Aufl., 2002, S. 199-210.

Lamparter, D.H. (2005): Glanzloser Stern, in: Die Zeit Nr. 41 vom 06.10.2005, S. 26.

Laux, H., Liermann, F. (2005): Grundlagen der Organisation: Die Steuerung von Entscheidungen als Grundproblem der Betriebswirtschaftslehre, 6. Aufl., Berlin, Heidelberg, New York 2005.

Lender, M. (2005): Erfolgsabhängige Vergütung für Führungskräfte, in: Das Personalbüro in Recht und Praxis (DB), Gruppe 18, S. 49-70, Heft 05/01, Losebl., Freiburg i.Br. Stand 12/2005.

Lesch, H. (20059: Arbeitskämpfe und Strukturwandel im internationalen Vergleich, in: IW-Trends, Heft 02/2005, S. 45-60.

Liesem, K. (2005): Der ganz normale Alltagswahnsinn im Büro nennt sich Postkorbübung, in: Frankfurter Allgemeine Zeitung vom 12.11.2005, S. 58.

Limbach, J. (2002): Geschlechtergerechtigkeit im 21. Jahrhundert, in: Peters, S., Bensel, N. (Hrsg.): Frauen und Männer im Management: Diversity in Diskurs und Praxis, 2. Aufl., 2002, S. 15-21.

Lober, R. (2003): Alternative Entwicklungs- und Karriereperspektiven, in: Personalführung, Heft 03/2003, S. 82 f.

Lorenz, M. (1998): Erfolgreiche Personalauswahl. Vom Bewerber zum Top-Mitarbeiter, Planegg 1998.

Löw-Jasny, C. (2001): Mitarbeiter grenzenlos? Mensch und Mobilität, München 2001.

Lurse, K., Stockhausen, A. (2001): Manager und Mitarbeiter brauchen Ziele, Neuwied 2001.

Mark, G. (2000): Mitarbeiterbeteiligung bei Bertelsmann - Entwicklung, Stand und Perspektiven eines erfolgreichen Modells, in: Clermont, A., Schmeisser, W., Krimphove, D. (Hrsg.): Personalführung und Organisation, München 2000, S. 701-712.

Marr, R., Steiner, K. (2004): Entlassungsfolgen wirksam eingrenzen, in: Personal Magazin, Heft 09/2004, S. 54-56.

Martin, C. (2001): Vorbereitung von Mitarbeitern auf den Auslandseinsatz unter besonderer Betrachtung des Einsatzes von Repatriates, Mannheim 2001.

Martina, D., Koch, S. (2003): Benchmarking: Personalkennzahlen DAX 30-Unternehmen, in: Personal, Heft 09/2003, S. 44-46.

McGregor, D.M. (1960): The human side of enterprise, New York 1960.

McGregor, D.M. (1973): Der Mensch im Unternehmen, 3. Aufl., Düsseldorf, Wien 1973.

Meffert, H: (2000): Marketing. Grundlagen marktorientierter Unternehmensführung, 9. Aufl., Wiesbaden 2000.

Meier, H. (2002): Unternehmensführung: Aufgaben und Techniken betrieblichen Managements, 2. Auf., Herne, Berlin 2002.

Mentzel, W (1996): Mitarbeitergespräche, in: Mentzel, W. (Hrsg.): Erfolgreiche Personalarbeit: Checklisten, Vordrucke, Arbeitshilfen, Planegg 1996, S. 121-136.

Mentzel, W. (2005): Personalentwicklung. Erfolgreich motivieren, fördern und weiterbilden, 2. Aufl., München 2005.

Mentzel, W. (Hrsg.) (1996): Erfolgreiche Personalarbeit: Checklisten, Vordrucke, Arbeitshilfen, Planegg 1996.

Mentzel, W., Grotzfeld, S., Dürr, C. (2003): Mitarbeitergespräche, 4. Aufl., München 2003.

Modi, J., Tschabrun, H. (2004): Attraktive Projektlaufbahnen, in: Personal, Heft 12/2004, S. 38-40.

Möhl, W. (2002): Sinn und Unsinn der Zeugnissprache, in: Personal Magazin, Heft 01/2002, S. 24-27.

Mudra, P. (2004): Personalentwicklung. Integrative Gestaltung betrieblicher Lern- und Veränderungsprozesse, München 2004.

Mudra, P., Rupp, M., Unger, A. (2005): Führungsposition aufgegeben, in: Personal, Heft 09/2005, S. 54-56.

Mueller-Oerlinghausen, J., Klimmer, M. (2005): Reformmotor anwerfen, in: Personal, Heft 10/2005, S. 12-14.

Mühleisen, S.U. (2002): Neu im Betrieb - wo geht´s lang?, in: Personal Magazin, Heft 02/2002, S. 68 f.

Mühlenhoff, H. (2002): Stellenabbau mit Blick in die Zukunft, in: Personal Magazin, Heft 10/2002, S. 16 f.

Müller-Camen, M., Krüger, G. (2004): Vielfalt zu fördern bringt viele Vorteile, in: Personal Magazin, Heft 01/2004, S. 58-60.

Münch, D. (2000): Personalentwicklung in deutschen Großunternehmen: Facts and figures, in: Personal, Heft 08/2000, S. 412-414.

Myritz, M. (2005): Wie Arbeitgeber zur Marke werden, in: Personal Magazin, Heft 06/2005, S. 26-28.

Nagel, A. (2005): Was Mitarbeiter bindet, in: Personal, Heft 04/2005, S. 24- 27.

Nagel, Y. (2003): Standards für Oasen der Arbeitsnomaden, in: Personal Magazin Heft 07/2003, S. 58 f.

Neuberger, O. (1998): Ein starkes Stück, in: Manager Magazin Heft 10/1998, S. 310-313.

Neuberger, O. (2000): Das 360°-Feedback, München 2000.

Neuberger, O. (2002): Führen und Führen lassen: Ansätze, Ergebnisse und Kritik der Führungsforschung, 6. Aufl., Stuttgart 2002.

Nicolai, C. (2004 a): Stellenbeschreibungen als Führungsinstrument, in: WISU - Das Wirtschaftsstudium, Heft 02/2004, S. 177 - 180.

Nicolai, C. (2004 b): Begriffe, die man kennen muss: Outplacement, in: WISU - Das Wirtschaftsstudium, Heft 04/2004, S. 462.

Nicolai, C. (2005): 360°-Feedback, in: WISU - Das Wirtschaftsstudium, Heft 04/2005, S. 506-514.

Niedenhoff, H.-U. (2005): Mitbestimmung im europäischen Vergleich, in: IW-Trends, Heft 02/2005, S. 3-17.

Nieder, P. (2003): Die Anwesenheit der Mitarbeiter erhöhen, in: Personal Magazin, Heft 05/2003, S. 72-74.

Noll, J. (2003): Unternehmensführung durch Management-by-Methoden, in: WISU - Das Wirtschaftsstudium, 07/03, S. 898-902.

o.V. (2002 a): Online-Stellenbörsen in Deutschland, in: Personal Magazin, Heft 07/2002, S. 48-51.

o.V. (2002 b): Schöne, neue Brose Arbeitswelt, in: Personal Magazin, Heft 05/2002, S. 54 f.

o.V. (2003 a): Mit Geld lassen sich Mitarbeiter am besten motivieren, in: Frankfurter Allgemeine Zeitung vom 10.02.2003, S. 15.

o.V. (2003 b): Das Potenzial der Mitarbeiter nutzen, in: Personal Magazin, Heft 11/2003, S. 48.

o.V. (2004 a): Vernichtendes Zeugnis für die Arbeitsagenturen, in: Personal Magazin, Heft 12/2004, S.45.

o.V. (2004 b): Arbeitsagenturen sind den Aufgaben nicht gewachsen, in: Personal Magazin, Heft 09/2004, S. 6.

o.V. (2004 c): Der Mittelstand setzt weiter auf Print, in: Personal Magazin, Heft 02/2004, S. 16 f.

o.V. (2004 d): Keine Kompetenz für Komplettübernahme, in: Personal Magazin, Heft 09/2004, S. 58.

o.V. (2005 a): Schlechte Noten für Online-Bewerbungen, in: Frankfurter Allgemeine Zeitung vom 02.04.2005, S. 55.

o.V. (2005 b): Umstrittene Studie zu Stellenbörsen, in: Personal Magazin, Heft 01/2005, S. 8.

o.V. (2005 c): Für Führungskräfte zahlt sich Leistung aus, in: Personal Magazin Heft 06/2005, S. 50.

o.V. (2005 d): Unternehmen setzen immer seltener auf Aktienoptionen, in: Frankfurter Allgemeine Zeitung vom 25.06.2005, S. 57.

o.V. (2005 e): Kleine Sprünge, viel Geld, in: Personal Magazin, Heft 06/2005, S, 49.

o.V. (2005 f): Wiedergeburt eines Managementmodells, in Personal Magazin, 06/2005, S. 10.

o.V. (2005 g): Durchstarten als Junior-Trainee, in: WISU - Das Wirtschaftsstudium, Heft 10/05, S. 1150.

o.V. (2006): Auf 100 Euro Lohn kommen 72 Euro Zusatzkosten, in: : Frankfurter Allgemeine Zeitung vom 27.05.2006, S. 12.

Oechsler, W.A. (2000): Personal und Arbeit: Grundlagen des Human Resource Management und der Arbeitgeber-Arbeitnehmer-Beziehungen, 7. Aufl., München, Wien 2000.

Olesch, G. (2000): Gestaltung von Laufbahnen in Zeiten flacher Hierarchien, in: Personalführung, Heft 04/2000, S. 26-29.

Olesch, G. (2003 a): Eine Alternative zur Führungskräftekarriere, in: Personal Magazin, Heft 07/2003, S. 72 f.

Olesch, G. (2003 b): HR als Prozess orientiertes Dienstleistungs-Center, in: Personal, Heft 09/2003. S. 52-55.

Olesch, G., Paulus, G.J. (2000): Innovative Personalentwicklung in der Praxis: Mitarbeiter-Kompetenz prozessorientiert aufbauen, München 2000.

Olfert, K. (2005): Personalwirtschaft, 11. Aufl., Ludwigshafen (Rhein) 2005.

Opaschowski, H.W. (2004): Wie wir morgen leben - Voraussagen der Wissenschaft zur Zukunft unserer Gesellschaft, Wiesbaden 2004.

Oppermann-Weber, U. (2002): Mitarbeiterführung. Führungsansätze passend auswählen, Führungsinstrumente richtig einsetzen, Berlin 2002.

Osterloh, M., Littmann-Wernli, S. (2002): Die „gläserne Decke" - Realität und Widersprüche, in: Peters, S., Bensel, N. (Hrsg.): Frauen und Männer im Management: Diversity in Diskurs und Praxis, 2. Aufl., 2002, S. 259-275.

Papmehl, A. (1999): Personal-Controlling: Human-Ressourcen effektiv entwickeln, 2. Aufl., Heidelberg 1999.

Paschen, M. (2003): Mitarbeiterbeurteilungssysteme - wie sie wirklich funktionieren, in: Personal, Heft 09/2003, S. 16-19.

Pawlik, T. (2000): Personalmanagement und Auslandseinsatz: Kulturelle und personalwirtschaftliche Aspekte, Wiesbaden 2000.

Pepels, W. (2002): Personalbindung, in: Bröckermann, R., Peppels, W. (Hrsg.): Personalmarketing: Akquisition - Bindung - Freistellung, Stuttgart 2002, S. 129-143.

Perlitz, M. (2000): Internationales Management, 4. Aufl., Stuttgart 2000.

Peters, S., Bensel, N. (Hrsg.) (2002): Frauen und Männer im Management: Diversity in Diskurs und Praxis, 2. Aufl., 2002.

Philipps, G., Windheim, J. (2003): Balenced Scorecard zur Cost Center Steuerung von Unternehmen, in: Personal, Heft 09/2003, S. 49 f.

Pietschmann, B.P., Leufen, D. (2003): Coaching in deutschen Unternehmen, in: Personal, Heft 10/2003, S. 38-40.

Pöhlmann, S. (2002): Zwischen Konflikt und Konsens: Streiten lernen für innovative Management-Strategien, in: Peters, S., Bensel, N. (Hrsg.): Frauen und Männer im Management: Diversity in Diskurs und Praxis, 2. Aufl., 2002, S. 361-371.

Prohaska, Y.v. (2005): Zielvereinbarungen: Warum das System so häufig nicht funktioniert, in: Personal, Heft 01/2004, S. 32-35.

Protz, A. (2000): Personalinformationssysteme als personalwirtschaftliches Steuerungssystem, in: Clermont, A., Schmeisser, W., Krimphove, D. (Hrsg.): Personalführung und Organisation, München 2000, S. 145-155.

Püttjer, C., Schnierda, U. (2003): Die Bewerbungsmappe mit Profil für Führungskräfte, Frankfurt am Main 2003.

Püttner, I. (2005): Die Reichweite der Mitbestimmung des Personalrats bei Assessment Centers im Rahmen der Führungskräfteentwicklung, in: DBP-Informationen, Heft 58/2005, S. 33-40.

Reddin, W.J. (1981): Das Drei-D-Programm zur Leistungssteigerung des Managements Landsberg am Lech 1981.

Reupert, D., Wenisch, S. (2000): Die Balanced Scorecard als Steuerungsinstrument, in: Personalführung, Heft 11/2000, S. 38-43.

Rheinberg, F. (2004): Motivation, 4. Aufl., Stuttgart 2002.

Richter, g. (2003): Innere Kündigung - Über Verträge, die brechen können, ohne dass sie je zustande gekommen sind, in: Personal, Heft 09/2003, S. 56-59.

Richthammer, S, (2004): Erfolgsfaktoren Personal und Organisation, Aachen 2004.

Riedel, J. (2004): Coaching verändert die Einstellung, in: Personal Magazin, Heft 05/2004, S. 70 f.

Rockrohr, G., Glazinski, B. (2003): Unternehmen brauchen dringend erfolgreiche Veränderungsprozesse, in: Personal, Heft 12/2003, S. 52-55.

Rohrschneider, U., Lorenz, M. (2004): Die besten Bewerbungsmuster für Führungskräfte, Freiburg i. Br. 2004.

Rose, K. (2001): Entlassung: Wahrer Glücksfall, in: Wirtschaftswoche, Heft 14/2001, S. 140-142.

Rosentstiel, L.v., Regnet, E., Domsch, M. (Hrsg.) (1995): Führung von Mitarbeitern: Handbuch für erfolgreiches Personalmanagement, 3. Aufl., Stuttgart 1995

Rühl, M. (2002): Diversity in Deutschland in einem globalisierten Unternehmen: Neuausrichtung des Personalmanagements am Beispiel der Lufthansa, in: Peters, S., Bensel, N. (Hrsg.): Frauen und Männer im Management: Diversity in Diskurs und Praxis, 2. Aufl., 2002, S. 143-156.

Salaws, A. (2005): Kündigung mit Perspektive, in: Frankfurter Rundschau vom 29.01.2005, FR-Karriere, A 25.

Sauermann, H. (2005): Anreizsysteme für Wissensarbeiter, in: Personal, Heft 03/2005, S. 36-38.

Sauermann, P. (2002): Personalmotivierung, in: Bröckermann, R., Peppels, W. (Hrsg.): Personalmarketing: Akquisition - Bindung - Freistellung, Stuttgart 2002, S. 116-128.

Schäfer, H., Klös, H. (2000): Teilzeitarbeit und befristete Beschäftigung: Zur Arbeitsmarktrelevanz einer Regulierung, in: IW-Trends Heft 04/2000, S. 74-87

Schäffer, U. (2000): Konzepte und Strategien bei der Einführung von Telearbeit, in: Clermont, A., Schmeisser, W., Krimphove, D. (Hrsg.): Personalführung und Organisation, München 2000, S. 133-143.

Schanz, G. (2000): Personalwirtschaftslehre: Lebendige Arbeit in verhaltenswissenschaftlicher Perspektive, 3. Aufl., München 2000.

Scharbau, S. (2001): Die Batterien aufladen, in: Die Zeit Nr. 47 vom 15.11.2001, S. 81.

Schaub, G. (2000): Wirtschaftliche Mitbestimmung bei Betriebsänderungen, in: Clermont, A., Schmeisser, W., Krimphove, D. (Hrsg.): Personalführung und Organisation, München 2000, S. 553-591.

Schein, E.H. (1970): Organizational Psychology, 2. Aufl., Engelwood Cliffs New York 1970.

Schein, E.H. (1980): Organisationspsychologie, Wiesbaden 1980.

Scherff, D. (2004): Lieber Lob als Lohn, in: Frankfurter Allgemeine Zeitung vom 11.04.2004, S. 53.

Scherm, E., Süß, S. (2002): Personalführung in internationalen Unternehmen, in: WISU - Das Wirtschaftsstudium, Heft 04/2002, S. 512-526.

Scherm, E., Süß, S. (2003): Personalmanagement, München 2003.

Scherm, M. (2003): Mittelstand entdeckt das 360°-Feedback, in: Personal Magazin, Heft 05/2003, S. 26-28.

Schewe, G., Dreesen, A. (1994): Die externe Rekrutierung des kaufmännischen Führungsnachwuchses. Die Ergebnisse einer empirischen Untersuchung, in: Zeitschrift Führung + Organisation, Heft 06/1994, S. 381-387.

Schierenbeck, H. (2000): Grundzüge der Betriebswirtschaftslehre, 15. Aufl., München, Wien 2000.

Schmeisser, W., Clermont, A. (1999): Personalmanagement - Praxis der Lohn- und Gehaltsabrechnung, Herne, Berlin 1999.

Schmidt, G. (2000): Grundlagen der Aufbauorganisation, 4. Aufl., Gießen 2003.

Schmitt, G. (2003): Methode und Techniken der Organisation, 13. Aufl., Gießen 2003.

Schmitt, K. (2002): Karriere auch ohne Beförderung, in: Personal Magazin, Heft 06/2002, S. 80 f.

Schneider, H.-J., Fritz, S. (2003), Führungskräfte-Beteiligung in Deutschland, in: Personal, Heft 10/2003, S. 12-14.

Schnittker, N. (2002): Sicherheitsgurt statt Anzug: Outdoor-Training für Manager, in: Personal Magazin, Heft 09/2002, S. 70-74.

Scholz, C. (2000 a): Personalmanagement: Informationsorientierte und verhaltenstheoretische Grundlagen, 5. Aufl., München 2000.

Scholz, C. (2000 b): Die Virtuelle Personalabteilung, in: Clermont, A., Schmeisser, W., Krimphove, D. (Hrsg.): Personalführung und Organisation, München 2000, S. 43-51.

Scholz, C. (2001): Personalmanagement im Aufbruch, in: Frankfurter Allgemeine Zeitung vom 09.07.2001, S. 27.

Scholz, C. (2004): Outsourcing: Strategisches Konzept oder Selbstauflösung?, in: Personal, Heft 01/2004, S. 14-17.

Schreiber-Tennagels, S. (2002):Internet-Stellenmärkte, in: Bröckermann, R., Peppels, W. (Hrsg.): Personalmarketing: Akquisition - Bindung - Freistellung, Stuttgart 2002, S. 71-85.

Schreyögg, G. (2000): Unternehmenskultur im internationalen Kontext, in: Clermont, A., Schmeisser, W., Krimphove, D. (Hrsg.): Personalführung und Organisation, München 2000, S. 781-793.

Schreyögg, G. (2003): Organisation - Grundlagen moderner Organisationsgestaltung, 4. Aufl., Wiesbaden 2003.

Schreyögg, G., Werder, A.v. (Hrsg.) (2004): Handwörterbuch Unternehmensführung und Organisation, 4. Aufl., Stuttgart 2004.

Schröder, C. (2005): Personalzusatzkosten in der deutschen Wirtschaft, in: IW-Trends, Heft 02/2005, S. 19-29.

Schubert, C. (2005): Französinnen wollen rücksichtslos an die Macht, in: Frankfurter Allgemeine Zeitung vom 31.07.2005, S. 35.

Schuler, H. (1995): Auswahl von Mitarbeitern, in: Rosenstiel, L.v., Regnet, E., Domsch, M. (Hrsg.): Führung von Mitarbeitern: Handbuch für erfolgreiches Personalmanagement, 3. Aufl., Stuttgart 1995, S. 123-195.

Schuler, H. (2000): Psychologische Personalauswahl: Einführung in die Berufseignungsdiagnostik, 3. Aufl., Göttingen, Bern, Toronto, Seattle 2000.

Schulte, C. (2002): Personal-Controlling in Kennzahlen, 2. Aufl., München 2002.

Schulte-Zurhausen, M. (2000): Die Anwendung des Systemdenkens im Organisationsmanagement, in: Clermont, A., Schmeisser, W., Krimphove, D. (Hrsg.): Personalführung und Organisation, München 2000, S. 75-90.

Schulte-Zurhausen, M. (2002): Organisation, 3. Aufl., München 2002.

Schwab, M.-O. (2004): Herausforderung Trainerwahl, in: Personal Magazin, Heft 05/2004, S. 64-67.

Schwandt, M. (2002): Erfolgsgarant und Prügelknabe, in: Personal Magazin, Heft 07/2002, S. 24-26.

Schwarz, H. (1995): Arbeitsplatzbeschreibungen, 13. Aufl., Freiburg i. Br. 1995.

Schwertfeger, B. (2001): Blumen für die Neuen, in: Die Zeit, vom 26.04.2001, S, 62.

Sepehri, P., Wagner, D. (2002): Diversity und Managing Diversity, in: Peters, S., Bensel, N. (Hrsg.): Frauen und Männer im Management: Diversity in Diskurs und Praxis, 2. Aufl., 2002, S. 121-142.

Siquans, A. (2005): Erfolgsfaktoren für Assessment-Center, in: Personal Magazin, Heft 06/2005, S. 74-76.

Sobanski, H. (2001): Coaching von internationalen Führungskräften: Betreuungsbedürfnisse und Möglichkeiten der professionellen Laufbahnbegleitung, Marburg 2001.

Spieß, W. (1999): Dienstliche Beurteilung und Beförderung: Beurteilungsanspruch; Beurteilungskriterien; Bestenauslese; leistungsorientierte Bezahlung, Regensburg, Bonn 1999.

Sprenger, R.K. (2001): Mythos Motivation, 17. Aufl., Frankfurt, New York 2001.

Staehle, W.H. (1999): Management: Eine verhaltenswissenschaftliche Perspektive, 8. Aufl., München 1999.

Staron, M., Paschen, M. (2004): Schaulaufen für Top-Manager, in: Personal Magazin, S. 64-66.

Staud, E. (2000): Kompetenz und Innovation, in: Clermont, A., Schmeisser, W., Krimphove, D. (Hrsg.) (2000): Personalführung und Organisation, München 2000, S. 269-281.

Steffens-Duch, S. (2001): Mitarbeiter stehen zur Deutschen Bank - Die Bedeutung der Messung von Commitment, in Personal, Heft 06/2000, S. 295-297.

Steinbuch, P.A. (2001), Organisation, 12. Aufl., Ludwigshafen (Rhein), 2001.

Steinle, C., Ahlers, F. (2004): Menschenbilder, in: Gaugler, E., Oechsler, W.A., Weber, W. (Hrsg): Handwörterbuch des Personalwesens, 3. Aufl., Stuttgart 2004, Sp. 1142-1151.

Steinle, C., Krummaker, S. (2004): Profit-Center, in: Schreyögg, G., Werder, A.v. (Hrsg.): Handwörterbuch Unternehmensführung und Organisation, 4. Aufl., Stuttgart 2004, Sp. 1190-1196.

Steinle, C., Thiem, H., Lange, M. (2004): Die Balanced Scorecard als Instrument zur Umsetzung von Strategien. Praxiserfahrungen und Gestaltungshinweise, in: CM Controller Magazin, Heft 01/2001, S. 29-37.

Steinmann, H., Schreyögg, G. (2005): Management: Grundlagen der Unternehmensführung, 6. Aufl., Wiesbaden 2005.

Stelzer-Rothe, T., Hohmeister, F. (2001): Personalwirtschaft, Stuttgart, Berlin, Köln 2001.

Stevens, F. et. al. (2005): Management-Modelle: Kaizen, in: WISU - Das Wirtschaftsstudium, Heft 04/2005, S. 472.

Stiefel, R. (2004): Personalentwicklung KMU: Innovationen durch praxiserprobte Konzepte, 4. Aufl., Leonberg 2004.

Stopp, U. (2004): Betriebliche Personalwirtschaft, 26. Aufl., Renningen 2004.

Stroebe, R.W., Stroebe, G.H. (1994): Motivation, 6. Aufl., Heidelberg 1994.

Stroecks, H.-G., Nix, U. (2005): Coaching mit System, in: Personal, Heft 09/2005, S. 36 f.

Tannenbaum, R., Schmidt, W.H. (1958): How to Choose a Leadership Pattern, in: Havard Business Review 02/1958, S. 95-101.

Templer, K.-J. (2002): Personaleinsatz im Ausland, in: Bröckermann, R., Peppels, W. (Hrsg.): Personalmarketing: Akquisition - Bindung - Freistellung, Stuttgart 2002, S. 205-226.

Thielepape, M., Kersting, M. (2005): Evaluation und Qualitätsoptimierung in der Personalauswahl: Zwei Bewährungskontrollen, in: DGP-Informationen, Heft 58/2005, S. 2-20.

Thom, N., Etienne, M. (2000): Organisatorische und personelle Aspekte für ein erfolgreiches Innovationsmanagement, in: Clermont, A., Schmeisser, W., Krimphove, D. (Hrsg.): Personalführung und Organisation, München 2000, S. 283-294.

Thom, N., Friedli, V. (2004): Hochschulabsolventen gewinnen, fördern und erhalten, 2. Aufl., Bern 2004.

Troschke, B.v. (2005): Auf Augenhöhe, in: Personal, Heft 09/2005, S. 28-30.

Tymister, U. (2004): Von Ursachen und ihren Wirkungen, in: Personal Management, Heft 12/004, S. 30 f.

Ulmer, G. (2001): Stellenbeschreibungen als Führungsinstrument, Wien, Frankfurt am Main 2001.

Wagner, D. (2005): Professionelles Personalmanagement, in: Personal, Heft 09/2005, S. 38-41.

Wagner, K., Rex, B. (2001): Praktische Personalführung - eine moderne Einführung, 2. Aufl., Wiesbaden 2001.

Watzka, K. (2002): Personalauswahl, in: Bröckermann, R., Peppels, W. (Hrsg.): Personalmarketing: Akquisition - Bindung - Freistellung, Stuttgart 2002, S. 86-99.

Weber, P. (2003): Harte Trennung auf die sanfte Tour, in: Personal Magazin, Heft 11/2003, S. 56-58.

Weber, W., Festing. M., Dowling, P.J., Schuler, R.S. (2001): Internationales Personalmanagement, 2. Aufl., Wiesbaden 2001.

Weber, W., Kabst, R. (1996): Personalwesen im europäischen Vergleich. Ergebnisbericht 1995. The Cranfield Project on International Strategic Human Resource Management, Paderborn 1996.

Weißweiler, M., Andrzejewski, L. (2001): Berater aus den Prüfstand stellen, in: Personalwirtschaft, Heft 04/2001, S. 16-21.

Wenzler, O. (2001): Das letzte Gespräch, in: Personalwirtschaft, 04/2001, S. 42-44.

Werder, A.v. (2005): Führungsorganisation: Grundlagen der Spitzen- und Leitungsorganisation von Unternehmen, Wiesbaden 2005.

Werum, A. (2002): Soziale Atmosphäre im virtuellen Raum, in: Personal Magazin, Heft 02/2002, S. 56 f.

Weuster, A. (2003): Beurteilungsfehler bei der Zeugniserstellung und der Zeugnisanalyse, in: Personal, Heft 09/2003, S. 20-22.

Weuster, A. (2004): Personalauswahl: Anforderungsprofil, Bewerbersuche, Vorauswahl und Vorstellungsgespräch, Wiesbaden 2004.

Weuster, A., Kauffmann, S. (2005): Zwischen den Zeilen, in: Personal, Heft 09/2005, S. 58-61.

Wilhelm, A.: Einen optimalen Start ermöglichen, in: Personal Magazin, Heft 09/2003, S. 78 f.

Wirth, E. (1992): Mitarbeiter im Auslandseinsatz. Planung und Gestaltung, Wiesbaden 1992.

Wolf, S. (2004): Personalabbau als Change-Projekt, In: Personalführung, Heft 11/2004, S. 60-63.

Wübbelmann, K. (2005): Führungskompetenz in der Bewährungsprobe, in: Personal Magazin, Heft 04/2005, S. 16-18.

Wunderer, R. (2000): Entwicklungstendenzen im Personal-Controlling und der Wertschöpfungsmessung, in Personal, Heft 06/2000, S. 298-304.

Wunderer, R., Arx, S. v. (2002): Personalmanagement als Wertschöpfungscenter: Unternehmerische Organisationskonzepte für interne Dienstleister, 3. Aufl., Wiesbaden 2002.

Wunderer, W. (2003): Führung und Zusammenarbeit - Eine unternehmerische Führungsanalyse, 5. Auflage, München, Neuwied 2003.

Wunderer, W., Dick, P. (2001): Personalmanagement - Quo vadis?: Analysen und Prognosen bis 2010, 2. Aufl., München, Neuwied 2001.

Zander, E., Popp, G.J. (2000): Taschenbuch Personalpolitik - Gestaltungsmöglichkeiten im Unternehmen, Heidelberg 2000.

Zaugg, R.J. (2002): Mit Profil am Arbeitsmarkt agieren, in: Personalwirtschaft, Heft 02/2002, S. 13-18.

Stichwortverzeichnis

Mikropolitik und Moral in Organisationen
Herausforderung der Ordnung
von Oswald Neuberger

2., völlig neu bearbeitete Auflage

2006. XVII/617 S., m. 34 Abb. u. 24 Tab., kt. ca. € 34,90.
UTB 2743. ISBN 3-8252-2743-X (ab 2007: 978-3-8252-2743-2)

Mikropolitik – als die auf eigenen Vorteil bedachte Instrumentalisierung Anderer in organisationalen Ungewissheitszonen – wird nicht auf personale Motive oder Haltungen zurückgeführt, sondern als sowohl flexible wie konstruktive Nutzung der Widersprüchlichkeit organisationaler Steuerungsprinzipien verstanden.

Nach einem Resümee des empirischen Forschungsstandes wird dafür plädiert, die Erfassung und Differenzierung der mikropolitischen Taktiken in ein umfassendes Handlungsmodell einzubetten, das neben kognitiven Situationsrepräsentationen und Erfolgskalkülen weitere Bedingungen berücksichtigt.

Mikropolitik scheint von vornherein moralisch disqualifiziert zu sein, weil es ihr darum geht, Andere zum Mittel für eigene Zwecke zu machen. Die Reflexion von Mikropolitik aus den Perspektiven dominierender (wirtschafts-)ethischer Positionen erweist eine solche Pauschal-Verurteilung als einseitig und fragwürdig. Mit Blick auf die Möglichkeiten organisationaler Akteure werden drei pragmatische Strategien einer moralischen Rechtfertigung und Kultivierung von Mikropolitik erörtert: moralisches Satisfizieren, Moral lernen und den Widerstreit moralischer Prinzipien aushalten und nutzen.

Führen und führen lassen
Ansätze, Ergebnisse und Kritik der Führungsforschung
von Oswald Neuberger

6., völlig neu bearb. und erw. Aufl.

2002. XV/899 S., 82 Abb., zahlr. Tab. und Übersichten. € 35,90 /sFr 61,90
UTB 2234 (ISBN 3-8252-2234-9)

Das erfolgreiche Lehrbuch zum Thema „Führen" wird in einer völlig neu konzipierten und stark erweiterten Auflage vorgelegt. Ziel ist es weiterhin, einen Überblick über die wichtigsten Ansätze und Befunde der Führungsforschung zu geben und sie kritisch zu kommentieren.
Folgende Fragestellungen werden behandelt:

- Führungsbegriffe, Definitionsstrategien, Rahmenmodelle
- Führungsideologien, Menschenbilder, Führungsmetaphern und –archetypen
- charismatische, transformationale, visionäre Führung
- Eigenschaftsansatz, Kategorisierungstheorien, Assessment Center
- Rollentheorien, Dilemmata und Paradoxa der Führung
- Führungsverhaltensbeschreibung und –beobachtung, Führungsstile und Führungserfolg
- pragmatische Führungsmodelle, grundlagentheoretische Fundierungen (Lern-, Attributions- und Motivationstheorien)
- Paradigmen der Führung (symbolische, systemische, politische Ansätze)
- Führungsethik
- Frauen und Führung

 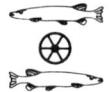

et LUCIUS LUCIUS